TRAITÉ

DES ROCHES.

DU MÊME AUTEUR :

Description des terrains primaires et ignés du département du Var, 1 vol. in-4° avec carte, coupes coloriées et figures dans le texte.

Description géologique de la province de Constantine, 1 vol. in-4° avec carte, coupes et figures de fossiles.

Solfatares, Alunières et Lagoni de l'Italie centrale, in-8° avec figures.

TRAITÉ
DES ROCHES

CONSIDÉRÉES AU POINT DE VUE

DE LEUR ORIGINE, DE LEUR COMPOSITION,

DE LEUR GISEMENT

ET

DE LEURS APPLICATIONS A LA GÉOLOGIE ET A L'INDUSTRIE,

Suivi de la description

DES MINERAIS QUI FOURNISSENT LES MÉTAUX UTILES,

PAR H. COQUAND,

PROFESSEUR DE MINÉRALOGIE ET DE GÉOLOGIE A LA FACULTÉ DES SCIENCES DE BESANÇON.

A PARIS,

CHEZ J.-B. BAILLIÈRE,

Libraire de l'Académie impériale de Médecine, 19, rue Hautefeuille;

A LONDRES, CHEZ H. BAILLIÈRE, 219, REGENT-STREET;

A NEW-YORK, CHEZ H. BAILLIÈRE, 290, BROADWAY;

A MADRID, CHEZ C. BAILLY-BAILLIÈRE, CALLE DEL PRINCIPE, 11;

A BESANÇON,

CHEZ DODIVERS ET Ce, IMPRIMEURS-LIBRAIRES, ÉDITEURS,

Grande-Rue, 42, et rue d'Anvers, 1.

1857

INTRODUCTION.

L'arbitraire, qui jusqu'à ce jour a présidé à l'arrangement méthodique des Roches et à leur description, a fait que beaucoup d'esprits sérieux, rendant la Géologie solidaire des vices des classifications généralement suivies, craignent de s'engager dans un dédale qu'ils regardent comme sans issue et désertent ainsi un sujet d'études plein d'intérêt et indispensable pour la connaissance de l'histoire de la Terre. Les Roches, en effet, ont été considérées par les auteurs qui s'en sont occupés, ou comme une association de minéraux en proportions constantes et assujetties par conséquent aux règles rigoureuses des classifications minéralogiques, ou bien comme des masses minérales mélangées sans ordre et sans loi, dans lesquelles l'aspect extérieur, la structure, la prédominance de tel ou tel élément ou bien l'arrangement particulier des minéraux constituaient seuls des caractères spécifiques, en n'attribuant aux notions tirées de la composition qu'un rôle purement secondaire. C'est ainsi, par exemple, que le Trapp ou le Basalte, quoique appartenant chacun d'eux à une espèce bien définie, est distribué, suivant qu'il est compacte ou cristallin, dans deux classes distinctes, sous des noms différents, et se trouve placé dans la série à côté de Roches dont il s'écarte tant par sa nature que par son origine.

A ces inconvénients déjà très-sérieux s'ajoutent des difficultés réelles et la répugnance que soulève la multiplicité des noms, de consonnance barbare pour le plus grand nombre, imposés systématiquement et servant à désigner de simples variétés d'un type déjà créé. On comprendra dès lors la convenance, disons mieux, la nécessité d'opérer des réformes que l'intérêt de la science réclame et dont l'application aura pour résultat salutaire de ramener le classement des Roches à une méthode plus simple et plus naturelle. L'expérience m'a démontré en effet que l'écueil contre lequel échouent les personnes qui étudient les Roches pour leur propre instruction ou veulent en faciliter la connaissance aux autres, se trouve moins dans les obstacles inhérents au sujet que dans le vague des descriptions et dans une terminologie obscure et embrouillée, contre laquelle s'élèvent des protestations unanimes.

Le Traité que je livre aujourd'hui à la publicité n'est que la reproduction amplifiée du cours que j'ai professé à la Faculté des sciences de Besançon, dans le courant de l'année 1854. Je n'ai certainement point la prétention de le donner comme parfait ; mais le secours qu'en ont retiré mes auditeurs me laisse espérer que la manière dont j'ai envisagé l'étude des Roches dissipera en grande partie l'obscurité dans laquelle cette étude est réstée plongée jusqu'ici.

Ma classification repose sur deux principes dont quelques mots explicatifs feront ressortir l'importance relative. Au lieu de la subordonner, comme on le voit pratiqué dans les ouvrages les plus accrédités, aux règles absolues de la Minéralogie, j'ai préféré l'asseoir sur les caractéres tirés de l'origine des Roches et de leur mode de formation. Il m'a été possible, en adoptant ce plan, de ne pas m'écarter de l'enchaînement logique des conditions d'après lesquelles elles avaient été produites, tout en respectant les transitions ménagées qui font que les espèces passent insensiblement des unes aux autres. Leur rang en un mot et leur introduction dans la méthode suit pour ainsi dire l'ordre chronologique, tel qu'on le constate dans la succession régulière des terrains.

Cette première distinction m'a donné trois Familles comprenant : la première, les Roches formées par le feu, et dites d'origine *ignée;* la seconde, les Roches déposées au sein des eaux, ou d'origine *aqueuse*; la troisième, les Roches *métamorphiques*, ou les Roches qui ont été modifiées postérieurement à leur dépôt, dans leur composition ou leur texture, sous l'influence des Roches ignées ou des vapeurs souterraines. Chaque Famille est ensuite partagée en Groupes, lesquels renferment à leur tour, sous le nom d'Espèces, tous les individus qui possèdent une composition identique. Chaque Espèce enfin comprend les variétés résultant de la disposition, du volume des minéraux constituants, de la structure, de la couleur, etc. Ainsi l'élément minéralogique n'intervient que pour l'établissement des Espèces; mais il est appliqué alors dans toute sa rigueur; et comme, par la nature bien définie d'un principe constant et dominant, il fournit une indication précise, il devient un caractère de première valeur, celui sur lequel l'Espèce est fondée.

Le tableau annexé à la tête de la seconde partie de cet ouvrage montrera la simplicité du plan d'après lequel est conçue notre classification.

Cet arrangement m'a paru se rapprocher davantage de la marche suivie par la nature, car il ne trouble pas les affinités résultant de la composition, et de plus il est conforme aux divisions généralement adoptées en Géologie. Sa convenance se vérifie surtout pour les Roches d'origine ignée. Quant aux Roches métamorphiques et d'origine aqueuse, on a dû se borner à décrire les Espèces indépendamment de la position qu'elles occupent, ces Espèces se montrant successivement et à différents niveaux dans chaque formation sédimentaire, et leur position n'offrant par conséquent rien de précis ni de permanent. Dans le classement méthodique d'une collection de Roches, il sera facile de reproduire pour chaque terrain les Roches de même nom autant de fois que le commanderont les exigences scientifiques, soit qu'on s'attache à la récolte des produits du globe entier, soit qu'on se borne à la représentation des types d'une contrée limitée. On ne saurait s'élever contre ces récurrences de mêmes Espèces, puisqu'elles se montrent réellement dans l'échelle des formations sédimentaires. A l'exemple de M. Brongniart, j'ai indiqué, à la suite de chaque espèce, les variétés principales, en ayant soin de citer quelques lieux de provenance bien connus. Pour exprimer toutes les variations d'un type, il serait difficile d'établir aucune règle à suivre, chaque auteur étant libre de les restreindre ou de les étendre, et d'interpréter leur importance à son point de vue particulier.

J'ai essayé de soustraire l'étude des Roches à l'aridité du sujet, quand on les envisage exclusivement sous le rapport de la composition minéralogique. Pour y parvenir, j'ai rattaché à la description de chaque Roche les particularités de son histoire, le mode de sa formation, le rôle qu'elle joue dans la constitution générale du globe, ainsi que ses diverses applications industrielles.

J'ai pensé que ce complément d'appréciation, que réclamait l'état plus avancé de la science, contribuerait à rendre la Géologie plus populaire, en rehaussant l'importance des questions philosophiques dont elle s'occupe par l'énumération des ressources qu'elle offre à nos besoins, aux arts et à l'agriculture. Afin de remplir convenablement cette partie importante de mon programme, j'ai dû m'aider de l'expérience que m'ont donnée vingt-cinq ans d'études et de courses dirigées dans les contrées classiques; mais j'ai eu le soin surtout de m'appuyer sur les autorités les plus respectables, désirant avant toute chose placer mon livre à l'abri de tout reproche grave de témérité ou d'inexactitude. Les travaux bien connus de MM. E. de Beaumont et Dufrénoy, qu'on peut considérer à juste titre comme renfermant l'expression la plus avancée des théories acceptées en Géologie et en Minéralogie, ont été pour moi une source féconde à laquelle j'ai puisé quelques-uns des matériaux que j'ai assimilés à mon œuvre. On y trouvera aussi des indications précieuses empruntées aux géologues qui dans ces dernières années se sont occupés des Roches avec le plus de succès. Les écrits de MM. Beudant, Ch. Deville, Burat, Fournet, Delesse, Durocher, Diday, etc., ont été mis à contribution, soit pour des faits intéressants, soit pour des analyses qui trouveront leur place dans la description des Espèces.

On constatera, je l'espère, que tout en m'efforçant de rendre plus facile la connaissance des Roches, en simplifiant les règles de leur classification, je n'ai rien omis de ce qui était de nature à en faire ressortir l'importance philosophique. J'ai voulu en un mot que mon livre devînt un guide sûr et complet pour les personnes qui se livrent à l'étude de la Géologie à un point de vue purement spéculatif, en d'autres termes pour les aspirants à la licence, et pour celles qui préfèrent envisager la science au point de vue plus spécial de ses applications pratiques.

Afin d'éviter toutes recherches fatigantes à mes lecteurs, j'ai fait précéder la description des Roches de celles des minéraux essentiels qui entrent dans leur composition, ainsi que du tableau général des formations géologiques dans lesquelles les Roches se trouvent distribuées : mes définitions auront ainsi l'avantage d'échapper à toute interprétation équivoque, relativement aux notions qu'elles auront à donner sur la place et la nature des matériaux qui font l'objet de cet ouvrage.

TRAITÉ
DES ROCHES.

PREMIÈRE PARTIE.

DESCRIPTION
DES MINÉRAUX QUI ENTRENT COMME PARTIE CONSTITUANTE
DANS LA COMPOSITION DES ROCHES.

1° QUARTZ.

Synonymie. *Cristal de Roche, Agate, Silex, Jaspe, Résinite, Opale.*

Le *Cristal de roche*, ou *Quartz hyalin,* le *Silex* et le *Quartz résinite,* sont les trois principales variétés de silice qu'il est utile de connaître en géologiè. Malgré leurs caractères extérieurs très différents, ils constituent une seule espèce, ainsi que le démontre l'analyse chimique qui n'a dévoilé dans leur composition que de la silice.

1re *Sous-espèce.* — Quartz hyalin.

Substance limpide et transparente, à cassure vitreuse et conchoïde, étincelant sous le choc de l'acier, rayant le verre, infusible au chalumeau, insoluble dans les acides : poids spécifique, 2,65.

Le Quartz est composé de :

Oxygène.......	51,95
Silicium	48,05
	100,00

On y trouve quelquefois un peu d'alumine, de l'oxyde de fer et de l'oxyde de manganèse, surtout dans les variétés colorées.

A l'état cristallisé, le quartz constitue le cristal de roche et il se présente ordinairement sous la forme d'un prisme à six pans terminé par deux pyramides à six faces triangulaires. On le trouve quelquefois dans certains porphyres sous la forme dodécaédrique, c'est-à-dire sous la forme de deux pyramides accolées base à base.

Le quartz cristallisé est principalement une substance de filons. Il se trouve aussi dans les terrains sédimentaires, mais sans y jouer un rôle important. Il est à l'état disséminé ou bien il s'est substitué à des corps organisés fossiles. Il reconnaît donc une double origine, neptunienne et plutonique.

Le quartz entre comme partie constituante dans les roches suivantes. — *Granite, Syénite, Protogyne, Schistes cristallins, Quartz* compacte et *Quartzite, Grès.*

2e *Sous-espèce.* — Silex.

Synonymie. *Jaspe, Pierre à fusil, Calcédoine, Agate.*

L'*Agate*, substance fortement translucide, le *Silex* moins transparent que l'Agate, et le *Jaspe*, qui est d'une opacité complète, forment les trois termes de la 2e sous-espèce. Ils passent des uns aux autres par des nuances insensibles et se font remarquer par l'absence de cristallisation.

L'Agate est ordinairement mamelonnée ou disposée en couches concentriques. On la rencontre sous forme de rognons plus ou moins volumineux engagés dans les Labradophyres (*Spilite, Amygdaloïde*), ou bien dans des terrains d'origine aqueuse où elle se substitue souvent aux corps organisés.

Le *Silex* existe en rognons dans presque tous les terrains sédimentaires ou en masses considérables mais à tissu lâche et carié et qu'on désigne alors par le nom de *Meulière.*

Le *Jaspe* est un silex opaque, par suite d'un mélange d'oxyde rouge de fer ou d'hydrate de fer. Il se présente au milieu des terrains stratifiés et des terrains métamorphiques. Nous aurons occasion, en traitant des Roches métamorphiques, de démontrer que les Jaspes, dans le plus grand nombre de leurs gisements, faisaient primitivement partie de Grès ou d'Argiles dont la texture a été modifiée par des actions postérieures à leur dépôt.

Composition :

	Du Silex par Klaproth.	du Silex par Vauquelin.	du Jaspe jaune par Beudant.
Silice......	93,00	86,42	93,57
Alumine.....	0,28	»	0,31
Chaux.......	0,50	9,88	1,65
Oxyde de fer.	0,25	1,23	3,98
Eau.........	1,00	»	1,09
Gangue......	4,97	3,47	»
	100,00	100,00	100,00

3° *Sous-espèce.* — Quartz résinite.

Ainsi que l'indique son nom, le Quartz résinite a l'aspect de la résine nouvellement brisée : il est luisant, à cassure largement conchoïde. Il ne diffère des Quartz déjà décrits que par la quantité d'eau qu'il renferme et qui s'élève de 6 jusqu'à 13 pour cent.

Composition du Quartz résinite (*Ménilite*) de Ménilmontant, près Paris, par Klaproth :

Silice...........	85,50
Eau............	11,00
Peroxyde de fer..	0,50
Alumine........	1,00
Chaux..........	0,50
	98,50

Il abonde dans les terrains serpentineux (Piémont, Ile d'Elbe, Monte-Rufoli [Toscane]). Il est produit dans les Geysers d'Islande, ainsi que dans le voisinage des Lagoni, en Toscane. On le trouve aussi en rognons au milieu des terrains tertiaires (Ménilmontant, près Paris ; Beaulieu, près d'Aix).

2° FAMILLE DES FELDSPATHS.

On a donné le nom de Feldspaths à des minéraux lamelleux, d'apparence pierreuse ou vitreuse, blancs ou rosâtres, qui forment la base de la presque généralité des roches d'origine ignée. Aussi leur connaissance est de première valeur en géologie. Comme le fait remarquer très-judicieusement M. Dufrénoy, l'expression de famille de Feldspaths est défectueuse. En effet, les espèces qui la constituent n'appartiennent pas au même système cristallin; la composition, différente pour quelques-uns sous le rapport des éléments, est atomiquement différente pour la plupart : en sorte qu'il n'existe de rapprochement entre eux ni par la forme ni par la composition. Les caractères extérieurs sont, il est vrai, tellement analogues, que la reconnaissance de ces espèces est une des plus grandes difficultés de la minéralogie. En outre, les formes, quoique différentes sous le rapport des systèmes auxquels elles appartiennent, sont très-rapprochées par leurs angles. La couleur, l'éclat, la dureté, le poids spécifique, presque les mêmes pour ces minéraux, augmentent leur analogie : leur réunion en un groupe est donc fondée plutôt sur la difficulté qu'on éprouve à les reconnaître que sur les principes philosophiques qui président à la spécification des minéraux.

La relation atomique 1 : 3 entre les quantités d'oxygène contenues dans les bases à un atome, et dans les sesquibases, est le seul élément qui soit constant pour tous les membres de la famille, et qui puisse être regardé comme caractéristique. Une remarque non moins importante est que le poids spécifique va en augmentant avec la quantité de chaux et d'alumine, à mesure que la silice diminue.

Les Feldspaths qui intéressent la géologie au point de vue de la composition des roches sont : l'*Orthose,* l'*Albite,* l'*Oligoclase,* le *Labrador* et l'*Anorthite.*

Ces différentes espèces sont cristallisées ou du moins cristallines. Leur distinction est par conséquent certaine, parce-qu'elle repose sur le double caractère de la forme et de la composition. Mais on connaît en outre des minéraux amorphes qui sont réunis au Feldspath sous le nom de *Feldspath compacte,* de *Feldspath jade,* de *Saussurite,* qu'il est difficile de classer, et qu'il serait tout aussi naturel d'associer à l'Albite ou au Labrador qu'à l'Orthose. Ces minéraux amorphes sont en général des magmas, ou pour ainsi dire, de la pâte de minéraux silicatés, laquelle aurait produit des espèces distinctes, si la cristallisation avait pu se développer. En effet, les espèces minérales qui ont une origine ignée, et ce sont les plus nombreuses, ne sont que rarement arrivées à la surface de la terre toutes formées. Elles y ont été amenées à l'état de masses fondues ou pâteuses, et ce n'est que plus tard, quand le refroidissement de ces masses a permis aux affinités chimiques d'exercer leur action, que les atomes élémentaires se sont groupés dans les proportions qui constituent les minéraux définis. Il doit s'être passé, dans cette circonstance, des phénomènes semblables à ceux qui ont lieu chaque jour sous nos yeux, quand on fond dans un creuset ou dans un fourneau les mêmes éléments qui entrent dans les minéraux : si le refroidissement est assez lent pour permettre aux molécules des corps simples de réagir les uns sur les autres, il se développe des cristaux, au milieu d'une pâte variable de composition : il se forme dans ce cas des *minéraux artificiels,* tels que le *Pyroxène,* le *Péridot,* le *Feldspath,* l'*Idocrase,* etc., et il reste en outre un *magma* sans composition déterminée qui se présente tantôt sous l'aspcet d'un verre ou d'une masse lithoïde plus ou moins compacte, tantôt sous celui de scories. Dans la nature ces magmas sont très fréquents et la pâte des Porphyres, si variables de composition, ainsi que les Laves, en sont des exemples prononcés.

Les principaux magmas sont connus sous les noms de *Feldspath compacte* ou de *Pétrosilex,* de *Feldspath ténace,* de *Jade* ou *Saussurite :* de *Feldspath sonore* ou *Phonolite,* de *Feldspath rétinite* ou *Rétinite,* do *Perlite,* d'*Obsidienne* et de *Ponce.*

A. FELDSPATH ORTHOSE.

Substance banchâtre ou rougeâtre, cristallisant dans le système prismatique rhomboïdal oblique; rayant le verre; inattaquable par les acides : P. S. 2,53.

M. Berthier a trouvé l'Orthose du Saint-Gothard composée de :

		Oxygène.	Rapport.
Silice.............	64,20	33,35	12
Alumine..........	18,40	8,59	3
Potasse...........	16,95	2,87	1

Sa formule est $3\ Al\ Si^{3} + K\ Si^{3}$.

Quelquefois une certaine quantité de soude remplace la potasse. L'Orthose de Schwarzbach en contient 5 pour cent, comme le démontre l'analyse suivante que l'on doit au célèbre chimiste Rose.

		Oxygène.	Rapport.
Silice..........	67,20	34,16	12
Alumine.......	20,03	8,69	3
Peroxyde de fer.	0,18	»	
Potasse........	8,85	2,41	1
Soude.........	5,06	0,37	
Chaux.........	0,21		
Magnésie.......	0,31		
	101,84		

Le Feldspath *vitreux* qui caractérise les Trachytes appartient également à l'Orthose, comme le démontre l'analyse de celui d'Epoméo, par Abich.

		Oxygène.		Rapport.
Silice............	66,73		34,65	12
Alumime.	17,36	8,09	8,36	3
Peroxyde de fer	0,81	0,27		
Potasse.........	8,27	1,39	3,25	1
Soude	4,10	1,07		
Magnésie	1,20	0,45		
Chaux...........	1,23	0,34		

Les analyses suivantes, faites par M. Berthier, conduisent aux mêmes résultats :

	du mont Dore.	du Drachenfels.	Oxyg.	Rapport.
Silice......	66,20	66,60	34,59	12
Alumine....	19,80	18,50	8,65	3
Potasse	6,90	8,00	1,35	1
Soude......	3,70	4,00	1,02	
Magnésie...	2,00	1,09	0,38	

Le Feldspath vitreux avait été désigné anciennement par M. G. Rose sous le nom de *Ryacolithe*.

Le Feldspath compacte ou *Pétrosilex* est essentiellement composé de silice, d'alumine et d'alcali, ce qui le rapproche de l'Orthose; mais les proportions de ces éléments sont variables; elles s'écartent de celles du Feldspath; ils contiennent notablement plus de silice, et l'alcali y existe en beaucoup moins grande quantité, comme on peut en juger par les analyses suivantes.

	Silice	Alumine	Potasse	Magnésie	Chaux	Oxyde de fer	Eau
Pétrosilex de Nantes, par M. Berthier.	75,20	15,00	3,40	2,40	1,20	»	1,50
Pétrosilex de Bretagne par M. Durocher.	75,40	15,50	3,80	1,40	»	1,20	»
Pétrosilex de Saxe.	68,00	19,00	5,60	1,10	»	4,50	»

Le Pétrosilex forme des nœuds, des veines, des amas dans les terrains de Granite : il sert de base aux Porphyres qui sont associés à ces terrains, il se trouve en masses plus ou moins considérables et en filons intercalés, soit dans les terrains cristallins, soit dans les terrains neptuniens. Il admet souvent de petits cristaux de Feldspath et passe à l'*Eurite* de M. Brongniart; assez fréquemment il est mélangé de cristaux de Quartz et donne alors naissance aux Porphyres quartzifères qui jouent un rôle si important dans la constitution géologique de la Bretagne.

M. Durocher a été conduit à penser que le Pétrosilex est du Granite en masse et qu'il constitue un magma dans lequel la cristallisation n'ayant pu se développer, les minéraux propres aux roches cristallines sont à l'état élémentaire. En attribuant au Feldspath et au Mica des Granites les compositions indiquées ci-dessous et qui représentent les moyennes d'un grand nombre d'analyses, on trouve pour la composition des Granites 1° *très-feldspathiques,* c'est-à-dire contenant 50 de Feldspath et 15 de Mica pour cent; 2° pour les *Granites normaux,* contenant Feldspath 40 et Mica 25; 3° enfin pour le *Granite très-micacé,* contenant 50 de Mica et 15 de Feldspath, les éléments suivants :

	Composition moyenne		Composition des Granites		
	du Feldspath.	du Mica.	tr.-felsdpathique.	normal.	tr.-micacé.
Silice	64	47	74,00	72,3	68,10
Alumine	19	31	14,10	15,3	18,30
Alcalis	13	9	7,80	7,4	6,40
Chaux, Magnésie	»	»	»	»	»
Oxyde de fer	2	10	2,50	3,3	5,30
Acide fluorique	»	3	»	»	»

Si l'on compare cette composition avec celle donnée ci-dessus pour les Pétrosilex, on trouve une analogie évidente. Les Pétrosilex de Nantes et de Bretagne contiennent 75 de silice, comme le Granite très-feldspathique; la proportion d'alumine est de 15 ; l'alcali seulement est un peu faible. Le Granite très-micacé correspond à une variété de Pétrosilex de Saxe.

L'Orthose entre comme partie essentielle dans la composition du *Granite*, de la *Syénite*, de la *Protogyne*, de l'*Orthophyre* et du *Trachyte*. C'est à ce minéral qu'on doit aussi rapporter les *Phonolithes* et certaines roches d'origine plutonique, amorphes et vitreuses, variables dans les proportions de leurs éléments constitutifs, telles que les *Obsidiennes*, les *Perlites* et les *Ponces*.

B. FELDSPATH ALBITE.

Substance pierreuse, généralement blanchâtre, cristallisant dans le système prismatique oblique non symétrique, inattaquable par les acides : rayant le verre. P. S. 2,62.

	Albite de Zœblitz.	du Dauphiné.	Oxygène.	Rapport.
Silice.......	67,94	67,99	35,12	12
Alumine	18,93	19,61	9,15	3
Soude	9,99	11,12	2,84	
Potasse	2,41	»	»	1
Chaux	0,15	0,66	0,18	
Oxyde de fer.	0,48	»		
	99,90	99,38		

La formule de l'Albite est donc $3\ Al\ Si^{3} + Na\ Si^{3}$.

L'Albite fait partie essentielle des Porphyres albitiques ou Albitophyres.

On la cite aussi dans quelques Granites modernes associée à l'Orthose ; elle est surtout abondante dans la Protogyne des Alpes.

C. FELDSPATH OLIGOCLASE.

Substance pierreuse, cristallisant dans le système prismatique oblique non symétrique, rayant le verre : insoluble dans les acides ; d'une teinte gris clair ou gris verdâtre, rarement rougeâtre. P. S. 2,64 à 2,66.

Sa composition est :

		Oxygène.	Rapport.
Silice..........	61,06	31,72	9
Alumine.......	19,68	9,46	3
Peroxyde de fer.	4,11	1,26	
Chaux.........	2,16	0,60	1
Magnésie......	1,05	0,41	
Soude.........	7,55	1,93	
Potasse........	3,91	0,66	

Sa formule est 3 $\ddot{A}l\,\dddot{Si}^2 + \dot{C}a, \dot{N}a\,\dddot{Si}^2$.

M. Abich a décrit sous le nom d'*Andésine*, une variété de Feldspath qui présenterait comme l'Amphigène les rapports chimiques

1 : 3 : 8,

mais qui posséderait, au contraire, tous les caractères cristallographiques des Feldspaths. Cette variété forme la base du Porphyre amphibolifère de Marmato, dans la Nouvelle-Grenade.

Les analyses suivantes, entreprises par MM. Abich et Rammelsberg, sont écrites de cette manière :

Silice..............	59,60	60,26
Alumine...........	24,28	25,01
Sesquioxyde de fer..	1,58	»
Chaux.............	5,77	6,87
Magnésie..........	1,08	0,14
Soude.............	6,53	7,74
Potasse...........	1,08	0,84
	99,92	100,86

M. C. Deville a analysé à son tour trois variétés de ce même Feldspath, qu'il a trouvées composées de :

	I	II	III
Silice.............	63,85	60,69	58,11
Alumine..........	24,05	26,04	28,16
Chaux............	5,04	3,89	5,35
Magnésie..........	0,38	0,85	1,52
Soude............	5,04	5,32	5,17
Potasse...........	0,88	1,01	0,44
Perte par calcination	0,76	2,20	1,25
	100,00	100,00	100,00
Excès des analyses	+ 0,63	+ 0,51	— 0,17

L'analyse I correspond au Feldspath le plus voisin de l'état intact, l'analyse II au Feldspath moyennement altéré, l'analyse III à un Feldspath de Cucurusape, localité très-voisine de Marmato.

Les cinq analyses qui précèdent donnent respectivement, pour l'oxygène des trois éléments, les rapports suivants :

1,12 : 3 : 8,27
1,04 : 3 : 8,34
0,96 : 3 : 8,86
0,72 : 3 : 7,78
0,79 : 3 : 6,89

De la discussion de ces formules, M. C. Deville conclut que le Feldspath de Marmato est un Oligoclase, sensiblement pur et intact dans le n° I, plus ou moins profondément altéré et mélangé dans les matières qui ont servi aux quatre autres analyses. Au surplus le Porphyre de Marmato donne à l'acide chlorhydrique une effervescence notable et une quantité de carbonate de chaux, qui varie de 3,5 à 5 pour 100.

M. Delesse a reconnu à son tour que les Syénites de Servance et de Coravillers, dans la chaîne des Vosges, contenaient un Feldspath dont la composition se rapproche sensiblement de l'*Andésine*, et conduit aux mêmes relations atomiques.

Sa couleur est plus généralement le blanc de lait ou le rouge de corail. Sa densité, qui le rapproche de celle de l'Oligoclase, varie de 2,651 à 2,683.

Nous transcrivons ici les analyses de la variété blanche de Servance et de la variété rouge de Coravillers faites par ce chimiste.

I. Servance.

			Oxygène.	Rapport.
Silice........	58,92		30,614	8
Alumine.....	25,05		11,708	3
Chaux.......	5,64	1,294		
Magnésie.....	0,41	0,163		
Soude.......	7,20	1,842	4,044	1
Potasse......	2,06	0,349		
Eau.........	1,27 1/3	1,129		
	100,55			

II. Coravillers.

			Oxyg.	Rap.
Silice.........	58,91		30,609	8
Alumine	24,59	11,494	11,797	3
Peroxyde de fer.	0,99	0,303		
Chaux.........	4,01	1,126	3,943	1
Magnésie......	0,39	0,155		
Soude.........	7,59	1,941		
Potasse	2,54	0,431		
Eau	0,98 1/3	0,871		
	100,00			

Il est utile de remarquer que M. Delesse n'obtient ces formules qu'en supposant que l'eau est un principe constituant du Feldspath et qu'elle se substitue à la magnésie dans la proportion de 3 équivalents pour 1 équivalent de cette base. Or, comme le fait observer M. C. Deville, il y a lieu de considérer ces Feldspaths comme de l'Oligoclase légèrement altéré.

L'Oligoclase est partie constituante de l'*Oligophyre* de l'Estérel (Var), ainsi que des *Porphyres quartzifères* de Marmato, dans la Nouvelle-Grenade. Il se montre aussi dans les Granites anciens de la Suède, de la Norwége, de la Finlande, du Spitzberg, ainsi que dans le Granite moderne de l'île d'Elbe. M. Deville l'a signalé dans les Trachytes, dans les Laves anciennes et dans les Laves modernes de Ténériffe.

D. FELDSPATH LABRADOR.

Substance pierreuse, cristallisant dans le système prismatique oblique non symétrique; rayant le verre, soluble dans l'acide chlorhydrique. P. S. 2,71.

	De l'Etna.	de l'Ingrie.	de la Guadeloupe.	Oxyg.	Rap.
Silice......	53,48	55 »	56,18	27,40	6
Alumine ...	26,46	24 »	25,77	13,00	3
Chaux	9,49	10,25	9,76	2,25	1
Soude	4,10	3,50	»	1,39	
Potasse	0,22	»	»		
Oxyde de fer.	2,69	5,25	7,22		
Magnésie...	1,74	»	»		

Sa formule est 3 $Al\ Si$ + $(Ca, Na,)\ Si^{3}$.

Le Labrador fait partie constituante des *Labradophyres*, des *Amphibolites*, de l'*Euphotide*, des *Basaltes* et d'un grand nombre de *Laves* (1).

APPENDICE. — On réunit généralement au Labrador un minéral blanc, compacte, à cassure esquilleuse, qui constitue la base de certaines Euphotides et qu'on a désigné sous le nom de *Saussurite*. Son éclat est gras et luisant ; il raie le verre et est remarquable par une grande ténacité, caractère qui l'a fait désigner par le nom de *Feldspath tenace*. Il est attaqué par les acides, ce qui établit un rapprochement de plus entre la Saussurite et le Labrador. P. S. 2,87.

On a trouvé pour sa composition :

	Des Alpes.	du Mont-Genèvre.	d'Orezza.
Silice........	49 »	44,60	43,6
Alumine.....	24 »	30,40	32,0
Chaux.......	10,50	15,50	21,0
Oxyde de fer..	6,50	»	»
Magnésie	3,75	2,50	2,4
Soude.......	5,50	7,50	1,6
	99,25	100,50	100,6

On doit rapporter aussi au Labrador le Feldspath décrit par M. Delesse sous le nom de *Vosgite* et dont les relations dans les proportions de l'oxygène des éléments seraient 5 : 3 : 1.

(1) M. Gustave Rose a conservé le nom de *Rhyacolite* à des cristaux de Feldspath vitreux d'un blanc de neige associés au Pyroxène et disséminés dans les roches rejetées de la Somma. Ils appartiennent comme l'Orthose au prisme rhomboïdal oblique, et ils possèdent deux clivages rectangulaires. Mais ils sont solubles dans les acides et la silice s'en sépare à l'état pulvérulent, et leur composition, comme on peut s'en assurer par l'analyse suivante, en diffère complétement.

			Oxyg.	Rap.
Silice...............	50,31		26,14	6
Alumine..............	29,44	13,75	13,84	3
Peroxyde de fer.........	0,28	0,09		
Chaux...............	1,07	0,90	4,09	1
Magnésie..............	0,23	0,09		
Potasse..............	5,92	1,00		
Soude	18,56	2,70		
	97,81			

Sa formule est donc $3\,AlSi + (Na, K)\,Si^3$; ainsi, la Rhyacolite est un Labrador qui est isomorphe avec l'Orthose.

Mais, comme le fait observer M. C. Deville, l'analyse a porté sur des échantillons qui avaient subi un commencement d'altération, car elle a dévoilé une quantité considérable d'eau qu'on suppose s'être substituée à la magnésie dans la proportion de 3 équivalents pour 1 de cette base.

Le Feldspath en cristaux extrait des Labradophyres de Ternuay et de Haut-Rovillers, dans les Vosges, ont fourni les résultats suivants :

	Ternuay.	Rovillers.		Oxyg.	Rap.
Silice	48,83	49,32		25,621	5
Alumine	32,00	30,07	14,043	14,258	3
Peroxyde de fer	1,80	0,70	0,215		
Protoxyde de manganèse	»	0,60	0,134		
Chaux	4,61	4,25	0,194		
Magnésie	»	1,96	0,780	5,135	1
Soude	»	4,85	1,240		
Potasse	12,76	4,45	0,754		
Eau	»	3,151/3	2,800		
	100,00	99,35			

Suivant M. Delesse, il existerait dans les Feldspaths analysés par lui, de l'eau à l'état de combinaison.

E. FELDSPATH ANORTHITE.

Substance vitreuse, blanche, cristallisant dans le système prismatique oblique non symétrique : soluble par digestion dans l'acide chlorhydrique. P. S. 2,76.

Sa composition est :

			Oxygène.	Rapport.
Silice	43.79		22,74	4
Alumine	35,40	16,57	16,74	3
Peroxyde de fer.	0,57	0,17		
Chaux	18,93	5,13		
Magnésie	0,34	0,21		
Potasse	9,54	0,09	5,31	1
Soude	0,68	0,17		

Cette analyse conduit à la formule 3 *Al Si* + *Ca Si*.

L'Anorthite n'avait été citée jusqu'ici qu'en cristaux tapissant les géodes des blocs dolomitiques de la Somma ; mais M. C.

Deville a signalé sa présence dans les Roches volcaniques de l'île Saint-Eustache, aux Antilles. Depuis, M. Damour l'a indiquée dans la Lave de Thjorsâ, en Irlande. Ce minéral ne joue pour ainsi dire qu'un rôle insignifiant dans la composition générale des Roches; nous l'avons fait figurer néanmoins parmi les minéraux essentiels, à cause de l'importance que peuvent lui attribuer des recherches ultérieures.

ANALOGIE DES MINÉRAUX FELDSPATHIQUES.

La reconnaissance des différents Feldspaths est une des difficultés de la géologie pour la détermination rigoureuse des Roches. Lors que les minéraux de cette famille sont en cristaux, leur distinction résulte de l'étude même des cristaux. L'*Orthose* appartient seule au prisme rhomboïdal oblique. L'*Albite*, le *Labrador*, l'*Oligoclase* et l'*Anorthite* dépendent du système prismatique rhomboïdal doublement oblique. L'*Anorthite*, à cause de sa rareté et de son gisement particulier, ne peut être confondue avec les trois autres. La solubilité dans les acides distingue le *Labrador* de l'*Albite* et de l'*Oligoclase*. Ce dernier ne possède qu'un clivage facile : il est tellement net que les cassures s'effectuent toujours dans ce sens; tandis que l'*Albite* a trois clivages, dont deux nettement marqués. Toutefois on doit convenir que l'examen des caractères extérieurs ne saurait suppléer la précision des indications fournies par l'analyse.

M. C. Deville, à qui la géologie est redevable d'un excellent travail sur la famille des Feldspaths, déduit les conséquences suivantes des propriétés caractéristiques des minéraux décrits sous cette dénomination générale.

1° Des trois éléments oxydés dont se compose ce groupe, deux, la somme des protoxydes et l'alumine, présentent un rapport invariable. Ce rapport 1 : 3 correspond à la formule des minéraux qu'on pourrait appeler les *spinellides* (aluminates). Le troisième élément, la silice, constitue seul, par ses variations, les différentes espèces chimiques du groupe. Ces variations paraissent suivre certaines lois numériques simples et sont comprises entre des limites telles, que l'oxygène de la silice est au plus égal à 12 fois et au moins égal à 4 fois celui de la somme des bases protoxydées.

2° Les protoxydes qui peuvent entrer dans les Feldspaths se réduisent à cinq, savoir : trois alcalis, la potasse, la soude et la lithine ; deux terres, la chaux et la magnésie. Cette dernière n'entre, pour ainsi dire, qu'en complément dans la composition des Feldspaths. Les autres protoxydes peuvent, au contraire, devenir l'élément basique dominant, et cette prédominance est liée à des différences caractéristiques dans la formule chimique, la forme géométrique, les propriétés physiques et le gisement des Feldspaths divers qui en résultent.

3° Un Feldspath est essentiellement exempt de protoxydes métalliques proprement dits. Si le fer s'y rencontre, ce n'est jamais qu'en proportions insignifiantes et sans doute à l'état de sesquioxyde, comme isomorphe de l'alumine. Le Feldspath est par conséquent, un minéral incolore, car toutes les bases qu'il peut réunir sont des bases *leucolytes*.

Ce sont des propriétés à peu près opposées que l'on constate dans le groupe qui réunit le Péridot, le Pyroxène et l'Amphibole. Ici on trouve, au contraire, absence des sesquioxydes, au moins d'une manière normale ; combinaisons simples de la silice avec les bases métalliques *chroïcolytes,* protoxydes de fer et de manganèse, ou avec les bases terreuses, magnésie et chaux ; exclusion absolue ou presque absolue des bases alcalines. De sorte que si l'on range les sept oxydes métalliques qui entrent d'une manière essentielle dans les deux groupes de minéraux, dans l'ordre suivant :

Potasse,	Chaux,	Fer,
Lithine,	Magnésie,	
Soude,	Manganèse,	

ordre qui correspond exactement à leurs affinités chimiques, on aura, suivant qu'on lira cette liste en commençant par une extrémité ou par l'autre, des bases qui auront des tendances de moins en moins grandes à appartenir au groupe des Feldspaths ou au groupe opposé qu'on pourrait appeler le groupe *pyroxénique*.

On peut concevoir que durant le temps pendant lequel les molécules de matières qui constituaient le magma primitif, venant, pour ainsi dire, au contact les unes des autres, ont réalisé les combinaisons définies ou les minéraux, ce départ s'est fait de telle manière qu'il se déterminait des centres, ou des *pôles* de deux espèces et de propriétés opposées, en nombre indéfini et égal à celui des cristaux qui se formaient. Aux uns se rendaient avec le maximum de silice, la totalité de l'alumine, la totalité des bases alcalines, et ce qui était nécessaire de bases terreuses pour constituer un minéral incolore, d'une faible densité, le Feldspath. Aux autres concouraient, avec une certaine quantité de silice toujours moindre que celle qui s'était concentrée au pôle incolore, la totalité des protoxydes de fer et de manganèse, la plus grande partie des bases terreuses pour former un minéral coloré, d'une très-grande densité, l'Amphibole, le Pyroxène, le Péridot. Suivant les proportions relatives des éléments constituants, silice, alumine, bases alcalines, terreuses ou métalliques, il se formait au *pôle leucolytique* tel ou tel Feldspath, au *pôle chroïcolytique* l'un des trois minéraux précités. Quelquefois les lois qui président à ce départ sont simples, et il ne se détermine qu'un seul Feldspath et qu'un seul minéral coloré : quelquefois aussi il y a deux Feldspaths et deux silicates non alumineux.

3° MICA.

Substance foliacée, divisible en feuillets minces, élastiques, à surface brillante, couleurs variées. P. S. 2,6.

Composition difficile à établir, mais se rapportant à un silicate d'alumine avec potasse, chaux, acide fluorique et quelquefois de la lithine, dans lequel la silice entre dans la proportion de 40 à 45 pour cent, l'alumine 32 à 35, l'alcali 10 à 12 et l'acide fluorique 2 à 4.

On a remarqué que tous les Micas sont à base de potasse et qu'ils ne contiennent ni magnésie ni soude. Certaines variétés renferment de la lithine, comme on peut en juger par les analyses suivantes :

	de Zinnwald.	d'Altenberg.	du Cornouailles.
Silice.	46,23	40,19	50,82
Alumine. . . .	14,14	22,79	21,33
Prot. de mang.	4,57	2,02	»
— de fer . .	17,97	19,78	9,08
Potasse.	4,90	7,49	9,86
Lithine.	4,21	3,06	4,05
Acide fluorique.	8,53	3,99	4,81
	100,55	99,25	99,95

Composition de Micas privés de lithine :

	d'Utoë.	d'Achotzh.	du Cornouailles.
Silice.	47,50	47,19	36,54
Alumine	37,20	32,80	25,47
Peroxyde de fer.	3,20	1,47	27,06
— de mang.	0,90	2,58	1,92
Potasse.	9,60	8,35	5,48
Chaux	»	6,13	0,93
Acide fluorique.	0,56	0,29	2,70
Eau.	2,67	4,07	»
	101,59	102,88	100,00

Le Mica est partie constituante du Granite et du Micaschiste ; mais il se trouve accidentellement dans d'autres Roches et principalement dans certains Grès.

4° TALC & STÉATITE.

Substance d'un blanc verdâtre très-clair, ordinairement argentin, onctueuse au toucher ; à éclat nacré un peu gras ; infusible au chalumeau : inattaquable par les acides. P. S. 2,56 à 2,80.

Les analyses suivantes indiquent sa composition :

	De Chamounix, par Marignac.	Oxygène.	Rap.	de Rhode Island par Delesse.	Oxyg.	Rap.
Silice	62,58	32,42	9	65,75	32,079	15
Magnésie	35,40	3,74 }	4	31,68	12,260 }	6
Oxyde ferreux.	1,98	0,47 }		1,70	0,387 }	
Eau	0,04			4,83	4,294	2

Ce qui conduit à la formule $2\ Mg^{2}\ Si^{5} + 2\ Aq.$

Ces deux analyses ne diffèrent que par la proportion d'eau ; mais cette différence doit tenir à ce que dans la première la calcination n'a pas été assez forte.

Le nom de Talc a été appliqué à des minéraux d'un vert ordinairement clair, onctueux, infusibles, mais qui, n'étant pas exclusivement formés de silicate de magnésie, appartiennent à des espèces distinctes qui se rapportent en général à la Chlorite.

La Stéatite de Briançon ne diffère du Talc proprement dit

que par une moins grande richesse en magnésie. Voici les résultats de l'analyse faite par Vauquelin :

		Oxygène.	Rapport.
Silice...........	64,85	33,69	15
Magnésie........	28,43	11,04	5
Protoxyde de fer.	1,40	0,31	
Eau............	5,22	4,52	2

Sa formule serait 5 $Mg\,Si^{5}$ + 2 Aq. Comme d'ailleurs les Talcs et les Stéatites ne sont jamais nettement cristallisés, leur séparation au point de vue géologique surtout ne serait pas justifiée.

Le Talc fait partie essentielle des Protogynes et des Talcschistes.

5° CHLORITE.

Substance tendre, onctueuse au toucher, flexible et non élastique, translucide : chauffée au rouge dans le tube, elle dégage de l'eau : au chalumeau elle s'exfolie, blanchit et fond difficilement en un émail grisâtre. P. S. 2,67.

	De Mauléon, par Delesse.	d'Ala, par Descloiseaux	de Silésie, et Marignac.	Rap. de l'oxygène.
Silice.........	32,10	30,01	30,11	18
Alumine.......	18,50	19,11	19,45	12
Oxyde ferrique.	»	4,81	4,61	
Magnésie......	36,70	33,15	32,27	15
Oxyde ferreux..	0,60	»	»	
Eau...........	12,10	12,52	12,52	13
	100 »	99,60	99,76	

Sa formule est 6 $Al^{2}\,Si$ + 12 $Mg\,Si\,Aq$ + $Mg^{5}\,Aq$ ou 2 $Al^{2}\,Mg$ + 4 $Mg^{2}\,Si^{2}\,Aq^{2}$.

La Chlorite fait partie essentielle des Chloritoschistes qui comprennent beaucoup de schistes désignés improprement sous le nom de schistes talqueux ou Talcschistes.

6° PYROXÈNE.

Le Pyroxène constitue un groupe de variétés qui sont toutes des silicates doubles à base de chaux, de magnésie, de manganèse, de protoxyde de fer, dans lesquelles les bases peuvent se substituer les unes aux autres dans toutes proportions sans troubler la formule.

Rammelsberg considère toutes les variétés du Pyroxène comme formant une même espèce qu'il désigne sous le nom d'*Augite;* mais sous le rapport de la composition, il y admet six divisions qui sont :

1° l'Augite calcaréo-magnésienne............. $(Ca, Mg) Si^2$
(Diopside)
2° l'Augite calcaréo-ferrugineuse............... $(Ca, Fe) Si^2$
(Hedenbergite)
3° l'Augite calcaréo-manganésienne........... $(Ca, Mn) Si^2$
(Bustamite)
4° l'Augite ferro-manganésienne............... $(Fe, Mn) Si^2$
5° l'Augite calcaréo-magnésienne et ferrugineuse $(Ca, Mg, Fe) Si^2$
(Augite, Sahlite)
6° l'*Augite ferro-magnésienne*................. $(Fe, Mg) Si^2$
(Hyperstène).

A. PYROXÈNE DIOPSIDE.

Substance blanche ou d'un vert clair, transparente ou translucide; d'un vert-olive ou d'un vert noirâtre. P. S. 3,23 à 3,34. Fusible au chalumeau; inattaquable par les acides.

La composition générale des Diopsides conduit de la formule $(Ca, Mg) Si^2$ à la formule $(Ca, Mg, Fe) Si^2$.

	Diopside de Mussa.	Diopside de Dalécarlie.
Silice	58,50	54,08
Chaux	17,50	23,47
Oxyde de fer.	4,00	11,02
Magnésie. . .	20	11,47
	100,00	100,04

La Roche décrite sous le nom de Lherzolite (Pyroxénite) est entièrement formée de Diopside.

B. PYROXÈNE HEDENBERGITE.

Substance vert-bouteille, fusible en émail noir. P. S. 3,10. Composition conduisant à la formule $(Ca, Fe) Si^2$.

L'Hedenbergite dont on trouvera la composition à l'espèce

Roche *Pyroxénite,* fait partie des Pyroxénites radiées et fibreuses du Campiglièse, de l'île d'Elbe et du cap Filfilah.

C. PYROXÈNE BUSTAMITE.

Substance d'un gris rosé ou jaunâtre, à texture fibreuse radiée. P. S. 3,35 à 3,46.

Composition conduisant à la formule (*Ca, Fe, Mn*) Si^2.

Elle est abondante dans les Pyroxénites du Campiglièse, ainsi qu'au lieu appelé Real de Minas de Fetela, province de Pullo, dans l'Amérique méridionale, où elle a été découverte par M. Bustamente.

D. PYROXÈNE AUGITE.

Substance d'un noir foncé, opaque, fusible en un émail noir. P. S. 3,30 à 3,47.

Sa composition conduit à la formule (*Ca, Mg, Fe*) Si^2.

	de Fassa.	de l'Etna.	de la Somme.	Oxyg.	Rap.
Silice	50,15	52,00	50,27	24,93	2
Chaux	19,57	13,20	12,20	6,75	1
Oxyde de fer.	12,04	16,66	20,66	2,73	
Magnésie. . .	13,48	10,00	10,45	3,39	
Alumine . . .	4,02	3,34	3,67	2,33	
	99,26	95,20	97,25		

L'Augite est Pyroxène des volcans; elle est très-abondante dans les produits rejetés par l'Etna et le Vésuve. Certaines Laves et les Basaltes la retiennent comme partie constituante.

Nota. Les Asbestes ou Amiantes appartiennent à la Serpentine, à l'Amphibole ou au Pyroxène. Le plus grand nombre se rapportent à cette dernière espèce.

7° DIALLAGE & HYPERSTÈNE.

Synonymie. *Bronzite, Schillerspath, Smaragdite.*

Substance pierreuse, verdâtre ou brunâtre ou noirâtre, d'un éclat métalloïde bronzé, à cassure éminemment lamelleuse; rayant le verre et rayée par une pointe d'acier, fusible au chalumeau; inattaquable par les acides. P. S. 3,38

	Diallage de Gulsen.	Oxyg.		de Prato.	de Piémont.	Oxyg.		Rap.
Silice........	56,41		29,30	53,700	50,05		26,09	2
Chaux.......	»			19,088	15,63	4,39		
Magnésie....	31,50	12,19		14,909	17,24	6,67	13,79	1
Protox. de fer.	6,56	1,50	14,43	8,671	11,98	2,73		
Prot. de Mang.	3,30	0,74		0,380	»			
Alumine.....	»			2,470	2,58			
Eau.........	2,38			1,773	2,13			
	100,15			100,491	99,61			

La formule qui représente ces analyses, en faisant abstraction de l'eau, est $(Mg, Ca, Fe)\ Si^2$, la même que pour le Pyroxène. La *Smaragdite* qui est d'un vert-émeraude serait formée, d'après M. Delafosse et Hisinger, de la réunion de lames d'Amphibole et de Pyroxène, groupées d'une manière plus ou moins régulière. Le Diallage proprement dit est partie constituante de l'Euphotide. Nous donnons ici l'analyse de quelques Hyperstènes qui ne se distinguent du Diallage que par une teinte plus foncée.

	de l'île S.-Paul.	de la baie de Baffin.	du Labrador.	de l'île de Sky.	Oxy.	Rap.
Silice.........	46,11	58,27	54,25	51,348	25,67	2
Chaux........	5,38	»	1,50	1,836	0,52	
Magnésie.....	25,87	18,96	14,00	11,092	4,44	1
Protoxy. de fer	12,70	14,42	24,50	33,924	7,54	
Prot. de Mang.	5,29	6,34	»	»		
Alumine......	4,07	2,00	2,25	»		
Eau	0,48	»	1,00	0,500		
	99,90	99,99	97,50	98,700		

La formule qui représente l'ensemble de ces analyses est $(Mg, Fe)\ Si^2$, la même que celle du Pyroxène et du Diallage.

L'Hyperstène est classé par M. Dufrénoy comme une variété de Pyroxène : or, M. G. Rose, à son tour, considère l'Amphibole et le Pyroxène comme des divisions d'une grande espèce qui comprend en outre l'*Hyperstène* et le *Diallage,* minéraux dont la composition est identique ou du moins très-rapprochée de celle du Pyroxène.

Si cette manière de voir prévalait parmi les minéralogistes, elle influerait beaucoup sur la simplification de l'étude des Roches, puisqu'elle grouperait sous une dénomination univoque des Roches que des rapports intimes de position et d'âge affilient déjà les unes aux autres.

L'Hyperstène fait partie intégrante d'une Roche assez peu répandue, désignée par le nom d'*Hypérite,* dans laquelle il est associé à du Feldspath Labrador cristallin. Pour nous c'est une véritable Euphotide à Feldspath cristallin.

8° AMPHIBOLE.

Synonymie. *Hornblende.*

Substance lamelleuse, verdâtre ou noirâtre, fusible au chalumeau; inattaquable par les acides; P. S. 3,16; rayant la chaux carbonatée.

Les analyses suivantes montrent sa composition :

	Lamelleuse des environs de Nantes,	des Pyrénées,	du Zillerthal.	Oxygène.	Rapport.
Silice......	57,60	54,60	53,1	27,58	9
Chaux......	9,56	10,45	11,4	3,20	1
Magnésie...	7,85	19,30	7,4	3,02	
Prot. de fer.	22,67	12,10	25,6	5,82	3
— de mang.	»	»	0,2	0,04	
Alumine...	0,75	0,85	1,7		
Eau	»	1,55	»		
	98,43	98,85	99,8		

Sa formule peut s'écrire ainsi : $Ca, Si^{3} + 3\,(Mg, Fe)\,Si^{2}$.

L'Amphibole est partie constituante de la Syénite, de l'Amphibolite et des schistes Amphiboleux ; elle se trouve accidentellement dans certains Granites et Micaschistes, ainsi que dans quelques Porphyres.

9° SERPENTINE.

Synonymie. *Pierre ollaire.*

Substance d'une couleur verte, tantôt claire, tantôt très-foncée, quelquefois de couleur homogène, présentant souvent deux nuances de couleur très-différente, d'un vert foncé avec des taches ou bandes de vert clair comme la peau des serpents; tendre, susceptible d'être taillée et tournée : cassure inégale, esquilleuse ; éclat gras ; douce au toucher. P. S. 2,50 à 2,66 ; donnant de l'eau par calcination ; infusible au chalumeau, attaquable en partie par les acides.

La composition de la Serpentine présente des différences qui résultent de la manière dont cette Roche a été produite.

Elle est, comme les Porphyres, à l'état de magma. Les proportions les plus habituelles de ses éléments sont :

Silice de 42 à 44.
Magnésie de 36 à 38.
Eau de 12 à 13.

Sa couleur verte est due à l'oxyde de chrôme.

Nous transcrivons trois analyses de Serpentine :

	de Taberg.	de Hoboken.	Noble.
Silice.	36,19	41,67	42,50
Magnésie. . .	21,08	41,25	38,63
Chaux	»	»	0,25
Prot. de fer. .	22,73	»	1,50
— de mang.	0,17	»	0,62
Oxyde chrom.	»	1,64	0,25
Eau.	10,08	13,80	15,50
Alumine . . .	2,89	»	1,00

10° PÉRIDOT.

Substance vitreuse, verdâtre, rayant fortement le verre; infusible au chalumeau; soluble par les acides. P. S. 3,3 à 3,4.

Sa composition est :

		Oxygène.	Rapport.
Silice..............	40,08	20,82	1
Magnésie...........	44,24	17,12 }	
Protoxyde de fer....	15,26	3,47 }	1
— de mangan.	0,48	0,10 }	
Alumine...........	0,18		

Le Péridot appartient presque exclusivement aux terrains basaltiques et il se trouve dans toutes les localités où ces terrains se sont épanchés (Auvergne, Vivarais, Bords du Rhin, Islande). Il est disséminé dans les Roches de ces terrains en petits cristaux, en grains ou en rognons à structure granulaire. On le rencontre aussi, mais il y est assez rare, dans les Laves vomies par les volcans en activité (Laves d'Amalfi, Vésuve, Lancerote, îles Canaries).

11° AMPHIGÈNE.

Synonymie. *Leucite, Leucolithe.*

Substance blanche ou rosée, à cassure conchoïdale; éclat vitreux; cristallisant en trapézoèdres; infusible au chalumeau : P. S. 2,37 à 2,48.

Sa composition est :

		Oxygène.	Rapport.
Silice........	53,75	29,14	8
Alumine.....	21,63	10,79	3
Potasse......	21,35	3,58	1
	99,73		

Sa formule est $3\,Al\,Si^2 + K\,Si^2$.

L'Amphigène appartient exclusivement aux terrains volcaniques, il se rencontre dans les roches trachytiques (Pitigliano, Laach), dans les Roches basaltiques (Kaisestuhl [Bade]), et devient partie constituante de certaines Laves de la Somma, de Frascasti, d'Albano, etc.) qu'on désigne sous les noms d'*Amphigénites* et de *Leucitophyres*.

12° SOUFRE.

Substance jaune ou verdâtre, quelquefois rougeâtre, très-fragile; à cassure vitreuse; s'enflammant et brûlant avec la plus grande facilité avec une flamme bleue; et se transformant en acide sulfureux. P. S. 2,03.

13° CALCAIRE.

Substance faisant une effervescence très-vive avec l'acide azotique; se laissant rayer par une pointe d'acier : P. S. 2,52 à 2,72; produisant de la chaux vive au chalumeau; cristallisant dans le système rhomboédrique; se présentant dans la nature sous toutes les formes, pure ou mélangée avec d'autres substances, surtout avec de l'argile de la magnésie et du fer oxydé.

Elle est composée :

		Oxygène.	Rapport.
Chaux...........	56,15	15,77	1
Acide carbonique..	43,70	31,61	2

Sa formule est $Ca\,C^2$.

14° DOLOMIE.

Substance cristallisante dans le système rhomboédrique; soluble lentement dans les acides, avec une effervescence peu sensible; se laissant rayer par une pointe d'acier; affectant des teintes pâles. P. S. 2,85 à 2,92.

Elle est composée de :

		Oxygène.	Rapport.
Chaux...........	30,0	8,4	1
Magnésie........	22,4	3,6	1
Acide carbonique.	47,0	34,0	4

15° GYPSE.

Substance généralement blanche, se laissant rayer par l'ongle; blanchissant au feu et donnant de l'eau par calcination, insoluble dans les acides, légèrement soluble dans l'eau, environ dans 465 parties.

Elle a fourni à l'analyse :

		Oxygène.	Rapport.
Chaux...........	33	9,26	1
Acide sulfurique...	46	27,53	3
Eau.............	21	18,66	2

Sa formule est donc $Ca\ Su^3 + 2\ Aq$.

16° ANHYDRITE.

Substance aussi dure que le marbre, blanche ou bleuâtre; insoluble dans les acides; ne blanchissant pas au feu; ne différant du gypse sous le rapport chimique que par l'absence de l'eau.

Elle est composée de :

		Oxygène.	Rapport.
Chaux...........	42 —	11,79 —	1
Acide sulfurique...	57 —	34,12 —	3

Ce qui correspond à la formule $Ca\ Su^3$.

17° ALUNITE.

Substance pierreuse, blanchâtre ou jaunâtre, insoluble : réduite en poudre, elle se dissout dans l'acide sulfurique, elle donne de l'eau par la calcination, et devient en partie soluble après cette opération. P. S. 2,69.

Les alunites de Montioni (1) et de Boregszasz, en Hongrie (2), ont donné les résultats suivants :

	(1)	(2)
Alumine..........	40,00	26,00
Potasse...........	13,80	7,30
Acide sulfurique...	36,60	27,00
Eau...............	10,60	8,20
	Quartz	26,30
	Oxyde de fer	4,00

18° SEL GEMME.

Substance pierreuse, soluble dans l'eau : P. S. 2,25; rayant la chaux sulfatée; saveur *sui generis*; composée de :

		Rapport.
Sodium.......	39,66	1
Chlore........	60,36	2

Formule *Na Cl*.

19° FER OXYDULÉ.

Substance métalloïde, noir de fer, à poussière noire très-attirable au barreau aimanté et magnétique. P. S. 4,74 à 5,09.

Composition :

Peroxyde de fer...	69	Oxygène...	28,215
Protoxyde de fer..	31	Fer.......	71,785

Sa formule est fF^{3}.

Ce minerai est fréquemment mélangé d'oxyde de titane, comme l'indiquent les analyses suivantes :

	de Madagascar.	de la Baltique.	du Puy.
Acide titanique. .	22,00	14	12,60
Oxyde de fer. . .	75,00	85,50	82,00
Oxyde de mang..	0,60	0,50	4,60
Silice et alumine.	1,80	»	0,60

Cette variété se trouve principalement dans les sables qui proviennent de la destruction des Roches qui contenaient le fer oxydulé.

20° FER PEROXYDÉ.

Substance métalloïde (Fer oligiste) ou concrétionnée (hématite rouge), ou lithoïde; donnant une poussière d'un rouge brun; soluble dans l'acide hydrochlorique. P. S. 5,24. Elle est composée de :

Fer.........	69,34
Oxygène....	30,66

Mais sa pureté est fréquemment altérée par des mélanges et surtout par de l'argile.

21° FER HYDROXYDÉ.

Substance non métalloïde, brune ou jaune, toujours à poussière jaune; P. S. 3,37 à 3,94 : donnant de l'eau par calcination : composée de :

		Oxygène.	Rapport.
Peroxyde de fer....	82	25,14	2
Eau..............	14	12,48	1

Formule $Fe^{2} Aq$.

22° FER CARBONATÉ.

Substance pierreuse, soluble lentement à froid sans effervescence sensible, faisant une vive effervescence à chaud : solution précipitant abondamment par l'hydro-cyanate ferrugineux de potasse : rayant le calcaire. P. S. 3,80. Composition fc^{2}, plus ou moins mélangée de carbonate de chaux, de magnésie et de manganèse.

23° FER SULFURÉ.

Substance d'un jaune d'or ou d'un jaune verdâtre, étincelant sous le choc du briquet en donnant une odeur de soufre très-prononcée; P. S. 4,6 à 4,80 ; composée de :

		Rapport atomique.	
Soufre.........	54,26	0,270	2
Fer............	45,74	0,135	1

Formule $Fe\, Su^{2}$.

24° MANGANÈSE PEROXYDÉ.

Substances de couleur noirâtre, donnant plus ou moins de chlore par l'action de l'acide hydrochlorique ; P S. 4,31, à 4,94; composées d'oxyde de manganèse. On distingue la *Pyrolusite* Mn ; l'*Acerdèse 3 Mn + Aq*, et la *Psilomélane*, ou *Manganèse oxydé barytifère Ba Mn*^{4} *+ 2 Aq* : ces diverses espèces se trouvant fréquemment mélangées dans un même gisement, leur séparation en géologie ne pourrait s'opérer convenablement.

La couleur de la Pyrolusite est le gris noirâtre ou le noir : elle est infusible au chalumeau, mais elle éprouve par son action un changement de couleur, et devient rougeâtre au feu de réduction; elle produit une vive effervescence lorsqu'on la fond avec du borax, par suite de l'oxygène qui se dégage; elle ne donne pas d'eau par la calcination.

La plupart de ces herborisations noires que l'on observe dans certaines Roches, et que beaucoup de personnes prennent à tort pour des plantes, appartiennent à cet oxyde de manganèse.

L'Acerdèse présente des caractères extérieurs presque identiques à ceux de la Pyrolusite. Cependant sa poussière est brune, tandis qu'elle est constamment noire dans celle-ci : de plus, calcinée dans le tube, elle laisse dégager une proportion d'eau assez considérable, environ 10 pour 100.

L'Acerdèse est souvent confondue avec la Pyrolusite, mais elle est beaucoup moins riche en oxygène, et sous ce rapport elle est d'un emploi presque nul pour l'industrie. C'est par allusion à son peu d'usage que M. Beudant l'a désignée par l'expression d'*acerdèse*, qui veut dire *non profitable*. Elle se trouve en masses cristallisées, fibreuses, amorphes, concrétionnées et terreuses.

La *Psilomélane* est beaucoup plus solide et plus dure que la Pyrolusite, dont elle diffère essentiellement par la présence de la baryte : elle n'est jamais cristallisée ; elle forme des rognons, des masses concrétionnées, et même des stalactites ; le plus ordinairement elle est amorphe. Sa cassure, égale ou conchoïde, est toujours mate ; on n'y aperçoit ni la texture fibreuse, ni la texture testacée. Sa couleur est d'un noir bleuâtre prononcé.

25° BARYTE SULFATÉE.

Substance généralement blanchâtre ou d'un blanc grisâtre, insoluble dans les acides ; rayant la Chaux carbonatée, rayée par la Chaux fluatée. P. S. 4,30 à 4,56.

Composée de

		Oxygène.	Rapport.
Baryte.	65,33	6,83	1
Acide sulfurique. .	34,22	20,49	3

Sa formule est $Ba\ Su^{3}$.

Elle est souvent mélangée de strontiane sulfatée, de chaux sulfatée, de silice ou d'alumine.

Ce minéral qui accompagne presque constamment les sulfures métalliques auxquels il sert de gangue se présente cristallisé, ou bien en masses grenues, compactes et terreuses.

26° CHAUX FLUATÉE.

Substance pierreuse, cristallisant dans le système cubique, rayant le Calcaire, rayée par une pointe d'acier : fusible au chalumeau ; attaquable par les acides, surtout par l'acide sulfurique. P. S. 31 à 3,2. Elle présente fréquemment des couleurs vives.

La composition de la chaux fluatée est :

		Rapports.	
Calcium.	51,87	0,20	1
Fluor. .	48,13	0,41	2

Ce qui correspond à la formule $Ca\ F^{2}$.

Ce minéral, comme l'espèce précédente, est fréquemment subordonné aux gîtes métalliques, particulièrement aux gîtes de minerais de plomb et d'étain.

CLASSIFICATION DES ROCHES

PAR FAMILLES, GROUPES ET ESPÈCES.

	FAMILLES	GROUPES.		ESPÈCES.
ROCHES	I D'ORIGINE IGNÉE	1. GRANITIQUES		1 Granite
				2 Syénite
				3 Protogyne
				4 Quartz (éruptif)
		2. PORPHYRIQUES	SOUS-GROUPES A FELDSPATHIQUES	1 Orthophyre
				2 Albitophyre
				3 Labradophyre
				4 Oligophyre
			B MAGNÉSIENNES	1 Amphibolite
				2 Euphotide
				3 Serpentine
				4 Pyroxénite
		3. VOLCANIQUES	SOUS-GROUPES A TRACHYTIQUES	1 Trachyte
				2 Phonolite
			B BASALTIQUES	1 Basalte
				2 Leucitophyre
			C LAVIQUES	1 Lave
				2 Soufre
	II D'ORIGINE AQUEUSE	1. DÉPOSÉES CHIMIQUEMENT		1 Calcaire
				2 Dolomie
				3 Gypse
				4 Anhydrite
				5 Sel gemme
				6 Silex
				7 Fer sulfuré
				8 Fer oxydulé
				9 Fer peroxydé
				10 Fer hydroxydé
				11 Fer carbonaté
				12 Manganèse peroxydé
		2. DÉPOSÉES MÉCANIQUEMENT		1 Schiste argileux
				2 Argile
				3 Grès
		3. CHARBONNEUSES OU D'ORIGINE VÉGÉTALE		1 Asphalte
				2 Anthracite
				3 Houille
				4 Lignite
				5 Tourbe

ROCHES	FAMILLES	GROUPES.	ESPÈCES.
ROCHES	III MÉTAMORPHIQUES	A SCHISTES CRISTALLINS	1 Micaschiste 2 Talcschiste 3 Chloritoschiste 4 Amphibolischiste 5 Argiloschiste
		B D'ORIGINE CHIMIQUE	1 Calcaire 2 Dolomie 3 Gypse 4 Anhydrite
		C D'ORIGINE MÉCANIQUE	1 Alunite 2 Quartzite 3 Jaspe 4 Porcellanite

DEUXIÈME PARTIE.

DESCRIPTION DES ROCHES.

Les Minéraux dont l'énumération vient d'être donnée, entrent dans la composition de la partie solide du globe, et par leurs divers aggroupements, forment les *Roches*.

On doit entendre par Roche tout Minéral ou tout mélange de Minéraux qui se rencontre en grandes masses dans l'écorce de la Terre et sur une étendue assez considérable pour qu'on puisse le regarder comme une des parties composantes de cette écorce, et non pas comme un corps qui y est simplement engagé de diverses manières. Ainsi les Argiles renferment fréquemment des cristaux de Gypse; l'Argile seule est une Roche, et le Gypse est un minéral accidentel; par contraire les Gypses sont quelquefois mélangés d'Argile : l'Argile dans ce dernier cas ne joue pas le rôle de Roche.

Lorsque les masses minérales ne sont composées que d'une seule substance, telle que le Calcaire, la Roche est dite *homogène; hétérogène,* lorsque la masse offre la réunion de plusieurs substances : le Granite, etc.

Les Roches se distinguent en outre en massives, schisteuses, compactes, calcaires, argileuses, grésiformes :

Massives, lorsque, comme dans les Granites et les Laves, elles sont formées par suite du refroidissement d'une matière en fusion.

Schisteuses, lorsqu'elles sont formées de feuillets parallèles qui se laissent diviser facilement : les Micaschistes et les Ardoises.

Compactes, lorsqu'elles proviennent d'une masse qui n'a pas de stratification bien prononcée, comme certains Grès.

Calcaires, lorsqu'elles sont formées par du carbonate de chaux : tous les Marbres.

Argileuses, lorsqu'elles sont composées d'Argile pure.

Grésiformes, lorsqu'elles sont composées de grains de Quartz agglutinés; *sableuses,* lorsque les grains de Quartz n'ont aucune adhérence entre eux.

On doit ranger dans la division des *Grésiformes* les *Poudingues,* qui ne sont autre chose que des Roches à éléments roulés, et les *Brèches* et *Conglomérats,* substances à fragments variés, mais qui n'ont pas subi un transport et une division aussi grande que les Poudingues et les Grès.

On applique le nom de ROCHES MASSIVES, ou d'ORIGINE IGNÉE, ou de PLUTONIQUES à toutes les Roches qui composent les terrains formés par voie ignée, c'est-à-dire les Roches granitiques, porphyriques et volcaniques. Nous verrons dans les descriptions qui en seront données, qu'elles se lient entre elles par des nuances insensibles et que le mode de leur origine ne saurait être douteux. Le Feldspath joue le principal rôle dans leur composition ; aussi ce minéral est-il choisi comme élément de première valeur dans leur spécification.

Les Roches qu'on désigne sous le nom de ROCHES d'ORIGINE AQUEUSE, de NEPTUNIENNES ou de SÉDIMENTAIRES ont été déposées au fond des eaux, soit par précipitation chimique, comme le Calcaire, soit par une opération mécanique à la suite de laquelle des fragments arrachés aux Roches préexistantes ont été charriés à des distances plus ou moins grandes et ont formé des couches régulières : tels sont les Grès et les Argiles.

Fig. 1.

La figure ci-dessus montre la disposition relative des terrains d'origine plutonienne qui en occupent le centre, et des terrains neptuniens qui sont relevés ou horizontaux et forment des couches régulières et parallèles.

D'autres, et les Houilles sont dans ce cas, quoique déposées sous les eaux, proviennent de l'accumulation de végétaux qui ont été convertis en matières charbonneuses ; aussi on les appelle ROCHES D'ORIGINE VÉGÉTALE OU CHARBONNEUSES.

Les Roches neptuniennes les plus répandues sont d'une composition très-simple et se montrent en couches régulières, parallèles entre elles, qu'elles conservent une position horizontale ou inclinée ; elles renferment en outre des débris d'animaux ou de végétaux : les Roches massives, au contraire, présentent une composition plus compliquée, affectent des formes irrégulières, poussent des ramifications au milieu des Roches sédimentaires, et sont toujours privées de corps organisés fossiles. Des caractères aussi tranchés permettent de déterminer avec facilité et de distinguer le mode de formation de ces deux classes de Roches.

Enfin on désigne sous le nom de ROCHES MÉTAMORPHIQUES des Roches d'origine aqueuse qui, au contact ou dans le voisinage des Roches d'origine ignée, ont éprouvé des modifications dans leur texture ou dans leur composition. Voici comment MM Elie de Beaumont et Dufrénoy développent les idées principales de la théorie du Métamorphisme. Les terrains stratifiés et les terrains non stratifiés résultent généralement de phénomènes neptuniens ou plutoniques indépendants les uns des autres. Cependant on conçoit que ces phénomènes ont pu exercer successivement leur influence sur les mêmes masses.

De là sont, en effet, résultés des terrains ambigus, qui, étant à la fois stratifiés et cristallins, se liant en même temps aux dépôts les plus évidemment sédimentaires et aux masses cristallines d'origine éruptive, ont été, parmi les géologues, le texte de longues discussions. Ils ont fourni de nombreux arguments pour classer les Granites parmi les Roches neptuniennes, jusqu'à ce qu'on ait compris que de grandes masses de terrains pouvaient conserver, dans leur stratification, des traces d'un premier dépôt sous les eaux, et avoir subi ensuite, par l'influence de la chaleur et de certains agents chimiques, un changement dans leur état cristallin et même dans leur composition. Ces altérations, qui n'ont pas nécessité une fusion complète, et qui ont laissé subsister la stratification, ont reçu le nom de *métamorphisme*.

Les Roches métamorphiques passent d'une manière insensible aux Roches sédimentaires non altérées. Quelquefois ce sont des couches de Grès qui ont été transformées en Quartzites d'apparence cristalline : les défilés du Grand et du Petit Saint-Bernard, dont les Roches possèdent la propriété singulière de se casser en fragments prismatiques, la montagne du Roule près Cherbourg, les montagnes d'Arrée dans la Bretagne, nous offrent des exemples remarquables de cette altération. Le Schiste ardoisier, que sa fissilité extraordinaire permet de diviser en plaques minces et unies, doit également cette propriété, si utile à l'industrie, à une altération qu'il a éprouvée dans sa structure par un changement moléculaire postérieur à son dépôt. Cette disposition schisteuse n'est pas, comme on le croit assez généralement, le résultat d'un dépôt par couches minces, quoique le Schiste ardoisier soit rangé avec raison dans les terrains de sédiment; mais les lits de couches sont souvent obliques aux plans de fissilité de l'Ardoise, de sorte qu'on reconnaît que la structure de cette Roche a été soumise successivement à deux causes différentes. La première, sédimentaire, a déposé la Roche par couches plus ou moins épaisses ; la seconde, dérivant plus ou moins directement de phénomènes ignés, a permis aux molécules de s'associer différemment, et lui a communiqué un état à la fois cristallin et fissile.

Souvent l'altération des Roches sédimentaires, par l'action de la chaleur ou par celle de divers autres agents, a été bien plus profonde que dans les Ardoises. Elles ont alors pris une texture complétement cristalline, et se distinguent des Roches de cristallisation, d'origine éruptive, par les traces de stratification qu'elles conservent : telle est l'origine des Micaschistes, du Schiste talqueux, du Calcaire saccharoïde et souvent même du Gneiss (Granite schistoïde).

L'altération des Roches s'est reproduite dans les terrains de tous les âges; mais elle est cependant beaucoup plus fréquente dans les terrains stratifiés les plus anciens. Cette circonstance est facile à concevoir. Notre globe possède une chaleur propre, à l'existence de laquelle se rattache l'origine de toutes les Roches éruptives : cette chaleur intérieure a été aussi la cause première de la texture cristalline qu'ont prise très-fréquemment, par *métamorphisme,* les dépôts stratifiés, les plus anciens. La première couche de matières solides qui s'est formée par refroidissement sur la surface du globe d'abord complétement en fusion, a dû, même lorsqu'elle etait encore très-mince, permettre aux vapeurs qui entouraient notre planète de se condenser sous forme d'eau. Constamment réunies, depuis lors, dans les cavités plus ou moins profondes que la surface de la terre a pu présenter, elles ont formé les mers et les lacs dans lesquels les terrains de sédiment se sont déposés. Les Roches ignées ont donc été presque partout recouvertes par les couches formées par la voie neptunienne ; mais comme, lors du dépôt des couches sédimentaires les plus anciennes, la croûte solidifiée du globe n'était encore que fort peu épaisse, celles-ci ont été pendant très-longtemps exposées à un flux de chaleur très-intense, qui a communiqué à toute la partie inférieure de la masse une très-haute température, sous l'influence de laquelle leurs molécules ont pu se grouper sous forme cristalline.

De là il résulte que les Roches stratifiées, devenues cristallines par le phénomène du métamorphisme, se trouvent à la base des terrains stratifiés non altérés, qui couvrent une grande partie de la surface du globe, et qui reposent tantôt sur des Roches cristallines non stratifiées, tantôt sur des Roches cristallines stratifiées d'origine métamorphique. C'est là la position relative la plus habituelle des deux classes de Roches dont nous venons de parler. Cette position, jointe à la circonstance inhérente à la formation des Roches cristallines de ne contenir aucuns restes organisés, les a fait désigner sous le nom de *Roches primitives*, et, par suite, les terrains qui les renferment sont appelés *terrains primitifs* ou *primordiaux*. Cette dénomination, vraie dans une certaine acception, est cependant en opposition avec les découvertes fondamentales de la Géologie moderne, lesquelles montrent que l'action ignée est continue, et que les Roches de cet ordre se sont produites à toutes les époques de la formation de notre globe. On paraît, en conséquence, s'accorder maintenant à donner aux terrains qui en sont composés le nom de *terrains cristallisés*.

Les altérations que les dépôts sédimentaires ont éprouvées de la part des Roches d'origine éruptive, ne se sont pas bornées à des bouleversements et à des changements de texture moléculaire ; souvent de nouveaux principes y ont été introduits. Quelquefois ces nouveaux principes, se répandant dans toute la masse, en ont changé la nature ; ainsi, des masses calcaires ont été transformées en Gypse ou en Dolomie par l'introduction de l'acide sulfurique ou de la magnésie ; d'autres fois, ces matières adventives, au lieu de se répandre dans la masse entière du terrain pénétré, se sont concentrées dans les fentes qu'il présentait. Telle est l'origine des filons dans lesquels se trouvent un grand nombre de minéraux cristallisés, et qui forment le gisement le plus habituel des métaux.

Telles sont les considérations générales sur lesquelles est fondée une théorie pleine de hardiesse, il est vrai, mais dont l'application a eu pour résultat heureux de dissiper en grande partie les ténèbres qui ont obscurci si longtemps l'histoire des terrains cristallins. Les détails consignés à la suite de la description de chaque Roche métamorphique, en complétant ces premières notions, montreront toute l'importance qui se rattache à cette question encore controversée aujourd'hui, ainsi que les secours que l'interprétation des phénomènes dont elle s'occupe a fournis à la Géologie.

Avant de passer en revue les genres, espèces et variétés de Roches que nous avons adoptés, nous donnons le tableau général des Formations géologiques dans lesquelles ces Roches se trouvent distribuées.

TABLEAU GÉNÉRAL DES FORMATIONS.

TERRAINS MODERNES.	1° Alluvions modernes	Deltas. Dunes. Tourbe. Récifs de coraux. — L'*Homme* est créé.
	2° Alluvions anciennes	Cavernes à ossements. Blocs erratiques. — *Elephas primigenius*.
TERRAINS TERTIAIRES.	1° Supérieur ou Pliocène.. (*subapennin* de M. d'Orbigny.)	Argiles subapennines. Cailloux de la Bresse. Sables des Landes. Minerais en grains de la Haute-Saône. — *Mastodon angustidens. Elephas meridionalis*.
	2° Moyen ou Miocène ..... (*Falunien* et *Tongrien* de M. d'Orbigny.)	Molasse de la Suisse et de la Provence. Calcaire lacustre de la Beauce. Grès de Fontainebleau. — *Dinotherium giganteum*.
	3° Inférieur ou Eocène.... (*Parisien* et *Suessonien* de M. d'Orbigny.)	Gypses de Montmartre et d'Aix. Calcaire grossier parisien. Lignites du Soissonnais et des environs de Marseille. — *Anoplotherium* et *Palæotherium*.

Terrains	Formation	Étage	Subdivisions	Fossiles caractéristiques
TERRAINS SECONDAIRES.	FORMATION CRÉTACÉE.		1° Craie supérieure au calcaire pisolitique (*Danien* de M. d'Orbigny).	
			2° Craie blanche et craie marneuse (*Sénonien* de M. d'Orbigny).	*Belemnites mucronatus. Ostrea vesicularis.*
			3° Grès vert supérieur (*Turonien* et *Cénomanien* de M. d'Orbigny).	*Ostrea columba. Radiolites agariciformis.*
			4° Gault (*Albien* et *Aptien* de M. d'Orbigny).	*Ammonites Beudanti. Belemnites semi-canaliculatus*
			5° Néocomien .... (*Urgonien, Néocomien* de M. d'Orbigny, et *Valenginien* de géologues suisses).	*Caprotina ammonia. Belemnites dilatatus. Ostrea Couloni. — Strombus Sautieri.*
	FORMATION JURASSIQUE.	Etage sup.	1° Wealdien	*Physa wealdensis.*
			2° Portlandien	*Pecten portlandicus.*
			3° Kimméridgien..	*Ostrea virgula.*
		Etage moy.	4° Corallien.......	*Diceras arietina.*
			5° Oxfordien......	*Belemnites hastatus.*
			6° Kellovien	*Belemnites latesulcatus.*
		Etage inf.	7° Jurassique inf. (*Bathonien* et *Bajocien* de M. d'Orb.).	Corn-brash : forest-marble. grande oolithe : fullers-earth : oolithe ferrugineuse. —*Terebratula digona. Ammonites Parkinsoni. A. Humphriesianus.*
		Lias.	8° Lias supérieur.. (*Toarcien* de M. d'Orbigny.)	*Ammonites bifrons.*
			9° Lias moyen (*Liasien* de M. d'Orb.).	*Ammonites margaritatus.*
			10° Lias inférieur.. (*Sinémurien* de M. d'Orbigny.)	*Ammonites Buklandi.*
			11° Grès infraliasique (Grès d'Hétanges).	
	FORM. TRIASIQUE.		1° Marnes irisées .... (*Saliférien* de M. d'Orb.)	*Avicula subcostata.*
			2° Muschelkalk......... (*Conchylien* de M. d'Orb.)	*Ammonites nodosus. Encrinites liliiformis.*
			3° Grès bigarré.........	*Woltzia brevifolia.*
TERRAINS PALÉOZOÏQUES.	FORM. PERMIENNE		1° Zechstein ...	*Productus horridus.*
			2° Grès rouge.. (*Permien* de M. d'Orbigny.)	*Palæothrissum macrocephalum.*
	FORMATION houillère			*Calamites Suckowii. Annularia longifolia.*

TERRAINS PALÉOZOÏQUES.		FORMATION carbonifère........ (*Carboniférien* d'Orbigny.)	*Productus semi-reticulatus. Productus cora. Phillipsia.*
		FORMATION dévonienne .... (*Dévonien* d'Orb.—*Vieux Grès rouge.*)	*Calceola sandalina. Phacops latifrons.*
	FORM. SILURIENNE	1° Supérieur .... (*Calcaire de Dudley.—Murchisonien* d'Orbigny.)	*Terebratula Wilsoni. Calymene Blumenbachii.*
		2° Moyen .... (*Caradoc sandstone. Dalles de Llandeilo.*)	*Orthis redux. Ogygia Guettardi. Asaphus tyrannus.*
		3° Inférieur .... (*Grès de Postdam.*)	Grès à *Lingula.*
TERRAIN cambrien (*Syst. Huronien*).			Grès et Schistes.
TERRAINS MÉTAMORPHIQUES ...		FORMATION DES SCHISTES CRISTALLINS.	Argiloschistes. Talcschistes. Chloritoschistes. Aimant. Calcaires micacifères. Micaschistes.

PREMIÈRE FAMILLE.

ROCHES D'ORIGINE IGNÉE.

PREMIER GROUPE.—ROCHES GRANITIQUES.

Substance dont l'élément principal est le Feldspath Orthose associé au Quartz, au Mica, au Talc ou à l'Amphibole. Ces minéraux sont tous à l'état cristallin.

Ce groupe comprend les espèces suivantes :

1. Granite commun.
   — à petits grains (*Leptinite*).
   — Schistoïde (*Gneiss*).
   — Feldspathique (*Pegmatite*).
   — Feldspathique décomposé (*Kaolin*).
2. Syénite.
3. Protogyne.
4. Quartz éruptif.

PREMIÈRE ESPÈCE.— GRANITE.

Synonymie. *Leptinite, Gneiss, Granite-gneiss, Granite veiné, Granulite, Pegmatite, Granite-graphique, Harmophanite, Weisstein, Greisen, Hyalomicte, Pétuntzé, Kaolin.*

Roche composée essentiellement d'Orthose, de Quartz et de Mica.

VARIÉTÉS.

1. **G. commun.** Orthose, Quartz et Mica également disséminés, couleur généralement grisâtre ou rougeâtre.

   Cherbourg, Corse, Nantes, île d'Elbe, Limoges, Confolens, Cannes, Saxe, Bohême, Angleterre, Etats-Unis, Vosges, Pyrénées, etc.

2. **G. porphyroïde.** De grands cristaux d'Orthose dans un Granite commun à petits grains.

   Bourgogne, lac d'Oo (Pyrénées), Confolens, Cornimont (Vosges), Corse, Plan-de-la-Tour (Var).

3. G. **AMPHIBOLIFÈRE**. Des cristaux d'Amphibole se mêlant aux trois éléments du Granite. Cette variété passe à la Syénite.
La Bresse (Vosges), Corse, Cherbourg.

4. G. **TALCIFÈRE**. Des paillettes de Talc se mêlant aux trois éléments du Granite. Cette variété passe à la Protogyne.
Alpes, Pyrénées, Corse, Var.

5. G. **TOURMALINIFÈRE**. Des cristaux de Tourmaline se mêlant aux éléments constituants du Granite.
Sables d'Olonne, Pyrénées, Alpes, Corse, île d'Elbe, Garde-Freinet (Var), cap Filfilah (Afrique).

6. G. **GRENATIFÈRE**. Des Grenats mélangés dans la pâte du Granite.
Bocognano (Corse), Estérel (Var), Pyrén., île d'Elbe.

7. G. **OLIGOCLASIFÈRE**. Granite à deux Feldspaths, dont l'un, le plus abondant, est l'Orthose, et le second, d'aspect plus mat, est l'Oligoclase.
Suède et Norwége, Riesengebirge, Finlande, Spitzberg, île d'Elbe, Bretagne, Forez.

8. G. **ALBITIFÈRE**. Granite à deux Feldspaths dont l'un est l'Orthose et l'autre l'Albite.
Alpes, Bavéno.

9. G. **GRENU** (*Leptinite* [1]). Variété du Granite commun dans lequel le Feldspath prend une texture grenue et finement miroitante.
Vosges, Schneckenstein en Saxe, où cette Roche renferme des topazes, Pyrénées, Bône (Afrique), E.-Unis.

---

(1) Le nom de Leptinite a été imposé par Haüy à une Roche de Feldspath grenu, pur ou mélangé d'autres substances (Quartz, Mica, Talc et Amphibole), passant, de l'aveu des auteurs qui l'ont conservé, au Granite, à la Syénite et à la Pegmatite.

Dans la chaîne des Vosges où le Leptinite est fort répandu, cette Roche constitue un véritable Granite à petits grains, qui est généralement traversé par des filons d'un Granite plus moderne, à gros grains ou porphyroïde. Nous n'avons pu conserver par conséquent l'espèce Leptinite, puisqu'elle fait en réalité double emploi avec le Granite.

Les terrains métamorphiques désignés sous la dénomination de *Schistes cristallins*, présentent souvent, vers les lignes de passage du Granite schistoïde au Micaschiste, comme intermédiaire, une Roche schisteuse composée de Feldspath grenu, de Quartz et de Mica, qui, quoique possédant la composition du Granite grenu, s'en écarte essentiellement au point de vue de son origine.

10. G. **SCHISTOÏDE** (*Gneiss, Granite-Gneiss* [1]). Granite à structure feuilletée dans lequel la disposition du Mica en bandes irrégulières donne à la masse l'apparence schisteuse.

Bretagne, Plateau central, Var, Corse, Sibérie, Pyrénées, Alpes, Norwége, Etats-Unis, Amérique méridionale, Ceuta, Bône (Afrique), Cannes (Var).

11. G. **FELDSPATHIQUE** lamellaire (*Pegmatite* [2]). Variété de Granite à Feldspath prédominant, dans laquelle le rôle du Mica est presque toujours effacé.

Pyrénées, Saint-Yrieix près de Limoges, environs d'Autun, île d'Elbe, monts Ourals, Etats-Unis, Garde-Freinet (Var).

12. G. **FELDSPATHIQUE** granulaire (*Granulite*). Variété de Granite feldspathique à Feldspath grenu ou finement lamellaire.

Cambo près de Bayonne, Bagnères-de-Luchon, Ax, Saint-Béat, Bocognano (Corse), Campiglia, île d'Elbe (Toscane), Djebel Filfilah (Afrique).

---

(1) Les remarques précédentes s'appliquent en grande partie au Granite schistoïde, tel que le définissent les auteurs, et qui renferme les mêmes éléments que le Granite, mais disposés en rubans, au lieu d'être mélangés sans ordre, comme ils le sont dans les Granites ordinaires; ainsi les Leptinites et les Gneiss sont susceptibles des mêmes variations que les types dont ils dérivent. Nous n'aurions pu ériger un simple accident de structure en caractère spécifique, sans violer les règles de la méthode et méconnaître les affinités d'origine. En effet, les Granites schistoïdes, qu'il ne faut pas confondre avec des Schistes micacés feldspathiques appartenant aux Schistes cristallins ou à des terrains métamorphiques plus récents et alternant avec des Calcaires grenus, sont une dépendance réelle du terrain granitique avec lequel ils forment un tout indivisible, leur facies particulier ne devant être attribué qu'à la plus grande abondance et à la dispositiou du Mica, ou bien à des circonstances spéciales de refroidissement.

(2) La Pegmatite comprend les Granites pauvres en Mica et riches en Feldspath. Comme cette circonstance purement fortuite ne donne naissance en réalité qu'à un accident comparable à l'avortement d'une étamine dans la fleur, il n'eût pas été rationnel de la conserver comme espèce. La Pegmatite au surplus faisant partie intégrante du genre des Roches granitiques dont elle partage aussi la composition et le gisement, la méthode n'avait pas le droit de disjoindre ce que la nature avait réuni. Les Granulites, à leur tour, ne sont que des variétés de Pegmatite dont le Feldspath est grenu ou à grains miroitants, tandis qu'il est lamellaire dans celle-ci.

13. G. FELDSPATHIQUE hébraïque. Des cristaux effilés de Quartz fichés dans le Feldspath, au milieu duquel ils dessinent des lignes brisées, imitant des caractères hébraïques.

Environs d'Autun, Ekatherinebourg (monts Ourals), Topsham (Etats-Unis), Bagnères-de-Luchon, île d'Elbe, cap Filfilah (Afrique).

14. G. QUARTZEUX (*Hyalomicte, Greisen* [1]). Variété dans laquelle le Feldspath est excessivement rare ou a disparu complétement,

Altenberg et Zinnwald en Bohême, Limoges, Pirias près de Nantes, Galice en Espagne, Topsham (Etats-Unis), La Garde-Freinet et l'Estérel (Var), île d'Elbe.

15. G. KAOLINIQUE ou DÉCOMPOSÉ, ou ÉPIGÉNIQUE. Décomposé plus ou moins profondément sur place et passant à une Argile blanche dite *Kaolin*.

Saint-Yrieix, Cambo, Saxe, Mercus (Pyrénées), Chine.

GISEMENT ET HISTOIRE.

Dans les premiers temps de la Géologie, on considérait tous les Granites sans exception, comme la Roche fondamentale sur laquelle toutes les autres étaient placées : mais l'observation a prouvé plus tard que cette opinion, prise dans une acception absolue, était erronée, puisqu'on a des exemples qui montrent que le Granite repose sur des roches fossilifères, dont l'âge même n'est quelquefois pas très-ancien.

De là, le démembrement de ce que l'on a appelé le *terrain primitif;* et comme les recherches des géologues tendent con-

---

(1) L'Hyalomicte est ainsi définie par Brongniart : Roche composée essentiellement de Quartz hyalin dominant et de Mica disséminé, non continu, ordinairement subordonnée au Granite. Il en est de l'Hyalomicte, comme de la Pegmatite : ce sont en quelque sorte des monstruosités du Granite. Dans la première c'est le Feldspath qui devient rare ou disparaît, c'est le Mica dans la seconde. Toutefois, il ne faut pas confondre les Hyalomictes granitoïdes, qui sont des Roches éruptives, de véritables Granites, avec certaines variétés de Micaschistes dans lesquelles le Quartz est dominant et le Mica discontinu. Ces dernières font partie des Schistes cristallins et sont par conséquent nettement stratifiées.

tinuellement à distraire quelques gisements de ce terrain, il est probable qu'il finira par se réduire considérablement.

Cependant, comme ces exceptions, quoique très-nombreuses, ne peuvent réduire à néant des faits généraux, et que, puisque les terrains se sont succédés, la série doit avoir nécessairement un premier terme; de plus, comme dans la supposition de l'incandescence primitive du globe, les matières qui devaient composer les Granites, ont dû se consolider à la surface, quoique la partie inférieure fût encore en fusion, et que de cette manière on conçoive très-bien que les premières couches fussent de Granite, et que la matière incandescente qui se trouvait immédiatement au-dessous pût fournir les éruptions granitiques postérieures à ces premières couches, ainsi qu'à des terrains sédimentaires, on doit reconnaître des Granites primitifs, en considérant comme tels ceux que des faits positifs ne conduisent pas à regarder comme postérieurs aux premiers terrains stratifiés. Nous indiquerons ensuite les Granites, dont la postériorité est bien démontrée.

Les Granites sont très-répandus et constituent des contrées d'une étendue considérable dans les deux hémisphères. Ils forment en général l'axe minéralogique des montagnes élevées (Alpes occidentales, Saxe, Pyrénées, Andes, Norwége, Suède, etc.). En Ecosse ils s'élèvent à 1,300 mètres; en France (Mont-Bérard) à 2,700 mètres (col de la Bérarde) à 3,406 m.; aux Pyrénées (la Maladetta) à 3,533 mètres; à Cimadasta à 2,700 mètres. Mais les chaînes de montagnes ne sont pas les seuls points où se montre le terrain granitique. Il constitue encore des contrées tourmentées, des protubérances centrales qui surgissent comme des îles au-dessus des terrains qui enveloppent leur base (France centrale, Corse, île d'Elbe).

Fig. 2.

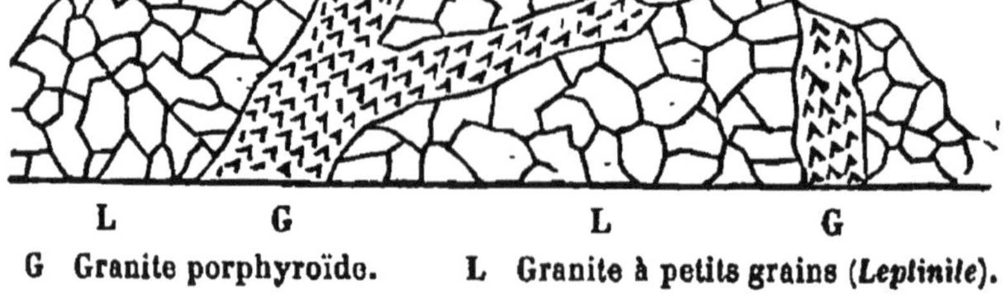

L G L G

G Granite porphyroïde. L Granite à petits grains (*Leptinite*).

Dans la chaîne des Vosges (fig. 2), le Granite à petits grains est traversé par des filons d'un autre Granite porphyroïde à gros grains et par conséquent d'une date postérieure : c'est ce qui se reproduit aussi dans les environs de Freyberg en Saxe, et sur une foule d'autres points. Ainsi les intercalations de cette Roche plutonique au milieu des Schistes cristallins se vérifient dans presque toutes les régions occupées par les terrains granitiques.

La fig. 3 montre un filon de Granite feldspathique G, de 20 à 30 mètres de puissance, engagé au milieu d'un Micaschiste

Fig. 3.

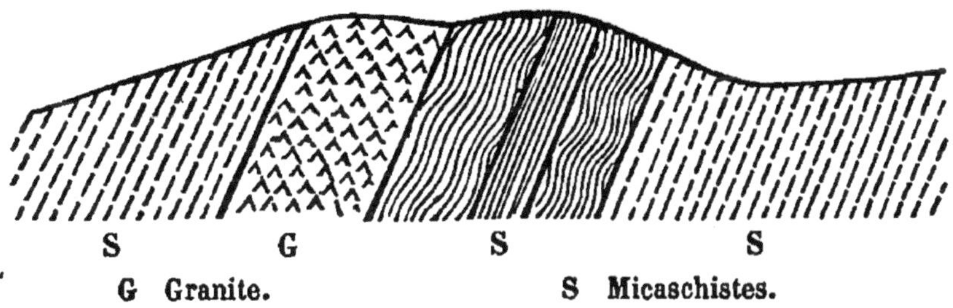

G Granite. S Micaschistes.

feldspathique S, que l'on observe au sud-est de Notre-Dame de Milamas, entre Cogolen et la Garde-Freinet, dans le département du Var.

M. Lyell cite un exemple bien remarquable de filons ramifiés (fig. 4) de Granite traversant le Schiste argileux dans la

Fig. 4.

montagne de la Table, au cap de Bonne-Espérance ; et un autre exemple non moins curieux (fig. 5) de la pénétration de

Fig. 5.

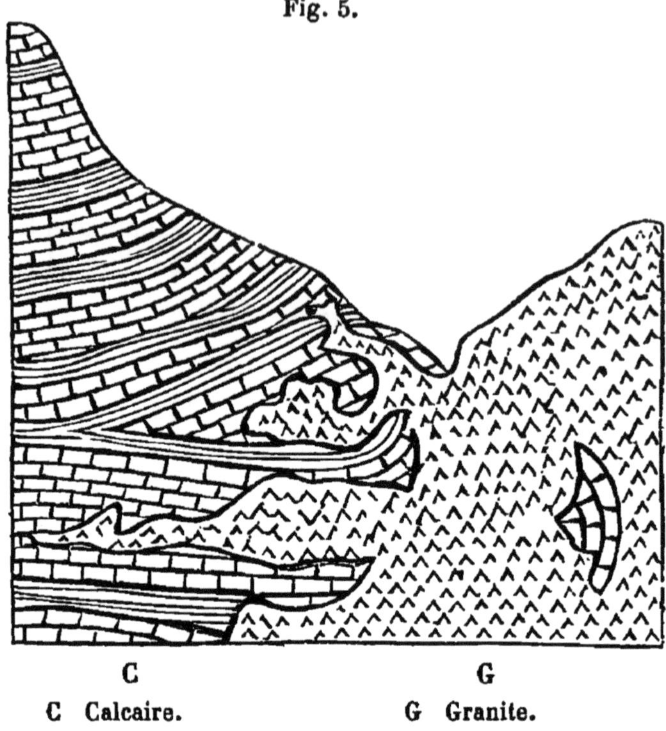

C Calcaire. G Granite.

cette même Roche dans les Calcaires et les Schistes de Glen-Tilt en Ecosse. Des portions du Calcaire ont été arrachées à leur gisement primitif et se trouvent enveloppées de toutes parts par le Granite.

Un autre fait d'intercalation constaté par M. de Buch d'une manière certaine, s'observe près de Christiania, à la montagne dite Paradies-Bâchen. Le sol de cette montagne est formé par un terrain de transition fossilifère, composé de petites couches de Schiste quartzeux, de Grès et de Calcaire : une masse de Granite amphibolique est intercalée au milieu des couches du terrain, et une seconde recouvre le sommet des escarpements, de sorte qu'on a pensé pendant longtemps qu'il y avait alternance entre les masses granitiques et les couches à fossiles. Des observations récentes ont montré qu'entre les masses intercalées il y avait des filons, en sorte que la postériorité de cette Roche granitique est maintenant certaine.

En 1832, M. de Humboldt annonça la découverte faite par

M. Seckendorf, dans les montagnes du Hartz, de fragments de Grauwackes avec pétrifications, empâtés dans le Granite.

M. E. de Beaumont a vu le Granite, au sud-ouest de Villard-d'Arènes, recouvrir les couches des terrains jurassiques. La surface du contact peut être vérifiée sur une grande longueur; car le Granite repose obliquement sur le Calcaire dont les couches plongent sous les escarpements déchiquetés qu'il constitue. La surface de ce contact n'est pas plane, comme l'indique la fig. 6; les deux Roches s'emboîtent l'une dans l'autre, de sorte que l'on peut obtenir des échantillons moitié Calcaire,

Fig. 6.

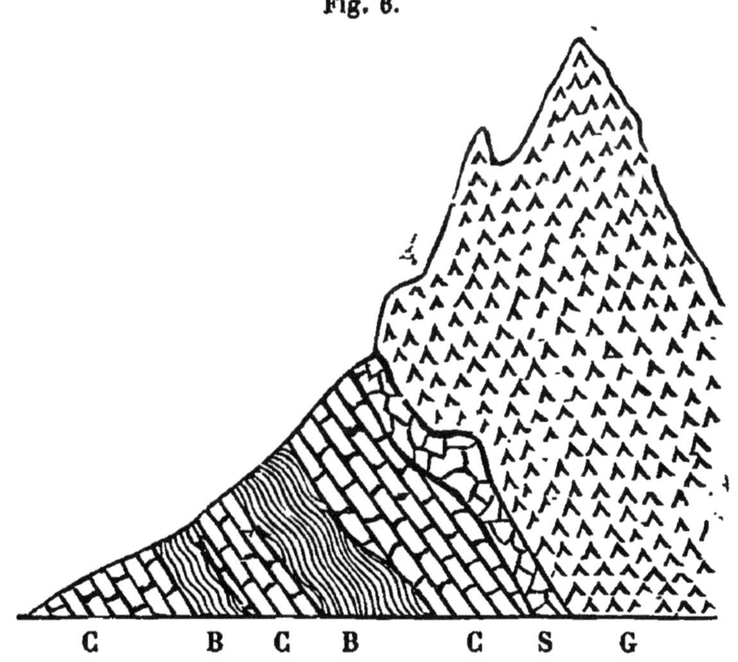

G Granite. S Calcaire devenu cristallin. C Calcaire jurassique.
B Marnes à bélemnites.

moitié Granite. On observe dans les couches calcaires jusqu'au voisinage du Granite, des *bélemnites* et des *ammonites* évidemment jurassiques, et qui prouvent qu'elles font partie du grand système jurrassique des Alpes.

Ces résultats ont été confirmés par les travaux de MM. Hugi et Studer qui ont signalé dans les Alpes et surtout dans la Jungfrau un grand nombre de cas d'intercalation analogues à ceux qu'à décrits M. de Beaumont.

Le Granite, au-dessus d'Aurignac, entre Foix et Tarascon (Pyrénées), a pénétré, sous forme de filons, entre les couches du terrain crétacé, et il alterne avec elles à plusieurs reprises. En suivant avec attention ces filons dans leur direction, il n'est pas difficile de saisir les relations qui existent entre le terrain crétacé et le Granite. On voit que ce dernier a été injecté latéralement et qu'il appartient à une masse principale indépendante, laquelle, en venant s'établir à la surface, a coupé les couches secondaires et a poussé au milieu d'elles des ramifications nombreuses.

Mais on connaît des Granites plus modernes encore dans l'île d'Elbe. Cette île est sans contredit la contrée la plus remarquable du monde entier où le peu d'ancienneté du Granite est écrit pour ainsi dire sur chaque Roche feldspathique que l'on foule du pied ; car il déborde au-dessus du terrain tertiaire nummulitique. Elle renferme dans sa partie occidentale un vaste massif granitique dont le Monte Capanna est le point culminant. La variété la plus répandue et la plus importante des Roches de cette île célèbre est un Granite à deux Feldspaths différents, dont l'un, réparti inégalement dans la masse, appartient à l'Orthose, et dont l'autre, beaucoup plus abondant et en petits grains lamelleux, d'un blanc pur et d'apparence mate, a été reconnu par M. Damour pour se rapporter à l'Oligoclase (1).

Le Granite se lie par des nuances tellement ménagées et par une communauté d'origine et de gisement avec les Roches feldspathiques de même composition, qui, suivant leurs variations de texture, deviennent des *Pegmatites,* des *Granulites,* des *Porphyres* ou des *Eurites,* que M. Fournet avoue qu'il ne reste aucun moyen de séparation entre ces diverses

(1) Voici quelle est sa composition :

			Oxygène.	Rapport.
Silice	0,6230		0,3235	9
Alumine. . . .	0,2200		0,1027	3
Chaux.	0,0486	0,0136		
Soude.	0,0820	0,0210	0,0362	1
Potasse. . . .	0,0094	0,0016		
Oxyde ferrique.	0,0044			
Magnésie . . .	traces.			
	0,9874			

Sa formule est (*Ca*, *Na*, *K*) *Si* + *Al* 3 *Si*.

Roches feldspathiques qui reproduisent les associations des Granites anciens avec leurs Granulites, Leptinites et Pegmatites. Suivant cet habile géologue, ces diverses physionomies seraient dépendantes des influences exercées sur la cristallisation par les circonstances du moment ou par les causes locales. Dès lors rien n'empêche de prendre la texture granitoïde comme représentant l'état normal de ces divers groupes et de passer de là aux diverses dégradations successives qui ont été qualifiées du nom de *monstruosités* par M. E. de Beaumont.

Quoi qu'il en soit de ces variations extérieures, les Granites de l'île d'Elbe ont débordé franchement au-dessus des Calcaires, des Grès et des Argiles nummulitiques dont les couches ont été culbutées, redressées dans tous les sens, et souvent même empâtées dans la masse éruptive. Les Serpentines S (fig. 7), à leur tour, que l'on sait postérieures au terrain nummulitique, dans l'ancienne Etrurie, sont traversées, entre San Pietro et San Ilario par des filons de Granite porphyroïde et tourmalinifère G; circonstance qui met en évidence l'antériorité de ces premières roches et l'arrivée au jour du Granite après le dépôt de l'étage éocène. On arrive donc avec M. Fournet à cette conclusion capitale : que l'île d'Elbe renferme un assortiment de Roches éruptives feldspathiques très-modernes et par conséquent très-voisines des Protogynes et des Trachytes. Peut-être même établissent-elles la transition entre ces dernières Roches, et dans ce cas, on devrait les considérer comme une sorte de moyen terme entre les formations plutoniques et les formations volcaniques.

Fig. 7.

G Granite. S Serpentine.

Le Granite récent de l'île d'Elbe reparaît sur le continent, dans le Campiglièse et à Gavorrano où il est représenté par des variétés porphyroïdes et tourmalinifères et par un Granite vitreux avec mica hexagonal que l'on retrouve égalemment près de San-Vincenzo, ainsi qu'à Rocca Tederighi où il est assis franchement sur le Calcaire nummulitique, comme le montre la fig. 8. C'est ce Granite vitreux qui a été considéré et décrit

Fig. 8.

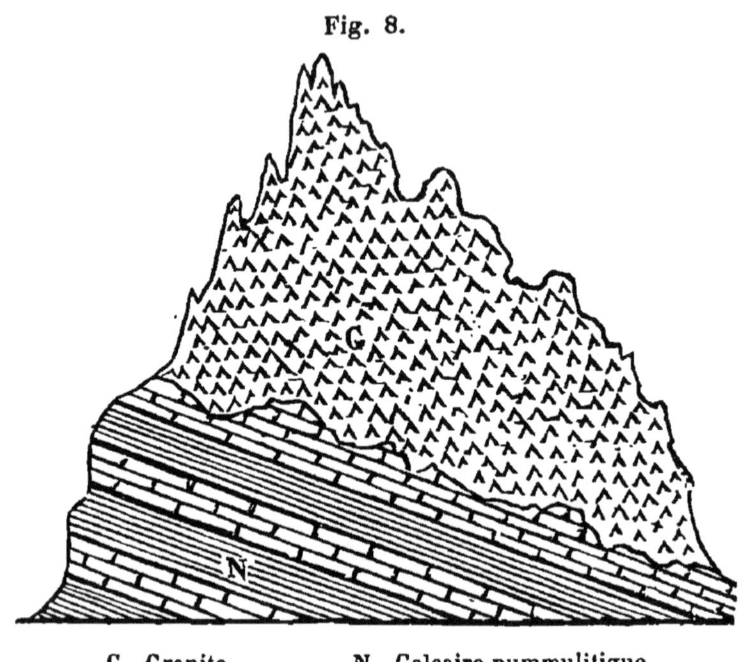

G Granite. N Calcaire nummulitique.

comme un Trachyte quartzifère par les géologues italiens : or, à Gavorrano on le voit se fondre insensiblement avec les Granites à gros cristaux d'Orthose, et de plus il est traversé par des Pegmatites tourmalinifères; ce qui doit faire repousser toute idée de disjonction entre ces Roches à facies divers.

Le massif de Monte Calvi au nord de Campiglia contient un assortiment de Roches feldspathiques qui, d'un Granite bien caractérisé, passent à un Porphyre quartzifère. Elles se mêlent également aux filons éruptifs de Pyroxénite radiée.

La plupart des Pegmatites tourmalinifères de l'île d'Elbe sont translucides, à aspect cireux et gras comme certains Jades, et semblent s'écarter ainsi par les caractères extérieurs des Pegmatites ordinaires.

Les montagnes du Filfilah dans les environs de Philippeville (Afrique française), renferment sur divers points un Gra-

Fig. 9.

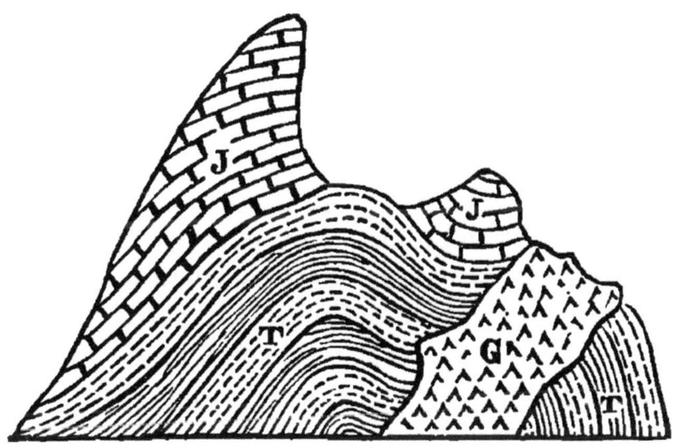

G Granite. T Terrain triasique. J Marbre jurassique.

nite feldspathique blanc G, à petites lamelles, avec Mica noir, peu riche en Quartz et pétri de petites Tourmalines noires, et qui, comme celui de la Toscane, perce le terrain jurassique métamorphique, et est en connexion avec les couches disloquées du terrain nummulitique du voisinage. Ce Granite joue donc dans cette partie de l'Afrique le même rôle que les Roches granitiques de l'île d'Elbe.

On voit en résumé que l'histoire du terrain granitique comprend toute la série des émissions de Granite qui se sont manifestées, avec des intervalles de repos, à partir de la consolidation de la première couche de l'écorce terrestre, jusqu'à la fin du terrain tertiaire inférieur.

Indiquons en quelques mots la distribution géographique des principales variétés de Granites. Le Granite commun étant abondamment répandu sur tous les points du globe, il serait inutile de fournir ici des désignations de localités.

Les variétés compactes à petits grains (Leptinite) paraissent appartenir généralement à un Granite plus ancien que les variétés à gros grains; c'est ce qu'on observe dans les Vosges. Quand elles deviennent schistoïdes, elles constituent la Roche connue sous le nom de Gneiss.

La Pegmatite se présente quelquefois en amas subordonnés au Granite, dont elle n'est qu'une monstruosité; mais le plus souvent elle forme des filons qui coupent des Granites plus anciens, traversent le terrain des Schistes cristallins et s'insinuent dans la formation jurassique (Filfilah) et pénètrent même jusque dans le terrain tertiaire (île d'Elbe).

Les Granites schistoïdes (Gneiss) font évidemment partie du terrain granitique. M. Rivière y place même les Micaschistes, les Talcschistes, ainsi que les Cipolins subordonnés. Suivant ce géologue, à la base du Gneiss on trouve un passage du Gneiss au Granite, de manière que le Gneiss, vers sa limite inférieure, n'est pour ainsi dire qu'un Granite schistoïde ; et ces deux Roches sont tellement liées entre elles, qu'elles semblent résulter d'une même formation, dans des conditions différentes de refroidissement et de composition. A la partie supérieure, au contraire, le Gneiss passe généralement au Micaschiste. Il suffit de faire ressortir que le Gneiss est fissile ou schistoïde, parce qu'il est essentiellement composé de minéraux clivables, l'Orthose et le Mica ; que le Micaschiste est schistoïde, parce qu'il contient du Mica en excès, que le Granite ne l'est pas, à cause de l'abondance du Quartz et de la petite quantité de Mica qu'il renferme ; qu'enfin les Gneiss sont comme le Granite, le Micaschiste et le Talcschiste, des Roches qui résultent du refroidissement du globe, et que leur texture et même leur structure dépendent surtout de leur composition minérale.

Si l'on pousse plus loin l'observation des gîtes et des relations des Roches primitives, on reconnaît qu'il y a réellement une liaison non interrompue depuis la Roche la plus inférieure jusqu'à la Roche la plus supérieure du terrain gneissique primitif, c'est-à-dire depuis le Granite jusqu'au Talcschiste, toutes les fois que les Roches intermédiaires y existent avec plus ou moins de développement. Les passages graduels entre deux Roches très-différentes dépendent donc du développement des Roches intermédiaires, comme les transitions brusques entre deux Roches résultent de l'absence de certaines Roches intermédiaires. Ainsi, le Gneiss passe au Micaschiste par la diminution de l'Orthose, comparativement à la quantité de Quartz et de Mica qu'il renferme ; réciproquement, le Micaschiste passe au Gneiss par une addition plus ou moins grande d'Orthose au détriment des autres éléments minéralogiques de la Roche.

Ainsi, d'après M. Rivière, le terrain gneissique est parfaitement caractérisé et complétement distinct des terrains de transition. Il est entièrement composé de Roches d'origine ignée et peut être nommé terrain primitif. Il existe une couche universelle de Granite dont la surface supérieure n'est pas partout au même niveau, c'est-à-dire que cette couche est variable dans sa puissance; mais au-dessus du Granite, il n'y a plus de couches universelles. Le Gneiss ne forme pas une couche continue sur tout le globe; il en est de même du Micaschiste, du Gneiss talqueux et du Talcschiste. Ainsi, les Gneiss feuilletés et les Roches schisteuses désignés par certains auteurs sous le nom de Schistes cristallins et qu'on supposait avoir été primitivement des Roches sédimentaires rendues cristallines par voie de métamorphisme, seraient de simples modifications de l'espèce Granite et protogyne. M. Rivière s'appuie aussi, pour légitimer ses conclusions, sur l'absence complète de cailloux roulés dans le Gneiss, le Micaschiste et le Talcschiste. Nous devons faire observer, toutefois, que M. Murchison et d'autres auteurs ont cité de véritables Micaschistes au-dessus de Roches conglomérées.

Les Granites en s'altérant, passent à une argile terreuse, faisant difficilement pâte avec l'eau et dont la composition, quoique variable, se rapproche de la formule $Al\,Si - 2\,Aq$. Le Feldspath, qui forme la base du Granite, est sujet à se décomposer, et le produit de cette décomposition constitue ce que l'on appelle le *Kaolin;* comme de plus il est dépourvu d'oxyde de fer, il a le privilége de fournir seul les gisements exploités pour la fabrication de la porcelaine.

Les Roches kaoliniques sont généralement d'un blanc parfait ou légèrement rosâtre, quelquefois un peu jaunâtre. Leur texture est lâche, terreuse, souvent grenue; les grains qui les composent appartiennent au Quartz, au Feldspath et au Mica. La base de la masse est un minéral argiloïde, blanc, à texture quelquefois laminaire. Suivant la plus ou moins grande quantité des grains feldspathiques, elles sont fusibles ou infusibles au chalumeau. Le Kaolin éprouve alors du retrait, devient très-dur, mais ne fond pas par son action.

MM. Brongniart et Malagutti, auxquels la science est redevable d'un excellent travail sur la *nature*, le *gisement*, *l'origine* et *l'emploi des Kaolins*, ont constaté que les acides ont la propriété de dissoudre une petite portion de cette substance, ainsi qu'il résulte des expériences qui suivent :

1° Par l'acide sulfurique ;

	Matière non attaquée.	Alumine.
Pâte crue....................	67,30	30,14
Pâte calcinée, dite dégourdie....	69,80	26,90
Pâte cuite à grand feu..........	77.54	19,20

2° Par l'acide hydrochlorique :

Pâte crue....................	77,81	19,12
Pâte dégourdie................	90,60	6,44

Composition des principaux Kaolins employés.

LOCALITÉS.	Silice.	Alumine.	Eau.	Chaux, magnésie, potasse.	Chaux, magnésie, soude.	Fer, manganèse.	Résidu non argileux.
Argile de Kaolins de Limoges (1833).........	42.07	34.65	12.17	1.33	.....	Trace.	9.76
Louhossoa près Bayonne.	42.12	33.00	23.00	.....	0.50	Id...	.....
Des Pieux près Cherbourg	42.31	34.51	12.09	1.39	.....	Id...	9.67
Mercus (Ariège).........	27.22	20.00	9.03	1.24	.....	0.48	42.00
Mende (Lozère).........	35.61	22.33	9.70	1.32	.....	3.67	24.64
Clos-de-Madame (Allier)..	39.91	36.37	12.94	1.80	.....	Trace.	9.96
Chabrol (Puy-de-Dôme)..	32.93	29.88	10.73	1.56	.....	Id...	24.87
Breage en Cornouailles ..	46.63	24.06	8.74	0.60	So. tr.	Id...	19.65
Plymton (Devonshire) ...	44.26	36.81	12.74	1.55	.....	Id...	4 30
Chiesi (île d'Elbe).......	45.03	32.24	11.36	2.21	.....	Id...	8.14
Bourgmanero (Piémont)..	23.94	21.14	7.42	.....	.....	1.23	48.00
Tretto près de Scio......	37.07	25.28	6.64	6.33	.....	Trace.	24.64
Rama (Passau)..........	42.15	37.08	12.83	2.85	Trace.	0.56	4.50
Auerbach (Id.)..........	32.48	29.45	10.50	1.13	.....	Trace.	26.42
Diendorf près Harfnerszell (Passau).............	28.61	25.75	9.60	1.57	.....	Id...	34.44
Aüe près Schneeberg....	35.98	34.12	11.09	0.69	.....	Id...	18.00
Kaschna près Miessen ...	29.42	25.00	9.80	0.71	.....	Id...	33.52
Sielitz id...............	40.78	34.16	12.10	0.60	So. tr.	Id...	12.33
Schletta id.	39.10	20.92	7.26	3.98	.....	1.31	27.50
Morl près de Hall.......	26.10	22.50	7.55	*CaMg*	.....	Id...	43.84
Sosa près Johanngeorgenstadt..............	44.07	38.15	9.69	1.80	.....	Id...	5.53
Zetlitz (Carlsbad)........	33.98	26.66	9.55	1.13	.....	Id...	28.63
Münchsoff (Id.)	44.12	40.61	13.56	0.95	.....	Id...	0.74
Prinzdorff (Hongrie).....	26.76	15.17	5.22	1.83	.....	0.56	50.50
Bornholm (Scandinavie)..	38.57	34.99	12.52	0.54	0.93	.....	13.36
Risanski (Russie)........	29.30	47.83	22.23	.....	0.68	.....	.....
Oporto (Portugal)........	40.62	43.94	14.62	.....	.....	Trace.	.....
Sargadelos (Galice)	43.25	37.38	12.83	0.88	.....	Id...	0.11
Wilmington (Delaware) ..	32.69	35.01	12.12	1.14	0.72	Id...	22.81
Newcastle (Id.)	29.73	25.59	8.94	Potas.	.....	.....	34.99
Chine....................	23.72	9.80	2.62	3.08	.....	0.43	68.18

Ces analyses faites directement sur les Kaolins ne donnent qu'une idée incomplète de leur composition ; beaucoup d'entre eux contiennent de la Silice non combinée, et qu'on peut séparer facilement en les faisant bouillir, pendant une minute ou deux au plus, avec une dissolution aqueuse de potasse de la densité de 10,75 ; il reste alors un résidu qu'on peut regarder comme le Kaolin pur. MM. Brongniart et Malagutti ont soumis les Kaolins dont nous venons de faire connaître la *composition empirique*, à ce second mode de recherches qu'ils désignent sous le nom d'*analyse rationnelle*. Nous leur empruntons ce second tableau qui mène à des conclusions intéressantes.

LOCALITÉS	Silice libre.	Silice.	Alumine.	Eau.	
Kaolin de Limoges (1838). .	10.98	31.09	34.65	12.17	$A S + 2 Aq$
Louhossoa près Bayonne. . .	» »	» »	» »	» »	$A S + 4 Aq$
Des Pieux près Cherbourg .	2.43	39.88	34.51	12.09	$A^5 S^4 + 6 Aq$ $A^4 S^3 + 8 Aq$
Mercus (Ariége)	» »	» »	» »	» »	$A S + 2 Aq$
Mende (Lozère)	» »	» »	» »	» »	$A^2 S^3 + 5 Aq$
Clos-de-Madame (Allier) . . .	2.67	37.24	36.37	12.94	$A S + 2 Aq$
Chabrol (Puy-de-Dôme). . . .	7.79	25.14	29.88	10.73	$A S + 2 Aq$
Breage en Cornouailles	1.27	45.36	24.06	8.74	$A S^2 + 2 Aq$
Plymton (Devonshire)	10.19	34.07	36.81	12.74	$A S + 2 Aq$
Chiesi (île d'Elbe).	1.16	43.87	32.24	11.36	$A^2 S^3 + 4 Aq$
Bourgmanero (Piémont) . . .	6.62	17.32	21.14	7.42	$A S + 2 Aq$
Tretto près de Scio	» »	» »	» »	» »	$A^2 S^3 + 2 Aq$
Rama (Passau).	9.71	36.77	37.38	12.83	$A S + 2 Aq$
Auerbach (id.).	7.13	25.35	29.45	10.50	Id.
Diendorf près Harfnerszell (Passau).	7.17	21.44	25.75	9.60	Id.
Aüe près Schneeberg	1.76	34.22	34.12	11.09	Id.
Kaschna près Miessen.	1.82	27.60	25.00	9.80	$A^4 S^3 + Aq$
Seilitz près Miessen.	9.10	31.68	34.16	12.10	$A S + 2 Aq$
Schletta près Miessen.	0.67	38.48	20.92	7.26	$A S^2 + 2 Aq$
Morl près de Hall.	4.44	21.69	22.50	7.55	$A S + 2 Aq$
Sosa près Johanngeorgenstadt	» »	» »	» »	» »	$A^3 S^3 + 6 Aq$
Zetlitz (Carlsbad).	4.95	26.03	26.66	9.55	$A^3 S^4 + 6 Aq$
Münchsoff (id.)	2.40	41.72	40.61	13.56	$A S + 2 Aq$
Prinzdorff (Hongrie).	1.00	25.76	15.17	5.22	$A S^2 + 2 Aq$
Bornholm (Scandinavie) . . .	7.04	31.53	34.99	12.52	$A S + 2 Aq$
Risanski (Russie).	» »	» »	» »	» »	$A^2 S + 5 1/2 Aq$
Oporto (Portugal)	3.72	36.90	43.93	14.62	$A S + 2 Aq$
Sargadelos (Galice)	6.48	36.77	37.38	12.83	Id.
Wilmington (Delaware)	12.23	20.46	35.01	12.12	$A^3 S^3 + 6 Aq$
Newcastle (id.)	9.39	20.34	25.59	8.94	$A S + 2 Aq$
Chine	» »	» »	» »	» »	$A^2 S^3 + 3 Aq$

Pour retrouver la composition complète des Roches kaoliniques, il faut ajouter aux nombres qui sont dans le second tableau, premièrement le résidu non argileux qui est à l'état de mélange; secondement la petite quantité de chaux, de magnésie, d'alcali, de fer et de manganèse, qui constituent les quatre dernières colonnes du premier tableau.

L'examen des analyses de Kaolins de diverses localités montre qu'un grand nombre d'entre eux présentent la relation atomique *Al Si* + *Aq*. On ne peut toutefois s'empêcher de remarquer que plusieurs échappent à cette loi. Il en résulte que, bien que les Kaolins ne soient pas le résultat du transport comme les Argiles, ils n'ont pas toujours la même composition. Cette circonstance est, du reste, une conséquence naturelle de leur formation, puisqu'ils sont le résultat de la décomposition du Feldspath et que cette décomposition, qui s'opère constamment par le départ des alcalis et d'une portion de la silice, peut être plus ou moins avancée.

USAGES.

Le Granite n'est guère employé dans les constructions ordinaires qu'à défaut de toute autre Roche, parce qu'il est très-difficile de le tailler. Cependant on le recherche pour en revêtir les massifs dont on veut éterniser la durée, pour les trottoirs des rues, des quais, etc. Les Egyptiens et les Romains ont élevé des obélisques d'un énorme volume, taillé des cuves sépulcrales, des baignoires, des tombeaux, des tables et des colonnes en Granite. On ne le débite aujourd'hui qu'en plaques, dont le travail est peu dispendieux. La masse la plus imposante qu'on ait transportée de nos jours est celle qui sert de piédestal à la statue de Pierre le Grand, à Saint-Pétersbourg. Elle pèse trois millions de livres.

Les Granites schistoïdes (Gneiss) sont recherchés dans les contrées granitiques, de préférence aux variétés massives, pour la bâtisse, parce qu'ils fournissent des moellons à surfaces parallèles.

Les Kaolins sont exploités pour la fabrication de la porcelaine; toutefois si le Kaolin est commun, celui qui est susceptible d'un emploi utile est au contraire fort rare : la plupart contiennent certaine quantité d'oxyde de fer et donneraient une pâte colorée; d'autres, dont la décomposition n'est pas complète, renferment une proportion de potasse qui les rendrait fusibles au feu des fours à porcelaine.

On distingue dans l'industrie trois variétés de Kaolin : 1° le *caillouteux*, grenu, friable, à grains quelquefois pisaires; les uns quartzeux et durs, les autres argileux et friables; 2° le *sablonneux*, friable, très-maigre au toucher, contenant du Quartz à l'état de sable très-fin, mais visible; 3° le Kaolin *argileux*, doux au toucher et faisant directement avec l'eau une pâte assez liante.

DEUXIÈME ESPÈCE.— SYÉNITE.

Synonymie. *Granite amphiboleux, Granitel.*

Roche à trois éléments composée de Feldspath Orthose, de Quartz et d'Amphibole.

VARIÉTÉS.

1. **S. granitoïde.** Éléments mélangés dans une égale proportion.
   Haute Egypte, Saxe, Rehberg au Hartz, Eldalen en Dalécarlie, Corse, Vosges, Confolens, Château-Lambert (Haute-Saône), Mexique.
2. **S. porphyroïde.** Gros cristaux d'Orthose dans une Syénite commune.
   Giromagny, Sainte-Marie, La Bresse (Vosges), Servance, Château-Lambert (Haute-Saône), Tyrol, Hongrie.
3. **S. schistoïde.** Structure feuilletée : c'est le Gneiss de l'espèce.
   Confolens, Chalanches (Dauphiné), Les Maures (Var), environs de Ceuta (Maroc), environs de Bône (Algérie), Norwége, Suède.
4. **S. zirconienne.** Des cristaux de Zircon engagés dans la masse.
   Friedrichwern, Laurig (Norwége).
5. **S. oligoclasifère.** Syénite à deux Feldspaths dont l'un est l'Orthose et l'autre l'Oligoclase.
   Servance, La Bresse, Cornimont, Coravillers (Vosges).

6. **S. micacifère**. Syénite contenant du Mica et passant au Granite.

Château-Lambert, vallée de la Moselle (Vosges).

Nota. — La Syénite présente ordinairement des teintes foncées, le noirâtre et le verdâtre. Quelquefois le Feldspath est coloré en rouge et la Roche est alors rouge de corail.

GISEMENT ET HISTOIRE.

L'histoire et les particularités de gisement de la Syénite se confondent avec celles du Granite.

Une grande partie des Syénites zirconiennes de la Norwége reposent, d'après les descriptions qu'en a données M. de Buch, sur des Schistes argileux qui alternent avec des Grès et des Calcaires d'époque silurienne renfermant des Orthocères, (environs de Skeen et de Holmstrand).

MM. de Buch et de Humboldt ont aussi reconnu dans le Tyrol méridional des masses de Syénite porphyroïde intercalées dans les terrains de sédiment et qui semblent déborder du Grès rouge dans la formation calcaire superposée. Ainsi il existe des Syénites d'âge essentiellement différent, particularité commune à la presque totalité des Roches plutoniennes.

USAGES.

Le plus grand nombre des monuments égyptiens ont été taillés dans la Syénite. Cette Roche d'ailleurs est employée aux mêmes usages que le Granite.

TROISIÈME ESPÈCE. — PROTOGYNE.

Roche essentiellement composée d'Orthose, de Quartz et de Talc.

VARIÉTÉS.

1. **P. granitoïde.** Éléments répartis d'une manière uniforforme, comme dans le Granite.

Niolo, Bocognano (Corse), Tulle, Scharfenberg (Saxe), Pyrénées, Hartz.

2. **P. PORPHYROÏDE.** De gros cristaux d'Orthose implantés dans la variété précédente.

Rostonica (Corse), Etats-Unis, Tarentaise, Alpes.

3. **P. SCHISTOÏDE.** Eléments disposés par bandes parallèles. C'est le Gneiss de l'espèce.

Alpes du Saint-Gothard, Oisans (Isère).

4. **P. OLIGOCLASIFÈRE** (1). Roche composée de deux Feldspaths dont l'un est l'Oligoclase.

Bocognano (Corse), Mont Blanc, Chamounix, Mer de Glace (Alpes).

5. **P. MICACIFÈRE.** Le Mica se mêle aux éléments constitutifs et fait passer la Protogyne au Granite.

Alpes centrales, Chamounix.

NOTA. La Protogyne offre généralement une teinte blanchâtre ou verdâtre; cependant, dans certaines variétés du Hartz et de la Saxe, la couleur rouge prédomine.

GISEMENT ET HISTOIRE.

La Protogyne, dont l'étymologie signifie *première formée,* était regardée par Jurine comme la Roche primitive par excellence de la chaîne des Alpes. Les recherches de M. de Beaumont dans les montagnes de l'Oisans, ont considérablement rajeuni l'âge de ce Granite réputé antique, en démontrant qu'il est d'une date postérieure au dépôt de la craie. M. Fournet a cité, dans les environs de Martigny, de nombreux filons de Protogyne granitoïde, passant à des Pegmatites et à des Pétrosilex avec Chlorite, engagés au milieu du terrain jurassique,

(1) M. Delesse a soumis à l'analyse des cristaux très-purs d'Oligoclase provenant des aiguilles qui dominent la mer de glace et il a trouvé pour leur composition :

Silice	63,25
Alumine	23,92
Oxyde de manganèse et de fer.	traces
Chaux	3,23
Magnésie	0,32
Soude	6,88
Potasse	2,31
	99,91

dont les modifications doivent être attribuées à la présence de ces filons éruptifs. La fig. 10, empruntée aux ouvrages de

Fig. 10.

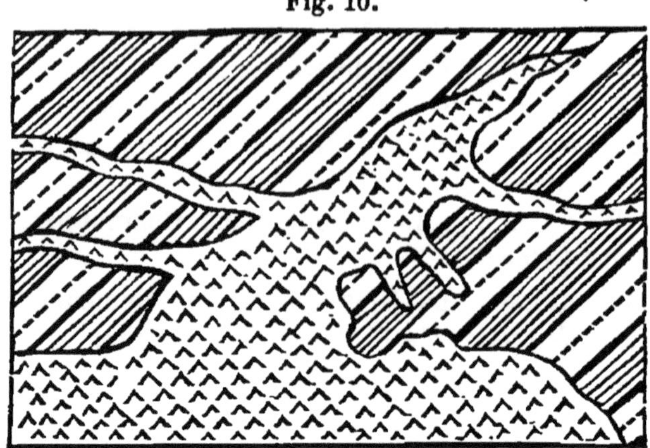

M. Necker, montre que dans la vallée de Valorsine, la Protogyne s'insinue dans les roches sédimentaires à la manière du Granite.

Au surplus, la postériorité du Granite talqueux ou de la Protogyne par rapport à la formation jurassique est nettement indiquée sur les flancs de la Jungfrau. La disposition des masses est mise en lumière dans la coupe dirigée de l'est à l'ouest (fig. 11), où l'on voit la Protogyne s'intercaler à plusieurs re-

Fig. 11.

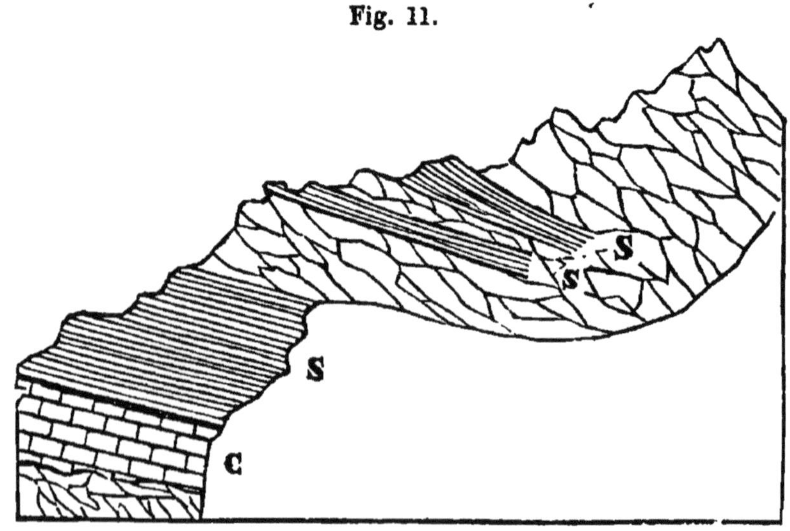

C Calcaire. S Schistes dépendant de la formation du Lias.

prises dans les Calcaires C et les Schistes du lias S, et pour ainsi dire se les subordonner.

QUATRIÈME ESPÈCE.— **QUARTZ (éruptif).**

Roche essentiellement composée de Quartz, à texture cristalline ou compacte, généralement incolore ou laiteuse.

VARIÉTÉS.

1. **Q. AMORPHE.** Masses vitreuses, compactes.
   Les Maures (Var), Aveyron, La Bresse (Vosges), Confolens.
2. **Q. BACILLAIRE.**
   Collobrières (Var), Bône (Afrique).
3. **Q. TOURMALINIFÈRE.**
   Sables d'Olonne (Vendée), Garde-Freinet (Var), île d'Elbe.
4. **Q. METALLIFÈRE.** Divers sulfures engagés dans la masse.
   Aveyron, Confolens, Var, Corse, Alpes, île d'Elbe.
5. **Q. MICACIFÈRE.** Variété contenant des paillettes de Mica.
   Alpes, Var, Pyrénées, Corse, Bretagne.
6. **Q. BRÉCHIFORME.** Variété renfermant des fragments anguleux de Roches diverses.
   La Bresse (Vosges), île d'Elbe, cap Filfilah (Afrique).

NOTA. L'espèce Quartz, telle que nous l'admettons ici, ne contient que les Quartz en Roche qui font partie intégrante de la formation granitique et qui en sont par conséquent un accident particulier, ainsi que les Quartz éruptifs qui forment des filons plus ou moins puissants au milieu des terrains stratifiés. Nous avons dû les distinguer du *Quartzite* qui n'est qu'un Grès métamorphique, des Grès qui sont des Roches remaniées, ainsi que des Silex qui reconnaissent une origine sédimentaire.

GISEMENT ET HISTOIRE.

Les Quartz en Roche sont principalement abondants au milieu des Roches granitiques, ainsi que dans la formation des Schistes cristallins qu'elles traversent dans tous les sens sous forme de filons.

La fig. 12 montre l'intercalation d'un Quartz éruptif Q au milieu des Micaschistes M, aux environs des Campaux, au sud

Fig. 12.

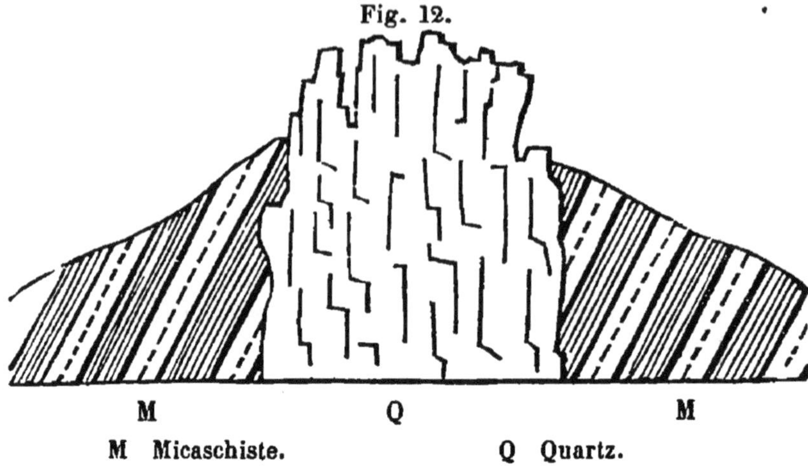

M Micaschiste. Q Quartz.

de la ville de Saint-Tropez (Var). Le Quartz constitue aussi une des gangues les plus abondantes des filons métallifères et offre, dans cette position, ces superbes groupes de cristaux qui font l'ornement des cabinets de Minéralogie.

On peut citer pareillement comme masses éruptives les filons énormes de Quartz qu'on observe dans les environs de Péreta et de Montaüto (Toscane) et qui servent de gangue à du sulfure d'antimoine. Ces masses ont disloqué violemment les couches tertiaires nummulitiques à travers lesquelles elles se sont insinuées et livré passage à des gaz volcaniques qui ont donné naissance sur plusieurs points à des solfatares.

Au nord de la Bresse (vallée de la Moselle), on observe au milieu du Granite des filons puissants ramifiés de Quartz au milieu duquel sont empâtés des fragments anguleux de Granites arrachés à leur gisement au moment de la sortie de ces Quartz éruptifs.

DEUXIÈME GROUPE. — ROCHES PORPHYRIQUES.

On désigne, dans le langage ordinaire, sous le nom de *Porphyre* toute Roche qui présente la structure porphyroïde, c'est-à-dire toute Roche dans laquelle des cristaux déterminables de Feldspath, ou bien d'un autre minéral, sont disséminés dans une pâte feldspathique compacte; mais aujourd'hui la dénomination de Porphyre est prise dans une acception plus large, car elle s'applique non-seulement à toutes les Roches à base de Feldspath compacte, mais encore à d'autres produits éruptifs, intermédiaires entre le terrain granitique et le terrain volcanique, caractérisés par la présence d'un minéral magnésien.

Nous avons admis dans le groupe des Roches porphyriques deux divisions ou sous-groupes qui correspondent à cette différence dans la composition. La première comprend les *Porphyres feldspathiques*, et la seconde les *Porphyres magnésiens*.

L'absence de cristallisation dans la pâte et la difficulté de pouvoir lire à la simple vue la nature du Feldspath constituant, ont fait que les géologues, pour la description des Roches porphyriques, ont préféré demander leurs caractères à de simples accidents de structure ou de coloration, que de les réclamer à l'analyse. De là sont nées une confusion de toutes sortes de choses et une terminologie à rebuter les plus intrépides. Nous croyons avoir remédié à ce double abus en adoptant, pour la spécification des Porphyres feldspathiques, des noms univoques empruntés aux Feldspaths eux-mêmes, de sorte que leur étymologie renseigne suffisamment sur leur composition. Ainsi, remarquant que les Porphyres sont à base d'Orthose, d'Albite, d'Oligoclase ou de Labrador, nous avons établi quatre espèces distinctes sous les noms d'*Orthophyre*, d'*Albitophyre*, d'*Oligophyre* et de *Labradophyre*, en rejetant dans les variétés toutes les modifications que chaque espèce est susceptible de recevoir sans changer pour cela de nom et de nature.

1er *Sous-groupe.* — Porphyres feldspathiques.

Ce sous-groupe renferme les quatre espèces suivantes :

1. Orthophyre porphyroïde.
   — pétrosiliceux (Pétrosilex).
   — globuleux (Pyroméride).
   — altéré (Argilophyre).
2. Albitophyre porphyroïde.
   — amygdalaire (Spilite).
   — globuleux (Variolite).
   — terreux (Vacke).

3. LABRADOPHYRE porphyroïde.
— amygdalaire (Spilite).
— grenu (Trapp).

4. OLIGOPHYRE.

PREMIÈRE ESPÈCE.— ORTHOPHYRE.

Synonymie. *Pétrosilex, Eurite, Porphyre, Porphyre antique, Argilophyre, Pyroméride, Minette, Thonporphyre, Pechstein, Argilolite, Fraidonite, Kersanton, Porphyre argileux, Porphyre argiloïde, Porphyre résinite, Résinite.*

Roche essentiellement composée d'une pâte compacte d'Orthose (pétrosilex), empâtant ordinairement des cristaux d'Orthose.

VARIÉTÉS.

1. **O. GRANITOÏDE.** Variété renfermant des cristaux d'Orthose, de Mica et de Quartz.

   Campiglia (Toscane), La Pila, rade d'Enfola (île d'Elbe), Cap-de-Fer, près de Bône (Afrique), Gerarmer, Granges, la Bresse (Vosges), Confolens.

2. **O. PORPHYROÏDE** (1). Variété dont la pâte renferme des cristaux déterminables d'Orthose.

   Vidauban, Estérel (Var), Porphyre antique (2), Meissen, Planitz (Saxe), Chelsea près Boston, Rochesson (Vosges).

---

(1) L'analyse des cristaux du Porphyre rouge de l'Estérel a fourni à M. Diday.

		Oxygène.		Rapport.
Silice.	0,664		0,3449	
Alumine	0,185	0,0864	0,0870	
Peroxyde de fer.	0,002	0,0006		
Chaux	0,019	0,0053	0,0298	
Magnésie. . . .	0,016	0,0061		
Potasse.	0,120	0,0172		
Soude	0,005	0,0012		
	0,993			

La pâte du Porphyre ne diffère de la composition des cristaux que par une plus grande quantité de silice, dont la proportion s'élève quelquefois à 85 pour 100.

(2) M. Delesse a soumis à l'analyse des cristaux d'une couleur rose,

3. O. **PORPHYROÏDE QUARTZIFÈRE.** La variété précédente contenant des cristaux de Quartz.

Estérel, Vidauban, le Rouit (Var), Saulieu (Bourgogne), Etagnat (Charente), Saint-Amarin, Ballon de Giromagny (Vosges), Niolo (Corse), Planitz (Saxe), Sunderwold près Christiania, Ras-el-Hadid près de Bône (Afrique).

4. O. **QUARTZIFÈRE AMYGDALAIRE.** Variété du Porphyre rouge quartzifère, renfermant des noyaux de carbonate de chaux à la manière des Labradophyres (Spilites).

Estérel (Var).

5. O. **OLIGOCLASIFÈRE.** Variétés contenant, outre des cristaux d'Orthose, des cristaux d'Oligoclase.

Une partie des Porphyres rouges antiques, Champ-de-Feu, Vallée de la Thur, Gresson (Vosges).

6. O. **MICACIFÈRE** (*Minette, Fraidonite*). Variété composée d'une pâte d'Orthose et de nombreuses paillettes de Mica (ce dernier minéral est quelquefois tellement abondant que le Feldspath n'est pas visible à l'œil nu).

Rochesson, Rupt, Wissembach, Remiremont, Faucogney (Vosges), Monte Catini (Toscane), Andlau (Bas-Rhin).

---

extraits d'un Porphyre rouge antique du musée du Louvre et il les a trouvés composés de

Silice.	58,92	30,614
Alumine.	22,49	10,514
Sesquioxyde de fer. . . .	0,75	0,230
Protoxyde de Manganèse.	0,60	0,134
Chaux.	5,53	1,552
Magnésie	1,87	0,723
Soude.	6,93	1,773
Potasse	0,93	0,158
Perte au feu.	1,64	
	99,67	

La composition de ce Feldspath ne se laisse représenter exactement par aucune formule des diverses espèces de Feldspath. Aussi M. Delesse avoue qu'on a jusqu'ici attribué trop d'importance aux variétés de Feldspath qui cristallisent dans le sixième système, et que la nature n'a pas toujours suivi les divisions établies par les chimistes et par les géologues, une même Roche pouvant renfermer plusieurs variétés de ces Feldspaths.

7. **O. AMPHIBOLIFÈRE** (*Kersanton*). Des cristaux d'Amphibole se mêlent à la pâte de l'Orthophyre granitoïde.

Bretagne, Vosges, Porphyre antique.

8. **O. GLOBULEUX** (*Pyroméride* [1]). Variété pétrosiliceuse, dans laquelle le Feldspath, au lieu de former des cristaux bien déterminés, s'est peletonné en noyaux ou globules sphéroïdaux de structure et de volumes variables. (Ces globules sont généralement rayonnés ou zonés.)

Etival (Vosges), Slieve Boden (Irlande), Niolo (Corse), Wuenheim, Saint-Maurice (Vosges), île de Jersey, Guette (Côte-d'Or), Thuringerwald, Girolata, Bocca-Galeria, Fornaci (Corse).

9. **O. PÉTROSILICEUX.** Variété dans laquelle la Roche est généralement dépouillée de sa texture porphyroïde par l'absence ou la rareté de cristaux d'Orthose déterminables, et devient alors un Porphyre réduit à sa simple pâte ou à un Feldspath grenu ou compacte qui prend le nom de *Pétrosilex*. Cette variété comprend les *Eurites* des auteurs.

Confolens (Charente), Procchio, Monte Albéro (île d'Elbe), Aragnouet, Pont-de-Guran (Pyrénées), La Bresse (Vosges), Corse, Sables-d'Olonne.

10. **O. ALTÉRÉ.** Variétés d'O. porphyroïde (*Argilophyre*) ou d'*Eurite* (*Argilolite*) à texture terreuse par suite de la décomposition de la Roche.

Chanteloube près Limoges, Estérel (Var), Schemmitz (Hongrie), Campiglièse (Toscane).

---

(1) M. Delesse a trouvé pour la composition des globules gris et homogènes de Wuenheim :

Silice.	88,09
Alumine	6,03
Oxyde de fer . .	0,58
Chaux	0,28
Magnésie. . . .	1.65
Potasse et soude.	2,53
Eau	0,84

Ces globules sont généralement formés de Feldspath Orthose et de Quartz ; dans certains cas cependant, ils sont formés par une pâte que l'on peut appeler feldspathique, dans laquelle on ne voit plus aucun minéral.

11. **O. bréchiforme.** Variétés renfermant des fragments anguleux de roches étrangères.

Estérel, vallon de Pennafort (Var), Porto-Ferrajo (île d'Elbe), Campiglia (Bocca de l'Aquila), Rochefort (Allier).

12. **O. rétinite** (1). Variété à pâte vitreuse dont l'éclat gras est analogue à la cassure de la résine ou du verre. Elle renferme souvent des cristaux de Feldspath et devient porphyroïde.

Ile d'Aarau, Meissen (Saxe).

APPENDICE.

13. **Conglomérats orthophyriques.** Blocs d'Orthophyre arrondis ou anguleux accumulés dans le voisinage des centres porphyriques et amenés à la surface, au moment de leur éruption.

Roquebrune, Estérel (Var), Thuringe, Devonshire, Porto-Ferrajo (île d'Elbe).

GISEMENT ET HISTOIRE.

Le *Pétrosilex* forme des nœuds, des veines et des filons au milieu du terrain Granitique : il sert de base aux Porphyres qui sont associés à ce terrain. Il se trouve en masses plus ou

---

(1) Les Rétinites sont fusibles avec boursouflement ; c'est presque le seul caractère qu'elles présentent de commun avec le Feldspath. Ce qu'il y a de remarquable, c'est que leur aspect résineux correspond à la présence de l'eau, en sorte qu'il paraît en être le résultat. On sait, au surplus, que l'eau se retrouve en proportions variables dans la plupart des Roches plutoniques.

M. Berthier a trouvé la Rétinite d'Aarau composée de :

Silice	67,6
Alumine. . .	8,7
Chaux. . . .	3,5
Oxyde de fer.	3,6
Magnésie . .	1,6
Potasse . . .	5,5
Soude. . . .	5,5
Eau.	5,8

La composition des Rétinites est très-variable et la position à leur assigner parmi les Roches offre quelques embarras. On doit les considérer comme des porphyres hydratés.

moins considérables ou en filons intercalés, soit dans les terrains cristallins, soit dans les terrains neptuniens. Les bords de la Loire, entre Nantes et Angers, offrent de distance en distance des buttes plus ou moins élevées, mais toujours fortement saillantes de cette nature de Roche. On l'observe aussi sous forme de monticules dans les environs de Porto-Ferrajo. Toutefois, le Pétrosilex pris en masse est rarement pur; il admet presque constamment de très-petits cristaux de Feldspath et il passe alors à l'*Eurite* et au *Porphyre proprement dit :* assez fréquemment il est mélangé de cristaux de Quartz et il donne naissance aux Porphyres quartzifères qui jouent un rôle si important dans la constitution géologique de la Bretagne, des Vosges, des montagnes littorales du Var, de la Corse, de l'île d'Elbe, etc. Par suite de ces passages insensibles d'une Roche à pâte feldspathique sans cristaux de Feldspath à une Roche lardée de cristaux déterminables, et par suite aussi d'une communauté d'origine et de gisement, il devenait impossible d'opérer une séparation motivée d'après de simples variations dans la structure. Leur distinction en *Pétrosilex*, en *Eurite,* en *Pyroméride,* en Porphyre, nous a paru superflue, et nous avons réuni toutes les variétés sous la dénomination commune d'Orthophyre, sous laquelle se rangent tous les Porphyres à base d'Orthose.

Les variétés Micacifères (*Minette, Fraidonite*) et Amphibolifères (*Kersanton*) sont à leur tour des Porphyres à base d'Orthose, contenant du Mica ou de l'Amphibole en très-grande abondance. La comparaison d'une série très-nombreuse de Minettes des Vosges fait voir que ces Roches ne diffèrent pas essentiellement des Porphyres ordinaires, auxquels elles se rattachent par degrés insensibles.

Les *Argilophyres* et les *Argilolites* ne sont autre chose que des Porphyres altérés. On leur a souvent rapporté des Grès feldspathiques formés aux dépens des Porphyres rouges et dont le Feldspath a été kaolinisé en partie.

Les *Rétinites*, qui sont des *Pétrosilex* et des *Porphyres* renfermant de l'eau en proportions variables, n'ont pas dû être séparés des Porphyres ordinaires, de la même manière que les Silex rétinites, qui ne diffèrent des Quartz que par une quantité plus ou moins considérable d'eau, n'ont pas été distraits de ces derniers. Les Rétinites se trouvent d'ailleurs associés fréquemment aux Orthophyres; on en cite dans les Grès houillers et les Grès rouges en Saxe et dans l'île d'Aarau.

Les Orthophyres sont postérieurs aux Granites anciens, auxquels ils se rattachent par de grandes affinités de composition et surtout par les variétés granitoïdes. Ils ont cessé d'apparaître après le dépôt du terrain nummulitique. Leur plus grand développement correspond aux périodes siluriennes, dévoniennes, carbonifères et triasiques. Dans la chaîne du Forez, les Porphyres sont postérieurs au Calcaire carbonifère dont ils

Fig. 13.

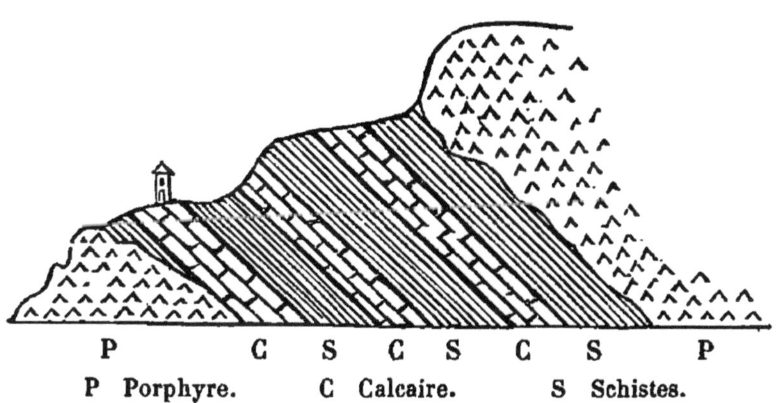

P Porphyre. C Calcaire. S Schistes.

empâtent de nombreux fragments. Les environs de Thizy et de Régny montrent des masses de Porphyre rouge traversant dans différents sens les couches du terrain houiller, mais antérieures au dépôt du Grès bigarré. Le bassin houiller de l'Arroux, dans le Morvan, présente de nouveaux exemples d'une pareille intercalation du Porphyre.

Le bourg de Thizy (fig. 13), est bâti au pied d'une colline de Porphyre rouge P (Orthophyre) qui s'est élevée au travers du terrain de transition, et l'a divisé en plusieurs lambeaux isolés. Ce terrain de transition est composé de Calcaire noir très-mélangé d'entroques C, alternant avec des Schistes argileux, noirs et peu solides S; les couches sont tellement bouleversées par le Porphyre, qu'il est impossible d'en distinguer la stratification. Au contact de la Roche ignée, le Calcaire contient quelques cristaux rougeâtres de Feldspath; ces cristaux s'étendent dans le Calcaire à quelques pouces seulement du Porphyre, et le Calcaire n'est nullement altéré, malgré cette espèce de filtration du Feldspath. Le terrain de transition se continue de la ville de Thizy au bourg du même nom, situé au pied de la côte. Les couches que l'on rencontre entre ces deux localités sont toujours les mêmes; mais le Porphyre que l'on vient d'indiquer comme recouvrant le Calcaire ressort au bas de la colline, en sorte que le terrain de transition est compris entre deux masses de Porphyre, ainsi que le représente la figure 13.

A Régny, le Calcaire de transition se montre au jour de tous côtés. Dans les environs de cette ville, le Porphyre ressort au milieu du Calcaire : il forme un filon qui coupe les couches sous un angle assez aigu. Le Calcaire, au contact, est siliceux et très-dur; il est traversé par plusieurs petits filons de Quartz hyalin et de Quartz agate; il contient en même temps beaucoup de Pyrites.

M. Lyell cite des alternances d'un Porphyre pétrosiliceux P (fig. 14) avec des couches de transition fossilifères, près de

Fig. 14.

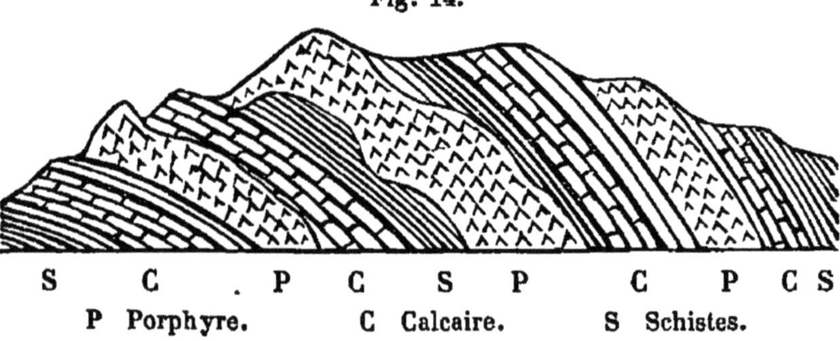

P Porphyre. C Calcaire. S Schistes.

Christiania. Il y existe, en effet, certains lits de Porphyre dont les uns n'ont que quelques pieds d'épaisseur, tandis que les autres ont jusqu'a plusieurs mètres de puissance. Ces lits P sont interposés les uns d'une manière concordante entre des strates fossilifères calcaires C et argileux S, les autres d'une manière entièrement discordante, de sorte que, malgré leur apparence d'interstratification, ils ont été produits par injection.

Les recherches de M. Dufrénoy ont démontré que la production du Porphyre s'est prolongée assez loin dans l'échelle des terrains du Morvan. Dans plusieurs localités, en effet, les éruptions de certains Porphyres sont postérieures au dépôt des terrains houillers. Le bassin d'Arroux fournit des preuves irrécusables de ce fait important pour l'histoire de cette contrée. On voit effectivement le Porphyre qui en forme la ceinture du

N. et à l'O., pénétrer dans le terrain houiller (fig. 15) sur plusieurs points de sa lisière. On observe cette pénétration, d'une

Fig. 15.

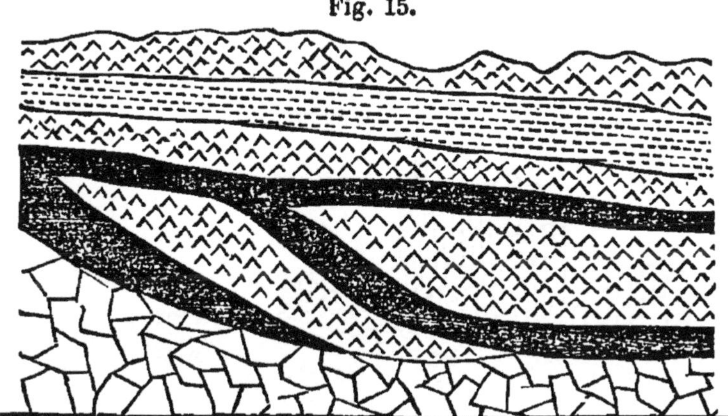

manière prononcée, dans deux excavations ouvertes pour l'exploitation de la Houille sèche au pied de la montagne du Calvaire, près le pont de la Veson, commune de la Selle. Le Porphyre qui forme la montagne sur le flanc de laquelle le terrain houiller s'appuie, pénètre dans la couche de la Houille. A son contact, la Houille est devenue sèche, brillante et un peu caverneuse : le Grès houiller s'est endurci, a pris une couleur brune foncée, et les parties feldspathiques ont été comme frittées.

Dans la chaîne de l'Estérel (Var), les Porphyres rouges quartzifères sont contemporains du Grès bigarré. Le vallon de Pennafort, près d'Esclans, met en évidence les relations qui existent entre ces deux formations. On observe (fig. 16), les grandes masses porphyriques P qui font suite au massif du Rouit, re-

Fig. 16.

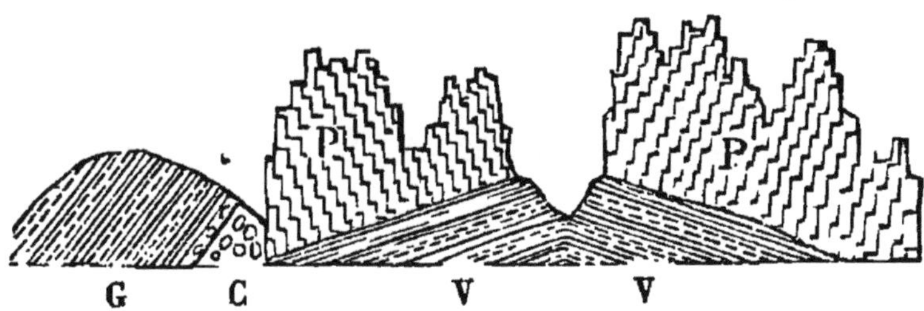

P Porphyre. V Grès bigarré. C Conglomérats. G Grès bigarré sup[r].

couvrir directement les Argiles du Grès bigarré V et recouvertes à leur tour, dans la direction d'Esclans, par des conglomérats C et du Grès G formés en grande partie aux dépens du Porphyre lui-même. Cette double circonstance démontre que la Roche éruptive est venue au jour pendant la période même où les Grès bigarrés se déposaient au fond de la mer triasique. La montagne de San-Peyre, à l'ouest de la Napoule (fig. 17), à l'extré-

Fig. 17. — San Peyre.

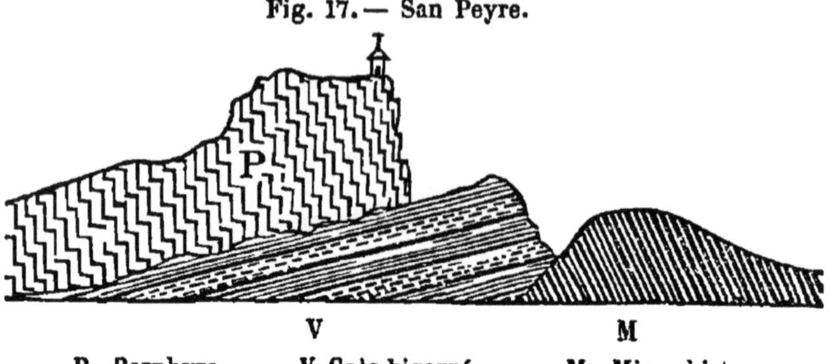

P Porphyre. V Grès bigarré. M Micaschiste.

mité opposée de la chaîne dont font partie les Porphyres d'Esclans, offre une coupe identique à celle de Pennafort.

Les Porphyres quartzifères les plus modernes sont, sans contredit, ceux qu'on observe dans l'île d'Elbe. Ils passent à un Granite tourmalinifère de même âge qu'eux, par une série de dégradations dans l'état cristallin de la pâte et dont le dernier terme, dans le pôle opposé, conduit à une *Eurite* pétrosiliceuse blanche, qui retient encore quelques grains de Quartz et quelques lamelles de Feldspath. A la rade d'Enfola (fig. 18), on voit

Fig. 18.

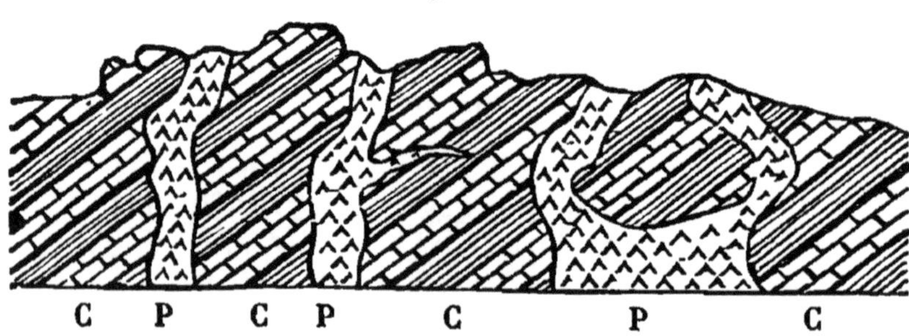

P Porphyre. C Calcaire et Argiles tertiaires.

très-distinctement le Porphyre P pousser des filons au milieu du Calcaire et du Grès nummulitique C et en englober des blocs qui n'ont subi aucune altération.

On trouve des traces des phénomènes d'éruption dans la

structure bréchiforme qu'affecte souvent le Porphyre, et dans sa liaison avec les Conglomérats porphyriques ; mais nulle part ces phénomènes, qui ont été nettement décrits par M. E. de Beaumont, ne se manifestent avec plus d'évidence que dans les environs de Roquebrune (Var). Les rochers au-dessous desquels s'abrite ce village sont dus, d'après ce savant, à une série de phénomènes dans lesquels se dévoile le mécanisme de l'origine du Grès bigarré. Le Porphyre et le Grès bigarré se lient entre eux par l'intermédiaire d'un conglomérat très-grossier qui, étant en même temps très-solide, forme la montagne dentelée de Roquebrune.

Ce Porphyre O s'observe près de Valage : il est quartzifère, très-dur, mais extrêmement fendillé. A une petite distance de son affleurement (fig. 19), on trouve en place un Conglomérat C peu solide formé de débris porphyriques et granitiques au mi-

Fig. 19.

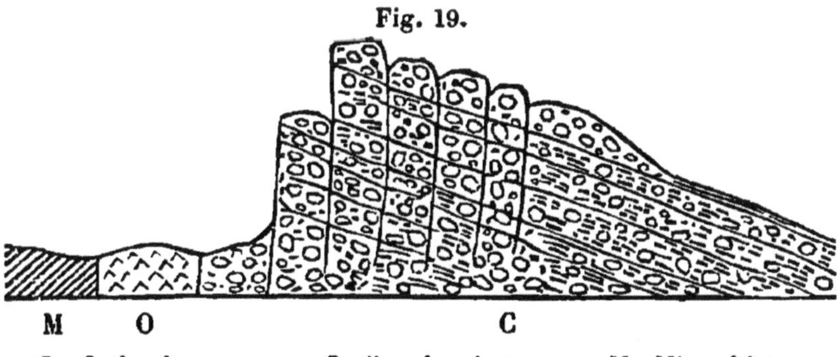

O Orthophyre. C Conglomérat. M Micaschiste.

lieu desquels sont empâtés des fragments de Granite rougeâtre. Il s'étend jusqu'au pied des rochers de Roquebrune, qui sont eux-mêmes formés par ce conglomérat porphyrique et granitique très-grossier, mais très-dur, disposé en grosses couches et traversé par des fentes verticales qui, en quelques points, sont assez régulièrement disposées pour les diviser en prismes parfois assez réguliers.

Les fragments de Granite et de Porphyre que renferme ce conglomérat varient de grosseur, depuis le volume d'un grain de sable jusqu'à près d'un mètre de diamètre ; ceux de Granite présentent plusieurs variétés de cette Roche. Le Feldspath y est généralement rougeâtre, le grain variable et le Granite quelquefois porphyroïde. Les fragments de Porphyre quartzifère appartiennent aux variétés les plus ordinaires.

Les angles de tous ces fragments sont en général plus ou moins arrondis. Les plus gros sont enveloppés par un ciment dans la composition duquel entrent les plus petits, cimentés eux-mêmes par un agrégat composé des éléments triturés du Granite et du Porphyre. Ces éléments, plus ou moins ressoudés ensemble, constituent une Roche qui, au premier abord, ressemble à un Granite porphyroïde; il faut de l'attention pour l'en distinguer. C'est pour ainsi dire un Granite régénéré.

La solidité de ce Conglomérat est due, suivant toute apparence, à une cause fort analogue à celle qui a produit la cristallisation du Granite lui-même, c'est-à-dire à une demi fusion résultant de l'action de la chaleur. Cette chaleur serait provenue des phénomènes qui ont accompagné les éruptions porphyriques, et les fentes verticales qui divisent en prismes grossiers les parties les plus solides du Conglomérat, seraient l'effet du retrait qui aurait accompagné le refroidissement. Il paraît aussi très-vraisemblable que les matériaux dont ce Conglomérat se compose ont été amenés à la surface de la terre par les éruptions porphyriques. Lors de l'éruption, les parties refroidies les premières se seraient concassées et broyées. Le Porphyre, en faisant irruption, aurait traversé les masses de Granite dont il aurait poussé devant lui de nombreux débris pêle-mêle avec les débris porphyriques.

Les indices de stratification que présentent même les parties les plus grossières du Conglomérat annoncent que les phénomènes éruptifs les ont vomis dans le fond d'une mer dont les eaux les ont immédiatement agités et étendus. Cette agitation a dû naturellement entraîner au loin une partie des menus débris, en laissant les plus gros près du théâtre de l'éruption. La structure des rochers de Roquebrune est d'accord avec cette supposition. Les couches dont ils se composent s'inclinent légèrement en s'avançant vers le nord, et en même temps elles deviennent de plus en plus nombreuses. Elles passent par degrés à des Grès rougeâtres identiques avec tous ceux des pentes de l'Estérel. Ces Grès forment les escarpements par lesquels le massif de Roquebrune se termine sur la rive méridionale de l'Argens. Ils ne contiennent plus çà et là que quelques fragments peu nombreux de Porphyre et de Granite, qui attestent leur liaison intime avec les Conglomérats grossiers de l'escarpement méridional et de la crête culminante.

Les Conglomérats particuliers au terrain Permien et connus sous le nom de *Todtliegendes* sont formés, en grande partie, de débris provenant de la destruction partielle des Roches sur lesquelles ils reposent, et dont les fragments sont tantôt anguleux, tantôt arrondis et d'une grosseur considérable. Quelques-uns de ces fragments sont du poids de plusieurs tonneaux. Le marbre connu sous le nom de marbre Babbacombe en Devonshire, provient en totalité des blocs extraits du Conglomérat permien. On a remarqué soit en Angleterre, soit en Allemagne, que ces Roches conglomérées dans lesquelles prédominent des blocs de Porphyre rouge quartzifère sont en connexion avec des formations de Porphyres rouges, et que c'est à la force éruptive de ces derniers que doit être attribuée leur origine.

Le transport de blocs arrondis du poids de plus d'un tonneau ne peut avoir été opéré que par des courants d'eau d'une grande rapidité, de manière que les fragments de Roches d'une moindre dureté se soient usés et arrondis par leur frottement l'un contre l'autre, tandis que les fragments de Porphyre quartzifère, étant extrêmement durs et très-difficiles à briser, ont mieux résisté au frottement.

La présence de ces Porphyres dans le Conglomérat rouge de la partie sud du Devonshire est remarquable en ce que, bien que les masses de ces Roches soient roulées, on ne les trouve jamais qu'en connexion avec le Conglomérat rouge de la même contrée. Les alternances de Conglomérat et de Grès prouvent que l'eau avait quelquefois la force d'entraîner des fragments arrondis d'un volume considérable, tandis qu'à d'autres instants, elle ne pouvait transporter que du sable.

La présence de ces Porphyres dans le Conglomérat rouge d'Exceter est remarquable en ce que, dans certaines couches inférieures, on rencontre des galets cimentés par une sorte de pâte semi-porphyrique qui renferme des cristaux de la variété de Feldspath qui a été décrite sous le nom de *Murchisonite*. On peut concevoir la production de ce ciment, en admettant qu'une éruption de Roches ignées, accompagnée de différents gaz, ait eu lieu sous une masse d'eau, et qu'une partie des matières sorties du sein de la terre se soit combinée de manière à former un ciment dans lequel les cristaux de Murchisonite se seraient développés.

La formation des Brèches que l'on remarque dans le voisinage de certains filons porphyriques, quoique s'étant opérée sur une moins large échelle que les Conglomérats, s'explique facilement par la résistance que les parois de la Roche encaissante ont dû opposer au mouvement de la matière en fusion et à la suite duquel les fragments détachés, appartenant soit à la Roche traversée, soit à la Roche éruptive, étaient poussés en avant ou formaient les salbandes des filons eux-mêmes. L'examen du dyke porphyrique P de *Bocca dell'Aquila* près de Campiglia (fig. 20), et du Porphyre pétrosiliceux de Montebello près de Porto-Ferrajo, rend manifeste le mécanisme mis en œuvre dans ce mode de formation.

Fig. 20.

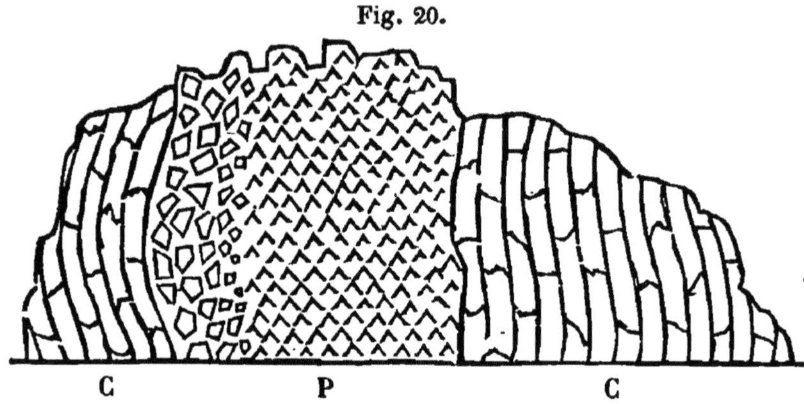

P Orthophyre devenant bréchiforme dans une de ses salbandes.
C Calcaire saccaroïde métamorphique.

La Minette des Vosges est certainement du même âge que les Porphyres de cette chaîne, c'est-à-dire antérieure au terrain houiller. Les Minettes de Monte Catini, en Toscane, sont contemporaines des Orthophyres quartzifères de l'île d'Elbe, car elles traversent les Grès et les Calcaires nummulitiques. Il est assez curieux de constater dans la partie centrale de la Péninsule italienne, d'une part l'existence d'un Granite postérieur à l'étage tertiaire éocène, escorté de Pegmatite tourmalinifère, et d'autre part une série de Porphyres quartzifères de la même époque, avec leur cortége de Roches pétrosiliceuses et de Minettes, ainsi qu'on l'observe pour des Granites et des Porphyres d'autres contrées, mais dont l'éruption avait cessé avant le dépôt du terrain secondaire.

USAGES.

Les Roches feldspathiques, qui sont d'une dureté extrême, et par cela même très-difficiles à exploiter, ne sont employées que pour des objets d'un luxe élevé, des décorations monumentales très-recherchées, et presque toujours à l'intérieur. On se borne le plus souvent même à employer les divers ornements préparés par les Anciens. Il se façonne à peine aujourd'hui quelques tables, quelques chambranles, de petites colonnes, des vases que des particuliers se donnent rarement. Les Porphyres qui présentent des cristaux tranchant agréablement sur un fond de couleur vive, ont servi à faire des colonnes, des cuves sépulcrales, des baignoires, des tables, des tombeaux. Tels sont les Porphyres connus sous les noms de *Porphyre rouge antique, brun de Suède, noir antique,* dont les Musées de Rome et de Florence renferment de nombreux fragments.

DEUXIÈME ESPÈCE.— ALBITOPHYRE (1).

Synonymie. *Mandelstein, Trapp, Amygdaloïde, Wacke, Toadstone, Spilite, Variolite du Drac, Pyroméride, Eisenstein, Mélaphyre* (en partie).

Roche essentiellement composée d'une pâte de Feldspath Albite, empâtant ordinairement des cristaux d'Albite et accidentellement des noyaux calcaires, des géodes de Quartz, de la Calcédoine. (Texture porphyroïde, compacte, globuleuse, grenue, terreuse.)

(1) Je n'ai établi l'espèce Albitophyre que d'après l'autorité de M. Diday, ingénieur en chef des mines, dont l'habileté d'analyste est bien connue. Quand on a sous les yeux les Porphyres d'Oberstein et ceux de l'Estérel, leur distinction en deux espèces différentes ne paraît nullement justifiée par l'ensemble des caractères extérieurs. Sans préjuger ici ce que de nouvelles recherches pourront apporter de plus complet pour l'histoire des Albitophyres, et sans discuter la question de savoir si l'analyse chimique des pâtes dans les Roches feldspathiques présente une certitude suffisante pour l'établissement des espèces, disons que, sous le rapport de l'âge et des phénomènes géologiques produits, il doit paraître anormal de séparer les Albitophyres des Labradophyres. J'avoue, pour mon propre compte, que pour la distinction de ces deux Porphyres, la chimie me paraît violer les lois de la Géologie; car elle sépare, d'après quelques différences de composition, deux terrains que tous leurs autres caractères tendent à ranger sous une dénomination commune.

VARIÉTÉS.

1. **A. PORPHYROÏDE.** Variété lardée de cristaux d'Albite (1).
Boulouris, Agay (Var).

2. **A. PORPHYROÏDE AMYGDALAIRE.** Variété qui, outre les cristaux d'Albite, renferme de nombreuses vacuoles occupées par du carbonate de chaux.
Boulouris, Agay, Isère.

3. **A. PORPHYROÏDE VACUOLAIRE.** Variété criblée de boursouflures irrégulières.
Agay.

4. **A. CALCÉDONIFÈRE** (*Amygdaloïde*). Variété à pâte compacte ou terreuse, renfermant des rognons plus ou moins volumineux de Calcédoine, de Jaspe, de Quartz.
Environs d'Agay, colline de Grane, près Fréjus, Prat Blocaus, Colle noire, près d'Hyères (Var).

---

(1) Les cristaux de l'Albitophyre d'Agay qui ont été analysés par M. Diday, sont composés de :

			Oxyg.	Rap.
Silice	0,670		0,3680	12
Alumine	0,892	0,0897	0,0906	3
Peroxyde de fer	0,003	0,0009		
Chaux	0,012	0,0033	0,0323	1
Magnésie	0,018	0,0069		
Potasse	0,022	0,0037		
Soude	0,072	0,0184		

Composition qui se rapproche assez de celle de l'Albite pour qu'on puisse la considérer comme appartenant à l'Albite.

La pâte de ce Porphyre a une densité de 2,514 : elle peut être considérée comme de l'Albite mêlée d'un peu de Quartz et colorée par un mélange mécanique de peroxyde de fer hydraté, ainsi que le fait voir l'analyse ci-après :

				Rap.
Eau	0,024			
Peroxyde de fer	0,172	(soluble dans l'acide chlorhydrique).		
Silice	0,583		0,2801 un peu plus de	12
Alumine	0,130	0,0607	0,0628	3
Peroxyde de fer	0,007	0,0021		
Protoxyde de manganèse	0,006	0,0013		1
Chaux	0,022	0,0033		
Magnésie	0,008	0,0031		
Potasse	0,015	0,0025		
Soude	0,039	0,0100		
	0996			

5. **A. calcarifère** (*Amygdaloïde, Spilite* [1]). Variété à pâte compacte ou terreuse, renfermant de nombreux globules de chaux carbonatée.

Fréjus, Puget, Boulouris, Colle noire, Estérel (Var), Aspre-les-Corps, Cailloux du Drac, La Gardette (Dauphiné).

6. **A. globuleux** (*Pyroméride, Variolite*). Variété dans laquelle l'Albite se présente sous forme de globules sphéroïdaux. Ces globules présentent une structure compacte, ou bien fibreuse, rayonnée et zonée.

Environs de Saint-Raphaël, au quartier du Deffens, environs d'Agay (Var).

7. **A. terreux** (*Wacke*). Variété provenant de l'altération et de la décomposition des variétés précédentes.

Estérel, Fréjus, Curebiasse (Var).

8. **A. bréchiforme**. Variété dans laquelle, au milieu de la pâte, se trouvent engagés des fragments anguleux d'Albitophyre ou des Roches des terrains environnants.

Boulouris (Var).

---

(1) Une analyse de l'Albitophyre de Fréjus faite par M. Diday, montre que cette Roche est formée de 70 pour 100 d'Albite, d'eau, de carbonate de chaux, de Pyroxène, de fer, de Quartz et d'Amphibole.

Le Spilite d'Aspre-les-Corps (Hautes Alpes) est une Roche d'un gris violet, paraissant assez compacte, mais peu dure, et se désagrégeant assez facilement. Elle est remplie de petites veines de chaux carbonatée spathique. Sa densité est de 2,727.

M. Diday l'a trouvée composée ainsi qu'il suit :

Eau.	0,021		
Carbonate de chaux.	0,576		
Peroxyde de fer. . .	0,077 (soluble dans l'acide chlorhydrique).		
Silice.	0,223		0,1140
Alumine	0,063		0,0294
Chaux.	0,005	0,014	
Magnésie	0,009	0,035	0,090
Soude.	0,016	0,041	

La composition de la partie insoluble dans les acides se rapproche beaucoup de celle de l'Albite. Il y a seulement un petit excès d'alumine : mais on sait, d'après les recherches d'Ebelmen, qu'en général dans les silicates en décomposition la proportion d'alumine augmente. On pourrait donc supposer que ce résidu est de l'Albite ayant éprouvé un commencement de décomposition, hypothèse qui s'accorderait assez bien avec l'aspect de la Roche.

APPENDICE.

9. A. **CONGLOMÉRATS ALBITOPHYRIQUES.** Blocs d'Albitophyres arrondis ou anguleux accumulés dans le voisinage des centres éruptifs.
Environs de Boulouris.

NOTA. Il est facile de s'assurer, par l'énumération des principales variétés, que l'Albitophyre comprend des produits d'aspect et de structure divers. Les variétés *vacuolaires, amygdalaires, calcarifères* et *calcédonifères* du Var correspondent, terme pour terme, aux Labradophyres d'Oberstein, comme les Albitophyres globuleux rappellent les Labradophyres globuleux de la Toscane et les *Pyromérides* (Orthophyres) de la Corse et des Vosges.

Il existerait donc dans l'ensemble des Roches que, faute de pouvoir définir exactement, on a nommées *spilites, trapps, variolites, amygdaloïdes,* etc., deux séries distinctes par leur composition, l'une à base d'Albite, l'autre à base de Labrador, mais dont les caractères extérieurs et les produits accidentels seraient identiques. Le principe que nous avons adopté et qui nous a fait choisir comme base de notre classification l'élément minéralogique prédominant, nous oblige d'admettre ces deux séries; mais nous devons user de la plus grande réserve pour l'indication des gisements dont la composition des Roches n'aurait pas été déterminée chimiquement.

Notre méthode a l'avantage incontestable de bannir du langage géologique une foule de dénominations superflues, qui indiquent un facies particulier et non une des qualités essentielles de la Roche, en assujétissant leur spécification aux lois de la minéralogie. C'est ainsi que malgré les différences extérieures que l'on remarque entre un Albitophyre à cristaux d'Albite bien définis et un Albitophyre terreux, il est facile de s'assurer sur place ou par la comparaison de nombreux échantillons que ces deux variétés extrêmes se lient par des passages ménagés qui ne laissent aucun doute sur leur identité et leur communauté d'origine, et que par conséquent les diverses espèces dans lesquelles on avait distribué les Albitophyres et les Labradophyres n'étaient pas plus légitimes que celles que l'on aurait tenté d'établir dans le Calcaire, par exemple, d'après les textures cristallines, compactes, globuleuses, oolitiques, pulvérulentes, etc.

GISEMENT ET HISTOIRE.

Dans le département du Var, contrée classique pour l'étude des Roches d'origine ignée, l'Albitophyre se présente fréquemment dans un même gisement sous toutes les formes que nous venons de signaler. Il existe au milieu des Schistes cristallins et du Grès bigarré, en culots ou en filons qui, dans leur distribution, semblent subordonnés à la présence des Orthophyres quartzifères dont ils ont suivi de près les émissions. C'est surtout autour du massif de l'Estérel, où ces dernières Roches abondent, qu'on observe les dépôts les plus nombreux.

La période pendant laquelle les Albitophyres sont venus au jour, embrasse tout l'intervalle géologique qui s'est écoulé entre le dépôt du terrain triasique et celui du terrain crétacé. Il est même probable que les gisements des Alpes sont d'une date plus récente. Cette supposition, que l'analogie rend assez vraisemblable, manque pourtant d'une démonstration positive.

Depuis le port de Saint-Raphaël jusqu'au château d'Agay, le rivage de la mer est occupé par des assises très-puissantes de Grès bigarrés, dont les éléments parfois très grossiers permettent de reconnaître les Roches qui ont concouru à leur formation. Ce sont des fragments roulés de *Granites*, de *Gneiss*, d'*Orthophyres* rouges et d'*Albitophyres amygdalaires, porphyroïdes* et *globuleux*, dont les lieux de provenance appartiennent incontestablement à la chaîne de l'Estérel. Cette circonstance indique donc clairement l'antériorité ou du moins la contemporanéité de certains Albitophyres par rapport à l'étage du Grès bigarré. Mais leur histoire ne se compose pas d'une émission unique ; car dans les environs de Fréjus et de Saint-Raphaël, il n'est pas rare d'observer des masses de cette Roche plutonique immédiatement superposées au même Grès bigarré ou qui s'y sont introduites à l'état de filons transversaux ou de filons couchés; d'où la démonstration péremptoire que ces Porphyres sont postérieurs à ceux dont on observe des débris à l'état roulé dans les Grès triasiques (voir fig. 22).

Toutefois, les Alpes du Dauphiné en fournissent d'une date plus récente encore. En effet, les Roches diverses que l'on a décrites sous les noms de *Spilite*, de *Variolite du Drac*, dont on peut étudier de bons exemples dans les environs de Vizille et d'Aspre-les-Corps et que leur composition assimile aux Albitophyres du Var, reposent généralement au milieu du terrain jurassique.

Leur mode éruptif est indiqué par leur indépendance au milieu des terrains sédimentaires, par leur introduction entre les bancs de Grès et de Calcaires, par les Conglomérats qui ont accompagné leur sortie, ainsi que par les débris des Roches étrangères empâtées dans leur masse. La montagne du Rouit, dans le Var, offre un exemple qui met en évidence cette dernière particularité. A quelques kilomètres du château d'Esclans se trouvent les Schistes cristallins qui séparent le torrent de Pennafort de la vallée d'Endelos. On rencontre, en remontant le cours de la rivière d'Endelos, un dépôt d'Albitophyre verdâtre, qui contient des fragments anguleux de Gneiss en si grande abondance, qu'on croirait avoir sous les yeux une brèche formée par voie sédimentaire, et non une Roche d'origine ignée.

Les Conglomérats abondent entre Agay et Saint-Raphaël. Dans le voisinage de Boulouris, le rivage est occupé par des Grès bigarrés et des Conglomérats albitophyriques. La stratification du Grès est très-distincte; mais il n'en est pas de même de celle des Conglomérats, dont la composition variée des débris et leur état de confusion trahissent les effets de la cause violente qui a présidé à leur formation. Des filons d'Albitophyre les traversent dans tous les sens. Les fragments qu'on y observe en plus grande abondance et dont plusieurs dépassent le volume d'un mètre, appartiennent, pour la plupart, à une variété d'Albitophyre violet à grands cristaux d'Albite rose et à amygdales calcaires. Ces fragments sont emballés dans une pâte de même nature, qui enveloppe en même temps des débris plus atténués, anguleux ou arrondis. Leur gisement, circonscrit et subordonné à la présence de l'Albitophyre, ne permet pas de les considérer comme une dépendance naturelle du Grès bigarré. Si, au contraire, on fait attention aux circonstances de leur position et surtout à la grande variété d'Albitophyres qu'ils contiennent, et que l'on tenterait vainement de retrouver dans les alentours, on est amené à considérer les filons comme le résultat d'éruptions violentes, et les Conglomérats comme une masse de débris arrachés soit au Grès bigarré, soit aux parois déjà consolidés des Albitophyres même, et poussés à la surface au moment de l'éruption.

Les Grès exposés à l'influence directe des Porphyres albitiques ont subi, sur de très-grandes étendues, ou à leur contact, des transformations remarquables. Ils sont devenus polyédriques et sonores (environs de Fréjus [fig. 21]) ; quelques portions même, exposées plus directement à l'action méta-

Fig. 21.

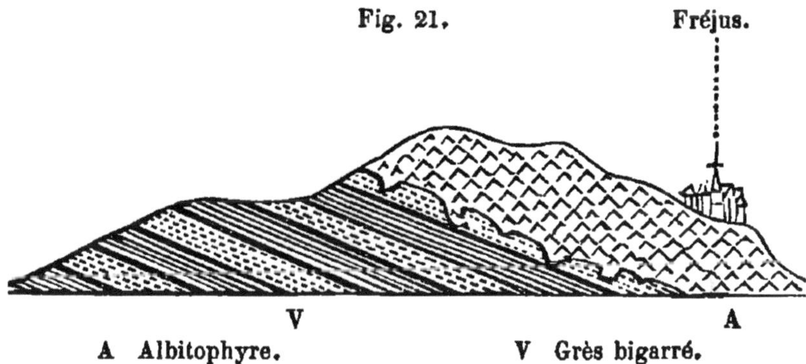

A Albitophyre. V Grès bigarré.

morphique, ont revêtu une texture semi-cristalline, et ont été changées en un Quartzite rubanné, ainsi qu'on l'observe près du Castellas d'Agay. La fig. 21 montre aux environs de Fréjus le recouvrement du Grès bigarré V par une couche d'Abitophyre A. Ce Porphyre forme, dans les environs de vieille cité romaine, une large coulée-nappe qui s'étend assez au loin vers le nord-est, traverse la route d'Italie vers la ligne des arches de l'aqueduc antique, et se montre dans tous les lieux circonvoisins, au-dessous de la terre végétale. En suivant les contours des ravins qui entament le sol dans la direction de l'ouest, on observe sur une assez grande étendue le recouvrement immédiat du Grès par la Roche plutonique. Elle s'y présente disposée en grandes tables qui s'étagent en retrait les unes au-dessus des autres, en affectant une stratification pseudo-régulière. C'est une véritable disposition en dalles particulière aux *Trapps,* et si fréquente dans le nord de l'Ecosse. Le Grès qui supporte directement l'Abitophyre est très-homogène, mais son intérieur porte les traces évidentes de l'altération qu'il a subie : de rouge qu'il était primitivement, il est devenu décoloré ; de plus, l'action de la chaleur paraît avoir déterminé les nombreuses fissures qui le traversent dans tous les sens et le divisent en prismes polyédriques. Les portions mêmes que l'on croirait compactes se séparent au moindre choc en nombreux fragments qui résonnent sous le marteau à la manière des briques cuites.

Nous citerons aussi l'existence d'un Calcaire devenu saccharoïde et grenatifère dans le voisinage du dépôt d'Albitophyre que l'on rencontre près le Pras d'Auban, sur la berge gauche de la vallée du Reyran. Ce Calcaire, dans son état normal, forme une ou deux couches subordonnées dans l'étage du Grès bigarré, et se montre sur divers points de l'Estérel. Sa couleur est le gris de fumée, et sa texture est compacte. Les Argiles ont éprouvé à leur tour un durcissement particulier, ou bien elles ont été converties en une espèce de Jaspe brun, très-cassant, et dont l'odeur argileuse dévoile l'origine.

La fig. 22, qui représente une coupe naturelle des terrains près de Saint-Raphaël, indique nettement l'âge de l'Albitophyre dans la chaîne de l'Estérel. Les Albitophyres A ont pénétré au milieu du Grès bigarré V après le dépôt de ce terme

Fig. 22.

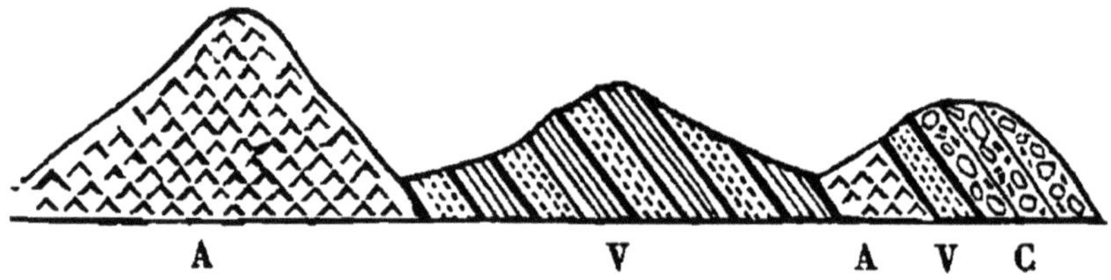

A Albitophyre. C Conglomérats albitophyriques. V Grès bigarré.

du terrain triasique; mais leur introduction a été postérieure à des éruptions de cette même Roche plutonique, puisque les Conglomerats C, subordonnés au Grès bigarré, renferment des fragments roulés d'Albitophyre amygdalaire et globuleux.

La présence des amygdales calcaires, au cœur même des Albitophyres et des Labradophyres, a été l'objet de plusieurs explications. Les Géologues qui se sont occupés de cette question, s'accordent généralement pour les considérer comme étant le résultat d'une infiltration postérieure. Cette hypothèse me paraît mal se concilier avec les faits, tels que j'ai été à portée de les observer, du moins dans le Var ainsi que dans l'Italie. Ainsi, au cap Garonne, où l'Albitophyre amygdalaire forme la montagne entière de la Colle noire, on voit cette Roche uniformément remplie de globules calcaires; il en est de même de ceux de Fréjus et de Boulouris. Cependant, à deux pas de cette dernière localité, l'Albitophyre d'Agay, bien qu'il soit criblé de boursouflures, ne présente aucune amygdale calcaire, et il serait difficile de comprendre comment il aurait pu échapper aux influences qui auraient permis aux gisements voisins de s'imprégner de cette substance. Au Plan de la Tour (fig. 23), où de petits filons de Porphyre albitique A de quelques centimètres d'épaisseur seulement traversent le Granite G, on ne remarque des Calcaires que dans la première Roche.

Fig. 23.

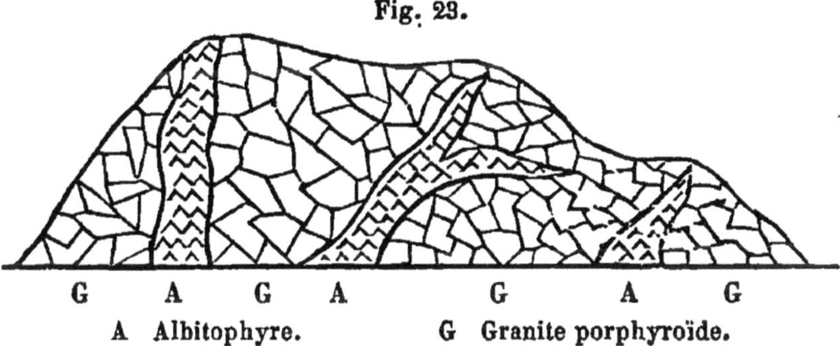

A Albitophyre. G Granite porphyroïde.

Si l'on reconnaît, pour la formation des cavités dans les Albitophyres (et la disposition de celles du gisement d'Agay ne peut laisser aucun doute à cet égard), l'intervention d'un gaz et l'accomplissement d'un phénomène analogue à celui qui préside au refroidissement des Laves, ne pourrait-on pas trouver une explication naturelle de cette formation, et dans la nature du gaz produit, et dans celle de la Roche traversée, en admettant que le premier a été du gaz carbonique, qui, comme on le sait, se dégage en si grande abondance dans les éruptions volcaniques, et que la chaux qui s'est combinée avec lui provient de la pâte du Porphyre. L'analyse a démontré que la proportion de chaux qui entre dans la composition de certains de ces Porphyres s'élève jusqu'à douze pour cent. Ce serait justement cette chaux dont se serait emparé l'acide carbonique, lorsqu'elle se trouvait en excès au moment de la cristallisation de la Roche. Lorsque, par contraire, les éléments primitifs se rencontraient en proportions définies pour constituer un Feldspath sans excès d'aucun élément, le gaz acide carbonique, ne pouvant se combiner avec aucune base libre, traversait la Roche en y pratiquant ces boursouflures vides que le gisement d'Agay nous a montrées.

TROISIÈME ESPÈCE. — LABRADOPHYRE.

Synonymie. *Ophite, Porphyre augitique, Porphyre vert antique, Prasophyre, Mandelstein, Trapp, Amygdaloïde, Spilite, Mélaphyre, Greenstone, Toadstone, Eisenstein, Wacke.*

Roche essentiellement composée d'une pâte de Feldspath Labrador, empâtant ordinairement des cristaux de Labrador et accidentellement du Pyroxène, des noyaux calcaires, du Quartz, de la Calcédoine et d'autres minéraux cristallisés.

VARIÉTÉS.

1. L. PORPHYROÏDE. Variété à pâte noirâtre ou verdâtre, lardée de nombreux cristaux de Labrador verdâtre ou olivâtre.

   Riparbella, Montecastelli (Toscane), Apennin Bolognais.

2. L. PORPHYROÏDE QUARTZIFÈRE (1). Variété analogue à la précédente, dans laquelle le Quartz est engagé sous forme de noyaux sphériques.

   Belfahy (Vosges), plusieurs Porphyres verts antiques.

(1) Analyse du Feldspath du Labradophyre de Hélos par M. Delesse :

			Oxyg.	Rap.
Silice.	53,20		27,643	6
Alumine.	27,31	12,764	13,080	3
Peroxyde de fer.	1,03	0,316		
Chaux	8,02	2,253	4,863	1
Magnésie	1,01	0,390		
Soude.	3,52	0,900		
Potasse.	3,40	0,577		
Eau.	2,51	2,231		
	100,00			

Analyse du Feldspath du Labradophyre de Belfahy par M. Delesse.

Silice	52,89		27,480	12
Alumine	27,39	12,801	13,182	3
Peroxyde de fer. .	1,24	0,381		
Oxyde manganeux.	0,30	0,067	4,525	1
Chaux	5,89	1,654		
Soude.	5,29	1,353		
Potasse	4,58	0,776		
Eau.	2,28	2,027		

Il est à remarquer que ce Labrador constitue une variété bien dis-

3. L. PORPHYROÏDE PYROXÉNIFÈRE (1). Variété contenant des cristaux de Pyroxène (*Porphyre vert antique*).

Hélos en Laconie, Route de Kéné à Kaséïr, Monts-El-Guettar et Doukana (Egypte), Belfahy, Puix, Giromagny, Bitschwiller (Vosges).

4. L. AMPHIBOLIFÈRE. Variété contenant des cristaux d'Amphibole.

Ontonagon et pointe de Keweenaw (Etats-Unis).

5. L. PORPHYROÏDE AMYGDALAIRE. Variété à vacuoles sphériques ou allongées, remplies par du carbonate de chaux.

Faucogney, Coravillers, Bélonchamp (Vosges), Hélos, Oberstein en Palatinat, Ontonagon et pointe de Keweenaw.

6. L. GRENU (*Trapp, Greenstone*). Variété d'apparence homogène et composée de cristaux infiniment petits que le miroitement permet de reconnaître.

Riparbella (Toscane), Oberstein, Faucogney, Les Adrets, La Garde près Toulon, Ecosse, Bohemian Mountains (Etats-Unis).

7 L. AMYGDALAIRE (*Spilite* [2]). Variété dont la pâte cristalline, grenue ou compacte est criblée de cellules quelquefois vides, mais le plus ordinairement remplies par du carbonate de chaux ou d'autres minéraux (Zéolithes, Quartz, Calcédoine).

Plain des Bœufs, Mondalin, Chapelotte, Rimbach (Vosges), Faucogney (Haute-Saône), Oberstein, Terriccio, Riparbella (Toscane), Apennin Bolognais, vallée de Cuitan, près Tétuan (Maroc), Djebel-Abiod, environs de Kramiça (province de Constantine).

---

tincte de cette espèce minérale : sa densité (2,719) est un peu plus grande et il renferme 2,28 pour 100 d'eau jouant le rôle de base, moitié moins de chaux, une proportion très-notable de potasse et presque autant d'alcali que l'Albite ou l'Oligoclase. M. Delesse a trouvé que la composition de la masse du Labradophyre de Belfahy était à peu près la même que celle des cristaux.

(1) M. Delesse a constaté que la coloration des Porphyres verts antiques était due non pas au Pyroxène, mais bien à l'Amphibole, et que dans les Labradophyres les mieux caractérisés, le Pyroxène, quand on l'y observe, ne jouait jamais qu'un rôle accidentel.

(2) M. Delesse, qui s'est occupé avec beaucoup de soin de la composition

8. **L. GLOBULEUX.** Variété dans laquelle le Labrador se présente sous forme de globules sphéroïdaux d'un volume variable. (Ces globules radiés ou compactes font ressembler la Roche à une *Pyroméride* ou à une *Variolite.*)

Bocca Tederighi, Terriccio, Montecastelli (Toscane). Castiglione (Apennin Bolognais), Carnarvhonshire, Meriontshire, Ekatherinembourg.

---

des Roches des Vosges, a trouvé le Spilite de Faucogney composé de la manière suivante :

		Oxygène.	
Silice.	54,42		28,276
Alumine	20,60		9,630
Protoxyde de fer. . . .	9,44	2,149	
Protox. de manganèse.	0,93	0,208	
Chaux.	3,64	1,023	
Magnésie.	3,87	1,498	6,767
Soude.	4.48	1,146	
Potasse	0,94	0,159	
Eau	1,97	1,781	
	100,29		

Cette analyse démontre que sa composition est à très-peu près la même que celle de la pâte du Porphyre de Belfahy et qu'elle représente le Labrador.

M. Delesse a trouvé les cristaux de Feldspath du Labradophyre d'Oberstein composés de .

Silice.	53,89
Alumine . . .	27,66
Oxyde de fer.	0,97
Chaux.	8,28
Soude.	4,92
Potasse. . . .	1,28
Perte au feu.	3
	160,00

Ce Feldspath peut être considéré comme un Labrador.

La densité moyenne du Labradophyre d'Oberstein est de 2,68; sa composition moyenne, suivant M, Delesse, est :

Silice	51,13
Alumine et peroxyde de fer.	29,73
Chaux	4,73
Magnésie, alcalis.	10,73
Acide carbonique et eau. .	3,68
	100,00

La pâte de la Roche renferme à peu près autant d'alcalis que le Feldspath qui s'y est développé, et elle est par conséquent feldspathique.

9. L. TERREUX (*Wacke*). Variété provenant de la décomposition et de l'altération des variétés compactes et amygdalaires (*Trapp* et *Spilite*).

Riparbella, Terriccio, Apennin Bolognais, Oberstein, Kramiça, vallée de Nahe.

10. L. BRÉCHIFORME. Variété formée de fragments à angles vifs de Labradophyre porphyroïde, grenu, ou amygdalaire, de toutes couleurs, mêlée à des débris des Roches voisines.

Belfahy, Servance.

NOTA. On voit par l'énumération des variétés principales du Labradophyre que cette espèce comprend des Roches de même composition, quoique d'aspect et de texture divers.

Les Labradophyres porphyroïdes, vacuolaires et amygdalaires correspondent aux Albitophyres de même nom du Var. Les Labradophyres calcarifères et calcédonifères d'Oberstein rappellent les Albitophyres également calcarifères et calcédonifères de l'Estérel. Enfin, les Labradophyres globuleux ne peuvent être distingués que par le secours de l'analyse, des Albitophyres et des Orthophyres globuleux du Var et de la Corse.

Nous nous bornons à indiquer ici ce rapprochement que nous avons déjà établi à l'occasion de l'Albitophyre. Tant que la chimie n'était pas intervenue dans la classification des Roches, les Albitophyres et les Labradophyres ne formaient qu'une seule et même classe qui, suivant l'importance des caractères extérieurs, comprenait plusieurs espèces. Il devient indispensable de recourir aujourd'hui à l'analyse pour être fixé sur la place que leur assigne leur nature feldspathique. Or, comme on ne possède des travaux chimiques que pour les gisements du Palatinat, des Vosges, du Var et des Alpes, on reste nécessairement dans l'indécision toutes les fois qu'il s'agit d'appliquer leur nom véritable aux produits des autres localités, surtout si ces produits sont privés de cristaux déterminables et consistent simplement en des magmas dont la composition, comme on le sait, est difficile à établir. Nous ne pouvons indiquer aucun caractère empirique à l'aide duquel il soit possible de distinguer les Albitophyres des Labradophyres. Toutefois, c'est généralement à ces derniers qu'on doit rapporter les Roches désignées sous les noms de *Mélaphyres,* de *Spilite,* de *Trapp* et d'*Amygdaloïdes.*

GISEMENT ET HISTOIRE.

Le Labradophyre est très-abondant aux environs d'Oberstein, d'Idar, dans la vallée de la Nahe ainsi que dans tout le bassin houiller de la Sarre. Il forme des dykes dont les dimensions et les contours sont très-irréguliers. Près d'Oberstein, il couvre une surface très-étendue du sol sur lequel il paraît s'être répandu à la manière de grandes nappes ou coulées.

Les Mélaphyres des Vosges, suivant M. E. de Beaumont, paraissent avoir de grands rapports avec ceux d'Oberstein et de Kirn, et ce géologue est porté à admettre que, comme ces derniers, ils ont fait éruption après le dépôt du terrain houiller et peut-être même après le dépôt du Grès rouge, mais avant celui du Grès des Vosges. Cette chaîne, si remarquable par l'abondance des Roches d'origine plutonique, présente un assortiment très-varié de Labradophyres, et la collection complète, pour ainsi dire, dans un même gisement, des types qui ont donné lieu à l'établissement de tant d'espèces. Les environs de Belfahy et de Faucogney peuvent être considérés comme la région classique pour l'étude de ces Porphyres.

M. Pasini a observé dans le Vicentin des fragments de Mélaphyre dans un Grès rouge qui doit être rapporté au Trias, car il repose au-dessous du Calcaire jurassique.

Dans le Maroc, les Spilites sont engagés au milieu des Grès dévoniens.

Si ces divers exemples donnent, comme on le voit, une date assez ancienne aux Labradophyres, d'autres faits démontrent que leur sortie s'est continuée jusqu'après le dépôt des terrains tertiaires moyens. En effet, dans la Toscane et dans l'Apennin Bolognais, où les Mélaphyres le plus nettement définis et comme Labradophyres porphyroïdes et comme Spilites, jouent un rôle important et constituent un des éléments du terrain serpentineux (*ophiolitique* de Savi), on voit ces Roches percer sous forme de filons et de culots le terrain nummulitique (Riparbella, Rocca Tederighi, Monte Castelli, vallée supérieure du Reno), lequel se trouve disloqué et modifié profondément.

Entre le Terriccio et Riparbella (Toscane), on voit des filons ou dykes de Labradophyre L (fig. 24) amygdalaire (*Spilite*) qui coupent franchement les Serpentines et Euphotides E et

Fig. 24.

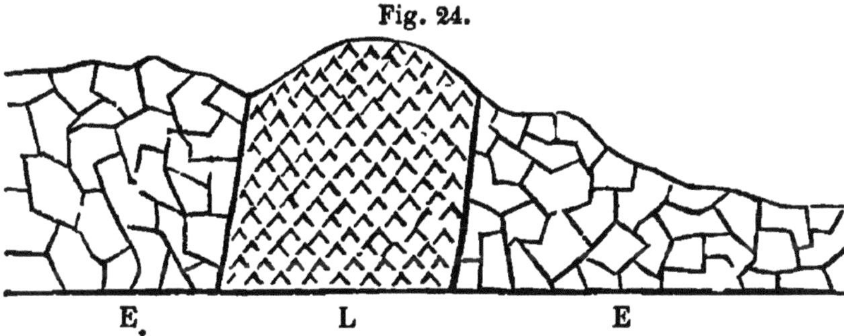

débordent au-dessus : or, ces dernières Roches sont postérieures au terrain tertiaire nummulitique.

La province de Constantine nous montre dans les environs de Kramiça et sous le Djebel-Abiod, des dépôts plus récents encore d'un Labradophyre caractérisé par sa texture grenue et terreuse (*Spilite*) et qui sont enclavés au milieu d'une Argile et d'une molasse miocéne caractérisée par l'*Ostrea longirostris* et le *Pecten Burdigalensis*. Dans le premier de ces gisements la Roche plutonique forme une masse que les dénudations ont déchaussée et qui s'élève de 10 mètres au-dessus du sol et se continue dans les coteaux voisins au milieu des Argiles miocènes. Seulement sa puissance est sujette à des variations considérables : au fond du vallon, elle atteint 5 mètres, tandis qu'à quelques pas plus loin elle ne dépasse pas 60 centimètres. Ses caractères sont constants. C'est une Roche verdâtre, à grains serrés et miroitants, et répandant par l'insufflation une odeur argileuse très-prononcée. Elle est criblée de petites cavités, dont le plus grand nombre sont occupées par du carbonate de chaux ; projetée dans un acide faible, elle se dépouille de son Calcaire, et se présente alors sous la forme d'une Roche poreuse analogue à certains produits volcaniques scorifiés.

Ainsi, les Labradophyres dont la première apparition remonte à la période houillère auraient cessé après le dépôt du terrain tertiaire moyen. Nous avons eu déjà l'occasion d'indiquer des circonstances presque identiques pour les Albitophyres qui, dans le Var, sont contemporains du Grès bigarré, tandis que dans les Alpes ils sont postérieurs à la formation jurassique et probablement aussi à la formation crétacée.

Leur mode éruptif ayant présenté les mêmes particularités que les Albitophyres, nous nous dispenserons d'entrer dans de plus grands détails à ce sujet, car ils feraient double emploi avec ce qui a été déjà dit. La fig. 25 montre un exemple remarquable d'un filon de Labradophyre L qui traverse une coulée labradophyrique plus ancienne ainsi que des couches calcaires fossilifères C. Ce fait intéressant a été constaté par

Fig. 25.

C L

L Labradophyre. C Calcaire fossilifère.

Mac Culloch dans la falaise d'Airdnamurchan (Iles Britanniques). Les brèches et les Conglomérats que l'on observe dans la chaîne des Vosges fournissent un trait de ressemblance de plus avec les Albitophyres de l'Estérel.

L'alternance des *Trapps* avec les Grès rouges et les Grès houillers, ce qui les avait fait longtemps considérer comme des produits d'origine aqueuse, est une preuve de leur fluidité primitive; car ces masses ainsi intercalées au milieu des Roches sédimentaires ne sont autre chose que des filons parallèles à la stratification, ou ayant rempli des fissures préexistantes, qui ont pénétré jusqu'à des distances assez considérables, en affectant une allure indépendante. Mais il est facile de s'assurer que cette indépendance n'est qu'illusoire, car ils se rattachent à des dépôts plus puissants et ils vont s'amincissant graduellement, à mesure qu'ils s'éloignent des masses qui les ont poussés. L'Ecosse et les régions du Lac supérieur dans l'Amérique septentrionale sont les contrées où ces accidents curieux se produisent le plus fréquemment, et dont l'étude a porté plusieurs géologues à considérer la plupart de ces Roches feldspathiques comme étant un produit métamorphique.

Dans les Hébrides, les masses de *Trapp* (Labradophyre) (fig. 26) qui s'étendent en tous sens sur la surface du pays, en recouvrant les Roches stratifiées sous-jacentes V, se retrouvent

Fig. 26.

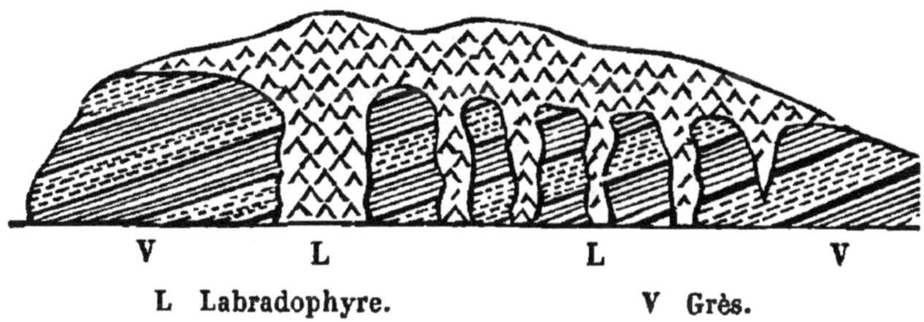

L Labradophyre. V Grès.

aussi dans les falaises où, se dirigeant de haut en bas, elles se prolongent en forme de veines ou de dykes. Le plus grand des dykes représentés dans ce diagramme n'a pas moins de 30 mètres de large : on l'observe près de Suishnish, dans l'île de Sky.

Souvent cette Roche plutonique s'insinue sous forme de filons entre les bancs des formations sédimentaires en conservant un parallélisme parfait par rapport aux plans de stratification sur de grandes étendues, comme on l'observe dans l'île de Sky (fig. 27). Ces filons ne sont autre chose que des diramations d'un dyke principal L qui se sont introduites latéra-

Fig. 27.

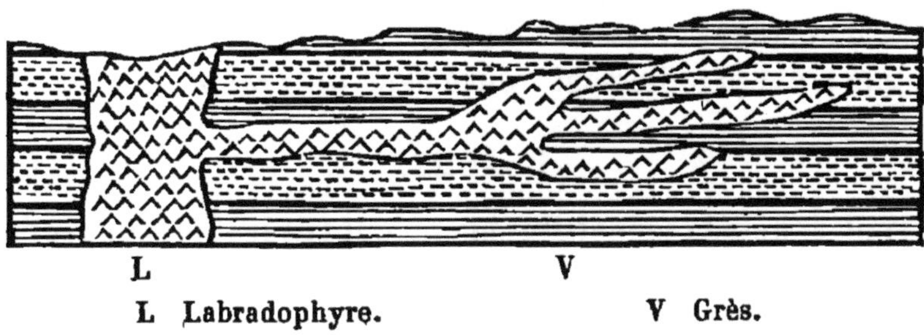

L Labradophyre. V Grès.

lement, cette direction étant celle qui offrait le moins de résistance possible à un fluide procédant en avant. Quelquefois ces dykes alternent à plusieurs reprises avec des bancs de Grès ou de Calcaires de manière que, pendant longtemps, on a attribué à ces premiers une origine neptunienne. La fig. 28 donne une idée de cette disposition.

Fig. 28.

L Labradophyre. G Grès.

Les relations des Labradophyres avec les gîtes filoniens sont incontestables. En Toscane, certains filons de cuivre sont encaissés indistinctement dans les Spilites et dans les Serpentines. Les mines de cuivre de Djaritz dans le Maroc; celles qu'on remarque dans les Grès tertiaires moyens de Chégaga (Afrique française), semblent être subordonnées à la présence des *Spilites* qui gisent dans leur voisinage. Le cuivre natif, qui ne se montre que dans quelques échantillons de la Roche d'Oberstein, donne lieu au Lac supérieur et dans la Nouvelle Ecosse à des exploitations extrêmement importantes entreprises généralement dans les *Amygdaloïdes* et les *Trapps* qui se trouvent en contact avec des Grès. Le cuivre natif a encore des gisements analogues dans le New-Jersey, dans les Massachusets, le Connecticut, etc. On cite de l'argent natif dans le *Trapp* amygdaloïde de Kewena-Point. M. Rivot a rapporté de la même contrée des Labradophyres amygdalaires dont les cavités étaient remplies par du cuivre natif. Enfin, à Choco, le platine a été pareillement trouvé dans un *Trapp*.

USAGES.

Tout le monde connaît l'usage qu'ont fait les Romains et les Grecs du Labradophyre, désigné sous le nom de Porphyre vert antique, pour la décoration de leurs monuments. Cette Roche qui est d'un très-bel effet, et qui est susceptible de prendre un beau poli, a été employée dans les mosaïques, les pavés et en placage. Souvent aussi elle a été façonnée en urnes et en colonnettes. Les Musées de Florence possèdent des vases façonnés avec le Labradophyre de la Toscane; leur teinte plus foncée que celle du vert antique tire un peu sur le noirâtre.

C'est aussi dans les *Amygdaloïdes* des environs d'Oberstein que se trouvent engagés les rognons de Calcédoine qu'on y exploite sur une vaste échelle et qui reçoivent une foule d'applications variées.

QUATRIÈME ESPÈCE. — OLIGOPHYRE (1).

Roche essentiellement composée d'une pâte de Feldspath Oligoclase, empâtant ordinairement des cristaux d'Oligoclase.

---

(1) Nous avons donné le nom d'Oligophyre au Porphyre bleu des environs de Saint-Raphaël (Var). C'est une Roche magnifique, extrêmement dure, d'un bleu-turquin, et renfermant des cristaux d'Oligoclase nettement définis : sa densité est de 2,61.

M. Diday a trouvé pour la composition des cristaux de Feldspath :

			Oxygène.	Rapport.
Silice.	0,635		0,3298	9
Alumine. . . .	0,231		0,1079	3
Chaux.	0,068	0,0191	0,0353	1
Magnésie . . .	0,009	0,0035		
Potasse. . . .	0,006	0,0010		
Soude.	0,046	0,0117		
	0,995			

Cette composition est celle de l'Oligoclase.

La moyenne de trois analyses avait donné à M. Diday une plus forte proportion de silice qui conduisait aux rapports 12 : 3 : 1, par conséquent à la formule de l'Albite. Mais ce chimiste fait observer que des grains de Quartz se trouvent quelquefois intercalés entre les lames de clivage et que c'est là une cause d'erreur assez difficile à éviter dans les analyses. Quelques cristaux ont donné jusqu'à 75 pour 100 de silice et l'on a beaucoup de peine à se procurer des fragments assez bien débarrassés de Quartz pour que l'on puisse en considérer la composition comme étant véritablement celle de l'Albite.

M. Rammelsberg, de son côté, avait été amené à établir pour les mêmes cristaux les rapports 7 : 3 : 1; mais M. C. Deville a démontré qu'il avait eu affaire à un Feldspath altéré et que l'espèce se référait à l'Oligoclase.

La pâte de l'Oligophyre de Boulouris, examinée à la loupe, paraît uniquement formée de cristaux analogues de plus petite dimension; elle fait quelquefois légère effervescence avec les acides, particularité qu'a signalée aussi M. Deville dans les gros cristaux, l'altération ayant eu pour effet de concentrer dans l'enveloppe extérieure, à l'état de carbonate, la chaux enlevée aux parties intérieures.

VARIÉTÉS.

1. O. PORPHYROÏDE. Variété lardée de gros cristaux d'Oligoclase.
Boulouris, Aiguebelle, Arène grosse près de Saint-Raphaël (Var).
2. O. QUARTZIFÈRE. La variété précédente contenant beaucoup de cristaux de Quartz de forme dodécaédrique.
Boulouris, Aiguebelle, La Caux, Marmato (Nouvelle Grenade).
3. O. AMPHIBOLIFÈRE. Les variétés précédentes avec cristaux d'Amphibole.
Boulouris.
4. O. GRANITOÏDE. Variété dans laquelle les cristaux d'Oligoclase, le Quartz et l'Amphibole réduit à de petites dimensions, sont réunis à la manière des éléments du Granite.
Entre Boulouris et Agay.

GISEMENT ET HISTOIRE.

L'Oligophyre du département du Var court parallèlement au rivage, depuis le quartier de Gardevieille jusqu'au-dessous de la rade d'Agay, en formant quelques montagnes à formes arrondies. Il se continue dans les terres, affleure au-dessus des Grès bigarrés et des Albitophyres amygdalaires, et il s'enfonce sous les escarpements du Porphyre rouge de la chaîne de l'Estérel, après un parcours de 14 à 18 kilomètres : c'est, à ne pas en douter, un dyke immense dont la plus grande partie est étouffée par les Roches que nous venons de citer.

Son origine éruptive est énergiquement exprimée près du poste des douaniers de Boulouris (fig. 29), où on voit l'Oligo-

Fig. 29.

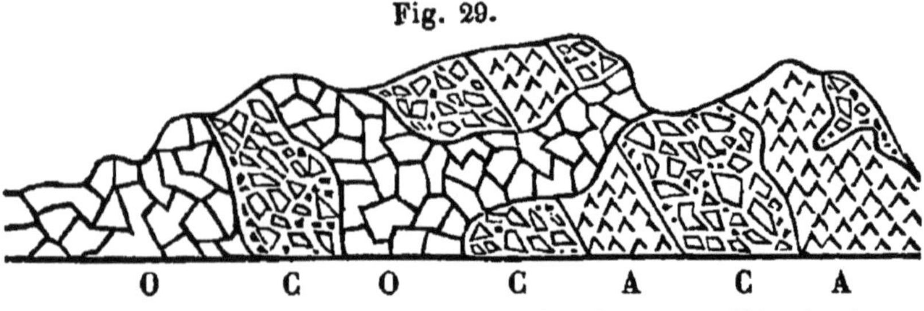

O Oligophyre. A Albitophyre. C Conglomérats albitophyriques.

phyre O pousser des filons ramifiés à travers les Albitophyres A, les Conglomérats amygdaloïdes C et les Grès bigarrés V, ainsi que dans le coteau des Caux qui domine les carrières romaines et d'où l'on extrait le Calcaire avec lequel on fabrique de la chaux maigre. Ce Calcaire fait partie de la couche subordonnée au Grès bigarré que l'on retrouve sur divers points de l'Estérel, mais qui, dans le quartier de Caux (fig. 30) et au contact même de l'Oligophyre O, est passée à l'état de Dolomie D

Fig. 30.

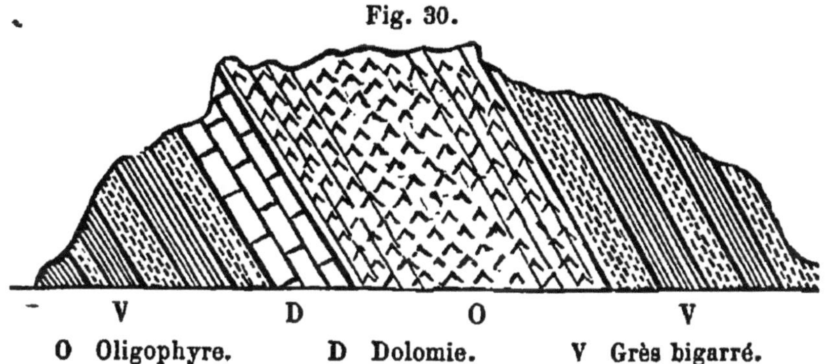

O Oligophyre. D Dolomie. V Grès bigarré.

blanchâtre très-cristalline. Il s'est formé, vers la surface du contact, une salbande composée de fragments anguleux de Dolomie, de Grès et de Porphyre, vrai Conglomérat bréchiforme qui porte en caractères irréfragables les traces des actions dynamiques et métamorphiques auxquelles il doit son origine. La structure du Porphyre a aussi subi quelque modification; car de massif qu'il est partout ailleurs, il est devenu rubanné et schistoïde même, mais sans avoir rien perdu de sa solidité.

La chaine de l'Estérel se compose d'une longue bande de Porphyre rouge que la vallée du Reyran divise en deux portions inégales; l'une, depuis le pic de la Gardiole jusqu'à Esclans, forme une muraille uniforme sous laquelle s'abritent les plaines de Fréjus, du Puget et du Muy; la seconde, l'Estérel proprement dit, depuis les ressauts du Reyran, se continue jusque dans la mer, en constituant les pitons de la Sainte-Baume, les colosses d'Arturby et du Mont Vinaigre et le cap Roux, remarquable par la hardiesse et l'âpreté de ses formes. Les arêtes tranchantes et découpées, caractéristiques de la région la plus orientale de l'Estérel, contrastent d'une manière frappante avec l'aspect monotone de la deuxième portion de la chaîne; la forme dentelée de ses sommités indique clairement qu'elle est le résultat d'une cause perturbatrice qui a agi sur ce point avec plus d'intensité que sur les points les plus éloignés. En effet, en contemplant, des montagnes d'Agay ou des hauteurs de Fréjus, la silhouette que l'Estérel dessine sur l'horizon, on voit, abstraction faite des dépressions intermédiaires, qu'elle représente une ligne courbe qui, du Mont Vinaigre, point culminant, s'abaisse graduellement et vers Esclans et vers la Méditerranée, et que les plus grands écartements ainsi que la disposition flabelliforme provoquée par les fractures correspondent exactement avec la direction du Porphyre bleu et avec son point de rencontre avec les Porphyres rouges quartzifères. En un mot, le Porphyre bleu semble avoir été le levier qui a soulevé l'Estérel et déterminé les inégalités de niveau que nous avons signalées dans les lignes terminales.

Il est donc bien établi que l'éruption de l'Oligophyre du Var est postérieure aux Porphyres rouges, aux Albitophyres et aux Grès bigarrés. Comme ces derniers sont les terrains sédimentaires les plus modernes qui existent dans l'Estérel, il est impossible de bien préciser son âge : mais en se référant aux caractères communs qu'il a avec les Granites et les Porphyres oligoclasifères de l'île d'Elbe, l'analogie conduirait à le considérer comme étant contemporain des Porphyres quartzifères de la rade d'Enfola et par conséquent de l'époque du terrain tertiaire.

USAGES.

Les Romains ont exploité le Porphyre bleu au quartier des Caux où on voit encore les carrières. Il prend très-bien le poli. Il a servi à la décoration des monuments antiques de Fréjus, de Riez, d'Aix, d'Arles, d'Orange et de Rome même. Il en existe des colonnes au palais Quirinal et au Vatican, qu'on regardait comme étant de Porphyre égyptien.

2e *Sous-groupe.* — Porphyres magnésiens.

Ce sous-groupe est caractérisé par la présence d'un silicate magnésien qui fait partie essentielle de ces Porphyres, ou qui, comme dans la Serpentine et la Pyroxénite, constitue seul la masse totale.

Il comprend les espèces suivantes :

1. Amphibolite commune.
   — granitoïde (*Diorite*).
   — pétrosiliceuse (*Aphanite*).
2. Euphotide.
   — variolitique (*Variolite*).
3. Serpentine.
4. Pyroxénite.

PREMIÈRE ESPÈCE.—AMPHIBOLITE (1).

Synonymie. *Diorite, Diabase, Grünstein, Aphanite, Cornéenne, Ophite* (de Palassou), *Dioritine, Hornblendegestein.*

Roche essentiellement composée d'Amphibole Hornblende et de Feldspath Labrador.

VARIÉTÉS.

1. A. granitoïde. Variété dont le Labrador est lamellaire.
   Pouzac (Pyrénées), environs de Nantes, Coutances, Tulle, Hartz, Tavigliano (Piémont), vallée d'Aoste, Mélisey, Ballon Saint-Maurice (Vosges).
2. A. porphyroïde. Les cristaux d'Amphibole implantés au milieu de la pâte feldspathique.
   La Bauduère (Vendée), Freyberg (Saxe), Eup, Pyrénées, Mélisey, Saint-Blaise (Vosges).
3. A. micacifère. Variété contenant du Mica.
   Radau (Hartz), Feldberg (Darmstadt).

(1) Lorsque le Feldspath se distingue de l'Amphibole, la Roche présente un aspect granitoïde ou porphyroïde : c'est le *Diorite* des auteurs. Si l'Amphibole prédomine au point de masquer la présence du Labrador, la texture devient lamellaire ou schistoïde et la Roche était appelée *Amphibolite*. Enfin, dans certaines variétés qui sont connues sous le nom d'*Aphanite* ou de *Cornéennes*, le mélange de l'Amphibole et du Labrador est tellement intime, qu'il devient impossible de distinguer les deux éléments constitutifs à la simple vue. Nous avons dû confondre en une seule espèce ces trois variétés, parce que les distinctions établies par les autres auteurs ne sont fondées que sur des accidents de structure et non sur la composition. La nature elle-même indiquait au surplus cette réunion, car les Amphibolites, les Diorites et les Aphanites sont associées dans les mêmes gisements. Brongniart avoue qu'il existe bien peu de différence entre les Diorites et les Amphibolites.

4. A. **GRENATIFÈRE**. Variété contenant du Grenat.

Verret (vallée d'Aoste), environs de Belle-Isle, environs de Bône (Afrique).

5. A. **HOMOGÈNE**. Variété dans laquelle l'Amphibole prédomine et ressemblant à une Roche homogène.

6. A. **COMPACTE** (*Aphanite*). Labrador prédominant coloré en vert par l'Amphibole.

La Bauduère (Vendée).

7. A. **SCHISTOÏDE**. Structure rubannée.

Djebel-Edough (Afrique), environs du Hartz, Schnéeberg (Saxe), Etats-Unis, Château-Lambert (H.-Saône).

8. A. **ORBICULAIRE** (1). Variété formée de noyaux sphéroïdaux dans lesquels l'Amphibole et le Labrador sont disposés par couches ou cercles concentriques. Ces noyaux sont agglomérés par une pâte d'Amphibolite granitoïde.

Tallano (Corse). A Santa Lucia (Corse), il existe une variété dont les noyaux sont blancs et exclusivement composés de Feldspath.

GISEMENT ET HISTOIRE.

Les Amphibolites, dont quelques variétés peuvent se confondre avec les Syénites pauvres en Quartz, surtout quand le Feldspath est cristallin, forment, au milieu des terrains anciens, des amas plus souvent étendus, sans qu'il soit facile de préciser l'époque de leur apparition. Près des Sables d'Olonne, dans les Vosges et en Corse, c'est au milieu des Granites ou des Schistes cristallins qu'on les observe.

Les Roches d'Amphibole constituent, dans la presqu'île de

(1) Le Feldspath du Diorite orbiculaire de Corse est composé, suivant M. Delesse, de

Silice.	48,60
Alumine	34,66
Protoxyde de fer.	0,66
Chaux	12,02
Magnésie. . . .	0.33
Soude.	2,55
Potasse	1,06
Eau	0,49

Malgré sa faible teneur en silice, ce Feldspath, à cause de sa richesse en chaux, se réfère au Labrador.

Bretagne, ou des amas quelquefois très-puissants, ou des filons qui ont été signalés par M. Dufrénoy. La montagne du Menez-Bré, au nord-ouest de Guingamp, qui domine tout le pays, appartient à cette classe de Roches. Elle forme un vaste cône de 3,000 mètres de circonférence à sa base, et dont la hauteur est de 301 mètres. La Roche est un Amphibole lamelleux, contenant parfois quelques cristaux de Feldspath. Ce monticule s'élève au milieu du Granite porphyroïde. Du côté de Louergat, l'Amphibolite se ramifie en petits filons dans ce Granite, ce qui établit sa postériorité sur cette Roche, et, par conséquent, son âge très-moderne.

Les filons d'Amphibolite sont nombreux ; nous citerons particulièrement ceux des environs de Domfront et du cap Frehel. Le premier, exploité à une demi-lieue au sud de la ville, présente une puissance de 20 à 25 mètres ; il se dirige du nord au sud, et coupe à la fois les couches de Grès et de Schiste qui lui sont associées. Au contact de la Roche amphibolique, le Schiste est maculé et terreux. La masse du filon se décompose en boules, mais le centre de chacun de ces gros rognons est très-dur et très-résistant. Cette Roche, par ses caractères extérieurs, se rapproche beaucoup des *Ophites* des Pyrénées.

Au cap Frehel (fig. 31), l'Amphibolite A constitue plusieurs filons qui se ramifient à un filon principal se dirigeant nord

Fig. 31.

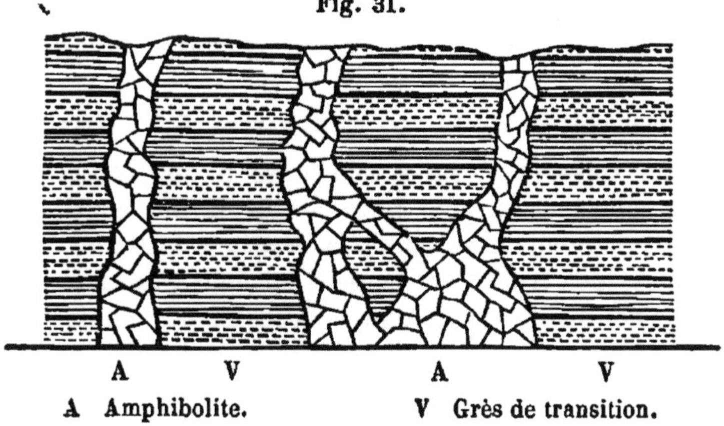

A Amphibolite. V Grès de transition.

20° ouest. Ces filons se dessinent en couleur foncée sur l'escarpement, ce qui permet d'en observer la disposition. Du côté de la terre, ce filon forme une arête saillante que l'on peut suivre sur plus de 400 mètres de longueur : il coupe les couches de Grès presque perpendiculairement à leur direction. Sur toute l'étendue où l'on a pu observer le contact de l'Amphibolite et du Grès, cette Roche a éprouvé une altération prononcée : elle est devenue dure et fragile à la fois ; elle est fendillée perpendiculairement à ses strates, et présente l'apparence prismatique. Quant au grain du Grès, il n'a éprouvé aucune altération : la chaleur que cette Roche a subie, assez forte pour l'endurcir et l'étonner, n'a pas été assez violente pour en changer la texture. La longueur de ces filons, le peu de dérangement produit dans les Roches encaissantes, nous apprennent que les Amphibolites sont sorties liquides de l'intérieur de la terre.

Cette liquidité primitive est pareillement attestée par la présence des fragments étrangers enchassés au milieu des Amphibolites. Vers l'extrémité septentrionale de la ville de Christiania, en Norwége, un dyke d'Amphibolite (fig. 32) A, en offre un exemple des plus remarquables. Ce dyke, large de

Fig. 32.

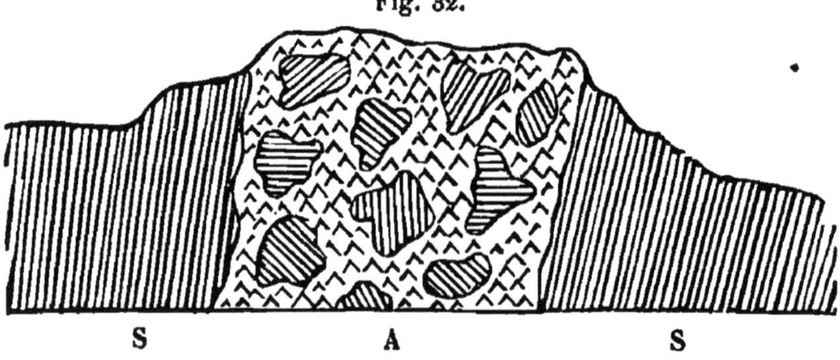

A Amphibolite empâtant des fragments de Gneiss. S Schistes siluriens.

3 mètres, traverse l'Argile schisteuse S qui appartient au système silurien. La pâte noire de la Roche contient des fragments anguleux et arrondis de Granite schistoïde, dont les uns blancs, les autres d'une couleur de chaïr très-claire, quelques-uns non feuilletés, comme le Granite, et quelques autres feuilletés, au contraire, indiquent tous, par leurs directions différentes et souvent même opposées, qu'ils ont été disséminés au hasard dans la gangue. Ces fragments, d'après la description de M. Keilhau, ont de 3 à 22 centimètres environ de diamètre.

Dans le Valais, les Amphibolites remontent dans les terrains jurassiques. Mais on peut dire que la chaîne des Pyrénées est la contrée classique pour l'étude de cette espèce de Roches. Elle y est associée à des Pyroxénites (*Lherzolites*) qui paraissent avoir joué dans cette région le même rôle que les Euphotides dans les Alpes, la Ligurie et la Toscane.

Les Amphibolites, que Palasson avait décrites sous le nom d'*Ophites*, constituent des monticules isolés, arrondis, généralement placés au pied de la chaîne ou dans les vallées. La plupart des monticules sont placés dans le terrain crétacé; mais ils se prolongent jusque dans les Landes, et c'est là que M. Dufrénoy a constaté leur âge géognostique. A Bastènes, le terrain tertiaire qui recouvre le terrain crétacé est incliné comme lui d'environ 40° vers le sud 6° nord, dans le voisinage de l'Amphibolite. L'Ophite soulevante est entourée de masses gypseuses. Les Sables des Landes, qui ont participé au mouvement du sol, sont plus modernes que le Calcaire d'eau douce des environs de Miranda; ce sont les derniers dépôts réguliers qui ont précédé les alluvions anciennes; or, comme le terrain d'alluvion se trouve à Biaritz et qu'il recouvre horizontalement la craie, au point même où l'Ophite s'est fait jour, on peut en conclure que l'époque d'apparition des Amphibolites est resserrée dans des limites très-étroites, cette époque étant comprise entre les dépôts tertiaires supérieurs et le terrain alluvien.

USAGES.

Les Amphibolites granitoïdes et orbiculaires sont susceptibles de recevoir un beau poli. On en façonne des coupes, des vases, des tables et d'autres ornements qui sont d'un fort bel effet. Les Egyptiens et les Romains les avaient fait servir à la décoration de leurs monuments. Cette Roche, si fréquente en Bretagne, donne, par sa décomposition, une pouzzolane artificielle de très-bonne qualité.

DEUXIÈME ESPÈCE. — EUPHOTIDE.

Synonymie. *Verde di Corsica, Granitone, Hypérite, Variolite de la Durance, Gabbro* (des Italiens).

Roche essentiellement composée de Diallage et de Feldspath Labrador.

VARIÉTÉS.

1. E. GRANITOÏDE. Lames de Diallage uniformément disséminées dans une pâte feldspathique lamellaire.
Pian di Seta (Apennin Bolognais).

2. E. PORPHYROÏDE. Lames de Diallage également disséminées dans une pâte feldspathique compacte.
Mont Genèvre, Allevard, Mont Viso, vallée de la Romanche, Corse, Monte Ferrato, Riparbella, Rocca Silana (Toscane), Apennin Bolognais.

3. E. SMARAGDITE. Variété remarquable par la couleur vert-émeraude de son Diallage (Smaragdite).
Cap Corse, Ersa, Mont Rose.

4. E. HYPERSTÉNIQUE. Variété composée de Labrador souvent laminaire et de la variété de Diallage nommée Hyperstène (1).
Ile Saint-Paul en Labrador, île de Sky en Ecosse, Pénig (Saxe), Mouzon (Tyrol), La Prese (Lombardie), environs de Bône (Afrique), Apennin Bolognais.

5. E. SERPENTINEUSE. La Serpentine est associée à l'Euphotide.
Corse, Toscane, Alpes dauphinoises.

---

(1) On sait que l'Hyperstène ne diffère du Diallage que par un peu plus de dureté et par une teinte plus foncée, et que ces deux minéraux ont la même composition. Cependant quelques auteurs ont conservé le nom d'*Hypérite* à la Roche labradorique qui contient la variété de Diallage plus spécialement connue sous le nom d'*Hyperstène*.

L'*Hypérite* est une Roche peu répandue et dont l'histoire paraît se confondre le plus souvent avec celle des Euphotides. Certains Labradophyres de la vallée de Fassa, de l'Ecosse, du Hartz, des Vosges, de la Saxe, de la Norwége et des Monts Ourals passent à l'*Hypérite*, en se chargeant de cristaux d'Hyperstène; on peut en dire autant de quelques variétés d'Euphotide à Labrador cristallin que nous avons recueillies dans l'île d'Elbe et dans les Apennins de Bologne.

Nous mentionnerons ici pour mémoire une Roche très-rare dans la nature et qui doit plutôt prendre place dans une classification de minéraux. Elle est composée de Diallage cristallisé ou d'Hyperstène et de Grenat. Haüy en a fait son espèce *Eclogite*.

On la signale en petits bancs ou amas dans le Gneiss et le Micaschiste à Kupplerbrunn, à Rehhugel près de Fatigau, au Bacherberg en Styrie, au Fichtelberg, à Hof, dans la haute Franconie. Nous l'avons également observée dans les Pyroxénites du col d'Aulus; mais c'était un simple accident.

6. **E. micacifère.** Euphotide avec des cristaux de Mica.
Bozzoli (Etats-de-Gênes), vallée de Brosso (province d'Yvrée, vallée de Sass (Valais), Toscane.

7. **E. pyroxénique.** Variété dans laquelle le Diallage paraît être remplacé complétement par le Pyroxène diopside,
Arguénos (Pyrénées).

8. **E. variolitique** (Variolite [1]). Variété grenue parsemée de globules feldspathiques sphériques.
Mont Genèvre, lits de la Durance, de la Doire, de l'Arc, de l'Isère, Sestri, Lavagna, Braunau (Bavière).

9. **E. grenue.** Eléments de petite dimension et infiniment mélangés.
Allevard, Toscane, Corse.

10. **E. schistoïde.** Variété rendue schisteuse par l'interposition d'une matière d'apparence talqueuse.
Cap Corse, vallée de la Romanche, île d'Elbe.

APPENDICE.

11. **Conglomérat euphotidique.** Fragments arrondis ou anguleux d'Euphotide et d'autres Roches reliés par un ciment d'Euphotide.
Gaggio, Sas-Grosso, vallée supérieure du Reno (Apennin Bolognais).

GISEMENT ET HISTOIRE.

L'Euphotide ne peut guère être séparée de la Serpentine, du moins dans la Ligurie et dans la Toscane, où les terrains serpentineux sont classiques, et où les deux Roches prédomi-

(1) Composition de la *Variolite* de la Durance, d'après M. Delesse.

	Globules.	Roche.
Silice	56,12	52,79
Alumine	17,40	11,76
Oxyde de chrôme	0,51	traces.
Protoxyde de fer	7,79	11,07
Protoxyde de manganèse	traces.	traces.
Chaux	8,74	5,90
Magnésie	3,41	9,01
Soude	3,72	3,07
Potasse	0,24	1,16
Perte au feu	1,93	4,38
	99,86	99,14

nantes se montrent fondues ensemble et passent de l'une à l'autre, de façon à prouver qu'elles ne sont que les variétés d'un type commun. Ce passage, qui se reproduit aussi dans la chaîne des Alpes du Dauphiné et de la Savoie, a valu à cette association de Roches le nom d'Euphotide serpentineuse. La *Variolite,* à son tour, est regardée avec raison comme une variété d'Euphotide dans laquelle la structure cristalline n'a pu se développer. On a observé qu'elle était presque toujours réunie à cette Roche diallagique ainsi qu'à la Serpentine, auxquelles elle se rattachait par des transitions ménagées.

Il arrive cependant assez fréquemment de rencontrer des dépôts entièrement composés d'Euphotide à l'exclusion de la Serpentine. On peut en citer plusieurs gisements dans la Toscane et en Corse. Mais si, sous le point de vue minéralogique, une distinction est facile à établir, elle serait peu justifiée au point de vue géologique ; car, à cause des conditions de leur subordination réciproque et de leur distribution géographique, leur histoire devient commune.

M. Gras a constaté que, dans le Dauphiné et la Savoie, l'Euphotide ne se trouve jamais dans un terrain plus récent que le terrain anthracifère, que M. de Beaumont a le premier rapporté au terrain jurassique : mais cette circonstance ne prouve nullement que cette Roche soit contemporaine des couches sédimentaires au milieu desquelles elle est engagée. Dans la Toscane, la Ligurie et la Corse, la formation euphotido-serpentineuse est incontestablement postérieure au terrain nummulitique qui, dans son voisinage, a été disloqué et modifié profondément. Il est même aisé de préciser son âge d'une manière rigoureuse; car les étages à Gypse et à Lignites du Volterrano et du Massétano, qui sont immédiatement superposés à l'étage nummulitique, débutent par une masse très-puissante de Conglomérats dans laquelle on remarque de nombreux cailloux d'Euphotide et de Serpentine.

Les Euphotides semblent manquer dans les Pyrénées ; cependant j'en ai observé un gisement assez curieux à Arguenos, entre Castillon et Saint-Béat. La pâte de la Roche, qui est d'un ton jaunâtre, est relevée par des taches verdâtres formées par du Pyroxène lamellaire. Ce qu'il y a de remarquable, c'est que cette Euphotide pyroxénique est associée dans la même localité avec la Pyroxénite vitreuse et se lie aussi aux dépôts de Serpentine assez étendus de la Vallongne et dans lesquels le Diallage caractéristique des Serpentines ordinaires, est pareillement remplacé par du Pyroxène. Or, comme la Pyroxénite, quoique moins abondante ailleurs que dans les Pyrénées, n'est pas rare dans les Euphotides et les Serpentines de la Toscane, il y a lieu de remarquer, outre l'identité d'époque, les affinités de composition qui existent entre ces divers produits et qui tendent à les identifier, malgré quelques différences dans la nature de leurs éléments constituants.

Les Apennins de Bologne et surtout la vallée supérieure du Reno offrent des sujets d'études fort intéressants pour la constatation des rapports réciproques des formations d'Euphotide avec les terrains nummulitiques. Ces derniers, qui ont subi des transformations très-profondes, sont percés, de distance en distance, par des dykes d'Euphotide, dont l'arrivée au jour a été accompagnée d'actes de violence et d'arrachement. En effet, à *Sas-Grosso,* à *Gaggio* et dans le *Pian di Seta,* au *Sas de l'Oro,* les Euphotides ont poussé devant elles des masses de Grès, de Calcaire, composées de fragments de tous volumes, à angles vifs et à surface arrondie, mélangés confusément et agglutinés dans une pâte euphotidique. Ce sont de vrais Conglomérats de friction analogues au Roth totliegende de l'Allemagne et aux Conglomérats des Porphyres rouges de l'Estérel. Ce qu'il y a de curieux à observer dans leur disposition, c'est que souvent ils percent, à la manière des Roches éruptives, les bancs du terrain nummulitique au détriment desquels ils ont été formés en grande partie, en atteignant un niveau plus élevé, et que parfois au contraire, n'ayant pas eu la force de s'établir à la surface, ils gisent à une faible profondeur au-dessous du sol où leur présence n'est trahie que dans les portions qui ont été dénudées par accident. De petits filons de Pyrite cuivreuse qui traversent à la fois et l'Euphotide éruptive et les débris sédimentaires agglutinés, décèlent clairement l'ordre des phénomènes auxquels ces masses de *poussage* doivent leur origine, et rendent compte des altérations énergiques que les Roches ont éprouvées vers les surfaces de contact, altérations qui consistent en la rubéfaction des Argiles, en leur conversion en Jaspes, et en la transformation des Calcaires en Dolomies et en marbres serpentineux.

Un des points les plus instructifs à observer est le monticule qui domine le village de Gaggio (fig. 33), dans la vallée supérieure du Reno (Apennin Bolognais). Ce monticule E est com-

Fig. 33.

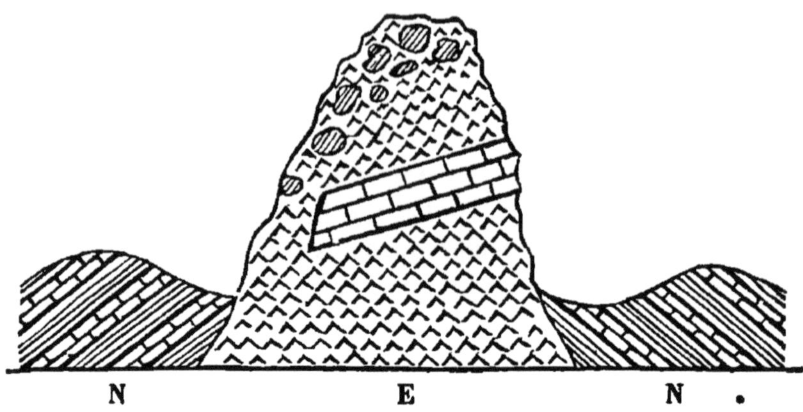

E Euphotide empâtant des débris calcaires.
N Formation nummulitique.

posé d'une Euphotide verdâtre, qui s'est fait jour à travers les bancs de la formation nummulitique NN et qui, au moment de son apparition, a brisé violemment les couches qui résistaient à sa violence. Aussi trouve-t-on de nombreux fragments et des portions considérables de bancs calcaires englobés dans la masse éruptive.

Entre le bourg d'Oisans et Vizille, on observe, au milieu des Schistes cristallins, de nombreux bancs d'Euphotide schistoïde qui leur semblent subordonnés et auxquels ils passent d'une manière insensible. Dans le cap Corse, à Ersa, à Centuri, le même accident se reproduit et des Euphotides smaragdites, talqueuses elles-mêmes, se fondent par nuance ménagée avec les Talcschistes encaissants. Ces Roches diallagiques sont-elles sur ces divers points à l'état de filons-couches, ou plutôt sont-elles le produit du métamorphisme ? Cette dernière interprétation paraît se concilier le mieux avec les circonstances de leur position, et avec des faits analogues bien constatés en Toscane, au Terriccio et à Romito, où des Schistes argileux du terrain nummulitique deviennent, au contact des Euphotides, des Euphotides schistoïdes, à éléments mal définis et assez semblables à des Gneiss.

USAGES.

Les Euphotides, surtout la variété à Smâragdite et les Variolites susceptibles d'un beau poli, sont recherchées comme pierres d'ornement. On en voit de fort belles plaques dans la chapelle des Médicis, à l'église de San-Lorenzo, à Florence.

TROISIÈME ESPÈCE. — SERPENTINE.

Synonymie. *Ophiolite, Gabbro, Pierre ollaire.*
Roche essentiellement composée de Serpentine.

VARIÉTÉS.

1. **S. commune.** Opaque, de couleurs mélangées, verdâtre, noir brunâtre, vert jaunâtre.
La Molle (Var), Limoges, Remiremont, Corse, Toscane, île d'Elbe, Zœblitz.
2. **S. noble.** Variété translucide, d'un vert-poireau clair.
Corse.
3. **S. pailletée.** Variété parsemée de paillettes de Talc argentin.
La Sérène, près Najac (Aveyron), La Verne (Var), La Garde-Freynet.
4. **S. schistoïde.** Variété feuilletée.
Rio-la-Marina (île-d'Elbe), cap Corse.
5. **S. variolitique.** Variété composée de globules sphéroïdaux.
Rocca-Tederighi, Pietramala, Impruneta (Toscane).
6. **S. diallagifère.** Variété contenant des cristaux de Diallage.
Rio (île d'Elbe), Monte Castelli, Rocca-Tederighi (Toscane), Roscof (Finistère), Baste au Hartz, Ramazzo, près Gênes, Corse, Ceuta (Maroc).
7. **S. asbestifère.** Variété renfermant de l'Asbeste.
La Verne, la Molle (Var), Impruneta (Toscane), Corse.
8. **S. pyroxénifère.** Variété renfermant des cristaux à cassure lamelleuse de Pyroxène diopside.
Environs de Castillon (Ariége).

9. **S. GRENATIFÈRE**. La pâte contenant des cristaux de Grenats.

Zœblitz (Saxe), La Sérène (Aveyron).

10. **S. QUARTZEUSE** Des noyaux ou des filons de Quartz fibreux dans la Serpentine.

Terriccio (Toscane), Serra-dei-Testi (Apennin Bolognais).

11. **S. CHROMIFÈRE**. Variété renfermant du Fer chrômé.

Les Quarrades (Var), Zœblitz (Saxe), San-Ipolito, Scanzano (Toscane), Baltimore (Etats-Unis).

12. **S. OXYDULIFÈRE**. Variété renfermant du Fer oxydulé, et agissant sur le barreau aimanté.

Serrazano (Toscane).

13. **S. BRÉCHIFORME**. Variété composée de fragments anguleux ou arrondis reliés par une pâte de même nature.

Monte Castelli, Monte Catini, Rocca-Tederighi (Toscane).

GISEMENT ET HISTOIRE.

Les montagnes granitiques de la Provence, des Vosges, de la Vendée et du Limousin renferment quelques dépôts circonscrits de Serpentine que M. E. de Beaumont considère comme postérieurs au terrain triasique et antérieurs au terrain jurassique.

La Ligurie, la Toscane, la Corse et les Alpes du Dauphiné sont en Europe la patrie par excellence des Roches serpentineuses. Nous avons fait remarquer, en traitant de l'Euphotide, que cette Roche est liée d'une manière intime avec la Serpentine. M. Savi y réunit encore les Mélaphyres, et de cette réunion, il constitue son terrain *Ophiolitique*. Il est facile de s'assurer, en effet, que dans la Toscane ces trois Roches tiennent à un seul et même système, dont l'histoire est par conséquent indivisible. Les montagnes qu'elles forment sont de moyenne hauteur et ressemblent à des coupoles dont la base est généralement associée de couches appartenant à l'étage nummulitique.

Les Serpentines sont incontestablement postérieures au terrain tertiaire éocène, car non-seulement on voit celui-ci traversé par les Serpentines sous forme de dykes et de filons, mais encore les modifications énergiques qu'il a subies à leur contact, en fournissent une preuve tout aussi convaincante. Les Argiles sont rubéfiées ou bien se transforment en des Jaspes rouges, fouettés de vert et de brun, parfaitement stratifiés; les Calcaires deviennent rougeâtres, cristallins et passent souvent à un *Ophicalce* bréchiforme qui est exploité comme marbre à la Polcévera, à Pagli et à l'île d'Elbe ; ou bien ils sont convertis en une Dolomie bacillaire, saccaroïde ou compacte. Ce sont toutes ces Roches éruptives, Serpentines, Euphotides, Pyroxénites, Labradophyres, avec leur cortége de Conglomérats et de Roches sédimentaires métamorphiques, variant à l'infini, qui constituent le terrain si complexe et si fameux de *Gabbro Rosso* de la Toscane.

Les Serpentines de l'île d'Elbe, qui, comme celles du continent voisin, débordent au-dessus des étages nummulitiques, ont acquis de la célébrité depuis que M. Savia a découvert qu'elles étaient coupées par des filons de Granite tourmalinifère.

En traitant du Granite, nous avons eu l'occasion de démontrer qu'entre Campo et San Ilario, cette Roche plutonique s'était introduite sous forme de filons ramifiés au milieu des formations serpentineuses qui sont elles-mêmes postérieures à l'étage tertiaire inférieur. Les environs de Rocca-Tederighi, dans la province de Grosseto, presque en face de l'île d'Elbe, et qui se recommandent à l'attention des géologues par les faits nombreux et intéressants que présente leur étude, tout en dévoilant le peu d'ancienneté de la Serpentine, mettent en évidence sa contemporanéité avec les Labradophyres. En effet, on observe la coupe suivante près de l'ouverture du filon de cuivre Léopoldo. (Fig 34.)

Fig. 34.

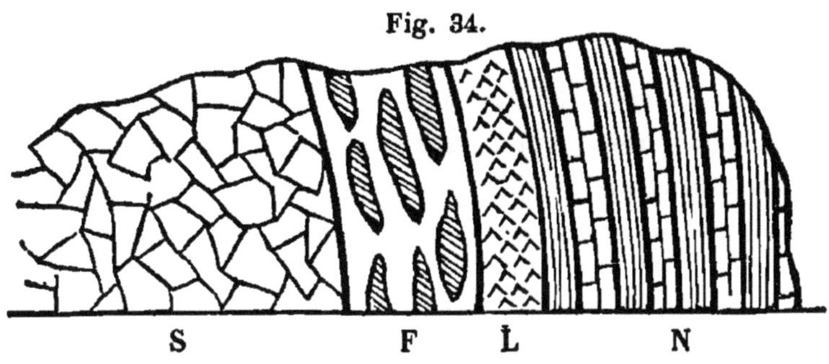

L Labradophype. S Serpentine.
F Filon cuprifère. N Formation nummulitique.

On observe d'abord une masse serpentineuse S qui sert d'éponte à un filon de cuivre F, dans lequel le minerai à l'état de Cuivre pyriteux et de Phillipsite est engagé dans une Argile stéatiteuse, sous forme de rognons elliptiques; on trouve ensuite un dyke éruptif de Labradophyre porphyroïde L, analogue au Porphyre vert antique qui constitue le toit du filon et se trouve engagé au milieu des Calcaires et des marnes nummulitiques N. Les montagnes de Riparbella, de Libiano et de tout le Volterranno reproduisent ces accidents sur une foule de points.

Cette même île d'Elbe présente, entre la tour de Rio-la-Marina et les fameuses mines de Fer oligiste, des Serpentines fissiles subordonnées à des Talcschistes qui sont une dépendance du terrain triasique métamorphique. Dans le cap Corse, il n'est pas rare d'observer aussi des alternances de la même Roche avec des *Cipolins,* des *Schistes talqueux* et des *Schistes chloriteux,* et de constater un passage minéralogique des uns aux autres. Les Serpentines pailletées de la Sérène, dans l'Aveyron, qui sont intercalées au milieu des Micaschistes, semblent, vers Najac, faire partie intégrante de ceux-ci, dont elles partagent la schistosité et la direction. La schistosité est due principalement à l'interposition de lamelles de talc satiné entre les surfaces de séparation des feuillets. Ces divers accidents, qui rappellent des accidents du même ordre qu'on remarque dans les Euphotides schistoïdes de la vallée de la Romanche, ne nous paraissent explicables que par la théorie du métamorphisme. Des modifications de cette nature, au surplus, ne sont pas plus extraordinaires que l'alternance des Micaschistes dans les Alpes avec des Calcaires à bélemnites.

USAGES.

On façonne avec la Serpentine noble des tabatières, des vases de différentes formes, des statuettes, des socles de pendules. La cathédrale de Florence est revêtue extérieurement de marbres polis de diverses couleurs auxquels est associée la Serpentine. L'ancienne chartreuse de la Verne, près de Saint-Tropez, est entièrement construite avec cette Roche, dont les carrières existent encore près du château de la Molle, et dont les matériaux extraits figurent encore dans plusieurs édifices de Saint-Tropez, de Fréjus et de la Garde-Freynet. Dans les Alpes Italiennes ainsi qu'en Corse, la Serpentine ordinaire est accompagnée d'une variété particulière qu'on désigne sous le nom de *Pierre ollaire*, qui se laisse tailler et tourner facilement. On l'emploie à la fabrication de marmites et de vases propres à cuire les aliments et qui supportent très-bien l'action du feu. Elle se trouve à Ala, dans la vallée de Strona, de Sésia, d'Ossola, près du mont Rose, à Chiavena, à Poggio di Nassa (Corse).

La Serpentine des environs de Gênes est exploitée pour l'extraction de la magnésie.

QUATRIÈME ESPÈCE. — PYROXÉNITE.

Synonymie. *Pyroxène en Roche, Lherzolite, Lhercoulite, Augitfels.*

Roche essentiellement composée de Pyroxène à base calcaréo-magnésienne (Diopside), à base calcaréo-ferrugineuse (Hedenbergite) ou à base calcaréo-manganésienne (Bustamite).

VARIÉTÉS.

1. P. FIBRO-RAYONNÉE (1). Masses composées de globes contigus de dimensions variables et formés de fibres rayonnantes.

Campiglièse (Toscane), Rio-la-Marina, cap Calamita (île d'Elbe), cap Filfilah près Philippeville (Afrique), Real de Minas-de-Fetela (Mexique).

(1) Nous transcrivons ici les analyses des principales variétés de Pyroxénite radiée :

	1		2		3		4	
	par Ebelmen.		par Coquand.		par Coquand.		par Coquand.	
		Oxy.		Oxy.		Oxy.		Oxy.
Silice	44,45	23,10	48	0,250	50	0,260	55,26	28,71
Chaux	21,30	4,11	21	0,063	15	0,045	22,22	6,24
Prot. de fer	1,15	0,26	10	0,021	25	0,054	10,45	2,28
Prot. de mang.	26,96	5,91	20	0,044	09	0,018	traces	»
Magnésie	0,64	0,25	traces		traces		10,41	4,03
Eau	5,40	»	»	»	»	»	1,37	»
Alumine	»	»	»	»	»	»	0,37	»
	99,90	P.S.3,35	99	P.S.3,4	99	P.S.3,53	100,08	P.S.3

2. P. LAMELLAIRE (1). Masses composées de Pyroxène diopside à cassure lamelleuse.

Etang de Lherz, Soleilhas, Lacus (Pyrénées), Monte Castelli, Libiano, Riparbella (Toscane), Djebel Edough près de Bône (Afrique).

3. P. GRENUE (2). Masses composées de petits grains vitreux solidement agglutinés.

Etang de Lherz, Monte Castelli, environs de Bône (Afrique).

4. P. COMPACTE. Variété à cassure pierreuse et dont la loupe seule dévoile la cristallinité.

Etang de Lherz, Monte Castelli, Riparbella.

---

1. Bustamite du Mexique, d'un gris rosé, à texture fibreuse, radiée.
2. Pyroxénite jaunâtre, fibreuse radiée, de Campiglia.
3. Pyroxénite vert-bouteille, fibreuse radiée, de Campiglia.
4. Pyroxénite verdâtre, bacillaire, du cap Filfilah.

Ces diverses analyses conduisent à la formule du Pyroxène. Nous devons donc considérer toutes ces substances comme des silicates neutres de chaux, de fer, de manganèse et de magnésie, dans lesquels la silice, jouant un rôle à peu près constant, se sera combinée avec les autres bases, de manière à constituer un Pyroxène. Le fer et le manganèse ont pu se substituer l'un à l'autre, en tout ou en partie, mais de manière à ne pas en altérer la formule.

(1) Vogel a trouvé la Lherzolite composée de :

Silice	0,450
Chaux	0,195
Magnésie	0,160
Oxyde ferreux	0,120
Oxyde de chrôme	0,005
Alumine	0,010
	94,00

(2) M. Coquand a trouvé la Pyroxénite de la Casbah de Bône composée ainsi qu'il suit :

			Oxyg.	Rap.
Silice	50,53		26,25	2
Protoxyde de fer	22,00	5,02		
Chaux	19,60	5,55	12,65	1
Magnésie	5,47	2,12		
Eau	1,00			
Alumine	1,00			
Perte d'analyse	0,33			
	100,00			

Sa formule $(Fe, Ca, mg)\ Si^2$ est celle de l'Hedenbergite.

5. **P. GRENATIFÈRE.** Masses grenues ou lamellaires, remplies de Grenats rouges.

Djebel Edough, Anse des Caroubiers, près de Bône, Col d'Aulus (Pyrénées).

6. **P. HYPERSTÉNIQUE.** Masses grenues ou lamellaires contenant des cristaux d'Hyperstène.

Djebel Edough.

7. **P. QUARTZIFÈRE.** Masses grenues ou lamellaires mélangées de Quartz.

Djebel Edough.

8. **P. FRAGMENTAIRE.** Masses composées de fragments généralement anguleux, quelquefois arrondis, agglutinés ou noyés dans une pâte de Pyroxénite.

Etang de Lherz.

9. **P. CALCARÉO-FRAGMENTAIRE.** Des fragments de Calcaire saccaroïde blanc, anguleux ou arrondis, implantés dans la Pyroxénite.

Etang de Lherz.

GISEMENT ET HISTOIRE.

La Pyroxénite, que l'on avait regardée d'abord comme une Roche spéciale à la chaîne des Pyrénées, avait été nommée d'abord *Lherzolite* de l'Etang de Lherz, dans le voisinage duquel elle se montre en abondance. Le nom de Pyroxénite, qui rappelle sa composition, nous paraît devoir être préféré. Elle semble y jouer le même rôle que les Amphibolites avec lesquelles elle est en association de gisement. Elle se présente sous forme de dômes à contours arrondis, enclavés le plus ordinairement dans le Calcaire jurassique métamorphique. Nous avons déjà vu, dans la description de l'espèce Amphibolite, que M. Dufrénoy avait constaté que les Porphyres magnésiens étaient arrivés au jour dans les Pyrénées, après le dépôt du terrain tertiaire supérieur, puisque dans les environs des Bastènes, ils avaient imprimé à des couches miocènes un mouvement de dislocation auquel avaient participé les sables des Landes.

A l'Etang de Lherz, la Pyroxénite présente une particularité remarquable qui démontre jusqu'à la dernière évidence qu'elle s'est établie au milieu des couches sédimentaires à la manière des Roches éruptives. En effet (fig. 35), vers les points de contact avec les Calcaires saccaroïdes M, on aperçoit des salbandes

Fig. 35.

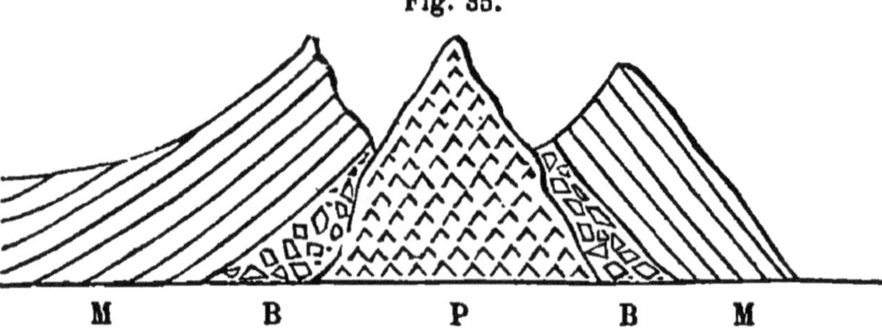

P Pyroxénite. B Brèche pyroxénito-calcaire. M Marbre blanc.

B composées de fragments anguleux et quelquefois arrondis, de marbre blanc engagés dans la pâte même de la Roche porphyrique. Ce sont de véritables Conglomérats de friction.

Dans les environs de Monte Castelli (Toscane), la Serpentine S (fig. 36) accompagnée d'un cortége de Roches très-variées, a percé les bancs du terrain nummulitique. Au milieu

Fig. 36.

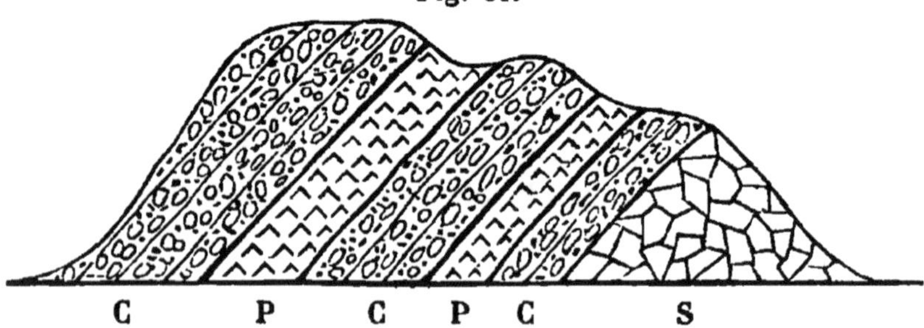

S Serpentine. C Conglomérats serpentineux. P Pyroxénite.

des Schistes et des Calcaires modifiés, on observe plusieurs filons parallèles d'une *Lherzolite* P de couleur verte et d'aspect vitreux, grenue ou lamellaire, subordonnée aux masses serpentineuses S, ainsi qu'aux Conglomérats C dont elles sont enveloppées. On voit par là que les Pyroxénites de la Toscane se font remarquer, comme celles des Pyrénées, par leur peu d'ancienneté. Des accidents du même ordre se manifestent dans les régions voisines de San-Ipolito, de Libbiano et de Riparbella.

Les montagnes des alentours de Bône nous présentent aussi de nouveaux exemples de gisements de *Lherzolite :* mais dans cette partie de l'Afrique, elles sont injectées au milieu des Schistes cristallins. Un premier dépôt P, remarquable par le grand nombre de Grenats qu'il renferme, se montre sous la Casbah (fig. 37), un peu au-dessus de l'anse des Caroubiers. On retrouve les mêmes Roches au pied du Djebel Edough, où

Fig. 37.

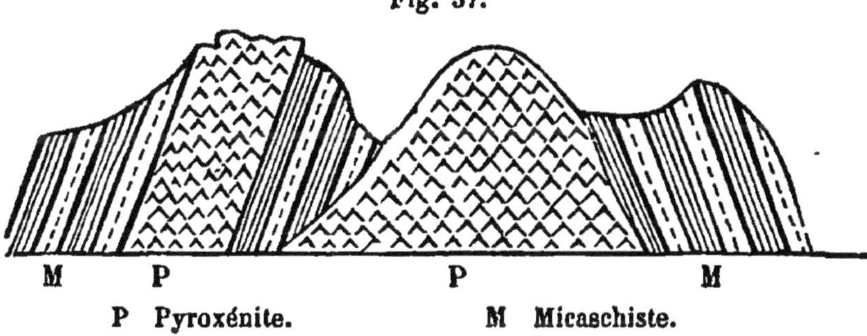

P Pyroxénite. M Micaschiste.

elles poussent des filons au milieu des Micaschistes. Elles sont également grenatifères, et de plus, elles contiennent de nombreux cristaux d'*Hyperstène*.

Nous avons introduit dans l'espèce Pyroxénite, et nous y avons été autorisé par les analyses que nous avons reproduites plus haut, une Roche très-abondante dans l'île d'Elbe et sur le territoire de Campiglia, qui se présente sous forme de dykes ou de culots gigantesques. Celui du cap Calamita mesure plus de trois mille mètres de diamètre. C'est une substance passant, par toutes les nuances intermédiaires, du vert-bouteille au jaune-nankin, et se présentant constamment sous forme de sphères de volume variable, à fibres rayonnantes étalées en cocardes.

Dans le Campiglièse, la Pyroxénite accompagne les minerais de cuivre, de fer, de plomb et de zinc, et elle est associée à un Granite feldspathique à petits grains ainsi qu'à un Porphyre quartzifère. Dans l'île d'Elbe, elle sert de gangue au Fer oxydulé magnétique. C'est généralement au milieu du terrain jurassique qu'on en observe les gisements les plus abondants ; mais dans les montagnes de Massa maritima, ces substances radiées pénètrent jusque dans le terrain nummulitique, circonstance qui leur assigne le même âge qu'aux Pyroxénites subordonnées aux Serpentines de Monte Castelli ainsi qu'aux *Lherzolites* des Pyrénées.

Enfin, nous avons découvert un gisement de Pyroxénite

fibreuse concomitant d'une mine de Fer oxydulé magnétique dans le massif du Filfilah, à l'est de Philippeville. Elle déborde franchement au-dessus des terrains triasiques et jurassiques, et se trouve dans les mêmes conditions que ses analogues de la Toscane.

TROISIÈME GROUPE. — ROCHES VOLCANIQUES.

Le terrain volcanique se compose de toutes les Roches qui ont été produites par une action analogue à celle qui se manifeste dans les bouches ignivomes en activité. Ces Roches, sous le rapport de la composition minéralogique et de la forme des massifs qu'elles constituent, peuvent se diviser en plusieurs classes :

1° En *Roches trachytiques;* substances feldspathiques très-variées, accompagnées de peu de déjection ; accumulées en groupes de montagnes constituant des cimes élevées, sans cratère d'éruption et dont les circonstances d'émission sont distinctes de celles des Roches basaltiques et laviques ;

2° En *Roches basaltiques*; substances pyroxéniques, dont le Basalte est le type, auxquelles la présence du Péridot, la structure nette et pseudo-régulière donnent une physionomie toute spéciale. Les formes des nappes étendues, de filons, de masses isolées, indiquent des circonstances d'éruption différentes de celles qui ont présidé à la génération des Roches laviques ; et, en effet, les scories, les pouzzolanes, les cendres sont plus rares, et les cratères, lorsqu'il y en a, diffèrent souvent des cratères laviques ;

3° En *Roches laviques,* provenant d'éruptions, en grande partie contemporaines des temps historiques, caractérisées par une texture cellulaire et un peu spongieuse, surtout par les formes sous lesquelles elles se présentent (montagnes coniques à cratères, ayant rejeté par ces cratères et par des bouches latérales, des scories, des cendres, des vapeurs, et déversant des coulées de Laves en bandes longues et étroites).

Ces distinctions, que l'étude des terrains rend plus faciles à apprécier, sont d'autant mieux établies qu'elles, concordent avec les subdivisions de superposition ; de telle sorte que les phénomènes trachytique, basaltique et lavique constituent des périodes successives distinctes. En effet, partout où il y a contact des trois classes des Roches, les Trachytes sont recouverts par les Basaltes, lesquels, à leur tour, sont recouverts par les Laves.

Ainsi, d'un côté, ces trois classes de Roches appartiennent à un même terrain, parce qu'il existe association géographique, développement simultané de leurs gisements ; d'une autre part, en vertu des divergences minéralogiques et géologiques, elles constituent trois formations qui ont été désignées par les dénominations de *Trachytique*, de *Basaltique* et de *Lavique*.

Les lois dont on vient de parler sont sujettes à quelques exceptions dont les causes sont d'ailleurs faciles à déterminer. Ainsi, les Canaries et la France centrale offrent plusieurs exemples d'alternances de Roches trachytiques et basaltiques; de plus, certaines éruptions modernes ont amené des Laves dont les caractères minéralogiques se rapportent assez bien à ceux des Basaltes. Ces exemples n'infirment en rien les subdivisions indiquées ; les produits ignés des deux formations qui se suivent immédiatement pouvant alterner d'après les mêmes causes que nous avons signalées pour les Granites et les Porphyres.

Il est à remarquer que c'est surtout dans les Roches volcaniques que les émissions gazeuses remplissent un rôle réellement important dans l'accomplissement des phénomènes qui amènent à la surface les produits liquéfiés de l'intérieur du globe. Les Roches scorifiées et bulleuses, ainsi que la production des cendres, attestent l'activité des gaz souterrains pendant toute la période volcanique.

Les Roches volcaniques sont exprimées, sous le rapport de leurs variétés principales, dans le tableau suivant :

I. TRACHYTE........	commun.
	A. Terreux (*Domite*).
	B. Vitreux (*Obsidienne*).
	C. Scorifié (*Ponce*).
	L. Conglomérats.
II. PHONOLITE......	commune.
	A. Vitreuse (*Perlite*).
	B. Conglomérats.

III. Basalte....... commun.
A. Cristallin (*Dolérite*).
B. Conglomérats (*Pouzzolanes*).

IV. Leucitophyre... commun.
B. Conglomérats.

V. Lave........... A. Feldspathique.
B. Pyroxénique.
C. Conglomérats et cendres.

1er *Sous-groupe.* — Roches trachytiques.

Roches à base d'Orthose (Feldspath vitreux ou Ryacolite), pierreuses ou vitreuses; privées d'eau ou hydratées ; rudes au toucher.

PREMIÈRE ESPÈCE.— TRACHYTE.

Synonymie. *Porphyre trachytique, Domite, Antésite, Masegna, Obsidienne, Obsidian-Porphyre, Pumite, Stigmite, Lave ponceuse, Trass, Trassoïte.*

Roche essentiellement composée d'un Feldspath à base de potasse, *cristalline,* ou *vitreuse* à la manière des laitiers de haut fourneau. Dans le premier cas, on a les *Trachytes proprement dits* et dans le second les *Trachytes-Obsidiennes.*

VARIÉTÉS.

A. Trachyte proprement dit (1).

1. T. porphyroïde. Variété dans laquelle il existe des cristaux d'Orthose assez considérables, engagés dans une pâte de petits cristaux microscopiques remplis de cellosités.

Monts Dores, Pic Sancy, Col de Cabre, Puy-Mary, Ferval, La Pradette (Velay), Pitigliano (Toscane), Hongrie, îles Ponces.

(1) Aucune formation. dit M. Burat, ne présente une série de Roches aussi nombreuse, aussi compliquée que la formation trachytique. Aux variations illimitées de texture, de couleur, que peut offrir la pâte, compacte, bulleuse, scorifiée, rouge, noire, blanche, il faut ajouter celles qui peuvent résulter de la grandeur, du nombre des cristaux de Feld-

2. T. GRANITOÏDE. Variété micacifère assez analogue dans sa cassure à celle des Granites, par le mélange assez homogène des cristaux.

Cantal, Rocca Monfina (Campanie), Schemnitz, Los Remedios (Mexique).

3. T. OLIGOCLASIFÈRE. Variété présentant des cristaux d'Oligoclase.

Ténériffe, Siebengebirge.

4. T. AMPHIBOLIFÈRE. Variété granitoïde ou porphyroïde, contenant de nombreux cristaux d'Amphibole.

Montusclat (Velay), Biot (Var), Hongrie.

5. T. QUARTZIFÈRE. Variété à grains extrêmement fins, presque compactes, dans lesquels sont enclavés des grains de Quartz ordinairement assez petits.

Hongrie.

6. T. MOLAIRE. Variété poreuse pénétrée de silice.

Schemnitz, Tokay (Hongrie).

7. T. PÉTROSILICEUX. Variété à pâte compacte, d'apparence homogène (passant au Phonolite).

Cantal, Ravin du plomb, Villeneuve, Antibes (Var).

8. T. SCHISTOÏDE. Variété remarquable par sa structure schistoïde et feuilletée.

Velay, Saint-Pierre-Eynac.

---

spath, de leur état vitreux, lithoïde, fritté. Dans un même bloc, un même Trachyte est compacte et scorifié: la pesanteur spécifique change, la couleur varie.

La pâte des Trachytes, quelle que soit sa texture, compacte, bulleuse ou scorifiée, son aspect, terreux (*Domite*) ou vitrolithoïde (*Obsidienne*) étant un Feldspath où prédomine la potasse et se référant conséquemment à l'Orthose, nous avons dû nous laisser guider par le caractère minéralogique et réunir les *Obsidiennes* aux *Trachytes*, indépendamment des variations que peuvent présenter les minéraux amorphes. Nous convenons même que nous avons été tenté un instant de réunir les Phonolites aux Trachytes : mais nous avons été retenu par la considération que la quantité d'eau que les premières possèdent leur donne une composition et des propriétés spéciales. Toutefois, s'il nous avait été démontré que cette eau fût le résultat d'une altération du Feldspath, comme nous l'avons vu pour plusieurs variétés de Labrador et d'Oligoclase, nous eussions opéré cette réunion, et avec d'autant plus de raison que les Phonolites font partie de la formation trachytique et que sur une foule de points ils semblent passer à un Trachyte véritable.

9. T. **TERREUX**. (*Domite* [1]). Variété à grains fins, se désagrégeant entre les doigts et ayant un aspect vitreux.
Puy-de-Dôme, Monts Dores, Cantal, Commentry.

10. T. **SCORIFIÉ**. Variété à texture bulleuse et scoriacée.
Puy-Mary.

B. Trachyte vitreux ou à pâte vitreuse.

11. T. **VITREUX PORPHYROÏDE**. Variété à pâte noirâtre ou verdâtre renfermant des cristaux de Feldspath vitreux.
Monts Dores, Cantal, Astroni.

---

(1) Analyse du Trachyte Domite :

			Oxygène.	Rapport.
Silice	61,00		31,69	12
Alumine	19,20		8,97	3
Potasse	11,50	1,95	2,57	1
Magnésie	1,60	0,62		
Oxyde de fer.	4,20			
Eau.	2,00			

	Domite altéré de la galerie St-Edmond près Commentry par Ebelmen.	Domite léger du Puy-de-Dôme par Girardin.
Silice.	59,52	51,00
Alumine.	22,08	24,00
Chaux.	2,31	2,06
Magnésie.	1,19	7,82
Potasse.	6,65	4,66
Soude	0,25	»
Peroxyde de fer.	2,24	8,34
Oxyde de chrôme	0,66	»
Oxyde de mang.	»	0,64
Eau	5,50	»
Perte.	»	1,48
	100,40	100,00

Des considérations purement géologiques confirment le témoignage de la chimie sur l'analogie du *Domite* et de la Roche de Commentry. Le groupe domitique, suivant M. Martins, composé des puys de Gromanaux, de Dôme, du Petit-Suchet, du Clierzou, du Grand-Sarcouy, et du puy de Chopine est distant seulement de 55 kilomètres de Commentry. Ces montagnes sont alignées sensiblement suivant une ligne droite qui va du sud sud-est au nord nord-ouest. Si l'on prolonge cette ligne dans la direction du nord, elle vient aboutir précisément au bassin de Commentry, et par conséquent, à la Roche domitique de la galerie de Saint-Edmond.

12. T. **TRACHYTE-OBSIDIENNE** (*Verre des volcans* [1]). Variété homogène, à cassure conchoïde, de couleur vert noirâtre ou noirâtre.

Pradahaut, Cantal, Mexique, Pérou, Islande, îles Eoliennes, Ténériffe, îles Ponces.

13. T. **PONCE** (2). La Ponce est de l'Obsidienne devenue fibreuse par le passage d'une multitude de bulles qui l'ont traversée verticalement. Elle présente, au plus haut degré, l'âpreté des Trachytes : elle contient souvent des cristaux de Feldspath.

14. T. **VITREUX STRATIFORME.** Variété disposée en bandes grossièrement parallèles.

Iles Eoliennes.

APPENDICE.

15. **CONGLOMÉRATS TRACHYTIQUES.** Amas de blocs de Trachyte, isolés ou noyés au milieu de substances broyées.

16. **CONGLOMÉRATS PONCEUX.** Amas de blocs de Ponce isoles ou mêlés à des substances broyées.

---

(1) Analyses de quelques Obsidiennes :

	de Parco (Colombie).	du lac Novajac. (Mexique).	de Telkebanya.	de l'Inde.
Silice	69,46	78,00	74,80	70,34
Alumine	2,60	10,00	12,40	8,63
Oxyde de fer	2,60	2,00	2,03	10,52
Oxyde de manganèse.	»	1,60	1,31	0,82
Magnésie	2,60	»	0,90	1,67
Chaux	7,54	1.00	1,96	4,54
Potasse.	7,12	6,06	6,40	»
Soude	5,08	»	»	3,34
Matières volatiles. . .	3,00	»	»	»
	100,00	98,6	99,80	99,38

(2) Nous transcrivons ici les analyses de deux Roches ponceuses :

	Ponce du commerce.		Tuf ponceux du Pausilippe.
Silice.	70,00		54,25
Alumine . . .	16,00		14,61
Chaux.	2,50	Magnésie	0,85
Oxyde de fer.	0,50		7,90
Potasse. . . .	6,50		6,94
Soude.	»		1,83
Eau.	3		13,41
	98,50		99,79

17. **Brèche trachytique.** Fragments anguleux de Trachyte de même nature ou de nature différente, accolés ou agglutinés par un ciment.

Grande cascade aux Monts Dores, Vallée de la Cère (Cantal).

18. **Brèche ponceuse.** Des fragments de Ponce agglutinés par un ciment.

19. **Tuf cinérite.** Cendres feldspathiques libres ou agglutinées.

Monts Dores, Ravin de la Craie.

20. **Tuf ponceux** (*Trass*). Débris de Ponces à texture fine et à aspect homogène.

Ravin des Egravats, Monts Dores et Cantal.

GISEMENT ET HISTOIRE.

Les Trachytes constituent un ordre de volcans particulier dont les produits paraissent ne pas avoir toujours coulé. Ils se sont fréquemment élevés du sein de la terre à l'état pâteux, sous forme de montagnes arrondies en dômes. Cependant ils ont aussi formé quelquefois des nappes épaisses qui se sont étendues sur un sol horizontal.

Nous avons montré la liaison qui existe entre les Trachytes proprement dits, les Trachytes vitreux ou Obsidiennes et les Ponces. L'Obsidienne ressemble à du verre ou à de l'émail; c'est en réalité un verre qui accompagne les éruptions ignées et qui se retrouve dans des produits d'une époque plus moderne que celle des Trachytes, quoiqu'elle soit de beaucoup plus abondante chez ces derniers. On a pu juger par les analyses que nous avons données de ces singulières Roches, combien il est difficile d'être fixé sur leur véritable composition. Comme il en existe d'âge différent, il ne serait pas impossible qu'une différence dans la composition correspondît à des périodes distinctes d'émission. Toutefois, l'abondance de la potasse et leur association presque constante avec les Trachytes, qui sont à leur tour des Roches à base d'Orthose, et de plus le passage qu'on observe entre les Trachytes pierreux et les Trachytes vitreux, concourent à les faire classer dans l'espèce qui nous occupe.

D'un autre côté, on voit aux îles Ponces et dans d'autres localités l'Obsidienne noire devenir grisâtre, se charger de bulles et passer à une Ponce légère et filamenteuse; la Ponce doit donc être associée à l'Obsidienne : c'est un verre volcanique qui s'est refroidi sous l'influence de courants gazeux : les pores nombreux qu'on y observe sont les traces des bulles qui l'ont traversé.

Les *Domites* qui constituent le Puy-de-Dôme, le Petit Suchet, Clierzou et Sarcouy, forment une variété de Trachyte d'une ténacité faible, quelquefois pulvérulente, happant à la langue. Les cristaux de Feldspath plus ou moins abondants sont petits et mal terminés. On dirait un Trachyte décomposé (1).

Les Trachytes, dans le Cantal, les Monts Dores, dans l'Italie méridionale et sur une foule d'autres points, sont associés à des Roches d'aggrégation, dont la puissance est tellement supérieure, qu'ils semblent souvent leur être subordonnés. D'après M. Burat, cette supériorité des Roches d'aggrégation serait fort embarrassante à expliquer, si toutes provenaient de détritus arrachés aux Trachytes; mais une grande partie doit ses matériaux à des éruptions directes de matières pulvérulentes plus ou moins scorifiées. Il ressort même de quelques observations que la force volcanique aurait rejeté et entassé des blocs de Trachytes, de grosseur variable, sur certains points où on les retrouve sans apparence de remaniement par les eaux. Les produits de l'action volcanique immédiate se sont ensuite mêlés aux détritus de toute espèce. On les retrouve associés aux Brèches, aux Conglomérats polygéniques, Roches exclusivement de transport, qui contrastent avec celles qui résultent de déjections accumulées, que l'on peut regarder souvent comme en place.

(1) Quelques variétés de Trachyte porphyroïde des Siebengebirge, sur les bords du Rhin, contiennent de l'Amphigène. J'ai recueilli moi-même, dans les environs de Pitigliano (Toscane), au milieu des Conglomérats ponceux et associées à des blocs de Trachyte porphyroïde, quelques variétés à pâte rugueuse contenant en proportions à peu près égales des cristaux de Feldspath vitreux et des cristaux d'Amphigène, plus quelques Pyroxènes cristallisés. Ces Roches ont la plus grande analogie avec les Laves amphigéniques de Rocca Monfina et de la Somma, qui, d'après Pilla, sont d'une origine plus récente, et se produisent même dans les éruptions volcaniques contemporaines.

Si ces produits faisaient réellement partie de la formation trachytique, il y aurait lieu de créer une variété de Trachyte amphigénique. Les Leucitophyres appartiennent surtout à la formation basaltique.

L'existence de ces diverses classes de Roches d'aggrégation prouve que les éruptions trachytiques ne se bornèrent pas à des émissions de Laves, mais qu'elles furent accompagnées de déjections abondantes. Ces déjections sont les Ponces, si abondantes dans les Tufs et les Conglomérats ; ces Tufs si fins, si homogènes, friables ou endurcis, et que leur examen au microscope démontre être des cendres feldspathiques. Ce sont enfin ces agglomérations locales de Trachytes, dont les blocs homogènes, libres ou cimentés, présentent souvent des scorifications extérieures, ou qui, d'autres fois, en petits fragments agglutinés, compactes ou finement scorifiés, appartenant tous à la même espèce, forment des assises distinctes. Ces Roches d'aggrégation alternent avec les Laves trachytiques, de même que les Laves des volcans actuels alternent avec leurs déjections.

Le plus ordinairement les pierres Ponces forment des couches composées de parties incohérentes, dont on ne voit pas la relation avec les terrains volcaniques, comme dans les environs de Pitigliano (Toscane); quelquefois même on trouve au milieu de ces couches des coquilles à l'état fossile. La présence des Ponces en bancs régulièrement stratifiés dans les terrains tertiaires, démontre que ceux-ci, d'une époque postérieure aux éruptions ponceuses, sont en partie formés aux dépens de ces Roches trachytiques, comme les Granites remaniés font partie du terrain houiller.

D'après les observations de M. Beudant, la sortie des Trachytes de la Hongrie remonterait à la fin de la période crétacée, les Conglomérats trachytiques, dans cette contrée, étant recouverts par des Grès à Lignites et par des Sables coquilliers qui se rapportent au Calcaire grossier parisien.

La formation trachytique que l'on observe dans les environs d'Antibes, montre entre Biot et le vallon de la Charlotte, les Conglomérats trachytiques reposant sur les tranches de Calcaire néocomien ainsi que sur les Grès à nummulites, et recouverts à leur tour par la molasse miocène. A la base de ce système tertiaire moyen, on voit les produits trachytiques remaniés et mêlés aux Grès fossilifères. Dans cette partie de la France, les Trachytes sont donc antérieurs à l'étage miocène et postérieurs à l'étage éocène.

D'après les observations de MM. Lyell et Murchison, le terrain trachytique de l'Auvergne aurait précédé de fort peu le terrain tertiaire moyen. Voici au surplus les conclusions auxquelles est arrivé M. Dufrénoy relativement à l'âge de cette Roche volcanique dans cette partie de la France centrale. Les terrains tertiaires moyens avec *planorbes* et *lymnées* sont recouverts presque constamment par le terrain volcanique. Près d'Aurillac, ce sont les Basaltes qui reposent sur le Calcaire d'eau douce; mais à une petite distance de cette ville, on voit (fig. 38) le Trachyte T dans cette position. Cette superposition

Fig. 38.

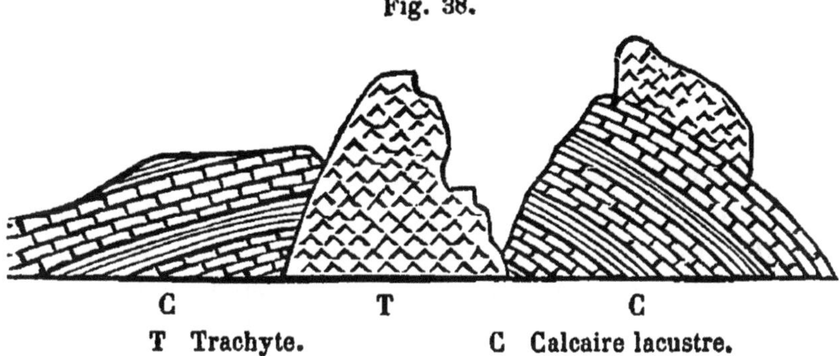

T Trachyte. C Calcaire lacustre.

constante des Trachytes sur les terrains tertiaires est accompagnée de dérangements considérables dans leur stratification. La grande route d'Aurillac à Murat, ouverte le long de la vallée de Vic, met à découvert un grand nombre d'exemples de ces dérangements, surtout depuis la Roque jusqu'à Polminhac. Ils sont quelquefois tels que, dans l'espace de quelques mètres, on voit les couches se séparer et plonger en sens contraire. Outre le désordre dans la stratification, qui nous apprend seulement que le terrain tertiaire a été soumis à de grandes perturbations depuis son dépôt, on en voit fréquemment des fragments C (fig. 39) de grande dimension (de 17 à 20 mètres de

Fig. 39.

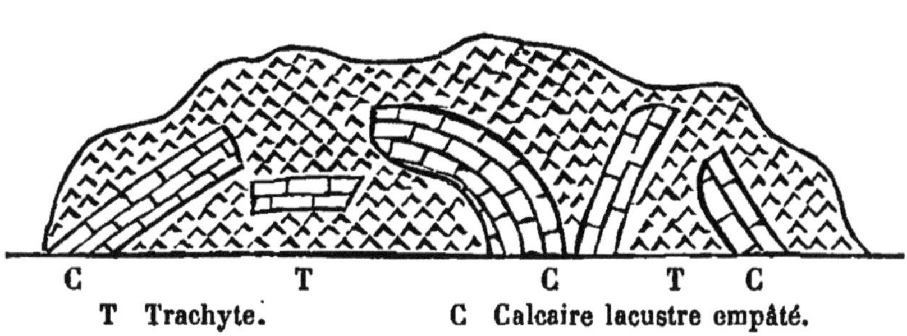

T Trachyte. C Calcaire lacustre empâté.

diamètre), empâtés de tous côtés par le Trachyte T. Ces fragments sont nombreux près du bourg de Giou. On peut donc conclure de tous ces faits que le Trachyte qui forme les groupes du Mont Dore et du Cantal, s'est élevé du sein de la terre à une époque plus moderne que la formation des terrains tertiaires.

Dans l'Amérique méridionale, où les Trachytes jouent un rôle important, on a fort peu de données sur l'époque précise de leur apparition. Cependant M. de Humboldt fait remarquer que de petites formations locales, calcaires ou gypseuses, que l'on peut appeler tertiaires, surmontent les Trachytes, qui devraient ainsi être rapportés au commencement de la période tertiaire et se rapprocheraient plus des Trachytes de la Hongrie que de ceux de la France.

On doit à M. Pilla la description du volcan éteint de Rocca Monfina dans la Campanie, qui fournit la confirmation la plus éclatante de la théorie des cratères de soulèvement. On observe, au centre, un cône, sous forme de dôme, composé de Trachyte micacé, et dont les éléments diffèrent complétement des Roches leucitophyriques et basaltiques dont est constitué le grand cône extérieur. Ce dernier s'incline au dehors sur une pente assez douce qui, au sommet, ne dépasse pas 18 degrés, et diminue peu à peu en descendant, pour se confondre en dernier lieu avec la plaine environnante. Il est essentiellement formé de Conglomérats grossiers placés pêle-mêle, et qui traversent des filons pierreux de Basalte et de Leucitophyre ; on n'y remarque aucune Roche trachytique. Le redressement circulaire de ces Conglomérats autour du cône central démontre que le Trachyte, en arrivant au jour, a écarté les bancs qui s'opposaient à son passage, et les a forcés à prendre la position inclinée qu'on leur voit aujourd'hui.

M. Dufrénoy considère comme appartenant au terrain trachytique le Tuf ponceux qui recouvre la campagne de Naples, qui forme les champs Phlégréens et s'élève jusque sur les cimes de la Somma. Il est composé de débris de pierres Ponces qui ont été entraînés dans les eaux et se sont ensuite déposés en couches régulières. Il aurait plus tard été relevé par des éruptions trachytiques qui lui ont donné son relief actuel. Le Tuf ponceux qui recouvre Pompéi et Herculanum est de même nature que celui de toute la campagne de Naples ; en sorte que l'enfouissement de ces deux villes paraît le résultat de la destruction d'une partie de la Somma, à l'époque où le Vésuve actuel s'est formé.

Le savant géologue dont nous mentionnons l'opinion s'appuie surtout sur la disposition relative du Trachyte et des Tufs ponceux, à Astroni et à la solfatare de Pouzzoles.

La colline d'Astroni (fig. 40) a la forme d'un cône tronqué

Fig. 40.

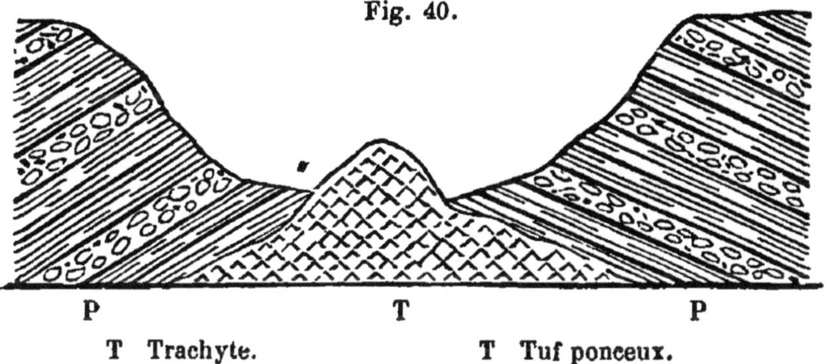

T Trachyte. T Tuf ponceux.

très-surbaissé dont le centre est occupé par une cavité profonde en entonnoir; sa base est environ de 2,400 mètres; le diamètre de sa crète circulaire est de 1,300 mètres. Les pentes extérieures de cette colline sont assez douces, tandis qu'intérieurement elle présente des escarpements presqu'à pic, et l'on ne descend dans cette vaste cavité que par une seule rampe, pratiquée sur les parois. Le centre de cet entonnoir est occupé par un monticule arrondi, d'environ 70 mètres de haut. Cette colline est exclusivement formée de couches de Tuf ponceux mélangé d'une très-grande quantité d'un Trachyte vitreux noir, contenant des cristaux de Feldspath blanc. La stratification de ce Tuf est prononcée, on y observe même une disposition commune à la plupart des Roches arénacées, qui consiste à présenter des strates obliques au plan des couches. A l'entrée, les couches plongent de 12 à 14° au sud 20° est, et dans chacun des points de cette enceinte, l'inclinaison change et se dirige dans le même sens qu'une génératrice de cône qui passerait par ce point. Nulle part on ne voit de coulées de Laves : l'uniformité de composition n'est altérée que par la présence du Trachyte, qui forme le petit monticule au centre de la cavité.

L'inclinaison régulière des couches du Tuf d'Astroni ne permet pas de regarder cette colline comme formée par des éruptions de matières boueuses, ou par l'accumulation de cendres produites à différentes époques : la seule manière de concevoir sa formation est de supposer que les couches de Tuf, d'abord horizontales, comme on l'observe encore dans une partie de la campagne de Naples, ont été soulevées circulairement par l'arrivée du Trachyte.

La Solfatare offre encore un autre exemple très-remarquable d'une montagne conique présentant au centre une vaste dépression ou entonnoir, dont le pourtour est formé de couches régulièrement stratifiées (fig. 41), tandis que le centre est occupé par des masses de Trachytes T, sans connexion avec le

Fig. 41.

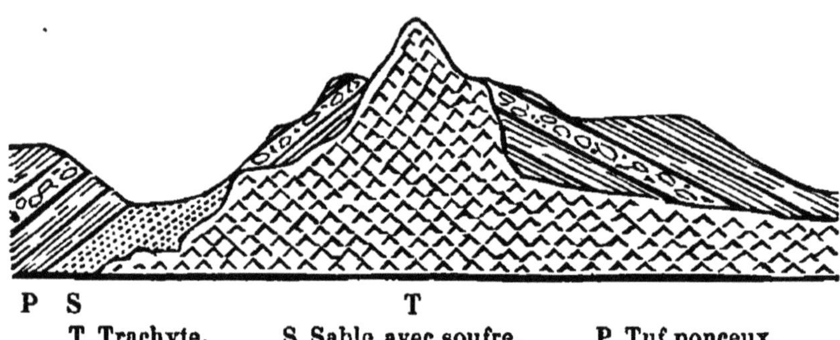

T Trachyte. S Sable avec soufre. P Tuf ponceux.

massif principal de la montagne; de sorte qu'au premier examen on reconnaît que ces deux parties distinctes doivent leur origine à des causes différentes. Ce Tuf ponceux de la Solfatare est de même nature que celui du Pausilippe et d'Astroni : seulement près du sommet (fig. 42) il présente une

Fig. 42.

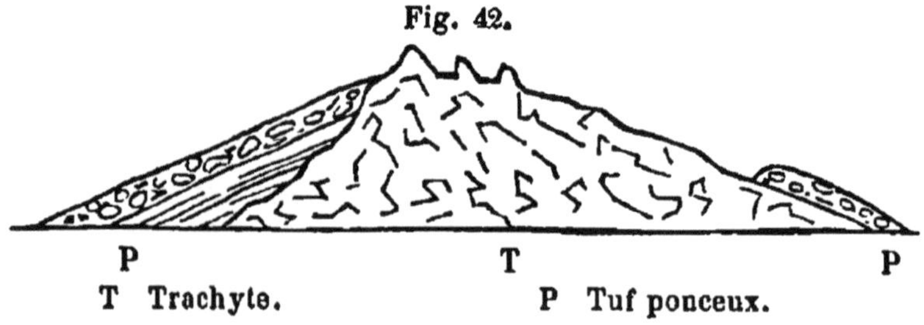

T Trachyte. P Tuf ponceux.

couche P composée en grande partie de petits nodules arrondis, semblables à des pisolites, dont il est difficile de comprendre la formation autrement que par l'action des eaux. Les couches du Tuf qui forme le pourtour du cratère de la Solfatare se relèvent circulairement autour de la masse de Trachyte, sous un angle de 15 à 16 degrés.

La dernière localité où le Trachyte s'est fait jour dans les champs Phlégréens est située au pied même de la Solfatare, à la pointe dite Punta-Negra (fig. 43) : d'après la position de ce Trachyte T, il est presque certain qu'il appartient à la masse

Fig. 43.

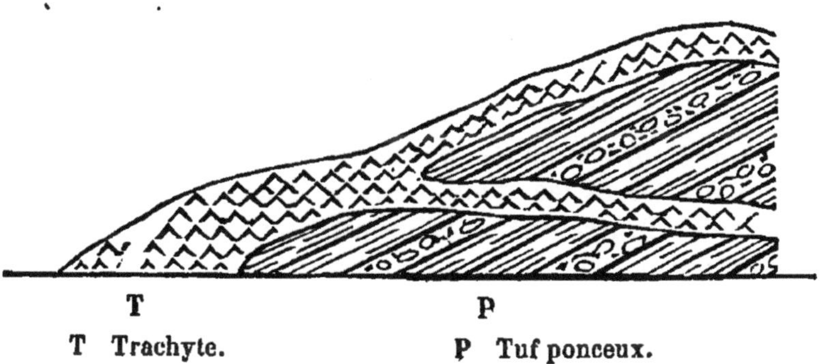

T Trachyte. P Tuf ponceux.

de l'intérieur de la Solfatare, et qu'il s'y ramifie en-dessous. Le Trachyte de la Punta-Negra forme un escarpement sur le bord de la mer, et constitue ensuite une nappe qui recouvre le Tuf jusqu'à une certaine hauteur : vu du bas de l'escarpement, on est porté à croire que le Trachyte s'élève jusqu'à sa partie supérieure, et qu'il est par conséquent continu avec le Trachyte du sommet de la Solfatare ; il serait alors le résultat d'une coulée trachytique qui se serait déversée par-dessus la crête du cratère ; mais on voit qu'il ne se prolonge que sur une très-faible partie de la pente. Cette Roche se ramifie en outre entre les couches mêmes du Tuf T, et y forme une espèce de filon, contigu, du reste, avec la masse supérieure.

Les géologues italiens admettent plusieurs émissions alternatives de Basaltes et de Trachytes. Ces derniers, représentés par les Tufs de la Somma, d'Ischia, de Procida, de la Campanie, de la campagne de Rome, seraient postérieurs aux Argiles subapennines dont ils renferment plusieurs fossiles caractéristiques, de sorte que la chronologie des phénomènes volcaniques des environs de Naples serait établie de la manière suivante :

1° Eruption de Basaltes amphigéniques ; 2° éruption des Tufs trachytiques ; 3° apparition des Trachytes des champs Phlégréens ; 4° apparition du Vésuve en 79 ; 5° soulèvement du Monte Nuovo en 1538.

USAGES.

Tout le monde connaît l'usage des pierres Ponces dont on se sert pour user les corps et les préparer à recevoir le poli. Les îles Eoliennes fournissent les variétés les plus estimées dans le commerce.

Le Trachyte molaire de la Hongrie est exploité pour la confection des meules à moudre les grains. Dans les environs de Tokay, on emploie des Tufs ponceux qui constituent une pierre blanche, légère, très-solide, qui se taille facilement et conserve bien les arrêtes et les moulures. Le Trachyte de Siebengebirge, dans la Prusse Rhénane, fournit de bons matériaux de construction connus sous le nom de pierres de Kœnigswinter. Les Brèches qui contiennent des fragments de Trachyte de grosseur moyenne et qu'on rencontre entre Biot et Villeneuve (Var), sont utilisées comme pierres de construction et comme pierres réfractaires pour le revêtement intérieur et pour la sole des fours à soude de Marseille.

Enfin, le terrain trachytique présente en abondance des débris de matières caverneuses, scoriacées, dures, qu'on désigne sous les noms de *Pouzzolanes* et de *Trass*, avec lesquels on confectionne des mortiers qu'on emploie pour les constructions sous l'eau.

DEUXIÈME ESPÈCE.— PHONOLITE (1).

Synonymie. *Leucostine, Klingstein, Leucostite, Perlite, Perlstein, Stigmite perlaire, Rétinite perlée, Pechstein.*

Roche essentiellement composée de Feldspath Orthose et d'un silicate alumineux hydraté avec alcalis : fusible au chalumeau et soluble en partie dans les acides.

La pâte est pierreuse et caractérise les *Phonolites proprement dits,* ou elle est vitreuse et caractérise les *Phonolites perlites.*

---

(1) Le Phonolite se compose de deux parties distinctes : l'une soluble dans les acides et voisine de la Mésotype, l'autre inattaquable et voisine du Feldspath vitreux. Ainsi le Phonolite de Marienbourg contient 87 pour 100 de parties solubles, celui de Tœplitz 49, et celui d'Auvergne 35.

La moyenne pour six analyses a donné pour la composition de ces deux parties et pour celle du Phonolite même :

VARIÉTÉS.

A. *Phonolites à pâte pierreuse.*

1. **P. porphyroïde.** Variété contenant des cristaux de Feldspath.
Biot (Var), Font de Cère, Schlossberg (près Tœplitz). Monts Euganéens.
2. **P. compacte.** Cassure et structure pierreuses.
Ambre (Velay), Griounaux (Cantal), Lambash (Ecosse).
3. **P. schistoïde.** Variété se laissant diviser en plaques.
Pic du Mezenc, Saint-Pierre-Eynac, Sanadoire, Tuilière (Monts Dores).

B. *Phonolites à pâte vitreuse* (1).

4. **P. perlite.** Des grains ou noyaux sphéroïdaux, vitreux ou nacrés, engagés dans une pâte à éclat résineux.
Hongrie, Italie, Puy-de-Dôme, Monts Euganéens, Pérou.
5. **P. rétinite.** Variété compacte ayant l'aspect de la résine.
Cantal.

	Soluble.		Insoluble.		Phonolite.
Silice	42,16	oxy. 21,99	65,56	oxy. 34,05	57,66
Alumine	23,91	11,16	17,20	8,03	19,96
Oxyde ferrique	6,20	1,90	2,88	0,88	2,42
Oxyde de mang.	1,13	0,34	0,79	0,23	0,75
Chaux	2,22	0,62	0,68	0,19	1,01
Magnésie	1,26	0,48	»	»	1,53
Soude	11,38	2,81	3,38	0,86	6,98
Potasse	3,03	0,51	8,45	1,43	6,06
Eau	7,41	6,58	»	»	2,33

(1)	Pechstein du Cantal.	Perlite de Tokai.	de Spechthausen.
Silice	64,40	75,25	68,53
Alumine	15,64	12,00	11,10
Chaux	1,20	0,50	8,33
Oxyde de fer	4,30	1,60	4,00
Magnésie	1,20	»	1,30
Soude	»	»	3,40
Potasse	5,40	4,50	»
Eau	7,10	4,50	0,30

Ces analyses montrent le peu d'accord qui existe dans la composition des substances associées au terrain trachytique. Sans la présence de l'eau dans les Phonolites, les *Perlstein* et les *Perlites*, nous eussions rattaché

APPENDICE.

6. **Conglomérat phonolitique.** Amas de blocs de Phonolites, isolés ou noyés au milieu de substances broyées.
Cantal, Biot.

7. **Brèche phonolitique.** Fragments anguleux de Phonolites agglutinés par un ciment.
Biot, Antibes, Monts Dores.

8. **Tuf phonolitique.** Cendres feldspathiques agglutinées.
Cantal, Villeneuve (Var), Monts Dores.

GISEMENT ET HISTOIRE.

Dans le Cantal et les Monts Dores, les Pholonites sont postérieurs aux Trachytes et semblent appartenir à une période intermédiaire aux périodes trachytique et basaltique. En effet, s'ils se montrent sur quelques points comme subordonnés aux Trachytes, l'inverse a lieu dans la chaîne du Velay, où l'on trouve ces deux Roches liées l'une à l'autre par des passages minéralogiques très-fréquents. Ces considérations ont porté M. Burat à conclure que la période phonolitique doit être considérée comme la limite supérieure du terrain trachytique, mais qu'elle ne peut en être séparée.

Les Phonolites, en apparence d'une composition identique à celle des Trachytes, s'en séparent cependant par des différences tranchées. Les cristaux de Feldspath sont quelquefois assez grands et abondants. Le Feldspath en est vitreux, non fendillé, très-adhérent à la pâte. Les petits cristaux forment la plus grande partie de la masse, et ils sont couchés les uns sur les autres, dans le sens de leur aplatissement. Toutefois, par leur forme particulière et leur mode d'association, ils diffèrent des cristaux microscopiques des Trachytes, qui sont accolés dans tous les sens.

La structure des Phonolites est très-caractéristique, et elle a des rapports directs avec la structure intime du Feldspath.

---

toutes ces Roches au Trachyte, comme s'y rattachent l'Obsidienne et la Ponce; et cette association eût été légitime, si tous les Phonolites, comme un grand nombre de ceux du Mézenc, se fussent montrés insolubles dans les acides. En considérant le Phonolite comme un Trachyte hydraté, on voit que les Perlites en sont les Obsidiennes hydratées.

En effet, les fissures à peu près horizontales, c'est-à-dire dans le sens des cristaux superposés, sont toujours prédominantes. De là cette structure tubulaire si fréquente et qui va souvent jusqu'à la structure feuilletée.

USAGES.

Les variétés schisteuses de Phonolites sont exploitées dans la France centrale, à la Roche Tuilière, à Sanadoire, et sont employées, à la manière des ardoises, pour la couverture des édifices.

2e *Sous-groupe.* — ROCHES BASALTIQUES.

Ce sous-groupe contient des Roches à base de Labrador qui sont arrivées au jour à l'état pâteux ou à celui de nappes.

PREMIÈRE ESPÈCE. — **BASALTE** (1).

Synonymie. ***Dolérite, Mimosite, Basanite, Téphrine, Gallinace, Lave téphrinique, Péridotite, Néphélinite, Fritte basaltique, Brèche basaltique, Tuf basaltique, Péperino, Vake, Vakite*** en partie, ***Trapp*** en partie, ***Pouzzolane.***

Roche essentiellement composée de Pyroxène et de Labrador (2).

---

(1) M. Cordier a établi dans le Basalte cinq espèces qu'il caractérise de la manière suivante :

La *Mimosite*, Roche noirâtre, grenue, composée de Pyroxène (1/5 à 1/10), de Fer titané (1 à 4/100), et de Feldspath vitreux teint en vert noirâtre par le Pyroxène.

Le *Basanite*, même composition que la *Mimosite*, mais les parties élémentaires sont microscopiques, et ne peuvent se distinguer à l'œil nu.

La *Dolérite*, Roche essentiellement grenue, formée des mêmes éléments que la *Mimosite*, mais contenant une plus grande abondance de Pyroxène (1/4 ou 1/3 de la masse), et du Fer titané (1/5 pour 100).

Le *Basalte*, même composition que la *Dolérite*, mais à l'état compacte ou microscopique.

La *Péridotite*, Roche basaltique ou basanitite, dans laquelle une grande partie du Pyroxène est remplacée par du Péridot.

La *Néphélinite*, Roche basaltique, dans laquelle une grande partie du Feldspath est remplacée par de la Néphéline.

(2) Quelques Basaltes paraissent contenir de l'eau en proportions variables : celui de Wickerstein (Silésie), est dans ce cas. Cette eau est-elle due à la présence d'un silicate hydraté (zéolite), ou provient-elle d'un commencement d'altération ?

VARIÉTÉS.

1. **B. PORPHYROÏDE** (*Mimosite*). Des cristaux de Labrador engagés dans la masse.
Meisner (Hesse), Rothweil, Le Pal, Courlande, Ordeuche, Pranal, Kaisersthul, Guadeloupe.
2. **B. GRENU** (*Dolérite*). Cassure cristalline et vitreuse; Pyroxène et Labrador visibles.
Beaulieu (près d'Aix), Plateau de la Charade, Steinheim, Holmstrand (Norwége).
3. **B. COMPACTE**. Variété à cassure pierreuse et mate.
Auvergne, Beaulieu, Lodève, La Molle, Rougiers (Var), Capo di Bove (Italie), Grotte de Fingal, Vivarais, Meisner, Eisenach, Aschaffenbourg.
4. **B. AMYGDALAIRE**. Variété vacuolaire à vacuoles remplies de carbonate de chaux.
Beaulieu, Rochemaure, Rochettes, Saint-Germain, Gergovia, Kaisersthul, Salisburg, Craigg (Ecosse).
5. **B. SCORIACÉ** (*Téphrine*). Variété criblée de cellules rondes ou irrégulières et ayant tous les caractères extérieurs d'une véritable scorie.
Beaulieu, Ollioulles (Var), Vivarais, Auvergne, Radicofani (Toscane).
6. **B. VITREUX** (*Gallinace*). Variété vitreuse composée des mêmes éléments que le Basalte.
7. **B. PRISMATIQUE**. Variété traversée par des fissures qui la divisent en prismes pseudo-réguliers.
Viterbe, Vivarais, îles Hébrides, La Molle (Var), Bohême.
8. **B. GLOBAIRE**. Variété ayant pris la structure sphérique par suite du refroidissement.
Beaulieu, Saint-Tropez.
9. **B. PÉRIDOTIFÈRE**. Variété renfermant des grains ou des noyaux de Péridot.
Auvergne, Beaulieu, Rougiers (Provence), Vivarais, bords du Rhin, Italie, Islande, Auvergne.
10. **B. NÉPHÉLINIQUE**. Variété contenant des cristaux très-nombreux de Néphéline.
Kazzenbukkel près Heidelberg, Kaisersthul (Brisgau).

11. **B. MICACIFÈRE.** Variété empâtant des cristaux de Mica.
Puy de la Poix, Beaulieu, Thuringe.

12. **B. PYROXÉNIFÈRE.** Variété renfermant des cristaux de Pyroxène.
Limbourg, Puy de Corent (Cantal), Scheibenberg (Saxe), Tyrol, Mézères, Laussone, Les Coyrons, Gorée (Sénégal).

13. **B. TITANIFÈRE.** Variété renfermant du Fer titané.
Beaulieu, Eisenach, Steinheim.

14. **B. DÉCOMPOSÉ** (*Vake*). Variété passant à une Argile terreuse.
Auvergne, Puy de Marmont, Saxe, Thuringe, Limbourg, Sundevold près de Christiania.

APPENDICE.

15. **CONGLOMÉRATS BASALTIQUES.** Fragments de Basalte noyés dans une pâte de Basalte trituré.
Val di Ronca (Vicentin), Montecchio, Beaulieu, Auvergne, Vivarais.

16. **BRÈCHE BASALTIQUE.** Fragments anguleux de Basalte réunis par un ciment.
Beaulieu, Albano, Auvergne.

17. **TUF BASALTIQUE** (*Péperino*). Fragments arénacés ou graveleux provenant de la trituration du Basalte, agglutinés et empâtant des fragments de Basalte et d'autres Roches voisines des centres basaltiques.
Beaulieu, Albano, Auvergne, Vicentin.

18. **TUF BASALTIQUE CINÉRITE.** Cendres basaltiques pulvérulentes et agglutinées.

GISEMENT ET HISTOIRE.

Nous avons dû comprendre dans l'espèce Basalte toutes les variétés de Roches appartenant à la formation basaltique et caractérisées comme composition, par l'association du Pyroxène et du Labrador, sans nous préoccuper des nombreuses variations que les accidents de texture, de cristallinité pouvaient imprimer au type principal. Il a été d'ailleurs facile de s'assurer par les définitions données par leurs auteurs à ces variétés, qu'ils ont érigées en espèces, du peu de valeur qu'ils ont attribué à leurs caractères distinctifs. Ainsi les *Mimosites*, les *Dolérites*, les *Basanites*, ne sont évidemment que des formes diverses du Basalte, comme les Calcaires lamelleux, saccaroïdes, compactes et crayeux, malgré leurs différences apparentes, dérivent tous de l'espèce Calcaire.

Les Basaltes et les produits de leurs émissions constituent le second terme de la formation volcanique; car la date de leur apparition est intermédiaire entre la formation trachytique et les volcans proprement dits. Cette opinion émise par M. Burat est vraie, surtout pour le Velay, le haut et le bas Vivarais, pour l'Auvergne, les bords du Rhin et le Vicentin. Cependant, d'après MM. Dufrénoy et Collegno, les Conglomérats qui, depuis la Fiora (Toscane), s'étendent jusque dans les environs de Naples, ainsi que les dômes de Trachyte qu'on observe dans l'Italie méridionale et qui font partie de la formation trachytique, seraient postérieurs non-seulement aux Basaltes du Vicentin, mais encore à l'étage tertiaire subapennin.

M. Burat pense que, dans la France centrale, les éruptions de cette période eurent lieu sous forme de filons injectés dans les fissures du sol ou de coulées plus ou moins étendues et dont les affleurements se prolongent à de grandes distances. Les déjections sont importantes. Elles sont libres ou du moins l'ont été, car elles ont pu être agglutinées par des infiltrations postérieures. Les scories, pouzzolanes, cendres, ont été lancées, par l'action du gaz et des vapeurs, autour des orifices volcaniques, et se retrouvent, ou bien à peu près stratifiées, leurs couches étant plus épaisses près de l'orifice, et allant toujours en diminuant de puissance, ou bien amoncelées sous forme de montagnes coniques, dont la partie supérieure est quelquefois occupée par des cratères. Ordinairement ces deux modes de gisement sont réunis.

Enfin, de ces points d'éruption partirent des Laves qui se retrouvent stratifiées autour de l'appareil volcanique, alternant avec des bancs de déjections ou en superposition immédiate, de manière que les éruptions basaltiques retracent dans ce cas des phénomènes identiques à ceux des volcans actuels.

L'homogénéité est un des caractères les plus saillants des Basaltes lithoïdes. La pâte est compacte, homogène, tenace, d'une texture fine et serrée, de couleur foncée, tirant du noir au gris. Le Feldspath, le Pyroxène, le Péridot et le Fer titané en sont les principes constituants et s'y trouvent cristallisés; mais, à l'exception du Pyroxène, petits et mal déterminés dans leurs formes. Les variétés porphyroïdes et cristallines (*Dolérites*) constituent plutôt un accident minéralogique au milieu des formations basaltiques que des Roches d'une composition distincte, leur aspect dépendant d'une simple différence de structure.

La pâte forme toute la Roche dans la majeure partie des Basaltes. Elle est plus ou moins grenue ou cristalline, et prend quelquefois un aspect semi-vitreux, qui indique un refroidissement prompt. On a remarqué que les émissions anciennes sont caractérisées par une prédominance du Feldspath et les plus modernes par celle du Péridot, de sorte que ce minéral, qui a une importance réelle, apparaît avec les produits pyroxéniques, et disparaît, lorsque ceux-ci sont remplacés par des produits d'une autre espèce. Il semble donc exister, malgré des exceptions assez nombreuses, répulsion, antipathie entre le Feldspath et le Péridot.

La texture des Basaltes n'est pas toujours compacte; on en rencontre de bulleux, de cellulaires à fissures toujours longues et déchiquetées, de scorifiés. Le plus souvent une partie seulement de la masse présente ces variations, par exemple, la partie supérieure des coulées puissantes, comme on le voit à Beaulieu, près d'Aix, ainsi que dans le quartier de Malavielle près de la Molle (Var). Il est cependant quelques cas où elles sont générales. Ainsi, d'après M. Burat, il existe dans le Mézenc de nombreux épanchements de Basaltes scorifiés, de Brèches composées de scories liées par un ciment de Lave.

La majeure partie des déjections se compose de scories libres, rouges ou noires, de toutes dimensions, depuis ces grosses masses éllipsoïdales, connues sous le nom de *Bombes volcaniques*, qui ont été lancées par la force expansive des gaz ou des vapeurs, jusqu'aux scories incohérentes, légères, en fragments arrondis et contournés. Les *Pouzzolanes* sont des amas de petites scories finement poreuses, rouges, jaunes ou noires. Elles ont pu être transportées à de grandes distances. Il en est de même des cendres, qui sont ordinairement grises; elles forment de petites couches pulvérulentes, intercalées dans les alternances des diverses Pouzzolanes et au-dessous des coulées basaltiques : elles sont plus ou moins fines, peu fréquentes, peut-être à cause de la facilité de leur dispersion par les vents et de leur destruction par les pluies.

On a désigné par le nom de Vake des Roches de composition et de formation différentes, appartenant soit aux Labradophyres, soit au terrain basaltique. Suivant M. d'Omalius d'Halloy, les Vakes seraient des Basaltes ou des *Trapps* modifiés soit par les émanations ignées, soit par les eaux, et c'est à l'état de *Pépérine* et de *Spilite* qu'on les rencontre le plus fréquemment.

Comme les Basaltes et leurs déjections, les *Vakes* appartiennent aux Roches directement émises pendant la période basaltique; mais comme elles diffèrent essentiellement des Laves ordinaires, et qu'elles se rapprochent, au contraire, par des passages fréquents, des Roches d'aggrégation, on a cru reconnaître dans leur composition les résultats d'éruptions boueuses. A Beaulieu, les *Vakes* renferment des cristaux hexaédriques de Mica noir et des fragments de Calcaire lacustres qui sont devenus saccaroïdes, de sorte que si les eaux ont pris part à leur formation, la chaleur, de son côté, a contribué à développer dans leur pâte des minéraux particuliers. A Gergovia, au Pont du Château et à Beaulieu, des *Vakes* bulleuses à cavités tapissées de cristaux de chaux carbonatée ne peuvent pas être séparées des Basaltes scorifiés avec lesquels ils sont associés et qui, certainement, n'ont pas été remaniés par les eaux.

La structure cristalline des Basaltes est encore un signe caractéristique du terrain basaltique, et bien qu'on l'observe dans certains Porphyres, dans des Trachytes et dans des Laves modernes, on peut dire qu'elle est à peu près générale dans le Basalte. De plus, les fissures nettes et droites qui sont propres aux Roches compactes et homogènes, donnent aux prismes des formes très-régulières Aussi rien de plus curieux que la disposition de ces prismes verticaux, inclinés, convergents ou divergents, quelquefois horizontaux et même courbes, qui a donné lieu à beaucoup de recherches sur les circonstances de refroidissement qui ont pu influer sur cette disposition. Les colonnades les plus remarquables sont celles des îles Hébrides, connues sous les noms de Grotte de Fingal et de Pavés des Géants, celles du bas Vivarais, du Velais, de l'Italie, etc.

La décomposition du Basalte se manifeste par un commencement d'altération de la Roche qui lui donne la propriété de se diviser en fragments. A Beaulieu près d'Aix, le phénomène de désagrégation s'est produit sur une vaste échelle. On observe, au milieu de la masse altérée, implantées de distance en distance, des sphères de *Dolérite* non décomposée, d'un volume variable, et enveloppées de pellicules friables sous forme de tuniques concentriques. Ces tuniques finissent par se joindre et donnent à l'ensemble de la Roche l'apparence d'une mosaïque d'un très-grand effet. Les noyaux se déchaussent par suite d'une destruction successive, roulent à la base des talus et font une accumulation de blocs qu'on dirait avoir été arrondis par les eaux.

Parmi les Basaltes dont l'âge peut être fixé d'une manière rigoureuse, les plus anciens sont ceux du Vicentin, car non-seulement ils semblent alterner avec les bancs du terrain tertiaire éocène, mais encore les Tufs qui les accompagnent, contiennent une grande quantité de fossiles que l'on retrouve dans le Calcaire grossier parisien.

Dans le Cantal, on voit le Basalte s'étendre en longues nappes sur les terrains primitifs et sur les terrains stratifiés même les plus modernes. Les collines de Calcaire d'eau douce des environs de Clermont offrent de beaux exemples de cette disposition. Elles sont fréquemment couronnées par des chapeaux basaltiques qui se correspondent et paraissent pour la plupart appartenir à la même coulée.

La position de ces Roches volcaniques, qui tantôt descendent dans les vallées, tantôt au contraire participent aux mêmes découpures que les coteaux, est un des faits les plus intéressants pour leur histoire. Il nous apprend qu'il y a des Basaltes de plusieurs âges et que les plus modernes se sont épanchés depuis l'ouverture des vallées de la Limagne.

Deux localités en France, Gergovia en Auvergne et Beaulieu en Provence, démontrent d'une manière péremptoire que les premiers épanchements sont antérieurs au terrain miocène; celui de Beaulieu est au moins contemporain du terrain à gypse d'Aix. La montagne de Gergovia présente des Basaltes recouverts par des Calcaires lacustres fossilifères qui renferment eux-mêmes des fragments de Basalte ; ce qui tendrait à faire admettre la postériorité des Calcaires par rapport à la Roche volcanique. M. Dufrénoy, toutefois, a supposé que l'intercalation du Basalte dans les couches lacustres provenait d'un épanchement latéral, et que les faits d'infiltration de Quartz résinites et de silice, de fragments de Basalte dans le Calcaire, pouvaient s'expliquer par des sources minérales et la pénétration des Roches à une haute température. Cette hypothèse nous paraît être en opposition avec les faits remarquables que présente la montagne de Gergovia; dans tous les cas, elle ne saurait s'appliquer au volcan basaltique de Beaulieu, dont l'âge peut être fixé d'une manière précise.

La masse principale (fig. 44) est formée d'un Basalte compacte B et d'une *Dolérite* titanifère qui sont recouverts par des

Fig. 44.

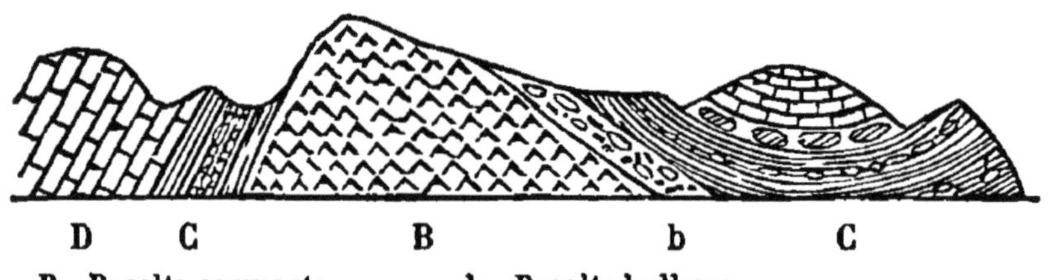

B Basalte compacte. b Basalte bulleux.
D Calcaire lacustre. C Brèches et Conglomérats basaltiques.

coulées scorifiées b. Celles-ci supportent à leur tour un manteau de Brèches composé de fragments anguleux C de Basalte et de Calcaire lacustre. En suivant le prolongement de ces Brèches dans la direction des coteaux tertiaires qui contiennent le Gypse qu'on exploite à Aix, on les voit recouvertes par les Calcaires D dont ceux-ci sont constitués, et le carbonate de chaux remplit tout l'intervalle qui sépare ces fragments incohérents. Ainsi, les formations sédimentaire et volcanique sont séparées l'une de l'autre par une Brèche fort curieuse de un à deux mètres de puissance, contenant des fragments anguleux de Basalte dont le volume et le nombre diminuent à mesure qu'elle se rapproche davantage du Calcaire. Cette particularité intéressante n'avait point échappé à la sagacité de Saussure, qui s'exprime en ces termes: « Ce qui me parut remarquable à Beaulieu, ce sont des morceaux mélangés de Lave poreuse violette et de pierre calcaire blanchâtre compacte. On voit là des fragments de Lave entièrement enveloppés par la matière calcaire et isolés au milieu d'elle; quelques-uns de ces fragments sont extrêmement anguleux, avec des pointes aiguës et des angles rentrants. Cependant la pierre calcaire les embrasse de toutes parts et remplit toutes leurs cavités extérieures. Il faut donc nécessairement que ces morceaux de Laves soient survenus pendant la formation de la pierre calcaire et qu'ils aient été déposés dans un temps où celle-ci était encore assez molle pour se mouler sur leur forme et pourtant assez ferme pour qu'ils y demeurassent suspendus sans gagner le fond. »

Il est donc bien démontré que l'épanchement basaltique de Beaulieu a devancé, de fort peu, il est vrai, la formation gypseuse qui opprime le Basalte de toutes parts et en renferme même des débris. Cette vérité trouve un moyen de contrôle dans l'examen des couches dont le dépôt est postérieur au Basalte et au Calcaire lacustre. La vérification en est fournie par la molasse marine miocène qui s'étend dans la direction de Rognes et qui, dans ses points de contact avec la Roche volcanique, débute par un Poudingue à éléments grossiers composé à la fois de Calcaire lacustre et de Basalte. On serait tenté de prendre ces masses agglomérées pour un Conglomérat basaltique ; mais un examen attentif, en y faisant découvrir de grandes huitres et d'autres coquilles miocènes, éclaire sur leur véritable origine et prouve, qu'après le soulèvement de l'étage gypseux et du terrain basaltique, les débris arrachés à ces deux formations par l'action des vagues, contribuèrent à former, concurremment avec d'autres Roches, le contingent des matériaux dont le Poudingue est composé.

Si dans quelques cas les Basaltes, quand ils sont arrivés à la surface du sol dans un état complet de fluidité, ont profité de fissures préexistantes qu'ils ont remplies et au-dessus desquelles ils se sont étalés, le plus souvent leur sortie a été la cause de ruptures de couches et de dislocations violentes. Ainsi, comme exemple du premier mode de formation, nous pouvons citer les environs de Clermont, où le Basalte est sorti du sein même de la montagne de Gergovia, tant par la partie supérieure que par une fente qui s'est faite dans le flanc de la montagne. Cette substance était dans un état assez liquide pour s'être répandue en nappe, et sa température assez élevée pour changer la texture du Calcaire, qui est immédiatement en contact avec le Basalte. Le volcan éteint des environs de Rougiers (Var) est au contraire un exemple remarquable de perturbations survenues à l'époque de son établissement. Ce volcan constitue un coteau isolé, connu sous le nom de Polinier (fig 45), plus élevé que les coteaux environ-

Fig. 45.

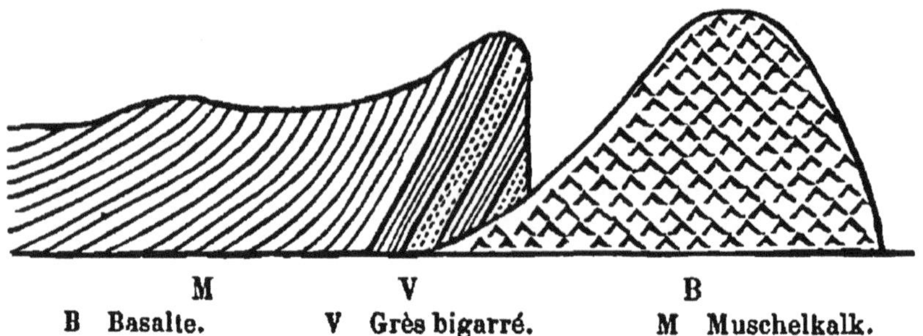

B Basalte. V Grès bigarré. M Muschelkalk.

nants et se terminant presque en pointe. L'aspect ferrugineux des Roches qui le composent, la végétation vigoureuse qui le recouvre contrastent, d'une manière frappante, avec la teinte grise des terrains voisins et avec l'inégalité des cultures qui languissent cà et là au milieu des cargneules du Muschelkalk. L'inclinaison des couches calcaires, assez faible du côté de Rougiers, se redresse brusquement dans les alentours du Basalte, où elle se montre sous un angle de 80 degrés environ. Grâce à cette inflexion subite, le Grès bigarré V, recouvert partout ailleurs, affleure à la base du cône et constitue avec le Muschelkalk M un escarpement presque vertical qui, sous forme de bourrelet circulaire, suit les contours de la Roche ignée, dont il semble interdire l'accès. Du haut de cette terrasse naturelle, le coteau de Polinier ressemble assez à un camp retranché que l'on aurait détaché des terrains environnants par un fossé de circonvallation et par des palissades.

Si, sous le point de vue minéralogique, cette localité offre peu d'intérêt, il n'en est point de même sous celui des déductions théoriques auxquelles conduit son étude. La disposition circulaire du Grès bigarré et du Muschelkalk indique de la manière la plus frappante et la plus incontestable que les causes auxquelles la butte du Polinier doit son origine, et les alentours leur configuration, eurent à vaincre l'obstacle que leur opposaient les couches sédimentaires qui sont aujourd'hui disloquées, et que la violence du phénomène éruptif a redressées jusqu'à la verticale, en laissant un vide vers les charnières de rupture. Elles ont donné naissance, en un mot, à un cratère de soulèvement des mieux caractérisés. Ainsi, les recherches importantes de MM. Dufrénoy et Elie de Beaumont dans les groupes du Cantal et du Mont Dore puisent un nouveau degré de démonstration dans les faits exprimés par le volcan basaltique de Rougiers.

A cette preuve tirée de l'observation des masses s'ajoute une considération d'un autre ordre, qui corrobore notre première induction et met en évidence l'influence de l'action volcanique, au moment où le Basalte vint au jour. Nous voulons parler de la conversion en Calcaire saccaroïde d'une couche calcaire appartenant au Muschelkalk qui a été saisie par le Basalte. Le lieu de sa provenance est indiqué par quelques fragments hors de place que l'on trouve mêlés avec des fragments basaltiques au pied d'un ravin profond situé en face de l'escarpement dont nous avons déjà parlé. En remontant la gorge étroite de ce ravin, on découvre, à une centaine de mètres environ, le banc d'où proviennent les débris. Son épaisseur ne dépasse guère 15 à 20 centimètrès. Ce Calcaire est blanchâtre, mais obscurci par des taches ferrugineuses, et il présente une texture grossièrement saccharoïde. Outre ce changement, on observe, vers les points de contact avec les Basaltes, du Fer oxydulé en cristaux octaédriques, engagé dans le Calcaire même ou logé entre les plans de jonction, de manière que cette substance se trouve également dans la Roche modifiante et dans la Roche modifiée.

Il demeure donc bien établi que si les éruptions basaltiques les plus modernes sont postérieures aux derniers dépôts tertiaires, les plus anciennes se réfèrent à l'époque des couches éocènes. De plus, l'ordre de succession chronologique entre les Trachytes et les Basaltes est très-nettement indiqué dans le midi de la France, puisque les environs de Biot nous montrent les premiers contemporains du terrain nummulitique, et ceux de Beaulieu nous montrent les Basaltes contemporains du dépôt gypseux d'Aix.

USAGES.

Les Tufs basaltiques fournissent des débris scoriacés connus dans le commerce sous le nom de Pouzzolanes et qui sont employés avec un grand succès pour la confection des mortiers hydrauliques. Le pavé de la ville de Rome sort d'un dépôt basaltique qu'on exploite près de Capo di Bove.

DEUXIÈME ESPÈCE. — LEUCITOPHYRE.

Synonymie. *Amphigénite, Lave amphigénique.*

Roche essentiellement composée d'Amphigène (*Leucite*) et de Basalte.

VARIÉTÉS.

1. L. PORPHYROÏDE. Variété renfermant des cristaux d'Amphigène bien nets.
   Somma, Rocca Monfina, Pitigliano.
2. L. LABRADORIQUE. Variété renformant des cristaux de Labrador.
   Rocca Monfina, Viterbe
3. L. PYROXÉNIFÈRE. Variété contenant des cristaux de Pyroxène Augite.
   Fosso Grande (Vésuve), Rocca Monfina.
4. L. PÉRIDOTIFÈRE. Variété renfermant du Péridot.
   Volcans du Latium, Somma.
5. L. CELLULEUSE. Variété remplie de cellules.
   Somma, Rocca Monfina.
6. L. VITREUSE. Variété dont le Basalte est vitreux.
   Somma.
7. L. SCORIACÉ. Variété boursoufflée comme une scorie.
   Viterbe, volcans éteints de la Campanie.

APPENDICE.

8. CONGLOMÉRAT LEUCITOPHYRIQUE.
   Rocca Monfina, volcans éteints de la Campanie.

GISEMENT ET HISTOIRE.

La grande abondance de la Leucite ou Amphigène dans certaines Laves basaltiques de l'Italie et du Cantal, autorise à ériger en espèces distinctes toutes les variétés de Basalte qui renferment ce minéral. L'origine de cette Roche est la même que celle du Basalte. On la trouve dans l'intérieur du cratère de la Somma, de Rocca Monfina, à Viterbe, à Borghetto, à Pitigliano, etc., associée aux produits ordinaires de la formation basaltique. Son histoire se confond, par conséquent, avec celle de l'espèce précédente.

3e *Sous-groupe.* — Roches laviques.

Ce sous-groupe comprend tous les produits solides qui sont fournis par les volcans proprement dits, éteints ou en activité.

PREMIÈRE ESPÈCE. — LAVE (1).

Synonymie. *Téphrine, Augitophyre, Péperino, Lapilli.*
Roches comprenant les produits fournis exclusivement par les volcans éteints à cratères et par les volcans en activité.

VARIÉTÉS.

A. A base d'Orthose.

1. **L. porphyroïde.** Variété contenant des cristaux de Ryacolite.
Islande, Vésuve, Amérique méridionale.

(1) Nous avons réservé le nom de Laves aux Roches formées par les volcans proprement dits et constituant par leur ensemble ce qu'on peut appeler la formation lavique. En procédant de la sorte, nous avons dû nous laisser guider plutôt par la manière d'être de ces Roches, par des considérations prises dans leur association et leur distribution, que par leur composition minéralogique. En effet, dans l'état actuel de nos connaissances, il devenait impossible d'opérer une séparation rationnelle dans ce qu'on nomme *Laves*, l'analyse chimique qui a été faite de quelques-unes d'entre elles démontrant que, dans un même volcan, certaines variétés étaient souvent à base de Labrador et ne différaient alors du Basalte que par la date de leur apparition, d'autres variétés avaient pour base un Feldspath potassique ou bien l'Oligoclase, quelques-unes enfin l'Anorthite. Tout ce que nous avons pu tenter de plus simple était d'indiquer ces variations. Les Laves du Vésuve, très-riches en Pyroxène, et qui ont reçu de Pilla le nom d'*Augitophyre*, ne pouvaient figurer aussi dans notre classification que comme une variété des Laves ordinaires. On nous saura gré au surplus de préciser, d'après M. E. de Beaumont, la différence des idées que les mots de *Lave* et de *Basalte* sont destinés à exprimer. Le mot *Lave* est une expression relative à la forme. Il ne désigne pas une Roche d'une composition particulière : il désigne une Roche d'une composition variable, mais dont la forme extérieure et intérieure annonce une matière plus ou moins visqueuse qui a coulé. Le propre d'une pareille matière, lorsqu'elle suit la ligne de plus grande pente, sur une surface irrégulière, sur laquelle elle rencontre successivement des dépressions larges où elle s'étend en restant presque stationnaire, et des parties étranglées et inclinées où elle coule plus rapidement, est de se modeler sur les sinuosités qu'elle parcourt, et d'en

B. A base d'Oligoclase.

2. **Lave** à Oligoclase.
Ténériffe.

C. Composée de Feldspath Labrador et de Pyroxène.

3. **L. compacte.** Variété ressemblant à du Basalte (rare).
Vésuve, Etna.

4. **L. pyroxénifère** (*Augitophyre*). Des cristaux de Pyroxène Augite, empâtés dans une pâte labradorique.
Iles de Lipari, Vésuve, Auvergne.

5. **L. amphigénique.** Variété renfermant des cristaux d'Amphigène.
Lave de 1794, près la Torre del Greco. Courant de 1835.

---

réfléchir, pour ainsi dire, en elle-même toutes les irrégularités. Une fois refroidie, elle reste comme la peinture immobile d'un phénomène d'hydrodynamique : et c'est là ce qui donne aux coulées des volcans anciens et modernes ce cachet particulier qui frappe si vivement l'œil même le moins exercé.

Ainsi le mot de *Lave* désigne des masses dans lesquelles on trouve combinés les effets d'un phénomène de mouvement ou d'hydrodynamique, et d'un phénomène de refroidissement ; et dont, par suite, une certaine forme de contours, une certaine inégalité de texture, une hétérogénéité générale, sont les caractères essentiels. Le mot de *Basalte* désigne, au contraire, une Roche qui joint à une composition déterminée, que beaucoup de Laves présentent aussi, une manière d'être constante, et qui, à cause de cette constance même, cesse de réfléchir, dans sa structure intérieure et dans la forme de sa surface supérieure, les contours des masses sur lesquelles elle s'appuie. Le mouvement s'est pour ainsi dire solidifié dans les Laves, tandis que le Basalte offre un caractère général d'uniformité qui exclut toutes ces traces de mouvement. On n'y reconnaît que les effets du refroidissement, combinés avec ceux des lois de l'hydrostatique. Si le Basalte, répandu dans une vallée, rappelle pour la forme celle d'un liquide, c'est celle d'un liquide en repos, et non, comme la Lave de Volvic, par exemple, celle d'un torrent instantanément congelé.

Ainsi, quoique les Basaltes ne soient, à prendre la chose sous le point de vue le plus général, qu'une forme particulière des Laves, puisque beaucoup de coulées de Laves sont de vrais Basaltes dans quelques-unes de leurs parties, le seul choix qu'on fait du mot *Basalte* ou du mot *Lave* pour désigner une matière fondue et solidifiée, exprime une idée très-précise, qui se réduit à dire que, dans le premier cas, on ne reconnaît que l'effet combiné des lois du refroidissement et de l'hydrostatique, tandis que dans l'autre on voit intervenir aussi les résultats des phénomènes dynamiques.

6. **L. péridotifère**. Variété renfermant du Péridot.
Vésuve, Etna, Louchadière.
7. **L. orthosifère**. Variété contenant des cristaux d'Orthose blanche, nettement définis.
Vésuve.
8. **L. celluleuse**. Texture celluleuse; cellules irrégulières, allongées ou tortueuses.
Vésuve, Etna, bords du Rhin.
9. **L. scoriacée** (*Téphrine*). Variété entièrement criblée de vacuoles rondes ou irrégulières.
Etna, Vésuve, Monte Nuevo, Auvergne.
10. **L. panniforme**. Masses formées de Laves roulées sur elles-mêmes et imitant grossièrement la disposition de draps en pièces.
Vésuve, Auvergne, Etna, Amérique méridionale.

APPENDICE.

11. **Conglomérat scoriacé**. Scories de diverse nature, spongieuses, soudées.
Somma, Vésuve, Etna, France centrale.
12. **Brèche lavique** (*Péperino*). Fragments de Laves de diverse nature, reliées par un ciment.
Vésuve, Etna, Auvergne, bords du Rhin.
13. **Tuf terreux**. Amas de cendres volcaniques de nature différente, empâtées.
Tuf d'Herculanum, Auvergne, Latium.
14. **Matières incohérentes** (*Lapilli, sables* et *cendres volcaniques*).

Les *Lapilli* sont des fragments libres de scories, de la grosseur d'une noisette; les *Sables* les mêmes fragments amenés par la trituration à un volume plus petit; enfin, les *Cendres* volcaniques sont des matières ténues et impalpables et ressemblant aux cendres ordinaires. On les distingue en feldspathiques et en pyroxéniques, suivant la composition des Laves d'où elles proviennent.

GISEMENT ET HISTOIRE.

Les Laves appartiennent aux volcans éteints, tels que ceux qui existent en France, sur les bords du Rhin, ainsi qu'aux volcans en activité.

Les caractères du terrain lavique sont nettement tranchés sous le rapport de la nature de leurs produits. Les éruptions gazeuses déjà importantes dans le terrain basaltique, deviennent tellement prépondérantes, que non-seulement elles donnent naissance à une grande quantité de déjections incohérentes, mais qu'elles influent sur la texture des Laves produites, et deviennent une partie de la force qui pousse et amène les Laves à la surface du sol. Il résulte de cette pénétration du gaz, dans ces Laves émises, une structure bulleuse, cellulaire, criblée de vacuoles, quelquefois à peine perceptibles à l'œil, qui contraste avec la texture serrée et compacte des pâtes basaltiques. L'absence du Péridot, ou du moins son excessive rareté, est un caractère de plus à ajouter aux nouveaux caractères des Laves.

Quant aux Roches de déjection et qui forment des Conglomérats, des Brèches, des Tufs, des Pouzzolanes, des Lapilli et des Cendres, nous ne saurions en parler ici, puisque leur mode de formation a déjà été exposé à la suite des Trachytes et des Basaltes.

USAGES.

Le terrain volcanique fournit d'excellents matériaux pour le pavage des rues. Quelques variétés de Laves cellulaires ont été employées à la confection de meules à moudre le blé : enfin, les Pouzzolanes abondent presque partout où existent des volcans éteints ou en activité.

DEUXIÈME ESPÈCE. — SOUFRE.

Substance composée exclusivement du minéral qui porte ce nom.

VARIÉTÉS.

1. **S. COMPACTE.** A grains serrés.
   Val di Noto (Sicile), Conilla (Espagne), Péreta (Toscane), environs de Bologne.
2. **S. GRANULAIRE.** A grains miroitants.
   Sicile, Espagne, Toscane, Les Camoins près Marseille.
3. **S. STALACTITIQUE.** A formes concrétionnées.
   Sicile, Conilla, Péreta.
4. **S. TERREUX.** Variété souillée d'Argile.
   Péreta, Solfatares de Pouzzole et de la Guadeloupe.

GISEMENT ET HISTOIRE.

Le Soufre a été cité dans des Quartz subordonnés aux Micaschistes dans les Cordilières de Quito; dans des terrains intermédiaires et secondaires. Mais c'est dans les terrains tertiaires surtout qu'on observe les gisements les plus abondants de cette substance : elle y est généralement associée avec du sulfate de chaux. Conilla, les vals di Noto et di Mazara, Girgenti en Sicile, sont les localités qui fournissent la presque totalité du Soufre que réclame le commerce.

Tous les volcans en activité produisent du Soufre en très-grande abondance, et les solfatares en présentent peut-être encore plus. Ce serait une erreur d'admettre que le minéral a pu y être amené à l'état de fusion ou de volatilisation. Il est facile de s'assurer en étudiant le travail opéré par la nature dans les solfatares de Pouzzole et de Péreta que tout le Soufre qui s'accumule en cristaux ou en masse grenue, compacte, stalactitique provient exclusivement de la décomposition du gaz sulfhydrique au contact de l'air et à la température ordinaire. C'est évidemment le procédé qui a été employé pour la formation du Soufre au sein des terrains stratifiés. On concevrait difficilement la présence de cette substance dans les bancs fossilifères et surtout sa substitution à des *planorbes* et à des *lymnées*, comme on l'observe à Teruel en Aragon, et cela dans des terrains placés en dehors de toute influence directe des actions volcaniques.

Cependant d'autres explications ont été proposées, et il est utile de les indiquer ici. Le terrain, en Sicile, qui renferme le Soufre, se compose de Grès bitumineux, de marnes schisteuses, noires, bitumineuses, contenant des lits interstratifiés de Calcaire compacte. Ces marnes constituent le véritable gisement du Soufre : il y est déposé en amas, en petites couches minces irrégulières, qui cependant concordent généralement avec la stratification du terrain. On trouve réuni au Soufre des amas de Gypse, du Sel gemme et du Succin. On observe une position presque identique et une association presque constante du Soufre, du Sel gemme et du Gypse à Conilla, à Salies, dans le nord de l'Europe, près de Cracovie, etc.

Rien ne révèle, dans le gisement de la Sicile, que le Soufre soit dû à une action postérieure; mais son association constante avec le Sel gemme, le Gypse et le Bitume établit, entre tous les gîtes déjà cités, une relation intime qu'on ne saurait méconnaître. Or, la dislocation des couches de Calcaire dans lequel sont les exploitations de sel des environs de Salies et de Conilla, ne peut s'expliquer qu'en supposant que le Sel, le Soufre et même le Gypse, soient de formation postérieure au terrain qui les contient; on est donc naturellement porté à admettre la même supposition pour les gisements de Soufre de la Sicile et de la Calabre; peut-être dans ces dernières localités le Soufre est-il, ainsi que le suppose M. Paillette, le produit de la décomposition du Gypse par l'action des matières organiques que contiennent les marnes, aidée de la chaleur et des phénomènes ignés qui se sont produits en Sicile depuis des époques antérieures au monde actuel. Cette supposition, qui s'accorde avec les réactions chimiques qui se produisent dans nos laboratoires, est également d'accord avec les phénomènes de décomposition par suite desquels on trouve du Soufre en petits cristaux dans les matières animales en putréfaction.

Cette explication, que nous empruntons à la minéralogie de M. Dufrénoy, ne nous paraît pas se concilier avec les circonstances de gisement du Soufre dans les terrains sédimentaires. Ainsi, aux Camoins près de Marseille, à Malvesi aux environs de Narbonne, à Fonte-ai-Bagni près de Pomérance (Toscane), dans le Bolognèse, on rencontre des rognons ou des bancs de ce minéral intercalés dans les Gypses tertiaires; mais en traitant de l'origine des Gypses, il nous sera facile de démontrer que dans les solfatares et dans le voisinage des Lagoni, il se forme à la fois du Gypse et du Soufre sous l'intervention exclusive du gaz sulfhydrique, ce gaz se décomposant à l'air et les produits de cette décomposition étant du Soufre et de l'acide sulfurique qui réagit sur les Roches calcaires et les convertit en sulfate de chaux. Or, cettre traduction des faits qui s'accomplissent sous nos yeux s'applique complètement, suivant nous, aux fameux gisements de Soufre de la Sicile. On doit reconnaître la même origine aux Soufres emprisonnés dans les silex réniformes de la Charité (Haute-Saône), si on admet que les sources minérales qui apportaient de la silice dans les lacs tertiaires de cette contrée ont donné lieu en même temps à un dégagement de gaz sulfhydrique.

Presque tous les volcans donnent du Soufre; les volcans de l'Islande, ceux des Cordilières surtout, en produisent des quantités très-considérables. Suivant M. Dufrénoy, il s'y sublime constamment à travers certaines fissures; on profite même de cette circonstance pour recueillir ce minéral, en pratiquant, au-dessus des points où les vapeurs de Soufre se dégagent, des cavités dans lesquelles ce minéral se condense et se volatilise. Les anciennes bouches volcaniques qui ont reçu le nom de solfatares, le doivent à cette circonstance. A Pouzzole, le Soufre se condense en quantité considérable dans le sable qui recouvre le cirque formant l'intérieur du cratère. On enlève ce sable jusqu'à la profondeur de 10 mètres (plus bas, la température est trop élevée pour qu'on puisse y travailler), on le soumet ensuite à la distillation pour en retirer le Soufre qu'il contient. On exploite successivement le sable qui recouvre tout le cirque, et on rejette dans les tranchées celui qui a été appauvri. La sublimation du Soufre se faisant d'une manière continue, le sable se recharge de cette substance, et au bout de 25 à 30 ans, il s'est assez enrichi pour qu'on le soumette à une nouvelle distillation.

Breislack admet que le Soufre de la plupart des solfatares, et notamment celui qui se sublime dans celle de Pouzzole, provient également de la composition du gaz sulfhydrique. Les dégagements considérables de ce gaz, qui ont lieu aux environs de cette montagne, ajoute M. Dufrénoy, donnent quelque vraisemblance à cette opinion. Les observations nombreuses que nous avons faites pendant six années consécutives dans la solfatare de Péreta confirment pleinement le sentiment de Breislack. En effet, tout le Soufre qu'on retire de cette partie de la Toscane provient de la décomposition du gaz sulfhydrique; il serait difficile de comprendre comment à Péreta et à Pouzzole, le Soufre, s'il arrivait sublimé au contact de l'air, ne se serait pas combiné avec lui et n'aurait pas été transformé en acide sulfureux; or, la présence de l'acide sulfureux n'y a jamais été constatée : les ouvriers, à une certaine profondeur, ne sont incommodés que par la chaleur. On voit donc que son origine est la même dans les solfatares que dans certaines eaux sulfureuses qui déposent des cristaux et des stalactites de ce minéral à la voûte des canaux de conduite.

On le connait aussi, mais en petite quantité, dans certains

filons métallifères, comme dans les mines de Cuivre pyriteux de Rippoltsan en Souabe, qui traversent le Granite, dans les filons de plomb du pays de Siègen, dans les filons aurifères d'Ekatherinenburg, dans le gisement de Fer oligiste de l'île d'Elbe, etc.

Bien que les volcans en activité en fournissent en très-grande abondance, il est très-rare dans les anciens terrains ignés, et il n'y en a pas même dans les volcans éteints qui paraissent les plus rapprochés de notre âge. On n'en connaît qu'un seul exemple dans les Basaltes de l'île Bourbon.

USAGES.

Le Soufre est surtout exploité pour la fabrication de l'acide sulfurique et celle de la poudre à canon. On se sert encore de cette substance pour la confection des allumettes, qui forme une branche importante d'industrie. Quand, par la combustion, on la fait passer à l'état d'acide sulfureux, elle sert au blanchiment des tissus. Elle est aussi employée en médecine.

DEUXIÈME FAMILLE.

ROCHES D'ORIGINE AQUEUSE.

PREMIER GROUPE. — ROCHES DÉPOSÉES CHIMIQUEMENT.

Substances dont les éléments ont été tenus primitivement en dissolution et qui se sont précipitées à l'état de masses plus ou moins cristallines.

Ce groupe renferme les espèces suivantes :

1. Calcaire.
   — argileux (*Marne*).
2. Dolomie.
3. Gypse.
4. Anhydrite.
5. Sel gemme.
6. Silex.
7. Fer sulfuré.
8. Fer oxydulé.
9. Fer peroxydé.
10. Fer hydroxydé.
11. Fer carbonaté.
12. Manganèse peroxydé.

PREMIÈRE ESPÈCE. — CALCAIRE.

Synonymie. *Limestone, Kalkstein, Craie, Travertin, Tuf, Marne, Glauconie, Pierre à chaux, Calschiste.*

VARIÉTÉS.

1. C. compacte. Variété caractérisée par la finesse de son grain (Pierres lithographiques, marbres communs).

   Dans tous les terrains et sur tous les points du monde.

2. C. **OOLITIQUE**. Variété composée de globules ressemblant à des œufs de poissons, agglutinés par un ciment calcaire.

Bourgogne, Charente, Jura, etc.

3. C. **PISOLITIQUE**. Variété composée de Pisolites à couches concentriques, de dimensions variables.

Castres, Talmay (Côte-d'Or), Marignane, Mimet (Bouches du Rhône), Saint-Paulet (Gard).

4. C. **LUMACHELLE**. Variété composée presque exclusivement de débris de coquilles.

Paris, Besançon, Charente, etc.

5. C. **CRAYEUX** (*Craie*). Variété à texture terreuse, pulvérulente et tachante, friable.

Russie, Champagne, environs de Paris, Charente.

6. C. **CELLULEUX** (*Cargneule*). Variété se distinguant par ses nombreuses cavités cloisonnées.

Alpes, Var, île d'Elbe, cap Argentaro (Toscane).

7. C. **TRAVERTIN**. Variété compacte, concrétionnée, traversée par de nombreuses tubulures.

Environs de Rome, Massa maritima, Grosséto (Toscane).

8. C. **TUF**. Variété spongieuse, produite par les sources minérales.

Auvergne, Provence, Italie, etc.

9. C. **STALACTITIQUE**. Variété composée de couches concentriques affectant des formes diverses.

Intérieur des Grottes, Antiparos, Osselle, etc.

10. C. **ASPHALTIFÈRE**. Variété imprégnée d'Asphalte dont on la sépare par la distillation.

Seyssel, Couvet (Suisse), environs de Forcalquier (Provence), Dax (Landes), Oued Cheniour (province de Constantine).

11. C. **BITUMINIFÈRE**. Variété colorée par des matières bitumineuses qui manifestent leur présence par l'odeur qui s'en exhale soit naturellement, soit par le frottement, soit par l'échauffement.

Fuveau (Provence), Isère, etc.

12. C. **SILICEUX**. Variété à texture compacte, laissant, après la dissolution du carbonate de chaux par les acides, un squelette siliceux.

La Brie, Beaulieu près d'Aix, Gergovia (Auvergne).

13. C. MAGNÉSIEN (1). Calcaire mélangé de carbonate de magnésie et passant à la Dolomie.

Ile d'Elbe, Provence, Isère, Charente, etc.

14. C. CALSCHISTE. Variété mélangée de Schiste argileux luisant et ayant la structure schisteuse ou entrelacée.

Vallée d'Arran (Pyrénées), Saint-Aventin, Cap Corvo, Monte Argentaro, Campiglia, Alpes Apuennes, île d'Elbe (Toscane), Alpes du Dauphiné, Sarancolin, Cierp, Campan (Pyrénées), Saint-Ours (Basses-Alpes), Sidi-Cheikh-ben-Rohou, Cap Filfilah (province de Constantine), Colonnes d'Hercule (Maroc).

15. C. ARGILEUX (*Pierre à chaux hydraulique, Calcaire marneux, Marne*). Variété mélangée de matières argileuses et donnant par l'insufflation une odeur prononcée d'Argile (2).

Dans toutes les contrées occupées par les terrains sédimentaires, surtout les secondaires et tertiaires.

---

(1) L'analyse a démontré que tous les Calcaires, même ceux que l'on suppose être les plus purs, contiennent de la magnésie en proportion variable. Lorsque cette base existe avec une certaine abondance, beaucoup de géologues sont disposés à considérer la variété de Calcaire à laquelle sa présence donne naissance, comme une véritable Dolomie, et la désignent ordinairement par ce dernier nom. Cette dénomination manque d'exactitude, car elle ne doit s'appliquer qu'aux Roches qui contiennent un atome de carbonate de chaux uni à un atome de carbonate de magnésie.

(2) M. D'Omalius d'Halloy a cru devoir conserver l'espèce *Marne* que nous supprimons dans notre classification. Il est juste néanmoins de dire que cet auteur ne l'a fait que par esprit de tolérance, à cause de la popularité générale dont jouit le mot *Marne*. Voici en quels termes il s'exprime : « L'établissement d'une espèce Marne ne me paraît pas très-nécessaire, car on pourrait tout aussi bien dire *Calcaire argileux* et *Argile calcarifère* que *Marne calcaire* et *Marne argileuse*. Cette marche présenterait l'avantage de laisser exclusivement le nom de *Marne* au langage industriel, qui s'applique à diverses Roches qui servent à l'amendement des terres. De cette manière les Marnes seraient une dénomination purement technique; et, de même que le mot *Marbre* indique une Roche calcareuse susceptible de poli, le mot *Marne* indiquerait aussi une Roche calcarifère susceptible d'être employée à l'amendement des terres. La suppression de l'espèce *Marne* aurait encore l'avantage de rendre plus facile la distribution en genres, à laquelle cette espèce se prête difficilement : car, tandis que la *Marne calcaire* appartient au *genre calcareux*, la *Marne argileuse* appartient au *genre argileux*; de sorte qu'il y a, sous le rapport de la composition, autant de raison pour mettre l'espèce *Marne* dans l'un que dans l'autre de ces genres. »

16. C. **GLAUCONIEN** (*Craie chloritée* [1]). Calcaire compacte ou terreux, parsemé de petits points verdâtres qui sont du silicate de fer.

Eoux (B.-Alpes), Angleterre, Normandie, Paris, Charente, Moscou, E.-Unis, environs du Pont-St-Esprit.

17. C. **SABLEUX**. Variété renfermant du sable en plus ou moins grande abondance et passant à un Grès calcarifère.

Paris, Provence, Corse, Afrique, Livourne, Riparbella, Amérique méridionale, Etats-Unis.

APPENDICE.

18. **BRÈCHE CALCAIRE**. Masses composées de fragments anguleux de Calcaire, réunis par une pâte généralement calcaire.

Saint-Béat (Pyrénées), Tholonet près d'Aix en Provence, Cap Corvo, Cap Argentaro.

GISEMENT ET HISTOIRE.

Le Calcaire est une des Roches le plus abondamment répandue dans les formations sédimentaires, au milieu desquelles il se présente en couches et en bancs. Il offre des variations si nombreuses soit dans la texture soit dans la couleur, quelquefois même dans deux bancs contigus et dans le prolongement d'un même banc, que la position qu'il occupe dans la série peut seule permettre de préciser son âge avec certitude.

On doit distinguer en géologie deux sortes de Calcaires : les *Calcaires normaux;* ce sont ceux qui n'ont subi aucune altération depuis leur dépôt, et les *Calcaires anormaux,* qui comprennent les Roches calcaires qui, dans le voisinage ou au contact des Roches ignées, ont éprouvé des modifications plus

(1) Les grains verts disséminés dans le Calcaire grossier de Paris ont donné à l'analyse :

Protoxyde de fer.	0,247
Magnésie. . . .	0.166
Chaux	0,033
Potasse	0,017
Alumine	0,011
Silice	0,400
Eau	0,126
	1,000

ou moins énergiques dans leur texture ou dans leur composition. Nous parlerons de ces derniers en traitant des Roches métamorphiques.

Les couches inférieures au terrain silurien et désignées sous le nom de *Schistes cristallins,* ne présentant guère que des Calcaires métamorphiques, ce n'est qu'à partir de cette formation paléozoïque que l'on observe des masses puissantes de Calcaire normal. Ainsi les Calcaires désignés par les noms de Wenlock et de Dudley et dont ceux de Béraun et de Koniepruss (en Bohême) sont les analogues, se montrent dans le silurien supérieur avec une puissance de plus de cent mètres.

Les terrains dévoniens sont à leur tour très-riches en Calcaires. Les marbres exploités à Cierp, à Campan, à Sarancolin dans les Pyrénées, à Caunes dans la Montagne noire, à Ferques (Bas-Boulonais), sont une dépendance de ce terrain.

Dans le terrain carbonifère, les dépôts calcaires désignés sous les noms de *Mountain limestone* et de *Métalliferous limestone,* deviennent encore beaucoup plus considérables, soit en Angleterre, soit en Belgique, soit dans les Etats-Unis. Ils sont remarquables par la grande abondance des corps organisés qu'ils renferment.

Le dernier terme des formations paléozoïques, le terrain permien, présente des dépôts calcaires décrits par les Allemands sous le nom de Zechstein : c'est en général un Calcaire gris ou noirâtre, fétide. Les Calcaires des environs de Rodez et d'Alboy (Aveyron) appartiennent à cet horizon géologique.

Cette Roche dans les *terrains* dits *secondaires* devient encore plus envahissante. On distingue :

1° Le Calcaire *conchylien* (Muschelkalk), dans la formation triasique (Lorraine, Provence), caractérisé par *l'ammonites nodosus ;*

2° Le *Lias,* à la base de la formation jurassique, qui contient les premières bélemnites et *l'ostrea arcuata ;*

3° Les Calcaires de *l'oolite inférieure,* qui comprennent la presque généralité des couches à partir du *Lias* jusqu'à l'Argile d'Oxford ;

4° Les Calcaires de l'oolithe moyenne, dont l'étage dit *corallien* (Corel rag) présente le facies le plus remarquable ;

5° Les Calcaires de l'étage oolitique supérieur, qui sont supérieurs à l'Argile de Kimmérigde et qu'on nomme *Portlandiens.*

Ils sont très-développés dans le Jura, les Alpes de la Provence et dans l'Afrique septentrionale.

6° Le Calcaire de la formation d'eau douce dite *wealdienne* (Purbeck limestone);

7° Dans la formation crétacée, les Calcaires *néocomiens,* dont le Jura, les montagnes du Dauphiné et de la Provence ainsi que la chaîne de l'Atlas présentent un puissant développement, et qui sont caractérisés à la base par *l'ostrea Couloni* et à la partie supérieure par la *caprotina ammonia;*

8° Les Calcaires de la formation crétacée proprement dite, dans laquelle on peut distinguer la *craie verte,* la *glauconie crayeuse,* la *craie tufau* et la *craie blanche.* La craie verte est un Calcaire terreux, renfermant une quantité considérable de points verts. La craie tufau est grisâtre, sableuse; la craie blanche, qui est rarement solide, forme en général la partie supérieure du dépôt. Enfin, sous le nom de *Calcaire pisolitique,* on désigne le terme le plus élevé de la formation crétacée, qui n'est guère représenté que dans les environs de Paris, de Maëstrichk et dans le Danemark. Dans le midi de la France, dans les Pyrénées et en Afrique, les craies vertes, tufau et blanche sont remplacées par des Calcaires solides, souvent très-compactes.

Dans les *terrains tertiaires,* on trouve encore des dépôts calcaires très-variés, les uns d'origine marine (Vaugirard), les autres d'origine lacustre (Château Landon, environs d'Aix). Ils sont remarquables par la quantité prodigieuse de coquilles ainsi que par les ossements de mammifères qu'ils recèlent.

Dans les *dépôts les plus modernes* de nos continents, dans ceux qui se rattachent aux formations qui se continuent de nos jours, il se trouve encore des masses très-étendues de carbonate de chaux; tels sont les *Tufs,* qui se forment à la surface du sol, par les eaux qui se sont chargées de matières calcaires en traversant des dépôts plus anciens. Il en est qui constituent des masses considérables dont la matière est compacte, homogène ou plus ou moins cariée (*Travertins* de la Toscane et des Etats de l'Eglise); d'autres sont fibreux, stalactitiques, stratoïdes; il en est qui sont presque terreux. Enfin, il se fait encore journellement des dépôts calcaires soit dans nos mers, soit sur nos rivages (Môle de la Guadeloupe, île Ceylan). M. Beudant a constaté la formation de dépôts calcaires dans les marais de

Czegled, en Hongrie, qui deviennent assez solides pour servir de pierre à bâtir. Nous avons observé des faits analogues près de Grosséto (Toscane) et dans les marais que des dunes séparent de la mer, entre Ceuta et Tétuan (Maroc).

Les Calcaires normaux sont ordinairement compactes ; mais quelquefois ils présentent dans leur structure quelques particularités qu'il est utile d'indiquer.

On désigne sous le nom *d'Oolite* un Calcaire composé de grains arrondis, associés les uns aux autres à la manière des œufs de poissons : quelquefois les grains sont légèrement espacés et réunis par du Calcaire compacte qui forme la masse de la Roche. Les *Pisolites* ne diffèrent des Oolites que par leur taille qui est plus considérable ; car souvent elles atteignent la grosseur d'une noisette, et dans quelques circonstances, elles ont un volume beaucoup plus exagéré, comme aux environs de Castres, où il existe des Pisolites de cinq à six pouces de long, et comme à Talmay où une *Achatina* forme le centre de ces corps concrétionnés. Les Pisolites présentent, dans leur cassure, une succession de couches différentes, avec un grain de sable ou un autre corps étranger au milieu. Cette texture montre que les Pisolites sont formées par l'accumulation de couches successives de chaux carbonatée autour de ces corps étrangers qui ont servi de centre de cristallisation : ceux-ci, mis en mouvement par les sources incrustantes qui les soulèvent, se chargent de couches de chaux carbonatée jusqu'au moment où leur poids devient trop considérable pour qu'ils puissent être agités par l'eau. Ils tombent alors au fond du bassin, se soudent ensemble et donnent naissance à une couche solide. Telle est l'origine des Pisolites de Carlsbad et des *Dragées de Tivoli* dont on peut facilement observer la formation.

Les Calcaires oolitiques se trouvent abondamment répandus dans la formation jurassique et dans la formation crétacée. On les rencontre aussi dans les terrains tertiaires (environs d'Aix en Provence). Les Calcaires pisolitiques sont plus rares. On en recueille dans l'étage corallien près de Besançon et d'Amancey (Doubs), dans la forêt du Bois-Blanc près d'Angoulême, dans l'étage néocomien supérieur près de Calissanne (Bouches du Rhône) ; dans l'étage éocène de la vallée de l'Arc (Provence), et dans l'étage miocène de Castres et de Talmay.

Les Calcaires qui se forment dans les grottes ont reçu le nom de *Stalactites* (de Σταλαζω, tomber goutte à goutte). Ce sont des dépôts qui se forment à peu près verticalement à la paroi des cavités souterraines par la stillation des eaux chargées de carbonate de chaux et qui prennent l'état cristallin. Ces dépôts présentent mille dispositions qui excitent toujours l'admiration des curieux. Les Calcaires *incrustants* sont dus à un procédé à peu près analogue. Les eaux chargées de carbonate calcaire forment un enduit plus ou moins épais sur des matières étrangères dont il présente alors extérieurement la forme. C'est à cette précipitation qu'est due la formation du Calcaire qui encroute les tuyaux de conduite des eaux.

Les marbriers Italiens ont appelé *Lumachelle,* nom qui est passé dans le langage scientifique, un marbre presque entièrement composé de débris de coquilles dont le test a été conservé. La Lumachelle se rencontre dans presque tous les étages sédimentaires. Le Calcaire *madréporique*, le Calcaire *coquillier* n'en sont que des variétés.

La *craie* est le Calcaire *terreux* par excellence. Elle appartient surtout aux terrains crétacés et tertiaires ; on l'a citée aussi dans le Calcaire carbonifère de la Russie et dans le terrain jurassique des environs de Caen. Elle forme plus des neuf dixièmes de tout le Calcaire terreux. Il résulte des observations de M. Ehrenberg, que la craie est formée de deux parties distinctes, une cristalline, l'autre organique, ou autrement dit, composée de l'accumulation d'une quantité infinie de dépouilles de petits corps organisés appartenant à deux familles distinctes, les *Polythalamies* et les *Nautilites*. Dans la craie blanche et jaune du nord de l'Europe, celle de Meudon, le volume de la partie organique égale ou dépasse peu le volume de la partie cristalline. Dans le Calcaire à nummulites du sud de l'Europe, ces mêmes restes organiques sont plus abondants encore et les formes sont mieux conservées. D'après les remarques de M. Ehrenberg, les fossiles de la craie auraient environ 2/1000 de millimètre de hauteur, en sorte qu'il y en aurait plus d'un million dans 20 centimètres cubes, et par conséquent plus de dix millions dans 500 grammes de craie. Or, les dépôts de craie atteignent souvent une épaisseur de 400 mètres (puits artésien de Grenelle).

On a découvert à la base du terrain crétacé en Angleterre, dans le dépôt lacustre wealdien, dans des Calcaires d'eau douce de l'époque tertiaire en Auvergne et en Provence, un nombre immense de dépouilles d'un crustacé microscopique du genre *Cypris*. Les *Cypris* sont renfermées entre deux valves aplaties, dont la forme est celle d'une graine de lin. Elles ont l'habitude de se dépouiller chaque année de leur peau et de leur coquille. Les dépôts qui renferment ces restes sont souvent susceptibles de se diviser en feuillets et en lames aussi minces que le papier, et M. Lyell observe que ce caractère foliacé est dû à la présence de myriades sans nombre de ces dépouilles de Cypris. Les couches qui les contiennent ont, en Auvergne, une puissance de 157 mètres au moins.

Si des masses puissantes entièrement composées de polypiers, d'huitres ou d'hippurites nous paraissent surprenantes, l'amas prodigieux de coquilles microscopiques n'excite pas moins la surprise par leur abondance extrême que par leur excessive petitesse : ainsi, Soldani a recueilli dans moins de 45 grammes d'une pierre trouvée à Casciana en Toscane, 10,454 de ces coquilles microscopiques. Le reste de la pierre se composait de fragments de coquilles, d'épines d'oursins très-petites, et d'une substance calcaire. 500 de ces coquilles ne pèseraient que 53 millig., et mille individus d'une de ces espèces atteindraient à peine ce poids : enfin, il peut en passer des quantités énormes à travers les trous d'un papier percé avec l'aiguille la plus fine.

Les nummulites, ainsi nommées à cause de leur ressemblance avec une espèce de monnaie, se rencontrent amoncelées et serrées les unes contre les autres, comme les grains dans un tas de blé, et forment à elles seules des masses montagneuses dans les terrains tertiaires : leur taille varie depuis celle d'une pièce de cinq francs jusqu'à une petitesse microscopique. Mais il est d'autres coquilles, les miliolites, d'une taille encore plus petite, qui ont produit des résultats plus grands et plus surprenants, puisqu'elles ont formé à elles seules, dans les environs de Paris et de Blaye, les couches de plusieurs carrières. Les restes de ces faibles individus ont grossi davantage la masse des continents que ne l'ont fait les débris des animaux les plus monstrueux.

Cette population immense de coquilles microscopiques dans les temps anciens n'a rien qui étonne ; car dans les mers du Groënland, dit M. Buckland, le nombre des petites Méduses est si grand, que 20 centimètres cubes pris au hasard, n'en contiennent pas moins de 64 : il y en a donc 110,592 dans 34 décimètres cubes; et si l'on prenait un mille cube on aurait un nombre tellement effrayant, que, supposé qu'un homme en puisse compter un million par semaine, il eût fallu employer 80,000 personnes depuis l'origine du monde pour arriver à en obtenir le compte.

Le Calcaire *argileux* est mélangé de matières argileuses qui se déposent au fond du vase lorsqu'on le fait dissoudre dans un acide. Cette variété, qui est très-abondante dans la nature, s'est produite dans toutes les périodes géologiques, toutes les fois que le carbonate de chaux que les eaux tenaient en dissolution s'est déposé dans un liquide qui contenait des particules argileuses en suspension, celles-ci ayant été entraînées au moment de la cristallisation et s'étant incorporées au Calcaire. C'est à la présence de l'Argile que la plupart des pierres de construction doivent de s'exfolier lorsqu'elles sont exposées à la gelée et aux intempéries de l'air.

Le Calcaire *siliceux* est compacte, blanc, à cassure conchoïde; il contient de la silice. Cette substance disséminée dans la pâte, y forme aussi des nodules ou de petites concrétions analogues aux agates. Le Calcaire siliceux appartient au terrain tertiaire; il est abondant aux environs de Paris ainsi qu'à Beaulieu près d'Aix en Provence. On le rencontre aussi accidentellement dans le voisinage des rognons de Silex qui sont engagés dans certaines formations secondaires. Près de Besançon et dans le Jura, il n'est pas rare dans la partie supérieure de l'étage oxfordien connue dans la Franche-Comté sous le nom de *terrain à chailles*.

Le Calcaire *bituminifère* doit le bitume dont il est imprégné à des sources analogues à celles de Pétrole qui, à diverses époques, ont éclaté dans les mers et dans les lacs. Celui d'Oued Cheniour (province de Constantine) appartient à l'étage jurassique; à Couvet près de Neufchâtel, il fait partie de l'étage néocomien à *caprotina ammonia;* à Lobsau, à Dax et dans les environs de Forcalquier, on l'observe dans le terrain tertiaire. Tous les Calcaires qui sont colorés en noir, comme ceux des terrains carbonifères, du lias et du permien, doivent cette couleur à des particules d'origine organique dont on obtient la volatilisation par le secours de la chaleur.

USAGES.

A. *Dans l'art de bâtir.*

Les pierres calcaires sont celles dont l'emploi est le plus fréquent, non-seulement parce qu'elles sont les plus abondantes, mais encore parce qu'elles ont en général l'avantage de se laisser tailler plus facilement que toutes les autres et d'avoir cependant assez de ténacité pour résister à la pression, pour conserver les arêtes, les moulures, etc. Les pierres qui conviennent le mieux à l'architecture sont les variétés compactes, à cassure inégale, plate ou irrégulière, et celles qui sont formées de coquilles liées entre elles par un ciment demi-cristallin, demi-terreux. Ces variétés abondent surtout dans les terrains secondaires et tertiaires.

Les Calcaires de l'étage oolitique inférieur sont à petits grains, serrés, bien soudés entre eux, constituant des blocs d'une grande dimension, qui résistent fort bien aux intempéries de l'air et fournissent d'excellentes pierres de taille : il suffit de citer les carrières des environs de Niort et surtout les célèbres carrières ouvertes près de Bayeux et de Caen, dans la grande oolite, dont on a extrait les pierres qui ont élevé Saint-Paul de Londres, et qui fournissent des pierres d'appareil, exportées jusqu'à Anvers pour les détails des ouvrages gothiques.

L'abondance et les excellentes qualités de pierres d'appareil que fournit le terrain jurassique, ont déterminé la construction de villes, qui sont remarquables par la beauté de leurs habitations particulières et de quelques-uns de leurs édifices ; on peut citer entre autres Besançon, Metz, Nancy, Dijon, Bourges, Poitiers ; et si on examine sur la carte géologique la position qu'occupent toutes ces villes, les mieux construites après les villes capitales, telles que Paris, Bordeaux et Marseille, qui sont situées dans des bassins tertiaires, on remarque qu'elles sont toutes placées sur les contours des bandes jurassiques qui entourent le bassin parisien en contournant le plateau central. Les Romains eux-mêmes, en choisissant les Calcaires jurassiques pour la construction des monuments d'Arles, de Nîmes et du Pont du Gard, ont fait preuve de l'expérience qu'ils avaient des bonnes qualités que présentent les matériaux fournis par ces terrains. Ils ont aussi employé dans les monuments qu'ils ont élevés à Besançon, un Calcaire à grosses oolites appartenant à l'étage corallien supérieur du plateau d'Amancey et connu en Franche-Comté sous le nom de *Vergenne.*

Le terrain crétacé fournit dans le sud-ouest et dans le midi de la France d'excellents matériaux. Les Calcaires durs dits *pierres de Cassis* et les pierres de taille des environs de Calissanne près d'Aix, appartiennent à l'étage néocomien supérieur. Dans les deux Charentes et dans le département de la Dordogne, les Grès verts supérieurs donnent des pierres de taille dont l'extraction est peu couteuse et qu'on peut scier avec une grande facilité. Les villes d'Orléans, de Saumur, d'Angoulême, de Tours, de Saintes, de Rochefort, doivent l'élégance de leurs constructions à la bonté des carrières qui existent dans leur voisinage, et dont les produits sont exportés au loin.

Les terrains tertiaires présentent à leur tour des matériaux de construction extrêmement variés. On y rencontre des Calcaires tantôt assez tendres pour que la taille en soit facile, et qui offrent très-souvent une résistance suffisante pour être employés dans les constructions importantes. Quelquefois les Calcaires sont fort durs et divisés en bancs assez minces ; ils sont alors avantageusement exploités pour le dallage ; quand ils sont marneux, ils peuvent donner des chaux hydrauliques.

A Paris, on emploie presque exclusivement les pierres calcaires des terrains tertiaires. Les ouvriers en distinguent plusieurs variétés qui sont propres à tel ou tel usage et qu'ils désignent sous les noms particuliers de *pierre de liais, cliquart, bancs francs, pierre de roche, lambourde*. Elles font partie de l'étage connu sous la dénomination de *Calcaire grossier parisien.*

Les Calcaires d'eau douce, généralement siliceux, que renferment les formations tertiaires, sont souvent susceptibles, par leur compacité, de recevoir les détails les plus fins de la sculpture. Aussi sont-ils employés pour la construction des monuments importants. L'arc de triomphe de l'Etoile, le pont de l'Ecole militaire ont été construits avec le Calcaire d'eau douce de Château Landon près de Nemours.

Les formations tertiaires moyennes renferment dans le midi de la France, à St-Paul-Trois-Châteaux, près d'Aix et à Fontvieille près d'Arles, un Calcaire coquillier qui fournit d'excellentes pierres de taille dont Marseille et Lyon font une grande consommation et que l'on transporte même en Afrique.

En Toscane, l'étage tertiaire supérieur est couronné par un Calcaire coquillier nommé *panchina* par les Italiens, qui possède les qualités de la pierre de Fontvieille et sert aux mêmes usages.

Enfin, on emploie en plusieurs lieux les dépôts calcaires ou *Tufs,* qui se rattachent aux formations les plus modernes. Il en est d'excellente qualité : on peut citer principalement le *Travertin,* commun en Italie, et avec lequel ont été élevés à Rome tous les temples antiques et la plupart des monuments modernes. C'est une pierre blanchâtre ou jaunâtre, dont il existe de vastes carrières auprès de Tivoli et dans différentes parties de la Toscane. On sait aussi que l'on demande souvent aux Tufs poreux que les sources et les cascades déposent, les pierres que l'on destine à la construction des voûtes. Leur légèreté les rend précieuses pour cet usage.

Chaux, Mortiers et Ciments.

Les pierres Calcaires, suivant qu'elles sont pures ou mélangées d'éléments différents, donnent, par la calcination, des *chaux* qui possèdent des propriétés différentes ; ce qui les a fait distinguer en plusieurs espèces.

Chaux grasse. Lorsque la chaux provient de la calcination d'un marbre blanc ou d'un Calcaire qui s'en rapproche par sa pureté, elle a la propriété de foisonner, c'est-à-dire d'augmenter considérablement de volume. On l'appelle chaux grasse.

Chaux maigre. Si, au contraire, elle est mélangée de matières étrangères, quelle que soit leur nature, la chaux ne foisonne pas ; on la désigne alors par opposition, sous le nom de chaux maigre. Les chaux maigres qui jouissent de la propriété de se durcir sous l'eau, forment une classe particulière désignée sous le nom de *chaux hydrauliques,* et l'expression de chaux maigre est appliquée spécialement à celles qui ne foisonnent pas et qui n'acquièrent point de consistance par leur immersion.

Les chaux ne possèdent pas toutes le même degré d'hydraulicité. M. Vicat distingue les chaux hydrauliques en trois classes, suivant leur degré d'énergie.

1° Les *chaux moyennement hydrauliques,* faisant prise après quinze ou vingt jours d'immersion et continuant à durcir. Après un an, leur dureté est comparable à celle du savon sec ; elles se dissolvent encore dans une eau pure, mais avec beaucoup de difficulté.

2° Les *chaux hydrauliques,* qui font prise après six ou huit jours d'immersion et continuent à durcir. Les progrès de cette solidification peuvent s'étendre jusqu'au douzième mois, quoique la plus grande partie de la dureté soit acquise au bout de six. A cette époque, déjà la dureté de la chaux est comparable à celle de la pierre très-tendre, et l'eau ne l'attaque plus.

3° La *chaux éminemment hydraulique,* qui fait prise du deuxième au quatrième jour d'immersion, après un mois est déjà dure et tout à fait insoluble ; au sixième mois, elle se comporte comme les pierres calcaires absorbantes ; elle donne des éclats par le choc et présente une cassure écailleuse.

Les chaux hydrauliques, quelle que soit leur énergie, s'échauffent et fusent avec l'eau. Il est certaines pierres calcaires très-mélangées d'Argile, qui donnent, par la calcination, des chaux qui ne fusent pas, et qu'il faut pulvériser à la manière du plâtre, pour les gâcher ; elles prennent sous l'eau, sans aucune addition. Cette double propriété les a fait désigner sous les noms de *plâtre-ciment, ciment* et *ciment romain.*

M. Vicat a déduit, de la comparaison de nombreuses analyses qu'il a faites, les résultats suivants :

1° Les chaux grasses sont sensiblement pures ;

2° Les chaux maigres non hydrauliques doivent cette propriété à une quantité assez considérable de sable ou de magnésie qu'elles contiennent ;

3° Les chaux moyennement hydrauliques renferment de 10 à 15 pour 100 d'Argile ;

4° La silice seule peut former avec la chaux une combinaison très-hydraulique ;

5° Les chaux éminemment hydrauliques contiennent une proportion d'Argile très-considérable, qui s'élève jusqu'à 36 pour 100 ;

6° A mesure que la quantité d'Argile augmente, la propriété de se solidifier sous l'eau devient plus énergique. Le ciment romain des Anglais, qui contient de 50 à 56 d'Argile, et le plâtre-ciment de Boulogne, qui en renferme 47,03, se solidifient presque instantanément, comme le plâtre, sans qu'on soit obligé de faire aucune addition. Les petits cubes faits avec ces matériaux acquièrent promptement une solidité analogue à celle des Calcaires.

Le tableau suivant montre les compositions qui caractérisent les diverses espèces de chaux et de ciments :

Désignation des principes constituants.	Type des chaux moyennement hydrauliques.	Type des chaux hydrauliques ordinaires.	Type des chaux éminemment hydrauliques.	Type des ciments ordinaires.	Type des ciments limites supérieurs.	Type du commencement des Pouzzolanes.
A l'état naturel.						
Carbonate de chaux	89 } 100	83 } 100	80 } 100	64 } 100	39 } 100	16,40 } 100
Argile	11	17	20	36	61	83,60
Après cuisson						
Chaux caustique	100	100	100	100	100	100
Argile combinée	22	36	44	100	273	900 non comb.

En s'éclairant des données théoriques et pratiques fournies par les Calcaires argilifères, M. Vicat a eu l'heureuse idée de fabriquer de la chaux hydraulique artificielle. Le simple mélange de la pierre à chaux avec de l'Argile ne suffit pas pour obtenir le résultat désiré, il faut qu'il y ait combinaison entre la chaux et la silice, ce qui ne peut avoir lieu que lorsque les deux éléments eux-mêmes ont été calcinés ensemble. Les chaux hydrauliques se fabriquent par deux procédés. Le plus parfait, mais aussi le plus dispendieux, consiste à mêler de la chaux grasse avec une certaine proportion d'Argile et à faire ainsi de nouveau le mélange ; la chaux que l'on obtient ainsi est appelée *chaux artificielle de double cuisson*. Dans le second procédé, on substitue des Calcaires ayant peu d'adhérence, de la Craie, à la chaux : il est nécessaire que ces Calcaires soient très-tendres, pour qu'on puisse les broyer et les réduire en pâte avec de l'eau, afin que la composition de la chaux soit homogène.

Aux environs de Paris, la fabrication de la chaux hydraulique a pris une grande extension. On se sert de la craie qui forme la base de la colline de Meudon et de l'Argile plastique de Vanvres. Les chaux ainsi fabriquées coûtent environ 20 pour 100 de moins que les chaux naturelles.

Si le *ciment de Boulogne* et le *ciment romain* peuvent être employés seuls et s'ils prennent immédiatement sous l'eau, il est indispensable d'ajouter à la chaux soit grasse, soit hydraulique, réduite à l'état de bouillie épaisse, différentes substances qui en accélèrent la prise et forment ce que l'on appelle des *bétons*. Ces substances appartiennent à deux classes de matériaux très-différents qui sont des *sables* et des *pouzzolanes.*

Le mélange des sables a pour but de diminuer la consommation de la chaux, de régulariser son retrait en le modérant et en le rendant uniforme, et d'augmenter la solidité des mortiers. Le mélange de pouzzolane a, en outre, pour objet de donner au béton des propriétés hydrauliques. Il est surtout employé pour les constructions dans l'eau, ou pour celles qui doivent être fréquemment immergées.

On comprend que presque toutes les formations calcaires, présentant du carbonate de chaux pur ou mélangé à des quantités plus ou moins considérables d'Argile, peuvent fournir des matériaux propres à la fabrication des chaux grasses, des chaux hydrauliques ou des ciments. Le lias de Pouilly-en-Auxois, l'étage néocomien supérieur des environs de Roquefort, près de Cassis, fournissent des ciments très-estimés.

B. *Emploi du Calcaire dans la décoration des édifices, dans l'ameublement.*

Toute espèce de pierre calcaire en grandes masses, à grains fins, d'un tissu homogène, susceptible de recevoir le poli, peut être désignée sous le nom de marbre. Tous les dépôts calcaires peuvent en fournir; mais il est un choix à faire dans leur emploi. Le nombre des variétés de marbres est immense, et ces variétés portent dans le commerce un nom particulier; mais pour les classer, on ne peut guère établir que quatre grandes divisions, savoir : les *marbres simples,* unicolores et veinés, les *marbres brèches,* les *marbres composés,* les *marbres lumachelles.*

Les *marbres simples* ne renferment que du carbonate de chaux plus ou moins sali par des matières colorantes. Il y en a d'unicolores, parmi lesquels on peut distinguer les *marbres statuaires blancs* (Calcaire métamorphique) de Paros, de Carrara, de Campiglia, de l'île d'Elbe, des Pyrénées, de Filfilah; les *marbres noirs* (Calcaire carbonifère de Dinan, de Namur en Belgique; (Calcaire liasique) des Hautes-Alpes, d'Aix, de l'Ariége; les *marbres rouges* (rouge antique, Griotte d'Italie, Brocatelle de Gherardesca); terrain dévonien (Sarancolin, Campan, Cierp, Caune); terrain liasique (Campiglia, Caldana di Ravi en Toscane); et les *marbres jaunes* (jaune antique, jaune de Sienne), qui sont d'autant plus estimés que la teinte est plus pure. Les *marbres simples veinés* présentent des variétés sans nombre. Il y en a de blancs veinés de gris, de bleuâtre (Bardiglio fiorito de Seravezza et de Filfilah; de noirs veinés de blanc (grand-antique) ou de jaune (Portor); de noirâtres veinés de blanc (Calcaire carbonifère de Sainte-Anne), de bleuâtre, de rouge, etc.

Les *marbres brèches* sont les uns composés de fragments de diverses couleurs, réunis par un ciment calcaire, les autres formés par des veines qui divisent la masse en pièces qui semblent être autant de fragments réunis. On les distingue par la couleur de la pâte, par celle des fragments, et on nomme *Brèches universelles* celles qui offrent des parties isolées de toutes couleurs. Les Brèches les plus renommées sont le *grand deuil* et le *petit deuil,* dans le lias d'Aubert (Ariége), de l'Aude, de Sauveterre (B.-Pyrénées), qui offrent des éclats blancs sur un fond noir; la *Brèche du Tholonet* près d'Aix, dans le terrain tertiaire; la *Brèche violette* (antique) à fond violâtre avec grands éclats blancs, un des marbres les plus riches.

Les *marbres composés* sont des Roches calcaires qui renferment des substances étrangères, disposées tantôt en feuillets plus ou moins ondulés, tantôt en nids plus ou moins volumineux, qui souvent donnent à la masse l'apparence fragmentaire. La matière étrangère est tantôt de la Serpentine (le *vert antique),* marbre de la plus grande beauté, formé de Calcaire saccaroïde et de Serpentine verte, le *vert d'Egypte,* le *vert de mer*, le *vert de Florence* exploité dans l'île d'Elbe et à Maurin (Basses-Alpes); tantôt le Mica ou le Talc disséminé (Cipolins).

Les *marbres lumachelles* sont ceux qui renferment des débris de coquilles ou de madrépores, tantôt entassés confusément les uns sur les autres, tantôt disséminés dans une pâte plus ou moins homogène. Il en existe un grand nombre de variétés dont les plus remarquables sont le *petit Granite,* dont on se sert pour tous les meubles, à fond noir, avec une immense quantité d'encrinites (terrain carbonifère des Ecaussines près de Mons), et la *lumachelle d'Astracan,* à pâte peu abondante, brune, et à coquilles d'un jaune orangé.

L'*albâtre calcaire* provient des stalactites de carbonate de chaux que l'on rencontre dans les grottes. On recherche les parties de ces dépôts qui sont d'un blanc très-légèrement jaunâtre, d'une belle demi-transparence, avec des veines d'un blanc laiteux; c'est alors l'*albâtre oriental* ou *antique*. On recueille aussi les parties composées de couches parallèles bien distinctes, planes ou contournées, les unes presque transparentes, les autres légèrement translucides, ou bien toutes de même degré de translucidité, et différentes par la couleur ou la teinte de couleur; c'est alors l'*albâtre veiné* ou *marbre onyx, marbre agathe* (haute Egypte, province d'Oran), dont le plus estimé est généralement jaune de miel, ou verdâtre, avec des bandes ou zones plus foncées qui ne tranchent pas d'une manière trop brusque. On a exploité pour la façade de la cathédrale de Grosséto (Toscane), près d'Albérese, un albâtre blanc stratoïde, rubanné, composé d'arragonite, et déposé par des eaux thermales dans les anfractuosités du Calcaire nummulitique.

On a tiré un parti très-ingénieux des propriétés incrustantes des eaux de Saint-Philippe, en Toscane, où la matière calcaire qu'elles renferment est très-pure et d'un très-beau blanc. On a eu l'heureuse idée de faire jaillir ces eaux sur des moules exécutés avec un certain soin; la matière qui s'y dépose en reçoit alors l'empreinte, et, après en être séparée, présente un bas-relief aussi net que si on l'eût sculpté sur le marbre.

C. *Emploi du Calcaire dans l'agriculture.*

Les marnes et la chaux caustique concourent à l'amendement

et par conséquent à l'amélioration des terrains qui sont privés de carbonate de chaux, ou qui n'en contiennent pas en quantité suffisante. Les marnes se trouvent généralement dans toutes les formations sédimentaires.

Le marnage se pratique dans presque toutes les contrées où les frais d'extraction et de transport permettent d'utiliser les Calcaires argileux dans des conditions favorables. Les meilleures marnes sont celles qui renferment de 40 à 80 pour cent de carbonate de chaux et qui jouissent de la propriété de se délayer dans l'eau. On distingue des *marnes sableuses,* des *marnes argileuses,* et des *marnes calcaires.* Dans la chaîne du Jura, l'étage oxfordien, quoique peu riche en principes calcaires, fournit la presque totalité des marnes que l'on répand dans les champs ; mais c'est principalement dans les terrains tertiaires qu'abonde cet amendement minéral.

La chaux est employée, comme matière stimulante, dans les terres froides et argileuses qui proviennent de la destruction des Roches feldspathiques. Sa fabrication donne naissance à une industrie très-importante dans les contrées du sud-ouest de la France où le terrain jurassique repose directement sur le terrain granitique. Ainsi une portion de l'arrondissement de Confolens voit son agriculture se transformer, grâce aux opérations du chaulage pratiquées sur une large échelle. Il en est de même dans les départements de la Mayenne et de la Sarthe, où la coexistence de l'Anthracite et du Calcaire carbonifère a permis d'établir de nombreux fours à chaux et d'obtenir la chaux à très-bon marché.

On exploite aussi pour l'amendement des terres, dans la Touraine, des dépôts marins désignés sous le nom de *fahluns.* Les Fahluns sont des amas de coquilles fossiles entières ou triturées, mélangées de Sables et d'Argiles, et n'offrant que peu ou point de cohésion. Les matériaux qu'on en extrait sont répandus dans les champs, à la manière des marnes, et c'est aux principes organiques et calcaires qu'ils contiennent, qu'ils doivent leurs propriétés fertilisantes.

D. *Emploi du Calcaire pour dessin.*

On se sert de la craie sous le nom de *blanc d'Espagne, blanc de Meudon, blanc de Troyes,* pour la confection de crayons.

Une des plus belles découvertes de notre siècle est la lithographie, qui, à une économie réelle de main-d'œuvre, joint le précieux avantage de multiplier le dessin original d'un artiste sans aucune altération. Les pierres dont on se sert pour cet objet sont des variétés compactes de Calcaire, qui doivent être bien homogènes sur une étendue suffisante, avoir un grain très-fin et uniforme, être exemptes de veines, de fissures, et s'imbiber d'eau jusqu'à un certain point. Les pierres qui réunissent plus particulièrement ces qualités sont celles des parties supérieures et moyennes de la formation jurassique. Les plus renommées sont celles de Poppenheim, près de Munich en Bavière ; on en trouve aussi dans les environs de Châteauroux (Indre), de Belley (Ain), de Cirin, dans la chaîne du Jura, à Dijon, à Périgueux, et même dans certains terrains tertiaires (environs de Paris et d'Apt, département de Vaucluse).

DEUXIÈME ESPÈCE. — DOLOMIE.

Synonymie. *Asche; Miémite, Calcaire magnésifère.*

VARIÉTÉS.

1. **D. GRENUE.** Texture cristalline et miroitante.
   Castellanne, Nîmes (Provence), Nanteuil (Charente), Corrèze, Lot, Aveyron, Tarn, Hérault, Var, Pyrénées, Afrique, Etats-Unis, Amérique méridionale, etc.
2. **D. COMPACTE.** A cassure pierreuse, unie, conchoïde.
   Beurre, Vorges (Doubs), Salins (Jura), Auriol, Cuers, Gonfaron, Roquevaire (Provence), Isère, etc.
3. **D. SCHISTEUSE.** A structure feuilletée.
   Salins (Jura), Lodève (Hérault), Draguignan, etc.
4. **D. TERREUSE.** Masses friables et pulvérulentes (*Asche*).
   Allemagne, La Madeleine près Figeac, Djebel Filfilah (Afrique), Montferrat (Var).
5. **D. CALCARIFÈRE.** Variété renfermant du carbonate de chaux en excès.
   Aups (Var), Charente, Basses-Alpes.
6. **D. SABLEUSE.** Variété renfermant des grains de Quartz.
   Visille, Champs (Isère), Provence, Gard.
7. **D. ARGILIFÈRE.** Variété mélangée d'Argile.
   Castellanne, Champs, Salins, Vorges, Beurre, Meurthe, Provence, Empire du Maroc, Afrique, Amérique.

GISEMENT ET HISTOIRE.

La Dolomie appartient à toutes les formations sédimentaires et quoique moins commune que le Calcaire, elle est cependant assez abondante dans la nature.

On commence à la rencontrer dans les terrains paléozoïques des Pyrénées, subordonnée à des Schistes phytifères : le gisement le plus remarquable est celui de Penna blanca, en face de la Maladetta.

La Dolomie existe en masses considérables dans le terrain permien de l'Allemagne centrale, ainsi que de l'Angleterre, où elle est désignée sous le nom de *Magnésian limestone* : on la rencontre aussi en France dans le permien des environs de Rodez, de Lodève et de Neffiez.

Dans le terrain triasique et surtout dans l'étage des *marnes irisées,* elle forme, à des niveaux différents, des masses régulièrement stratifiées qui alternent avec du Sel gemme, des Argiles et des Gypses.

On la rencontre en couches continues sur de grandes étendues, séparées par des couches de Calcaire ou d'Argile, à la partie inférieure du lias du sud et du sud-ouest de la France, notamment dans les départements de la Dordogne, de la Corrèze, du Lot, de l'Aveyron, du Tarn et de l'Hérault. Près de Montbron, à Nanteuil, à Saint-Gervais (Charente), elle se montre dans l'étage jurassique inférieur : dans une grande partie de la Provence et sur quelques points du Jura, les Calcaires portlandiens sont souvent magnésiens et passent à une véritable Dolomie ; on en cite aussi dans la formation néocomienne. Enfin, M. E. de Beaumont a reconnu dans le terrain de craie de Paris, une couche de Dolomie qui se trouve dans le milieu même de cette formation et sur différents points qui embrassent ensemble une étendue de plusieurs lieues.

Lorsque les bancs de Dolomie se trouvent subordonnés, comme dans les terrains que nous venons de nommer, dans presque toute l'épaisseur de la formation, à des couches régulièrement stratifiées d'Argiles et de Calcaires, il devient évident que ces bancs sont le produit d'une précipitation chimique opérée, au sein des mers, d'une manière analogue à celle des couches calcaires. Quoique les débris fossiles soient assez rares dans les Dolomies, il ne faudrait pas croire cependant qu'ils y manquent complétement : on en reconnaît beaucoup d'espèces dans les échantillons dont les surfaces ont été exposées à l'action corrosive de l'atmosphère, tandis qu'on les distingue plus difficilement dans la cassure fraîche, comme cela s'observe dans certaines variétés de Calcaire subsaccaroïde du terrain de craie. M. Dufrénoy en a découvert à Nouailles près de Brives, à la Madeleine (Lot) et dans plusieurs autres localités. Les Dolomies de Porto Venere dans le golfe de la Spezia en contiennent pareillement. Toutes ces circonstances démontrent que des sources, aux diverses époques géologiques, auraient amené dans les mers des eaux chargées de carbonate de magnésie et ce sel se serait incorporé au carbonate de chaux tenu en dissolution dans les mêmes mers, qui alors auraient déposé, au lieu d'un carbonate simple, un double carbonate de chaux et de magnésie. Cette induction est rendue probable par les remarques de M. Daubeny, qui a constaté, à la Torre de l'Annunziata, que certaines eaux thermales salines et acides, entre autres produits, précipitaient du carbonate de magnésie.

Si on reconnaît à la plupart des Dolomies stratifiées régulièrement une origine franchement sédimentaire, l'existence de Dolomies blanches et saccaroïdes subordonnées à des Micaschistes ou se montrant en relation avec des Roches d'éruption, a fait admettre, par la presque généralité des géologues, que ces dernières ont été produites par voie de métamorphisme. Leur histoire trouvera sa place en son lieu, quand nous aurons à traiter des Roches métamorphiques.

USAGES.

Les Dolomies sont susceptibles de donner de bonnes chaux hydrauliques et même des ciments. Elles fournissent d'excellents moellons, quand elles se laissent détacher en pièces plates, comme celles de l'étage des marnes irisées.

TROISIÈME ESPÈCE. — GYPSE.

Synonymie. *Chaux sulfatée, Sélénite, Pierre à plâtre, Albâtre gypseux.*

Roche essentiellement composée de sulfate de chaux hydraté.

VARIÉTÉS.

1. G. LAMINAIRE. En masses opaques, blanches, composées de lames superposées.
   Castellina maritima (Toscane).
2. G. LAMELLAIRE. En masses formées de lamelles entrecroisées, tendant à la texture fibreuse.
   Castellina maritima, Volterra (Toscane), Aix en Provence, Salins (Jura), Orchamps (Doubs), Montmartre, Afrique, Bex.
3. G. FIBREUX. En fibres droites, parallèles, d'un éclat nacré et soyeux.
   Aix en Provence, environs de Cognac, Molidard, Nantillé, Saint-Froult (deux Charentes), Orchamps, Ville-du-Pont (Doubs), Salins (Jura), Bex.
4. G. BACILLAIRE. En baguettes entrecroisées.
   Beurre (Doubs), Salins (Jura), Djebel Zouabis (Afrique française), Bex.
5. G. SACCAROÏDE. En masses composées de grains miroitants.
   Environs de Cognac, Paris, Aix, Toscane, Orchamps, Alpes, Pyrénées, Afrique, Bex.
6. G. COMPACTE (*Albâtre gypseux*). Variété à cassure cireuse, translucide.
   Volterra, Castellina (Toscane), Auriol, Cuers (Var), Orchamps, Salins, Zouabis, etc.
7. G. CALCARIFÈRE. Variété mélangée de Calcaire.
   Paris, Aix en Provence.
8. G. ARGILIFÈRE. Variété mélangée d'Argile.
   Salins, Orchamps, Aix, Gargas (Vaucluse), Varren (Aveyron), Mélilla, Zouabis (Afrique).
9. G. SULFURIFÈRE. Massses renfermant du Soufre natif.
   Sicile, Bolognais, Pomérance (Toscane), les Camoins près Marseille.

GISEMENT ET HISTOIRE.

Les Gypses appartiennent à toutes les espèces de dépôts que l'on reconnaît à la surface de la terre, et on doit en distinguer de deux sortes : ceux qui sont dus à une véritable précipitation chimique, et qui occupent, par conséquent, dans la série des terrains, une position qui leur est propre et qui assigne la date de leur formation; et ceux qui sont dus à des émanations acides à la suite desquelles des Roches calcaires ont été converties sur place en sulfate de chaux, et qui sont par conséquent épigéniques.

Les premiers se montrent en couches ou en amas plus ou moins considérables, d'abord dans l'étage silurien supérieur, à Dunefries, Brantford, Onéida, Seneca, Cayuga (Canada); puis dans le terrain permien, (pays de Mansfeld) ; dans le Grès bigarré (Thuringe) ; dans le Muschelkalk (Wurtemberg) ; dans les marnes irisées où il est très-abondant (chaîne du Jura), Anduze, la Lorraine, Saint-Léger près de Macon, Auriol, Cuers, Roquevaire, Gonfaron (Provence), cap Argentaro (Toscane).

Le Gypse et le Sel gemme forment, dans les marnes irisées de la Lorraine, des masses lenticulaires et des systèmes de petits filons ; mais les gisements gypseux sont taillés beaucoup plus en petit que le gisement salifère, et, par suite, il y a une multitude de gîtes de Gypse, tandis qu'il n'y en a qu'un seul de Sel gemme. Les premiers sont composés de masses lenticulaires de Gypse et de réseaux de petits filons. Les masses lenticulaires sont moins épaisses, mais surtout moins étendues que celles de Sel gemme. Les groupes de petits filons traversent les marnes dans le voisinage des masses; de là il résulte que chaque gîte de Gypse, dans son ensemble, a la forme d'un gros tubercule, qui se divise en assises plus ou moins nombreuses et se termine d'une manière peu nette par une multitude de ramifications. Cette forme tuberculeuse est rendue évidente par la disposition des couches qui le recouvrent. Ces couches, soit qu'elles se composent de marnes irisées, de Dolomie compacte, de Grès ou de combustibles, vont constamment en se relevant vers les masses gypseuses, pardessus lesquelles elles se replient en manière de voûte. Quelquefois la courbure de cette voûte est peu prononcée, mais dans quelques cas, des masses de Gypse peu étendues redressent les couches environnantes jusqu'à la verticale, et même les renversent au delà.

Le terrain wealdien contient des dépôts de Gypse que l'on exploite dans les environs de Cognac, à St-Froult près de Rochefort, dans le Doubs, à la Ville-du-Pont et à Orchamps-Vennes.

Nous donnons, dans la fig. 46, la coupe des carrières ouvertes dans le terrain wealdien de Montgau près de Cognac (Charente).

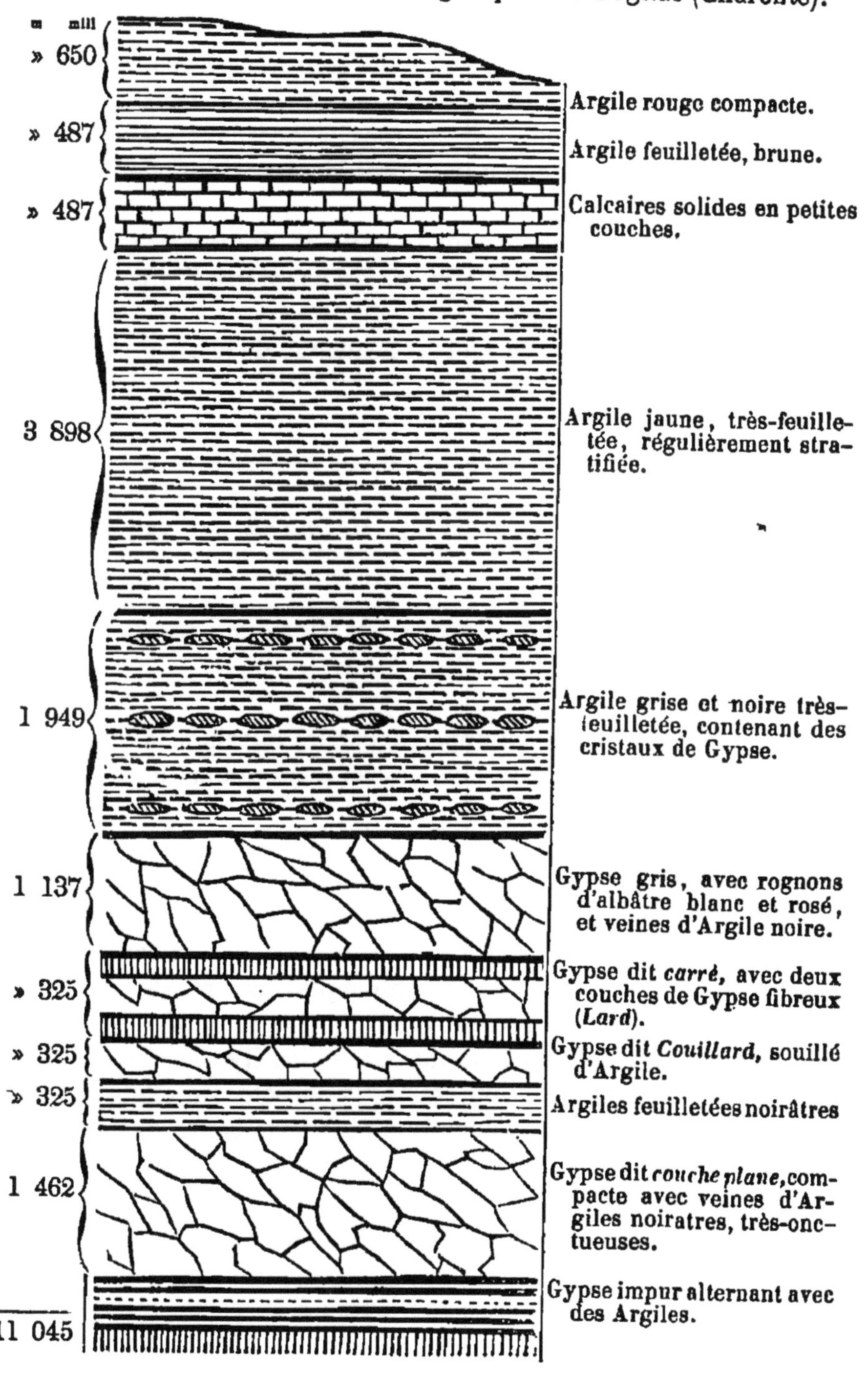

On trouve une disposition assez analogue et les mêmes variétés de Gypse dans les terrains wealdiens du département du Doubs.

Les terrains tertiaires, à leur tour, sont très-riches en cette substance : dans le bassin de Paris, elle y forme trois masses séparées par des couches de marnes, concordantes avec les couches encaissantes, quoique offrant la disposition de vastes amandes.

La coupe suivante, prise dans la butte de Montmartre, à partir de la première masse de Gypse, fait connaître l'importance de la formation gypseuse.

1. Marnes marines, renfermant beaucoup de fossiles.

2. Marnes.

3. Gypse (1re masse).

4. Marnes avec nodules de strontiane sulfatée.

5. Gypse (2e masse).

6. Marnes à cassure conchoïde, traversées par des filons de Gypse blanc.

7. Gypse (3e masse).

8. Marnes contenant des cristaux de Gypse en fer de lance et du Silex.

9. Gypse (4e masse).

La quatrième masse est appelée par les ouvriers la *haute-masse,* parce qu'elle est la plus élevée à Montmartre et dans les buttes de Chaumont.

La deuxième masse, qui a reçu le nom de *Grignard,* fournit le plâtre le plus estimé, le Gypse y est saccaroïde.

On en rencontre de la même époque à Aix et à Gargas en Provence ; en Italie (Castellina, Volterrano) ; dans les environs de Bologne. En Sicile, dans le Bolognais et près de Pomérance, les Gypses sont accompagnés de Soufre natif.

Les Gypses tertiaires, ceux du trias et les Gypses wealdiens sont dus à une précipitation chimique directe. En effet, dans ces terrains, cette Roche constitue plusieurs bancs qui alternent à diverses reprises avec des Argiles et des couches calcaires. A en juger par leur régularité et leur continuité sur des étendues très-considérables, leur dépôt a dû exiger une période de temps très-longue. Dans les environs de Salins, les marnes irisées gypsifères, supérieures à la partie inférieure de cet étage, qui renferment le Sel gemme, ont une puissance de 107 mètres et consistent en une alternance plusieurs fois répétée d'Argiles bariolées, de marnes, de Gypses, d'Anhydrite, de Dolomies et de Grès. Les bancs de Gypse représentent à eux seuls une puissance qui dépasse 35 mètres.

La présence des ossements fossiles dans la pierre à plâtre, même à Montmartre, démontre que ces débris furent entraînés au milieu des eaux qui tenaient primitivement en dissolution le Gypse et le déposèrent ensuite à l'état de sel neutre; car si l'acide sulfurique se fût trouvé en excès dans le liquide, les ossements auraient été dissous. Si l'on considère à présent la manière d'être de la pierre à plâtre au milieu des couches calcaires qui l'encaissent, il semble qu'on trouvera naturellement la cause qui fournit l'acide sulfurique nécessaire à sa formation, en admettant, pendant la durée du dépôt, l'intervention de *sources sulfureuses* dans les mers et dans les lacs qui occupaient les bassins où cette pierre se montre aujourd'hui. Ce point une fois admis, il est facile de se rendre compte des opérations qui durent s'accomplir dans un liquide qui tenait primitivement en dissolution du carbonate de chaux. L'acide sulfurique produit par la décomposition du gaz sulfhydrique expulsa l'acide carbonique et donna naissance à un sulfate de chaux qui se précipita sous forme de couches, en entraînant incorporés à sa substance, les débris fossiles et les particules calcaires non encore décomposées. Cette explication est confirmée par la quantité quelquefois assez considérable de carbonate de chaux dont les Gypses de Paris et d'Aix sont souillés, ainsi que par leur alternance régulière avec des Calcaires et des marnes.

La coexistence du Soufre, et souvent de rognons de Silex, trouve une explication satisfaisante à l'aide de cette théorie, puisque nous savons, d'un côté, que la décomposition du gaz sulfhydrique donne naissance à du Soufre pur et à de l'acide sulfurique, et que d'un autre côté, les eaux thermales jouissent de la propriété de tenir de la silice en dissolution.

USAGES.

Les variétés compactes, blanches ou marbrées, qui se taillent avec une grande facilité, sont employées sous le nom d'*albâtre gypseux,* pour former des vases, des socles de pendules et des figurines. Les terrains tertiaires de la Toscane, et surtout les environs de Volterra, fournissent les gisements les plus remarquables des matières premières. On voit dans les musées des anciennes villes de l'Etrurie une quantité notable de tombeaux étrusques, composés de cette pierre. Le plâtre, qui est le résultat de la calcination du Gypse, est employé pour la bâtisse, le moulage et la décoration des édifices intérieurs. Les variétés pures cristallines sont recherchées par les modeleurs en plâtre, parce qu'elles donnent un plâtre plus fin. Le plâtre répandu en poussière sur les prairies artificielles active la végétation de certaines plantes, et principalement des trèfles et des luzernes.

Voici les détails intéressants que nous trouvons consignés à ce sujet, dans la géologie appliquée à l'agriculture, par MM. Gente et Charles d'Orbigny.

La découverte de son action marque une brillante époque dans les fastes agricoles. Ce fut vers le milieu du dix-huitième siècle qu'un ministre protestant, Mayer, étudia le plâtre comme engrais. Le résultat qu'il en obtint sur les fourrages fut bientôt connu dans toute l'Europe et jusqu'en Amérique, où les effets surprenants du plâtrage furent bientôt confirmés par l'imposante autorité de Franklin.

Les effets du plâtre ayant, dans les deux mondes, excité des transports d'admiration, on considéra d'abord cette substance comme un stimulant favorable à toutes les cultures et à tous les sols ; mais la pratique ne tarda pas à faire reconnaître que, pour agir avec efficacité, le plâtre, comme la chaux, comme la marne, a besoin du concours d'engrais organiques ; car l'effet en est presque nul, quand le sol est entièrement dépourvu de cet engrais. L'expérience prouva, en outre, qu'il n'agit utilement que sur un nombre limité d'espèces végétales. Aujourd'hui il est bien reconnu qu'au moyen de deux à trois cents kilogrammes de plâtre répandus sur un hectare, la luzerne, le trèfle, le sainfoin, etc., prennent un développement considérable et presque double de celui qu'on obtient sans l'emploi de cette substance; les feuilles de ces plantes deviennent alors plus nombreuses, plus larges, et d'un vert plus foncé; les racines participent également à cette augmentation de poids. Le colza, la navette, le chanvre, le lin, le sarrasin, les vesces, les pois, le haricots prospèrent aussi au moyen du plâtrage; mais l'action du plâtre est douteuse sur les récoltes sarclées.

Son effet sur les herbages est si extraordinaire qu'il peut aller jusqu'à tripler les produits de certaines cultures ; aussi les savants se sont-ils empressés d'en rechercher la cause. Davy, ayant reconnu de fortes proportions de sulfate de chaux dans les cendres de végétaux qui s'étaient développés sur un sol plâtré, admit que ces végétaux avaient absorbé cette substance par leurs racines. Ainsi le plâtre agirait en fournissant à certaines plantes un de leurs éléments nutritifs ; il se comporterait à leur égard comme se comporte le carbonate de chaux qui se trouve dans le sol, et qui est également absorbé par les racines des plantes, après avoir été dissous par des eaux chargées d'acide carbonique.

Mais cette théorie tombe devant les observations de MM. de Gasparin et Boussingault. Le premier de ces agronomes a analysé les cendres de luzerne cultivée sur un sol plâtré, et il n'y a point trouvé de sulfate de chaux; le second a constaté que les navets, les pommes de terre, la paille d'avoine, qui ne sont jamais plâtrées, contiennent plus de sulfate de chaux que le trèfle, et que le trèfle contient plus de chaux que toutes les autres plantes; d'où il a conclu que la chaux était l'élément qu'il fallait fournir au trèfle. M. Boussingault pense que le plâtre n'agit utilement sur les prairies artificielles qu'en introduisant de la chaux dans le sol ; mais cette opinion n'est pas partagée par quelques agriculteurs, qui ont observé les bons effets du plâtre sur les terres calcarifères.

QUATRIÈME ESPÈCE. — ANHYDRITE.

Synonymie. *Chaux sulfatée anhydre, Gypse anhydre, Vulpinite, Karsténite.*

Roche essentiellement composée de sulfate de chaux anhydre.

VARIÉTÉS.

1. **A. lamellaire.** Masses composées de petites lamelles entrelacées.

   Salins, Saint-Géniez (Basses-Alpes), Visille, Moutiers (Savoie), Lauterberg (Hartz), Hall, Bex.

2. **A. saccaroïde.** Masses salines et miroitantes.

   Salins, Vizille, Saint-Géniez, Bex, Wieliezka.

3. **A. compacte**. En masses d'aspect pierreux.
Mêmes localités.

GISEMENT ET HISTOIRE.

L'Anhydrite partage les mêmes gisements que le Gypse, avec lequel elle est constamment associée. Elle s'altère facilement à l'air, en perdant sa transparence et en empruntant à l'atmosphère une certaine quantité d'eau, qui la fait passer graduellement à l'état de chaux sulfatée hydratée. Son histoire se lie donc à celle de l'espèce précédente, à laquelle nous renvoyons.

USAGES.

L'Anhydrite n'est point susceptible de donner du plâtre. Sa dureté l'a fait employer comme marbre dans quelques localités, et notamment en Italie où elle est connue sous le nom de *Bardiglio di Bergamo*. Elle est d'un gris bleuâtre ou d'un bleu très-agréable, légèrement siliceuse, et se tire à Vulpino, à 67 kilomètres de Milan.

CINQUIÈME ESPÈCE. — SEL GEMME.

Synonymie. *Salmare*.
Roche essentiellement composée de chlorure de sodium.

VARIÉTÉS.

1. **Sel gemme laminaire**. En masses à structure laminaire.
Bex, Vic, Mélilla (province de Constantine), Wieliezka.
2. **Sel gemme lamellaire**. Masses à structure lamellaire.
Bex, Mélilla, Wieliezka, Vic, Melsey (Haute-Saône), Canada, Afrique septentrionale.
3. **Sel gemme granulaire**. Structure saccaroïde à grains miroitants.
Cardona, Wieliezka, Lumbourg (Hanovre), Bex, Melsey, Grozon (Jura), Canada.
4. **Sel gemme fibreux**. Variété à fibres droites, parallèles ou divergentes.
Vic, Mélilla, Melsey, Wieliezka (Pologne).
5. **Sel gemme argilifère**. Masses mélangées d'Argiles.
Cardona, Mélilla, Bex, Okna en Moldavie.

GISEMENT ET HISTOIRE.

Le Sel gemme se présente en dépôts plus ou moins considérables dans le sein de la terre, et en solution dans certaines sources ou dans les eaux de certains lacs et dans les eaux des mers.

Les dépôts salifères sont enclavés dans les terrains sédimentaires de toutes les époques :

1° Dans l'étage silurien supérieur du Canada ;

2° Dans le terrain permien (Mansfeld, gouvernement de Perm, Angleterre) ;

3° Dans le Muschelkalk (Wurtemberg);

4° Dans l'étage des marnes irisées. C'est à ce niveau que se trouve le plus grand nombre des dépôts que l'on connaît. Ceux de la France existent dans les départements de la Meurthe, près de la ville de Château-Salins ; ils sont reconnus sur une distance de 25 mille mètres environ, depuis les environs de Dieuze jusqu'à Petencourt. A Dieuze, treize couches de sel superposées représentent une épaisseur totale de 58 mètres. Une bande salifère se trouve également dans les marnes irisées, à la base de la chaîne du Jura où le sel est exploité, à Gouhenans, à Melsey, à Salins, à Arbois et à Lons-le-Saunier.

Les Sels triasiques sont également exploités à Sultz, Hailbrunn, Wimpfen en Wurtemberg, à Hallein en Salzburg, à Northwich près de Liverpool en Angleterre, à Bex en Suisse : à Bex, suivant M. Charpentier, le Sel remonte jusque dans le lias inférieur.

5° Dans le terrain jurassique, à Salzbourg ;

6° Dans le terrain crétacé, dans les montagnes des Zouabis (province de Constantine);

7° Dans les terrains tertiaires, à Lumbourg en Hanovre, à Wieliezka en Pologne, à Orthez (Basses-Pyrénées), à Cardona, à Volterra (Toscane), dans la plaine du Sahara. Enfin, les volcans actuels (Vésuve, Ténériffe, Bourbon, Hécla) rejettent quelquefois des masses assez considérables de sel.

On connaît en outre un grand nombre de dépôts salifères dans toutes les parties du monde, où probablement ils se présentent dans les positions que nous venons d'indiquer. On les connaît sur toute la partie septentrionale des Karpathes, depuis Cracovie jusqu'en Bukovine et en Moldavie. L'autre pente est tout aussi riche en Hongrie et en Transylvanie. Les bords des grandes plaines de la mer Caspienne, la Russie d'Europe et celle d'Asie, en sont extrêmement riches (Iletzki près d'Astracan, Balachna, entre le Volga et les Ourals). En Perse, il s'en trouve également de grands dépôts (île d'Ormus, à l'embouchure du golfe Persique, Ispahan). En Afrique, il en existe des dépôts immenses en différents lieux (Had-Delfa, royaume de Tunis, pays de Bamba au Congo), sur les bords des déserts du Sahara et du Fezzan, et les plaines mêmes du désert en offrent çà et là des masses très-solides à fleur de terre. En Amérique, on en cite en Californie, à Cuba, à Saint-Domingue, au Pérou, etc.

Il y a des localités où il paraît que ce sont des masses immenses, des montagnes entières où le sel se présente quelquefois à nu (Okna, en Moldavie; Teflis, en Perse; Tegaza, sur les bords du Sahara); et l'on dit que ces masses sont exploitées à ciel ouvert comme des pierres de taille.

Toutefois, le sel ne forme pas dans les gîtes que nous venons d'indiquer la masse principale du dépôt. Il est subordonné à des dépôts d'Argile grisâtre ou rougeâtre, au milieu desquels il forme, avec les sulfates de chaux qui l'accompagnent presque partout, des amas, des nids plus ou moins considérables. On y rencontre rarement des débris organiques, qui sont des lignites, des fruits et de très-petites coquilles.

La présence du sel dans les cratères des volcans en activité et la position de certains Sels gemmes par rapport à des Roches d'origine ignée, ont fait admettre qu'ils étaient le résultat d'épanchements postérieurs au terrain qui les recèle. M. Dufrénoy pense même que ce dernier gisement est le plus fréquent : il se distingue du sel en couches par deux circonstances principales : d'abord, les masses salines ne font plus partie de la stratification du terrain, elles coupent plusieurs des couches et s'y étendent, ou, lorsqu'elles sont dans le sens de la stratification, les couches se plient et se contournent autour des amas de sel. Secondement, le sel qui appartient à ce genre de gisement ne se trouve plus exclusivement dans un seul terrain. Ainsi, les salines de Salzbourg sont placées dans le Calcaire jurassique; une grande partie des mines des Pyrénées, notamment celles d'Orthez, les célèbres mines de Cardona, dans la

Catalogne espagnole, sont enclavées dans le terrain nummulitique ; les exploitations d'Auana près de Pancorbo et de Bréviesca près de Burgos, sont ouvertes dans les étages tertiaires. La nature du terrain n'exerce donc aucune influence sur ce second genre de gisement, qu'on pourrait caractériser par le nom de gîtes indépendants : toutefois, ils sont soumis à une règle générale, c'est d'être au contact, ou accompagnés de Roches ignées. Il en résulte que, si ces gîtes de sels ne sont liés avec aucun terrain, ils paraissent du moins en relation constante avec le même ordre de phénomènes qui se dévoilent par la réunion de plusieurs circonstances, dont les principales sont la présence des Amphibolites, d'amas de Gypse, de masses de Dolomie, de sources thermales et de sources bitumineuses.

Dans la vallée de Cardona, deux masses de sel énormes sont enclavées dans des couches de Grès et de marnes rougeâtres, associées au Calcaire à nummulites. Les couches de Grès se relèvent de tous côtés vers la masse de sel, sous des inclinaisons qui varient de 20 à 25 degrés : l'étude circonstanciée de la nature du Grès et des marnes montre que ce ne sont pas toujours les mêmes couches qui s'appuient sur les masses de sel : on ne peut donc pas supposer que ce minéral constitue des amas ou de vastes lentilles enclavées dans le terrain même, autour desquelles les couches se contournent. Tous les caractères de ce gisement s'accordent, au contraire, pour établir que le sel est entièrement étranger au terrain : introduit dans la formation tertiaire longtemps après son dépôt, il a forcé les couches d'abord à se ployer à son approche, puis la faible élasticité du Grès s'étant refusée à une plus grande extension, ses couches se sont rompues à leur partie supérieure. Il en résulte que l'ensemble de ce gisement représente assez exactement un cratère de soulèvement dont les bords seraient formés par des crêtes de Grès et dont le centre serait occupé par le sel.

Cette théorie, quoique très-ingénieuse, nous paraît en opposition avec l'existence, en face du fort de Cardona, de huit couches de sel blanc, dont la puissance totale est de quinze mètres, stratifiées très-régulièrement et séparées les unes des autres par des bancs d'Argile rougeâtre. On conçoit difficilement comment des masses de sel noyé dans des Argiles boueuses auraient pu être amenées du sein de la terre en aussi grande abondance et auraient pu s'introduire, à la manière des Roches éruptives, au milieu de terrains déjà solidifiés.

Sources salées. Les dépôts de Sel gemme sont toujours accompagnés de sources salées dont quelques-unes ont été cause de la découverte de ces dépôts. Ces sources sont fréquemment l'objet d'exploitations considérables, et des salines très-renommées sont fondées uniquement sur elles (Dieuze, Château-Salins, Salins, Altën, Volterra, Transylvanie, Amérique septentrionale, Sibérie). Il est vraisemblable que les eaux de ces sources puisent le sel qu'elles renferment dans les terrains qu'elles traversent.

Lacs salés. Les lacs salés sont aussi extrêmement nombreux à la surface de la terre : on les observe particulièrement dans les grandes plaines de nos continents. La Russie d'Asie, la Sibérie, la Tartarie, la Chine, la Perse en renferment un grand nombre. Les terrains qui environnent ces lacs sont eux-mêmes imprégnés de sel qui se montre en efflorescence pendant les chaleurs et donne lieu aux nombreux marais salés qui se forment dans la saison des pluies. Toutes les plaines de la Caspienne sont ainsi remplies de sel.

Le sol de l'Algérie présente aussi à profusion des montagnes de sel, de sources salées et de lacs salés. On peut citer les Sebkha (nom sous lequel ces derniers sont désignés par les Arabes) de Kssar et d'El Saïda, dont la longueur égale celle du lac de Genève, où l'évaporation naturelle des eaux donne annuellement naissance à des masses de sel énormes et susceptibles d'être utilisées en grosses pièces.

Enfin, le sel se trouve en dissolution dans l'eau de la mer, dans une proportion qui varie de 10 à 25 millièmes.

USAGES.

L'usage du sel pour assaisonner les aliments est universel : il est par cela même l'objet d'une consommation et d'un commerce immense dans toutes les parties du monde. Il est devenu une substance de première nécessité.

C'est au moyen du sel qu'on prépare l'acide hydrochlorique et le chlore, ainsi que le carbonate de soude artificiel employé dans les verreries, les savonneries, etc. On s'en sert comme de fondants dans quelques opérations métallurgiques.

Le sel en Roche est exploité à peu près partout où il se

trouve à la portée des routes, des canaux et des rivières. Les eaux des sources sont dépouillées du sel dont elles sont chargées, au moyen d'une évaporation commencée d'abord dans les *bâtiments de graduation* et continuée au feu dans des chaudières.

Les eaux des lacs et des mers sont aussi évaporées dans un très-grand nombre de lieux pour en tirer le sel. Cette opération se fait dans les *marais salants,* qui sont des espaces où l'on fait entrer une couche d'eau très-mince qu'on laisse évaporer pendant les chaleurs de l'été.

SIXIÈME ESPÈCE. — SILEX.

Synonymie. *Pierre à fusil, Silex meulière, Meulière, Ménilite, Phtanite, Jaspe, Lydienne, Pierre de touche, Silex résinite, Geysérite, Tripoli.*

Roche essentiellement composée de silice amorphe, rendue opaque par suite de mélange d'oxyde de fer ou d'Argile.

VARIÉTÉS.

1. S. **PYROMAQUE** (*Pierre à fusil*). Blond ou brun, étincelant vivement sous le choc du briquet.
   Meudon près Paris, Aix en Provence, Montmartre, Alloue, Chantresac (Charente), Besançon (Doubs), Champagne, Indre, Yonne, Ardèche, etc.
2. S. **JASPE**. Variétés opaques, rouges ou jaunâtres.
   Campiglièse, île d'Elbe, Golfe de la Spezia, Chantresac (Charente).
3. S. **MEULIÈRE**. Masses à texture caverneuse, criblées de cavités irrégulières.
   Environs de Paris.
4. S. **TERREUX** (*Tripoli*). Composé presque entièrement de silice à texture terreuse, fine et poreuse.
   Santa Fiora (Toscane), Riom, Planitz (Saxe), Torpe près Besançon, Nanteuil (Charente), Mont Charray et Bartras (Ardèche).
5. S. **RÉSINITE** (*Ménilite*). Variété à cassure cireuse, renfermant de l'eau en proportions variables.
   Ménilmontant, Beaulieu près d'Aix, Auvergne, Gergovia, Biot près Antibes, Monte Rufoli (Toscane).

6. **S. THERMOGÈNE.** Variétés concrétionnées et incrustantes déposées par des sources thermales.
Geysers d'Islande.

GISEMENT ET HISTOIRE.

Le Silex pyromaque se trouve en couches interrompues ou en rognons plus ou moins volumineux dans tous les dépôts sédimentaires : il est abondant surtout dans les divers étages du terrain jurassique (lias moyen, Alloue (Charente) ; à la base de l'oxfordien, dans le Jura, où il est désigné sous le nom de *terrain à chailles ;* dans l'étage des Grès verts et de la craie blanche (Champagne, environs de Paris), ainsi que dans les terrains tertiaires. Dans ces diverses positions, les Silex renferment ou remplacent fréquemment des débris organiques, des coquilles, des madrépores, des bois, etc.

Le Jaspe, à la manière du Silex, forme souvent des couches au milieu des formations secondaires et tertiaires : ainsi, depuis longtemps je crois avoir démontré que les Jaspes rosés que l'on observe près de Campiglia, à Suvoreto, au-dessus de la Gran-Cava, à Caldana, à Montioni, etc., sont une dépendance du lias supérieur, et qu'ils sont le résultat d'une précipitation directe. Ils alternent avec des Calcaires et des Schistes fossilifères, et sont subordonnés au *Calcare rosso,* des géologues italiens. Au surplus, leur manière d'être ne diffère en rien des dépôts de Silex que j'ai rencontrés dans le lias moyen des environs d'Alloue et dont la puissance est de plusieurs mètres. Les accidents de texture et de coloration sont les seules différences que l'on puisse citer et elles ne sauraient être invoquées contre une communauté d'origine. Il existe des Jaspes diversement colorés, de jaunes, de rouges, de bruns, de verts et même de noirs. Ces derniers sont connus sous le nom de *Lydienne* ou de *Pierre de touche ;* ils doivent leur couleur à un mélange d'une quantité assez considérable de charbon.

Il existe dans le département de la Charente, à la base du lias inférieur, des couches de Jaspe fossilifère qui sont l'équivalent des Grès d'Hétanges. Les environs de Chantresac, dans le même département, offrent des amas et des rognons de Jaspe de teintes variées, qui sont emprisonnés au milieu des Argiles de l'étage tertiaire supérieur.

Les *Silex meulières* forment des masses et des amas au milieu des couches argileuses et dans les couches calcaires des terrains tertiaires. Elles sont comme cariées intérieurement, et leurs cavités sont tantôt vides, tantôt remplies d'une Argile dure. La cassure varie avec le rapprochement des cellules. Lorsqu'elles sont un peu éloignées et que la meulière présente des pleins, la cassure en est unie et conchoïde; dans le cas le plus ordinaire, elle est cariée. Cette variété est surtout abondante dans les terrains tertiaires. Le bassin de Paris en offre à deux étages distincts ; le premier, associé au Calcaire d'eau douce de la Brie, constitue des couches irrégulières sous forme d'amas, au-dessus du terrain de pierre à plâtre, dont il est la dernière assise et termine l'étage inférieur des terrains tertiaires. Le second étage constitue des masses irrégulières qui ont généralement peu de suite ; elles sont disséminées dans une Argile grossière qui forme l'assise supérieure des terrains tertiaires. Cette molasse renferme des fossiles d'eau douce. La fig. 47 indique la disposition des meulières au milieu

Fig. 47.

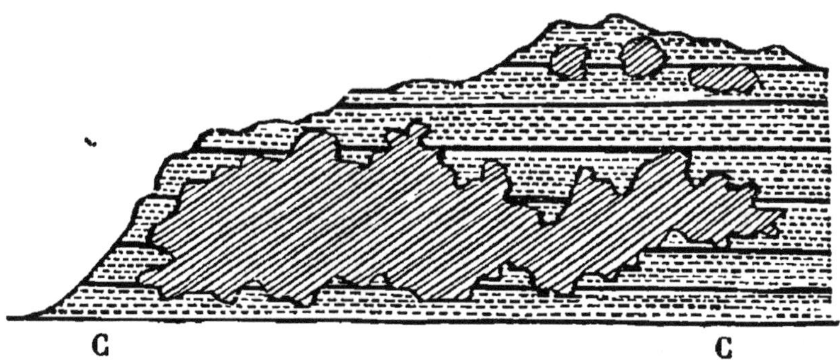

C Calcaire siliceux avec amas irréguliers de Pierre meulière.

des Calcaires siliceux, dans les environs de la Ferté-sous-Jouarre.

La plupart des *Silex terreux* ou *friables,* employés comme *tripolis,* sont essentiellement composés de silice terreuse. Plusieurs d'entre eux, et notamment le tripoli de Bilin en Bohême, en sont exclusivement formés. Il constitue des couches à cassure schisteuse, mate et terreuse. Ces couches sont le résultat de dépôt de particules de silice presque impalpables, qui sont réunies en feuillets minces, par la seule force d'adhésion favorisée par la compression, ainsi que cela paraît avoir lieu pour l'Argile. Chaque grain est dû, d'après les découvertes d'Ehrenberg, à des dépouilles d'infusoires. Les tripolis de Bartras, de Creysseilles et du Mont Charray, dans l'Ardèche, contiennent les mêmes espèces que celui de Bilin.

Non loin d'Oberohe, dans le baillage hanovrien d'Ebsdorff, on a cité deux couches de silice pulvérulente parfaitement blanche ou grise, dont la puissance dépasse neuf mètres, et formées exclusivement de dépouilles d'infusoires. Il en est de même de la *farine fossile* signalée par M. Fournet à Ceyssat et à Randan, dans le département du Puy-de-Dôme, et qui est composée d'infusoires d'eau douce vivant encore aujourd'hui. Aussi, M. Fournet a-t-il reconnu que la production de Ceyssat date de l'époque actuelle, et c'est la même conclusion à laquelle est arrivé Ehrenberg pour les *farines* d'Ebsdorff, qui sont en ce moment même en voie de formation.

Toutefois, si la plupart des Silex terreux sont dus au travail organique des infusoires, spécialement ceux des terrains tertiaires et des dépôts contemporains, on connaît des tripolis qui sont exclusivement le produit d'une précipitation chimique, ou bien des Argiles chauffées et torréfiées naturellement par les feux des volcans ou des houillères embrasées. La décomposition des Silex de l'étage oxfordien, dans les environs de Besançon, donne naissance à une silice impalpable qui polit très-bien les métaux. J'ai observé un fait de même nature pour les Silex tertiaires près de Nanteuil (Charente).

Les *Silex résinites,* qui tirent leur nom de l'analogie qu'ils présentent avec de la résine nouvellement cassée, doivent leur aspect à une certaine quantité d'eau qu'ils possèdent, et dont la proportion varie de 5 à 12 pour 100. Ils se trouvent engagés en rognons plus ou moins volumineux ou en plaques dans les marnes tertiaires (Ménilmontant, Aix).

Le *Silex thermogène,* qui est aussi connu sous le nom de *Geysérite,* est déposé par les eaux thermales silicifères d'Islande, qui sont lancées par les Geysers. Il se montre en masses concrétionnées blanc grisâtre ou légèrement colorées en rouge. Sa structure est cellulaire et testacée. Il empâte fréquemment des plantes, à la manière des incrustations des eaux chargées d'un suc calcaire. Cette substance renferme de 7 à

10 pour 100 d'eau, et offre par conséquent une composition analogue à celle des *Silex résinites*.

L'étude des Geysers semble nous dévoiler les secrets de l'origine des Silex qui abondent dans les formations stratifiées. Il paraît bien démontré, en effet, que, depuis les périodes géologiques les plus reculées, des sources thermales ont amené de la silice au sein des eaux qui tenaient le carbonate de chaux en dissolution, et que, par les lois de l'affinité chimique, les molécules de silice se sont groupées autour de certains centres, et ont formé, en se consolidant, des rognons isolés qui attestent une espèce de stratification apparente. Il a dû en être de même pour les Jaspes stratifiés que nous avons cités dans la formation jurassique de la Toscane, ainsi que dans les terrains tertiaires des environs de Chantresac.

USAGES.

Avant l'application des poudres fulminantes, le Silex *pyromaque* était d'un emploi très-important pour la fabrication des pierres à fusil. C'étaient particulièrement les Silex de la craie qu'on utilisait pour cet objet. En France, les exploitations les plus considérables étaient dans les départements du Loir et Cher, de l'Indre, de l'Ardèche, de l'Yonne et de Seine et Oise. Les Silex roulés que l'on rencontre dans les terrains tertiaires et dans ceux d'alluvion, sont recherchés pour l'empierrement des routes.

Le Silex *meulière* sert à la confection des meules de moulin. Le rapport des *pleins* et des *vides* est ce qui constitue une bonne pierre meulière. Il est nécessaire que les cavités soient nombreuses, mais peu étendues, pour que le grain puisse subir l'action de la meule. Quand les cavités sont trop considérables, le grain s'y loge sans s'engager sous la partie pleine. Dans le cas de pleins larges et étendus, la meule s'use davantage et débite moins de farine. La variété de meulière de la Brie, connue spécialement sous le nom de *meulière sans coquilles*, fournit les meules si estimées de la Ferté-sous-Jouarre et de Montmirail, qui s'exportent dans presque toute l'Europe et même aux Etats-Unis.

Malgré l'abondance de la meulière dans les terrains tertiaires, elle ne leur est cependant pas exclusive ; on en exploite dans la partie inférieure du Calcaire du Jura, à Meillant près

Saint-Amand (Cher), ainsi que dans plusieurs autres localités du Berry et du Poitou.

Les *meulières coquillières* des environs de Paris (Meudon, Montmorency) fournissent des produits exclusivement destinés aux constructions.

Les Silex terreux (*Tripolis*) délayés dans de l'eau ou de l'huile, servent à donner le poli aux pierres et aux métaux.

On emploie les Jaspes en ornements ou en incrustations. Les gisements de Barga et de la Gabbra, en Toscane, ont fourni de très-belles et grandes plaques pour la décoration de la chapelle des Médicis à l'église de San-Lorenzo, à Florence.

Enfin, la *pierre de touche*, dont les plus estimées proviennent de la Lydie et qu'on trouve en cailloux roulés à la surface du sol, est une espèce de Jaspe destinée à fournir une approximation presque rigoureuse du titre des bijoux d'or alliés.

SEPTIÈME ESPÈCE. — FER SULFURÉ.

Synonymie. *Pyrite, Marcassite, Sperkise.*

VARIÉTÉS.

1. **Fer sulfuré compacte.** En masses amorphes.
   Ile d'Elbe, Traverselle, Vizille, Montferrat, Aveyron.
2. **Fer sulfuré réniforme.** En rognons plus ou moins volumineux engagés au milieu des terrains sédimentaires, et surtout des Argiles.

GISEMENT ET HISTOIRE.

Bien que la pyrite soit une des substances les plus répandues à la surface du globe, cependant elle n'existe jamais en grandes masses. Elle abonde dans les filons métalliques; mais en général, elle est disséminée en cristaux, en veines et en rognons, dans tous les dépôts, depuis les plus anciens jusqu'aux plus modernes. Elle se trouve aussi disséminée en particules presque invisibles, dans les matières terreuses qui accompagnent différents dépôts de combustibles, dans des Argiles charbonneuses des terrains secondaires, dans les Lignites, quelquefois aussi dans la Houille, et c'est à sa présence qu'on attribue souvent l'inflammation spontanée de ces combustibles.

Le Fer sulfuré est une des rares substances minéralogiques

que la nature présente sous deux formes différentes, et qui, d'après les lois du dimorphisme, a dû être distribué dans deux espèces distinctes. La première de ces espèces, qui cristallise dans le système cubique, et que sa couleur jaune d'or fait reconnaître au premier aspect, est connue sous la dénomination plus spéciale de *Fer sulfuré* et de *Marcassite;* elle ne se décompose pas à l'air. La seconde, qu'on désigne par les noms de *Fer sulfuré blanc,* de *Pyrite blanche,* de *Sperkise,* se décompose avec beaucoup de facilité, et cristallise dans le système prismatique rhomboïdal. C'est la *Sperkise* que l'on rencontre le plus abondamment dans les terrains sédimentaires. Cette distinction, que les règles de la minéralogie justifient pleinement, devenait superflue au point de vue purement géologique, et nous ne l'avons pas établie.

USAGES.

La pyrite de fer sert à la fabrication du sulfate de fer et de l'alun. Les matières argileuses ou charbonneuses qui la contiennent, sont réunies en tas, et, en s'effleurissant spontanément à l'air, donnent des sels dont on s'empare au moyen de la lessivation. Dans les lieux où la pyrite (deuto-sulfure de fer) est abondante, on la soumet à une espèce de distillation qui la fait passer à l'état de sulfure simple, et on recueille l'atome de Soufre dont on l'a débarrassée.

HUITIÈME ESPÈCE. — FER OXYDULÉ (1).

Synonymie. *Aimant, Fer oxydé magnétique, Calamita, Magnéteisenstein.*

VARIÉTÉS.

1. **Fer oxydulé granulaire.** Masses composées de cristaux ou de grains agglutinés faiblement et se détachant les uns des autres.

   Suède, Combenègre près Villefranche (Aveyron), Hull (Canada), Taberg en Smolande, Arendal (Norwége).

(1) L'introduction du Fer oxydulé dans les Roches déposées chimiquement pourrait paraître au moins singulière, si nous n'annoncions que nous l'avons placé dans ce groupe afin de ne pas séparer son histoire de celle des autres minerais de fer. La méthode exigeait qu'il figurât parmi les Roches filoniennes et les Roches métamorphiques.

2. **Fer oxydulé compacte** (1). Variété à cassure compacte, à grains fins et brillants, comme celle de l'acier.

Environs de Bône, Aïn-Mokhra, Djebel Filfilah (Afrique), Andalousie, Cap Calamita (île d'Elbe), Val di Castello (Toscane), Cogne, Traverselle (Piémont), Taberg (Suède), Danemarck, Arendal (Norwége), Belmont (haut Canada). (Certains échantillons offrent les deux pôles. Ces variétés sont les seules qui fournissent l'aimant naturel.)

3. **Fer oxydulé sableux.** Cette variété provient de la désagrégation du Fer oxydulé granulaire ou de la destruction de certaines Roches micacées au milieu desquelles cette substance était disséminée.

Tunaberg, Aïn Mokhra, île d'Elbe.

GISEMENT ET HISTOIRE.

Le Fer oxydulé, dont la description devrait figurer parmi les Roches métamorphiques, existe dans la nature en grandes masses à l'état de filons ou en couches subordonnées aux Schistes cristallins.

Au cap Calamite, dans l'île d'Elbe, cette substance, accom-

(1) Nous donnons, d'après M. Berthier, la composition des Fers oxydulés provenant de diverses localités :

	Suède.	Villa-Ricca.	La Plata.	Clalntonville.	Villefranche.	Le Vigan.
Protoxy. de fer	0,31	0,28	0,186	0,179	0,262	0,223
Peroxy. de fer.	0,69	0,72	0,818	0,818	0,585	0,497
Gangue	»	»	0,006	0,003	0,153	0,280
	1,00	1,00	1,000	1,000	1,000	1,000
Fonte à l'essai.	»	»	0,720	0,705	0,610	0,530

Analyse de quatre minerais de Fer oxydulé des environs de Bône (province de Constantine).

	1	2	3	4
Peroxyde de fer.	58,37	61,49	61,93	65,6
Protoxyde de fer	26,20	27,60	27,80	29,6
Cabonate de chaux . . .	5,20	»	0,50	0,6
Carbonate de magnésie	0,60	0,30	»	2,4
Silice.	1,00	6,00	4,20	0,4
Alumine.	4,60	2,00	1,20	1,4
Eau	4,00	2,61	2,70	»
Perte d'analyse.	0,03	»	1,67	»
	100,00	100,00	100,00	100,0
Fonte à l'essai	60,00	62,05	62,00	68,0

pagnée de pyroxène radié et d'Ilvaïte, forme de puissants filons ou amas éruptifs encaissés dans un Calcaire saccaroïde métamorphique appartenant à la formation jurassique et qui, vers les points de contact, est injecté de Fer oxydulé. C'est dans des conditions à peu près identiques que se présentent les filons des environs de Val-di-Castello, dans les Alpes Apuennes Les gîtes de Traverselle sont célèbres par les jolis cristaux qu'on en retire.

Au cap Calamita (fig. 48), l'amas de Fer oxydulé A est enclavé dans une des principales montagnes de l'île d'Elbe. Cette

Fig. 48.

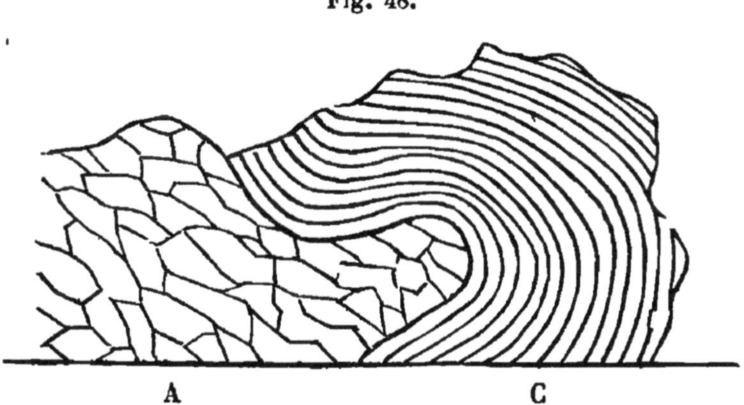

A Aimant. C Calcaire converti en marbre blanc.

montagne, dont les accidents ont été décrits par MM. Savi, Studer et Burat, a été produite par le soulèvement des Roches stratifiées dont la charnière de rotation est la vallée qui sépare Porto-Longone de Capoliveri; de telle sorte qu'elle présente du côté de la mer la coupe des couches soulevées. Au cap Calamita, qui forme la saillie la plus avancée, le gîte présente un caractère décisif exprimé par la figure.

La masse principale est composée de Fer oxydulé et d'hématite; tout le couronnement des escarpements présente une série de Calcaires et de Schistes cristallins stratifiés. Au contact du minerai et des Roches stratifiées, on remarque surtout une couche de Dolomie blanche, grenue, dont les caractères tranchés expriment, de la manière la plus complète, les perturbations de la stratification. Cette couche, courbée en voûte, forme un immense arceau de 100 mètres de hauteur.

La disposition du terrain ne permet pas de douter que les

minerais de fer n'aient réellement joué le rôle de Roches soulevantes, et que les faits multipliés de métamorphisme que présentent les Roches stratifiées ne soient également dus aux phénomènes d'émanation qui ont accompagné leur sortie. Ainsi, la couche la plus apparente et qui contraste le mieux avec les Roches soulevantes, est précisément la couche calcaire qui est en contact avec elle, et supporte les couches schisteuses qui forment le haut de l'escarpement. Cette couche calcaire est changée, sur presque tous les points de son développement, en Dolomie saccaroïde, compacte ou grenue.

Si l'on étudie la composition de cet amas, enfoncé comme un coin dans les strates calcaires et schisteux, et révélant, sur tout son pourtour, des phénomènes détaillés de fracture et de métamorphisme, on voit que toute la masse centrale est composée de Fer oxydulé très-compacte et très-dur. Comme s'exprime fort judicieusement M. Burat, il faut toute l'intensité et toute l'évidence de ces caractères pour faire admettre que les masses métallifères aient pu sortir ainsi, presque à la manière des Roches ignées, avec calorique, pression et une puissance métamorphique aussi grande : mais ce fait, une fois constaté, donne l'explication d'une foule de caractères des gîtes de minerais. Ainsi, près du cap Calamita, le rocher de Punta-Rossa est une colonne éruptive de fer à divers degrés d'oxydation, éruption qui a eu lieu à la manière de certains dykes basaltiques.

Le cap Filfilah près de Philippeville en Afrique, qui, comme l'île d'Elbe, est fameux par ses mines de fer, contient aussi des filons de Fer oxydulé avec gangue de pyroxène radié. Ils sont engagés dans des marbres statuaires de formation jurassique.

C'est principalement dans les Schistes cristallins qu'on observe le Fer oxydulé sous forme de bancs, de couches et d'amas subordonnés. C'est dans cet état qu'il se présente à Dannemora en Uplande, à Kasamar en Sibérie, ainsi que dans les Etats-Unis.

Le vaste massif scandinave est en grande partie composé de terrains schisteux et de Calcaires de transition accidentés par des Granites, des Porphyres et des Roches amphiboliques. Ces dernières paraissent avoir été le principal véhicule des émanations métallifères; elles y servent souvent de gangues aux minerais de Fer oxydulé. Dans la montague de Taberg, une masse de ce Fer oxydulé est enclavée dans l'amphibole, mélangée avec elle, et ce mélange paraît avoir constitué, comme au cap Calamita, une véritable Roche éruptive. Près de Bône, les minerais magnétiques sont pareillement en connexion avec des dépôts de Pyroxénite.

Les environs de Bône dans la province de Constantine fournissent un très-bon exemple de cette dernière manière d'être. Le Fer oxydulé A forme, en effet, dans les Schistes cristallins M du massif de l'Edough, des bancs d'une épaisseur variable, dont le plus considérable (fig. 49), qui se trouve près de la fontaine d'Aïn-Mokhra, à l'ouest du lac Fetzara, ressemble plutôt

Fig. 49.

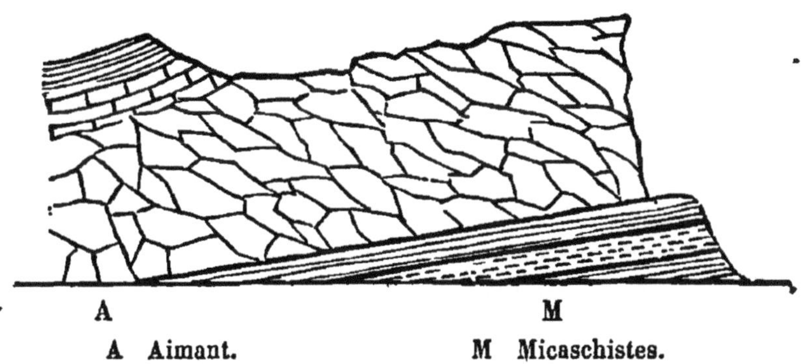

A Aimant. M Micaschistes.

à une coulée de Basalte qu'à une mine de fer. On connaît à Combenègre près de Villefranche en Rouergue, un gisement analogue, quoique sur une petite échelle. Le Fer oxydulé forme des amas qui ont de un à deux mètres de puissance, au milieu des Schistes micacés.

USAGES.

Le Fer oxydulé constitue un minerai très-précieux, à cause des excellentes qualités de fer forgé et de l'acier qu'il fournit. Celui de Suède donne des fontes dont l'exploitation forme une branche considérable de commerce. Les mines seules de Dannemora ont produit, en 1850, une quantité de 18,121,830 kilogrammes de minerai brut. Il est présumable que les usines de Bône, quand elles seront en pleine activité, affranchiront la France du tribut qu'elle paie à l'étranger pour l'importation des fers aciéreux.

NEUVIÈME ESPÈCE. — FER PEROXYDÉ.

Synonymie. *Fer oligiste, Sanguine, Hématite rouge, Fer micacé, Ocre rouge, Eisenglimmer.*

VARIÉTÉS.

A. *Métalloïdes* (Fer oligiste).

1. **Fer peroxydé spéculaire.** Variété composée de lames extrêmement minces, appliquées les unes sur les autres et réfléchissant la lumière à la manière des substances polies : ce qui lui a valu le nom de *Spéculaire.*

Ile d'Elbe, Allevard (Isère), Framont (Vosges), Vicdessos (Ariége), Saxe, Norwége, Suède, Laponie, Brésil, Etats-Unis, Cap Argentaro, Filfilah.

2. **Fer peroxydé micacé.** Variété composée de lames et de paillettes d'une extrême ténuité : disposition qui les rend faciles à écraser, même par la pression de la main, de sorte que la couleur rouge de la poussière se développe.

Ile d'Elbe, Vicdessos, Cap Corvo (Italie), Remiremont (Vosges), Cap Filfilah (Algérie), Allevard (Isère), Norwége, Suède, Monts Ourals.

3. **Fer peroxydé compacte.** En masses amorphes ou grenues. Cette variété constitue la presque totalité des minerais d'oligiste exploités pour la fabrication du fer.

Ile d'Elbe, Framont, Servance, Saphoz (Vosges), Brésil, Etats-Unis, Gellivara (Laponie), Cap Filfilah, Espagne, Monts Ourals, Maroc.

4. **Fer peroxydé oxydulifère.** Variété renfermant du Fer oxydulé en proportions variables et agissant sur l'aiguille aimantée.

Quartiers des Ferrières et de Gardevieille dans l'Estérel (Var), Val di Castello (Toscane), Cap Filfilah.

B. *Lithoïdes.*

5. **Fer peroxydé concrétionné** (*Hématite rouge*). Variété réniforme ou stalactitique, à structure fibreuse, à fibres droites ou entrelacées.

Baygorry (Basses-Pyrénées), Etats-Unis d'Amérique, Pérou, Sibérie, Saxe, Amérique méridionale.

6. **Fer peroxydé oolitique** (1). Masses formées d'oolites agglutinées.

Ougney (Jura), Laissey (Doubs), Mondalazac (Aveyron), La Voulte, Privas (Ardèche), Villebois, La Verpillière, Conflans (Haute-Saône), Les Baux près d'Arles.

7. **Fer peroxydé compacte.** En masses amorphes.

Framont (Vosges), île d'Elbe, La Voulte (Ardèche), Montferrat (Var), Campolibat (Aveyron), Les Baux près d'Arles, Pont-Saint-Esprit (Gard).

8. **Fer peroxydé argilifère** (*Sanguine, Ocre rouge*). Variété d'un rouge vif, tendre, tachant les doigts, de cassure et d'aspect terne et terreux, se laissant facilement réduire en poudre. Sa richesse varie suivant le mélange d'Argile qu'elle contient : aussi existe-t-il un passage insensible entre les minerais de fer oxydé rouge proprement dits et les Argiles colorées en rouge que l'on appelle *ocres rouges*.

Ile d'Elbe, Montferrat, Lunel (Aveyron), Hesse, Sibérie, Les Baux, La Voulte.

GISEMENT ET HISTOIRE.

L'*oligiste* est généralement une substance filonienne. Dans la chaîne des Vosges, à Framont, à Servance et dans les environs de Faucogney, on l'observe en filons à gangue quartzeuse et calcaire qui traversent le Granite et les terrains paléozoïques. Mais le gîte le plus célèbre est celui de Rio, dans l'île d'Elbe, où il constitue un amas énorme, une véritable montagne, logé dans les formations triasique et jurassique. On le voit tapisser les fissures des Roches encaissantes, comme s'il y était arrivé par voie de sublimation. On le retrouve dans une position identique au cap Filfilah (province de Constantine). Dans les Pyrénées et dans l'Isère il est concomitant des minerais de Fer carbonaté et d'hématite brune. Le Grès bigarré de Lunel, dans le département de l'Aveyron, est cimenté par

(1) Composition des minerais de

	Ougney.	Baux.	Mondalazac.
Peroxyde de fer.	0,579	0,278	0,440
Alumine	0,125	0,520	»
Argile	0,166	»	0,060
Eau	0,130	0,202	0,500
	1,000	1,000	1,000

du Fer oligiste, qui s'y présente avec une telle abondance que sa masse fournit un minerai rendant moyennement 36 à 40 pour 100 de fonte.

Le *Fer peroxydé lithoïde* se trouve aussi en abondance dans les filons (île d'Elbe); mais on le rencontre aussi en couches dans les terrains stratifiés. On exploite à la Voulte et à Privas (Ardèche) une mine de fer en roche presque entièrement composée de cette variété, et qui forme un banc de plus de deux mètres de puissance à la partie inférieure de l'étage oxfordien, dont tous les fossiles (*Ammonites anceps, Backeriæ*), sont passés eux-mêmes à l'état de Fer oxydé.

La mine de fer qui alimente les hauts-fourneaux de la Voulte, est devenue célèbre par les discussions auxquelles a donné lieu l'époque géologique à laquelle il convient de la rapporter. Les auteurs de la carte géologique de France la placent à la partie supérieure du lias et la font par conséquent contemporaine des gisements de Villebois et de la Verpillière, tandis que M. Fournet et la presque généralité des géologues, s'appuyant sur les caractères fournis par la paléontologie, en font une dépendance de l'étage oxfordien.

La coupe suivante (fig. 50) indique la succession des diverses

Fig. 50.

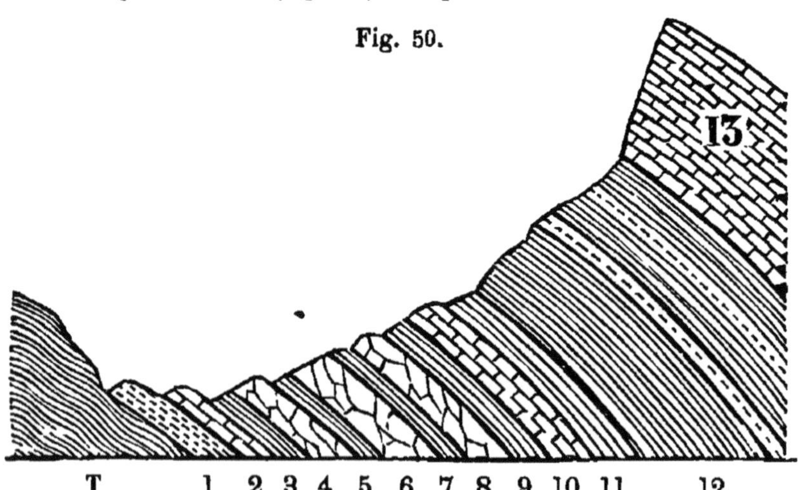

assises que l'on observe à partir des Talcschistes satinés T qui servent de base au système jurassique.

1. Grès grisâtre.

2. Calcaire noirâtre entièrement composé de tiges et d'articles de *Pentacrinites*.

3. Marnes noires schisteuses, avec rognons de Fer carbonaté.

4. Fer carbonaté lithoïde en plaques, pénétré de Fer peroxydé rouge.

5. Marnes noires avec *Ammonites Backeriæ* et *Posidonia*.

6. Fer peroxydé rouge (couche dite *le Rouge*).

7. Marnes noires.

8. Minerai de Fer peroxydé mélangé de marnes (couche dite *le Blanc*).

9. Marnes avec *Ammonites anceps* et *Belemnites latesulcatus*.

10. Calcaire solide.

11. Marnes avec *Posidonia*.

12. Marnes oxfordiennes avec *Belemnites hastatus, Coquandianus, Ammonites oculatus, etc.*

13. Calcaire compacte, gris, représentant du corallien.

MM. Gruner, Fournet, Dufrénoy et Thiollière se sont occupés des gisements de la Voulte sous différents points de vue : aussi, les documents que l'on possède sur cette mine et que nous avons été à même de vérifier sur les lieux mêmes, sont d'une exactitude remarquable. Nous en fournissons une analyse succincte. L'assise de minerai de fer plonge au sud sud-est sous un angle moyen de 25 degrés : mais cette assise, quoique régulière dans son allure, n'a pas une puissance uniforme et ne forme pas une couche proprement dite ; épaisse près des affleurements, elle s'amincit dans la profondeur et disparaît dans son allongement occidental. Les mineurs distinguent trois couches, qui, en réalité, ne sont que les divers bancs d'une seule assise ferrugineuse séparée en trois masses par des Schistes stériles argilo-calcaires, d'une faible épaisseur.

La couche moyenne (6) est la plus importante. Sa puissance maximum près des affleurements, est de 5 à 6 mètres, dont 3 mètres environ de minerai riche. Dans la profondeur, elle se réduit à 2 mètres, et même à un mètre 40, et le minerai s'est appauvri au point de ne plus renfermer, en moyenne, que 15 à 20 pour 100 de fer.

La longueur du gîte, dans le sens de sa direction, est de 1,200 mètres. Sa largeur maximum, mesurée suivant le sens de l'inclinaison, est de 300 mètres.

M. Fournet établit que, d'après l'ensemble des travaux, la formation métallifère présente les alternances suivantes :

1° Calcaire schisteux avec rognons aplatis de Fer carbonaté lithoïde gris.......................... 0,30
2° Minerai oolitique en bancs non continus........ 1,10
3° Schiste verdâtre........................... 0,40
4° Minerai oolitique pauvre..................... 1,40
5° Schiste très-calcaire....................... 2,20
6° Minerai oxydé rouge feuilleté................. 1,40
7° Minerai agatisé rouge ou gris................. 0,30
8° Minerai oxydé rouge feuilleté................. 3,00
9° Schiste................................... 0,20
10° Minerai couleur café, entremêlé de veines de Schiste.................................... 2,00
11° Schiste.................................. 0,80
12° Minerai café riche........................ 1,20
13° Schiste.................................. 0,40
14° Minerai café pauvre....................... 1,40
15° Schiste argilo-calcaire.................... 0,60
16° Calcaire compacte du toit.................. 1,20
La puissance totale de la masse métallifère est donc de.. 17,90
Elle forme en minerai une épaisseur de............ 11,80

D'après les analyses de M. Robin, ces différents minerais sont composés de la manière suivante :

	Parties volatiles.	Silice.	Alum.	Chaux.	Peroxyde de fer.	Total.
Riche, couche n° 2....	5,2	8,0	1,6	2,0	84,0	100,8
Oolitique pauvre, n° 4.	15,6	32,8	10,4	3,2	40,0	102,0
Oxydé tendre, feuilleté, n° 6.............	10,0	14,0	4,8	3,6	68,8	101,2
Agatisé gris, n° 7.....	0,0	20,4	2,0	2,0	74,0	98.4
Agatisé gris, autre variété..............	30,0	34,4	0,0	2,0	34,4	100,8
Agatisé rouge, n° 7...	0,0	10,4	0,8	0,0	88,8	100,0
Minerai café, n° 10...	20,0	33,6	9,6	10,8	22,8	96,8
Minerai café pauvre, n° 12.............	23,2	31,2	12,0	12,8	18,8	98,8
Minerai café riche, n° 14	18,8	28,4	6,4	17,2	28,4	99,2

Les fossiles que contiennent les couches concomitantes du

minerai de fer de la Voulte sont tous incontestablement de l'époque oxfordienne et caractérisent la partie inférieure de l'étage moyen jurassique que l'on distingue par le nom plus spécial de Kellovien ; on n'y a jamais recueilli une seule espèce du lias : il y a plus, les bancs de marnes supérieurs aux minerais renferment la *Belemnites hastatus,* la *Terebratula impressa, l'Ammonites oculatus,* qui caractérisent l'étage oxfordien proprement dit. La discussion ne roule plus guère que sur la présence des *posidonies* qui, pour les auteurs de la carte de France, forment un horizon géognostique aussi net et aussi déterminé que ceux fournis par les *gryphées arquées,* les *gryphées cymbium,* les *gryphées dilatées* et les *griphées virgules.* Les couches à *posidonies* s'observent à Wassy, dans les environs de Metz, de Nancy, de Besançon, dans le Wurtemberg et ailleurs, subordonnées à l'étage du lias supérieur; pour étendre l'assimilation de ces diverses localités à celle de la Voulte, il aurait fallu démontrer d'abord que les posidonies de la Voulte étaient spécifiquement les mêmes que les *posidonies* de la Bourgogne, de la Lorraine et du Jura, et en second lieu qu'elles occupaient la même position. Or, il existe incontestablement dans les terrains jurassiques deux horizons distincts, caractérisés chacun d'eux par des marnes à *posidonies ;* et cela dans les mêmes localités, dans une même coupe. La vallée de Vauvenargues en présente un exemple remarquable. Entre Aix et Saint-Marc, dans la direction de la montagne de Sainte-Victoire, on recoupe successivement le lias moyen, le lias supérieur et les divers termes de l'étage oolitique moyen. Le lias supérieur renferme quelques bancs de Schistes noirâtres, bitumineux, remplis de *posidonies.* Les Schistes sont recouverts par des bancs très-épais d'un Calcaire noirâtre qui renferment tous les fossiles spéciaux de la faune du jurassique inférieur, tels que les *Ammonites Parkinsoni, Humphriesianus, Terebratula perovalis, etc.*, et sur lesquels est bâti le château de Saint-Marc. Les pentes des coteaux, qui regardent le nord, montrent avec la dernière évidence que ces Calcaires solides sont recouverts par un système très-puissant de marnes bitumineuses qui sont pétries de *posidonies* et qui supportent à leur tour d'autres marnes dans lesquelles on recueille tous les fossiles oxfordiens de la Voulte. Il demeure donc bien établi que les couches à *posidonies* des environs d'Aix sont nettement séparées du lias supérieur ou du premier horizon à *posidonies*, par toute l'épaisseur de l'étage jurassique inférieur ; elles font donc partie du système oxfordien et sont parallèles de celles de la Voulte.

Suivant M. Thiollière, les bancs à pentacrinites de la Voulte et qui se poursuivent jusqu'à Privas, où leur épaisseur ne dépasse jamais 10 mètres, représentent tout l'étage oolitique inférieur ; car, dans les environs de cette ville, ils recouvrent le lias supérieur caractérisé par une grande abondance de *Belemnites paxillosus* ou *niger*.

Des minerais de même composition se montrent aussi dans le lias moyen, Veuzac (Aveyron), dans le lias supérieur, Villebois, la Verpillière, à la base de l'oolite inférieure, Laissey (Doubs), Ougney (Jura), Pisseloup (Haute-Saône), Mondalazac (Aveyron), et occupent une position déterminée dans l'échelle de ces terrains sédimentaires. Les terrains néocomiens, dans les environs des Baux près d'Arles et de Mazaugues (Var), renferment des dépôts assez étendus d'un minerai de Fer peroxydé mélangé d'alumine, qui se présente le plus ordinairement sous forme de pisolites à couches concentriques. Cette circonstance dévoile la contemporanéité qui existe entre le minerai et la formation encaissante. A l'époque où les couches jurassiques et crétacées se déposaient au fond des mers, des sources minérales amenaient donc sur divers points du peroxyde de fer qui se stratifiait à la manière du Calcaire et des autres Roches d'origine neptunienne.

Le Fer peroxydé est aussi le principe colorant de la plupart des Grès désignés sous le nom de Grès rouges, ainsi que des Argiles de teinte amaranthe qu'on observe à divers niveaux géologiques.

USAGES.

Le Fer peroxydé métalloïde est très-recherché à cause de l'excellente qualité des fers qu'il produit. Le gîte de Rio-la-Marine dans l'île d'Elbe, que les Etrusques et les Romains avaient déjà exploité, paraît inépuisable. L'extraction du minerai a lieu à ciel ouvert. Le Fer peroxydé lithoïde, quoique donnant des produits moins estimés, n'est pas moins utilisé par l'industrie métallurgique.

La variété connue sous le nom d'*Hématite rouge* fournit la

pierre à brunir, avec laquelle on polit les métaux. L'ocre rouge sert à la confection des crayons rouges ainsi qu'à la préparation des peintures grossières employées dans les badigeonnages.

DIXIÈME ESPÈCE. — FER HYDROXYDÉ.

Synonymie. *Hématite brune, Minerai de fer en Roche, Fer oxydé brun, Limonite, Fer limoneux, Minerai de fer en grains, Fer des marais, Fer oolitique, Fer pisolitique, Ocre jaune, Chamoisite, Berthiérite, Fer hydraté.*

VARIÉTÉS.

1. **Fer hydroxydé mamelonné** (*Hématite brune* [1]). Sous forme de concrétions, de stalactites, de rognons à cassure fibreuse rayonnée.
   Rancié (Ariége), Alpes Apuennes, Montbrun, Fumel (Lot), Charras (Charente), Dordogne.
2. **Fer hydroxydé compacte.** Masses plus ou moins considérables, tantôt pleines, tantôt caverneuses, cloisonnées.
   Ile d'Elbe, Campiglia, Massa Carrara, Alpes Apuennes (Toscane), Montagnes de la Tolfa (Etats de l'Eglise), Rancié (Pyrénées), Rustrel (Vaucluse), Hongrie, Saxe, Savoie, Etats-Unis, Amérique méridionale, Montferrat (Var).
3. **Fer hydroxydé résineux.** En masses noirâtres, d'aspect résineux.
   Campiglièse, Monte Valerio (Toscane).
4. **Fer hydroxydé géodique** et **réniforme.** En rognons plus ou moins volumineux, pleins ou creux au centre, composés de tuniques ou couches concentriques, emprisonnant fréquemment un noyau d'Argile.
   Fumel, Duravel, Libos (Lot), Ariége, Bruniquel (Tarn et Garonne), Taponnat, Charras, Yvrac (Charente).

---

(1) Composition de l'Hématite de Vicdessos et du Fer hydraté en roche du Bas-Rhin :

Peroxyde de fer	82,00	80,25
Oxyde de manganèse	2,00	»
Eau	14,12	15,00
Silice, Argile et Gangue	1,00	3,75

5. **Fer hydroxydé oolitique.** En globules testacés, très-petits, gros au plus comme des grains de millet, soudés ensemble et constituant des Roches que l'on désigne sous le nom d'*oolitiques,* en les comparant aux œufs de poissons.

Veuzac, Mondalazac (Aveyron), Châtillon-sur-Seine, La Verpillière (Ain), Rougiers (Var [1]), Les Baux (Bouches-du-Rhône), Mazaugues (Var).

6. **Fer hydroxydé oolitique attirable** (*Chamoisite* et *Berthiérite*). En globules de couleur bleue, agglutinés, attirables à l'aimant.

Hayanges (Moselle), Chamoison en Valais, Moncontour près de Saint-Quentin (Morbihan [2]).

7. **Fer hydroxydé pisolitique** (*Minerai de fer en grains*). En grains sphériques dont la grosseur varie depuis celle d'un pois jusqu'à celle d'un grain de millet ; à cassure unie ou à couches concentriques ; libres ou agglutinés.

Bruniquel, la Martre (Tarn et Garonne), Autrey, Grand Bois de Pesmes, environs de Seveux (Haute-Saône), Berry, Nivernais, Charente, etc.

8. **Fer hydroxydé paludien** (*Mines de marais*). Variété se formant journellement dans les marais, et mélangée à des infusoires parmi lesquels abonde surtout la *gaillionella ferruginea.*

---

(1) Analyse du minerai des Baux, par M. Berthier.

Alumine	52,0	100
Eau.	20,4	
Peroxyde de fer.	27,6	

Cette variété serait-elle un aluminate ou bien un mélange de peroxyde de fer et de peroxyde hydraté.

(2) Composition des minerais :

	de Châtillon.	de Nancy.	Berthiérite.
Peroxyde de fer. . .	67,30	70,00	»
Protoxyde de fer . .	15,30	15,70	74,70
Silice gélatineuse. .	2,00	4,60	12,40
Alumine	7,00	5,40	7,80
Sable et Gangue. . .	2,00	2,40	»
Eau	6,40	1,60	5,10
	100,00	99,30	100,00

Cette variété contient jusqu'à 8 pour 100 d'acide phosphorique.

Basse Lusace, Silésie, Pologne, Poméranie, Hollande, Danemarck, Livonie, Courlande, Finlande, bords du Donetz, Suède, Norwége, Savanes du nord de l'Amérique, au Connecticut, Plaine de Tétuan (Maroc), Sables du Kerdofan (Afrique).

9. **Fer hydroxydé argileux** (*Ocre jaune*). Matière jaune, terreuse, à particules plus ou moins agrégées.

10. **Fer hydroxydé pisolitique manganésifère.** Variété mélangée de peroxyde de manganèse, tachant les doigts.

Autrey, Pesmes (Haute-Saône), île d'Elbe, Yonne.

GISEMENT ET HISTOIRE.

Les apparences variées sous lesquelles le Fer hydroxydé se présente dans la nature, la diversité des minerais que cette combinaison ferrugineuse constitue, a donné lieu à des espèces nombreuses qui rentrent plus ou moins les unes dans les autres et ne doivent leurs différences qu'à leur structure. La seule espèce dont nous ayons à nous occuper existe en masses amorphes concrétionnées, en roche, ou en grains isolés ou agglutinés, de grosseur variable, et elle constitue une grande partie des minerais de fer que l'on exploite en France. Chacune de ces textures correspond à des gisements différents, et comme les mélanges qui les accompagnent sont des conséquences naturelles de leur gisement, il en résulte que chacune de ces variétés forme des minerais particuliers. Nous suivrons pour leur description les divisions proposées par M. Dufrénoy, qui fait remarquer que si, sous le rapport minéralogique, ils appartiennent à la même espèce, leur importance dans l'industrie demande qu'on indique séparément ceux qui, se trouvant en grand, donnent lieu à des exploitations distinctes. On peut les distinguer de la manière suivante :

1° Minerais en Roche (Hématites) ;
2° Minerais géodiques ou réniformes ;
3° Minerais pisolitiques ou en grains ;
4° Minerais oolitiques ;
5° Minerais terreux (Ocre) ;
6° Minerais vitreux, résineux, limoneux ou des marais.

Les minerais en Roche et les hématites brunes forment des filons puissants dans les terrains primordiaux, les terrains paléozoïques et secondaires : ils remontent jusque dans les étages tertiaires. Le gisement de Rancié dans les Pyrénées, ceux de l'île d'Elbe, du Campiglièse, du Massétano et de la Tolfa sont injectés dans les Calcaires jurassiques plus ou moins métamorphisés.

C'est en bancs subordonnés aux Calcaires de l'oolite inférieure que cette variété de fer se montre dans les environs de Montferrat (Var). Le gisement de Rustrel (Vaucluse) appartient à l'étage tertiaire inférieur. C'est aussi à l'abondance de ce peroxyde, amené par des sources minérales, que les Argiles et les Calcaires inférieurs aux Gypses, dans la basse Provence, doivent leur vive coloration. Les hématites brunes et fibreuses se rencontrent aussi accidentellement au milieu des minerais géodiques du département du Lot, à Montbrun, à Libos et à Fumel, et de celui de la Charente.

Le Fer hydraté géodique est abondant dans les terrains tertiaires et surtout dans les Sables et les Argiles superficielles qui se rattachent au plateau central de la France. Il constitue, avec les minerais pisolitiques, la majeure partie des minerais dits improprement d'*alluvion*. La formation de cette variété est due, suivant toute vraisemblance, à des infiltrations ferrugineuses qui ont eu lieu au sein des couches meubles dans lesquelles on les rencontre. Dans les contrées où les terrains tertiaires reposent directement sur le Calcaire du Jura, on voit très fréquemment le minerai en grains engagé dans les crevasses ouvertes dans ce Calcaire et les remplir complétement. La fig. 51 indique cette disposition.

Fig. 51.

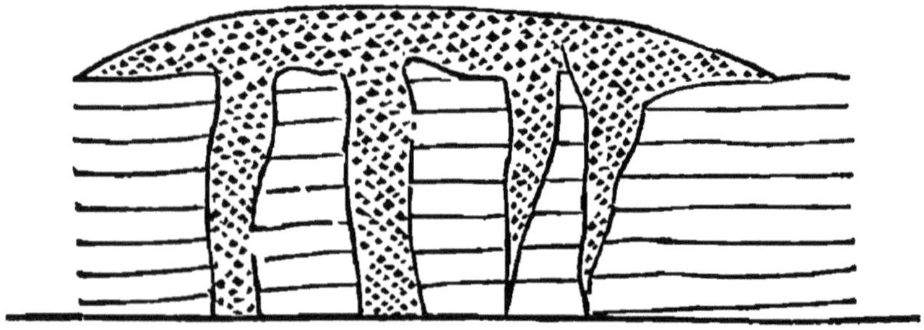

C F F C

F Minerai de fer en grains. C. Calcaire du Jura.

Les minerais dits en grains sont tantôt libres, tantôt disséminés dans de l'Argile, dont ils se détachent par la simple dessiccation, tantôt reliés entre eux par une pâte de Calcaire argilo-ferrugineux. Ils appartiennent pour le plus grand nombre aux terrains tertiaires supérieurs et se trouvent fréquemment dans les mêmes gisements que les minerais géodiques. On les rencontre souvent disséminés sur les plateaux du Calcaire jurassique et de la craie, dont ils remplissent les cavités. Les grains, comme dans la Haute-Saône, y sont disséminés dans une Argile ocreuse et quelquefois dans le sable, ainsi qu'on le remarque sur plusieurs points du département du Lot. On en connaît de plusieurs époques distinctes. Dans l'arrondissement de Montbéliard et le Jura des environs de Porrentruy, les minerais pisolitiques sont recouverts par la molasse de la Suisse et sont une dépendance de l'étage miocène, tandis que dans la Haute-Saône, à Autrey, à Pesmes, à Seveux, ils sont superposés en discordance de stratification au Calcaire lacustre supérieur à la molasse, et ils appartiennent au terrain subapennin.

Les minerais oolitiques, qu'il ne faut pas confondre avec les précédents, forment des couches et des amas contemporains aux terrains dans lesquels on les observe. Ces dépôts se trouvent à divers niveaux dans la série stratigraphique. A Veuzac près de Villefranche, ils appartiennent au lias moyen, caractérisé par le *Pecten æquivalvis,* et se trouvent associés à du peroxyde rouge et à des variétés magnétiques ; à la Verpillière ainsi qu'à Villebois, ils reposent dans le lias supérieur. A Mondalazac (Aveyron), à Ougney (Jura), à Pisseloup (Haute-Saône), à Laissey (Doubs), c'est à la base de l'oolite inférieure qu'ils se montrent. Ils sont mélangés d'oxyde rouge. A Châtillon-sur-Seine, ils caractérisent l'étage oxfordien et sont nommés à cause de cela *minerais de fer sous-oxfordien.*

La formation néocomienne en renferme aussi quelques dépôts subordonnés ; mais les globules sont mélangés d'une quantité considérable d'alumine hydratée, qui leur enlève toute importance industrielle. Les gisements les plus abondants sont ceux des Baux près d'Arles et de Mazaugues (Var). Ils sont intercalés dans les Calcaires à *Caprotina ammonia.*

Les minerais oolitiques bleus, attirables à l'aimant, se distinguent des variétés ordinaires par quelques caractères chimiques et physiques particuliers. Ils sont fusibles au chalumeau et solubles dans les acides, en laissant de la silice gélatineuse. Leur composition dévoile qu'ils appartiennent à un silico-aluminate de fer hydraté. Cette variété, que l'on désigne aussi sous les noms de *Berthiérite* et de *Chamoisite*, se trouve à Moncontour, dans un terrain paléozoïque, à Hayanges (Moselle), dans le terrain jurassique, et à Chamoison (Valais), dans l'étage oxfordien : nous en avons observé un dépôt dans les Grès verts des environs du Pont-Saint-Esprit. Mais elle est peu répandue dans la nature comparativement surtout aux minerais oolitiques ordinaires.

Le Fer hydraté terreux constitue les *ocres jaunes*, qui sont la limite extrême du Fer hydraté. Il contient rarement au delà de 12 pour 100 de peroxyde de fer, qui se trouve mélangé avec des Argiles ou du sable fin. Aussi les ocres peuvent figurer aussi bien parmi les Argiles et les Grès que dans l'espèce de Fer hydraté; on les trouve généralement dans les mêmes localités que les variétés précédentes.

Le fer résineux ou des marais est d'origine moderne : il appartient soit aux terrains tertiaires supérieurs soit aux terrains d'alluvion. Il passe souvent à l'oxyde brun. Il forme des dépôts considérables dans diverses contrées basses ou marécageuses du nord de l'Europe et de l'Amérique.

USAGES.

Le Fer hydraté est le minerai de fer le plus abondamment répandu dans la nature et on l'exploite sur une multitude de localités pour en tirer le métal. Les filons de Rancié alimentent beaucoup de forges à la Catalane. Les minerais oolitiques et ceux dits en roche servent à la fabrication des fontes et des fers communs. La variété géodique et pisolitique, qui est presque constamment privée de Soufre, d'Arsenic et de Phosphore, fournit des fontes et des fers de première qualité, qui font la réputation des produits du Berry, de la Franche-Comté, du Périgord, etc.

Les minerais des marais doivent leur éclat résineux à l'acide phosphorique qu'ils renferment : or, la présence de cet acide, insignifiante sous le rapport chimique, est au contraire importante au point de vue industriel. Le fer qu'ils donnent est cassant à froid, la fonte qu'ils produisent est également fragile ;

mais cette dernière possède une propriété remarquable pour le moulage des objets d'ornement, c'est qu'étant plus fusible que la fonte ordinaire, elle dépense moins de combustible pour être employée en seconde fusion et elle prend mieux les empreintes. Les objets de fonte de Berlin sont faits avec ce minerai, fréquent en Prusse et en Pologne.

Les ocres jaunes, que par torréfaction on peut convertir en ocres rouges, sont utilisées comme couleurs communes pour la décoration extérieure des édifices.

ONZIÈME ESPÈCE. — FER CARBONATÉ.

Synonymie. *Fer spathique, Mine d'acier, Sidérose, Minerai de fer des houillères.*

VARIÉTÉS.

1. **Fer carbonaté spathique** (1). En masses lamellaires clivables.
   Baygorry, Rancié (Pyrénées), Allevart, Visille (Isère), Brosso (Piémont), Ténez (Afrique), Djaritz (Maroc), Bogota.
2. **Fer carbonaté orbiculaire**. Variété dans laquelle des fragments de Talcschiste sont enveloppés de Quartz et de Fer carbonaté.
   Le Chevrette près Allevart.
3. **Fer carbonaté lithoïde** (2). Variété d'une couleur grise très-foncée, presque noire, ou brune par suite d'un commencement de décomposition, à cassure pierreuse, ou fissile par l'interposition de feuillets argileux, ou terreuse.
   Glasgow (pays de Galles), Aubin (Aveyron), Brassac, La Voulte (Ardèche), St-Etienne, Saarbruck, La Biscaye.

---

(1) Composition du Fer carbonaté de Cornouailles :

		Oxyg.	Rapp.
Acide carbonique	38,72	28,01	2
Peroxyde de fer	59,97	13,65	1
Peroxyde de manganèse .	0,39	0,08	
Chaux	0,92	0,26	

La magnésie et la chaux étant isomorphes de l'oyyde de fer au minimum, la plupart des échantillons de Fer carbonaté contiennent de la chaux et de la magnésie en remplacement d'une quantité proportionnelle de fer.

(2) Les analyses suivantes font connaître la composition la plus ordi-

4. **Fer carbonaté réniforme.** En rognons plus ou moins volumineux engagés au milieu des Argiles.

Angleterre, Ronchamp (Haute-Saône), Saint-Etienne, Puechmignon, Alboy, Milhau (Aveyron), Saarbruck, environs de Constantine (Afrique), La Voulte.

5. **Fer carbonaté quartzifère.** Des grains de Quartz roulés dans la masse.

Angleterre, St-Etienne, Aubin (Aveyron).

6. **Fer carbonaté bitumineux.** Masses empâtées dans la Houille et souvent combustibles.

Angleterre.

7. **Fer carbonaté schistoïde.** Variété rendue schisteuse par l'interposition de feuillets de Schiste bitumineux, combustible.

Caldez (Ecosse), Cransac (Aveyron), Hyères (Var).

GISEMENT ET HISTOIRE.

Le Fer carbonaté spathique est une substance de filons qu'on rencontre dans les terrains anciens et même dans les terrains secondaires (Pyrénées, Alpes du Dauphiné), où il est généralement accompagné de Cuivre pyriteux et de Fer oligiste.

Le Fer carbonaté lithoïde, disséminé principalement dans le terrain houiller, se retrouve dans la plupart des terrains secondaires, en bancs ou en rognons intercalés dans ces terrains et contemporains des couches qui les contiennent.

Les minerais houillers sont fréquemment en rognons dans les Argiles schisteuses qui accompagnent la Houille; mais sou-

---

naire des principaux minerais houillers qui sont exploités tant en France qu'en Angleterre.

	Cross-Basket.	Forges de la Clyde.	Airdrie.	Brassac.	Aveyron.	Saint-Etienne.	Saint-Etienne.
Acide carbonique . .	32,53	30,76	35,17	25,5	28,9	38,4	31,6
Protoxyde de fer. . .	32,22	38,80	53,03	35,0	54,2	41,8	50,8
Protoxyde de mang.	»	0,07	»	0,3	1,1	4,1	1,0
Chaux.	6,62	5,30	3,33	»	0,3	0,2	3,5
Magnésie	5,19	6,70	1,77	1,6	0,9	0,3	»
Alumine	5,34	6,20	0,68	11,8	1,8	3,2	2,8
Peroxyde de fer . . .	1,16	0,33	0,23	»	»	»	»
Charbon	2,13	1,87	3,03	»	»	»	»
Soufre.	0,62	0,16	0,02	»	»	»	»
	100,37	101,00	98,61	100,07	100,00	100,00	100,00
Pesanteur spécifique.	3,17	3,22	3,41	3,22	3,36	3,25	3,38

vent aussi certaines couches de Grès de ce terrain fournissent du Fer carbonaté. Il en résulte que l'on divise les minerais houillers en deux sortes très-différentes pour leur richesse et leur mode d'exploitation.

Les uns, désignés par les Anglais sous le nom de *Ball-iron* (minerais en balles), constituent des rognons dans les Argiles voisines de la Houille. Ils existent même dans les couches de charbon. Leur richesse moyenne est d'environ de 38 pour 100 de fer.

Les autres, qui portent le nom de *Flat-iron*, forment des couches continues dans la partie inférieure du terrain houiller : ce sont, à bien dire, des couches de Grès enrichies par un suc de carbonate de fer. Leur richesse est donc variable : sous ce rapport ils sont moins avantageux que le minerai en rognons ; mais leur existence est plus certaine et par conséquent l'exploitation est plus régulière. Elle est indépendante de celle de la Houille, elle a lieu sur des parties différentes du terrain houiller riche en combustible, et souvent même sur des points différents. Ces rognons, ordinairement trop peu nombreux pour donner lieu en France à une exploitation utile, forment cependant une exception dans le terrain houiller de l'Aveyron. Le minerai en rognons est le plus pur et le plus riche ; mais sa présence n'est pas constante : il est disséminé dans les Schistes qui avoisinent la Houille, et quelquefois au milieu de la Houille même. Le minerai en couches est régulier, et son exploitation, sous ce rapport, est plus avantageuse que celle des rognons; mais le fer qu'il produit est beaucoup moins bon. Il forme une couche supérieure à la grande veine de Houille. On le retrouve dans cette position près de la mine de Serons et dans celle de la Grange. Le minerai de fer de Tramont paraît être également le prolongement de cette même couche. Cette couche n'est pas uniforme dans toute son étendue; sa puissance varie de 4 à 1 mètres. On exploite, dans le bassin de Saint-Etienne, quelques couches régulières. On les connaît à la *Mine du Cros* et au *Treuil*.

Dans la première, le minerai de fer constitue trois couches : deux irrégulières se composent de rognons isolés au milieu de l'Argile schisteuse ; la troisième, régulière, est épaisse de 40 à 70 centimètres : elle est comprise entre deux couches irrégulières, dont elle n'est séparée que par des lits d'Argile schisteuse, qui peuvent avoir 15 centimètres d'épaisseur. Cette bande de minerai de fer est intercalée entre deux couches de Houille.

Dans celle du Treuil (fig. 52), le minerai forme également une zone comprise entre deux couches de Houille qui, par leur

Fig. 52.

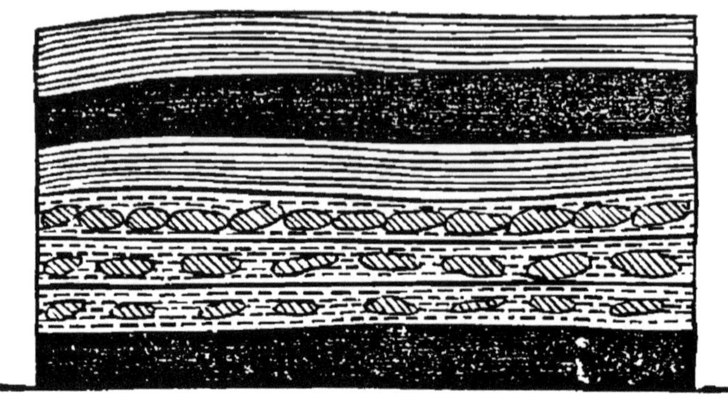

Disposition du Fer carbonaté lithoïde dans la mine du Treuil.

épaisseur et leur position dans le terrain houiller, paraissent correspondre aux deux couches de Houille du Cros. L'épaisseur de la zone ferrifère est de 4 mètres environ. On exploite trois couches au Treuil.

L'une d'elles, la supérieure, est presque continue, et le minerai y est en plaquettes : dans les deux autres, les rognons sont fort riches, mais inégalement distants, de sorte que ce gisement est irrégulier. Le minerai de fer est intercalé au milieu de l'Argile schisteuse : ce minerai est accompagné de taches de galène, de blende et de cristaux de Baryte sulfatée.

Le Fer carbonaté lithoïde se trouve aussi en rognons disséminés au milieu des Argiles et des Schistes bitumineux de la formation permienne des environs d'Alboy près de Rodez (Aveyron).

La formation jurassique renferme quelquefois du carbonate de fer : ainsi la mine de la Voulte (Ardèche), qui est exploitée sur une couche de plus de deux mètres de puissance, à la base de l'étage oxfordien, est composée de Fer oxydé rouge et de Fer carbonaté.

Dans beaucoup de localités, on observe, au milieu des étages marneux jurassiques, des rognons très-riches en Fer carbonaté et susceptibles de fournir de véritables minerais. Tels sont les rognons que l'on remarque dans le lias supérieur des environs de Milhau (Aveyron), et d'Orpierre (Drôme), et dans l'oxfordien de la Voulte.

Les marnes du terrain néocomien supérieur renferment, dans la province de Constantine, des rognons très-volumineux de cette substance. M. Dufrénoy en cite pareillement dans les Grès verts de la Biscaye, où ils sont utilisés dans les forges catalanes. Enfin la portion du terrain tertiaire, qui est désignée par le nom de terrain nummulitique, contient, en Toscane, de nombreux rognons de Fer carbonaté lithoïde engagés surtout au milieu des Argiles.

USAGES.

Le Fer carbonaté est un minerai important pour la préparation du fer et particulièrement propre au traitement dit à la catalane, qui n'exige que des fourneaux de petite dimension, peu dispendieux, et par le moyen desquels on obtient immédiatement du fer sans passer par l'état préalable de fonte.

Bien que généralement tous les terrains houillers contiennent du Fer carbonaté lithoïde, ce n'est que dans un petit nombre de localités qu'il existe avec assez d'abondance pour donner lieu à l'établissement de hauts-fourneaux. Quand cette circonstance se présente, la réunion du combustible et du minerai permet de fabriquer le fer à un prix fort modéré. Telle est la cause de la supériorité incontestable de l'Angleterre pour la production du fer. Trois bassins houillers admirablement placés pour l'exportation, ceux de Dudley, dont les produits se rendent à Liverpool, le bassin de Glasgow, qui domine le canal du Nord, et celui de Galles, situé sur les bords de l'Océan, fournissent du fer au monde entier. Mais dans ce pays exceptionnel pour sa richesse minérale, un grand nombre de terrains houillers sont très pauvres en fer : le bassin de Newcastle, le plus riche en houille du monde entier, n'a pu fournir assez de minerai pour la consommation de quatre hauts-fourneaux; mais sa position sur les bords de la mer a permis de recourir aux minerais de fer du Cornouailles, qui a reçu de la Houille en échange.

Production en fer et fonte moulés des divers Etats de l'Europe.

Angleterre	14,000,000 q. m.
Russie	1,500,000
France	3,700,000
Autriche	1,500,000
Allem. sept	1,800,000
Suède et Norwége	850,000
Belgique	880,000
Espagne	250,000
Sardaigne	90,000
Toscane	100,000

DOUZIÈME ESPÈCE. — MANGANÈSE PEROXYDÉ.

Synonymie. *Pyrolusite, Psilomélane, Peroxyde de manganèse, Manganèse oxydé barytifère.*

VARIÉTÉS.

1. **Manganèse peroxydé amorphe** (1). Masses à cassure unie un peu granulaire.
   Devonshire, Tarn, Westphalie, Elgersburg.
2. **Manganèse peroxydé concrétionné.** En masses stalactitiques de formes variables.
3. **Manganèse peroxydé dendritique.** Sous forme d'herborisations noires que l'on observe dans certaines Roches.
4. **Manganèse peroxydé barytifère** (*Psilomélane* [2]), **stalactitique.** En masses stalactitiques et concrétionnées.
   Romanèche, Saint-Martin de Fressengeas près Thiviers.

(1) Composition de la Pyrolusite

	de l'île de Timor par Berthier.	du dépt du Tarn par Dufrénoy.
Oxyde rouge de manganèse.	76	72,5
Oxygène en excès	9	9,8
Oxyde rouge de fer	2	14,2
Eau	1	1,6
Matière pierreuse	13	1,4

(2) La Psilomélane ne diffère de la Pyrolusite que par la baryte que la

5. **Manganèse peroxydé barytifère réniforme**. En rognons engagés au milieu des Argiles.

Frâne-le-Château (Haute-Saône).

6. **Manganèse peroxydé barytifère pisolitique**. En pisolites à couches concentriques engagées dans les Argiles.

La Chapelle, Frâne-le-Château (Haute-Saône), Eppénède (Charente).

GISEMENT ET HISTOIRE.

La Pyrolusite est le minerai de manganèse le plus commun dans la nature : elle forme des filons dans les terrains anciens

---

première contient, car ces caractères extérieurs sont fort analogues. Elle n'est jamais cristallisée ; sa cassure est constamment mate.

M. Bertier a trouvé la Psilomélane de Romanèche composée de :

				Oxyg.	Rap.
Oxyde rouge de manganèse	70,03	ou deutoxyde	25,3	7,50	4
Oxyde en excès.	7,20	peroxyde	52,2	18,78	»
Baryte.	16,50		16,5	1,72	1
Eau.	4,00		4,0	3,55	2

Cette analyse peut conduire à $BaM^4 + 2Aq$, avec mélange de Pyrolusite. Les proportions du manganèse de Romanèche se prêtent bien à cet arrangement. Mais M. Dufrénoy fait observer qu'il n'en est pas de même de la plupart des autres analyses, qui présentent en général des excédants d'eau, telle que celle de la Psilomélane de Saint-Martin de Fressengeac, qui est composée de :

				Oxyg.	Rapports.	
Oxyde rouge de mang. .	64,10	deutoxy.	17,50 =	5,20 =	1,924 +	3,28
Oxygène en excès. . . .	7,50	Pyrol.	54,07	19,45	»	19,45
Baryte	»		4,60	0,48	0,481	»
Eau	»		7,00	6,22	0,952 +	5,27
Oxyde rouge de fer . .	»		6,80	2,08	»	2,08
Matière insoluble. . . .	»		10,00	»	»	»

En prenant pour point de départ la baryte qui forme la base de la Psilomélane, on trouve qu'il existe dans le minerai de Saint-Martin excès de deutoxyde et d'eau, de sorte qu'il serait composé de :

Psilomélane ($Ba\,mn^4\,2Aq$)	12,12
Deutoxyde de manganèse en excès	11,04
Pyrolusite	54,07
Oxyde rouge de fer	6,80
Eau en excès.	5,94
Matière insoluble.	10,00
	99,97

Cet exemple, qui représente assez bien la moyenne de la Psilomélane,

ou dans les terrains paléozoïques. La Psilomélane, qui lui est constamment associée et qui de plus est mélangée de Pyrolusite, offre un grand intérêt à cause des circonstances qui accompagnent son gisement. Ce minerai occupe ordinairement une bande peu épaisse placée à la séparation des terrains anciens et des terrains secondaires. Tantôt les exploitations ont lieu dans les Roches anciennes, tantôt dans les Calcaires jurassiques qui les recouvrent : dans quelques cas, elles sont ouvertes dans le Grès infraliasique, connu sous le nom d'*Arkose*. Le manganèse y constitue des amas irréguliers sans direction constante : il y tapisse des poches pratiquées dans le sens de la stratification ou transversalement : enfin, il y est répandu, pour ainsi dire, sous forme de teinture, comme si un liquide coloré s'était infiltré dans le terrain. Quant au minerai qui tapisse les poches, il forme des rognons, des masses botrioïdes, des stalactites ou des masses amorphes à cassure compacte.

La mine de Romanèche, près de Mâcon, qui fournit le type de la Psilomélane, est une des plus intéressantes à étudier par sa richesse et par les diverses circonstances qui l'accompagnent : elle est exploitée dans l'intérieur même du village, au moyen d'excavations à ciel ouvert qui ont jusqu'à 20 mètres de profondeur. Elle repose dans l'*Arkose* et à quelque distance de Romanèche, l'*Arkose* est surmontée par le Calcaire à gryphites.

Dans la Dordogne, le manganèse de Saint-Martin de Fressengeas forme, suivant M. Dufrénoy, des rognons et des veinules dans le Calcaire de l'oolite inférieure : il y est accompagné d'Argile et de Jaspe en nodules irréguliers. Dans cette localité, on ne voit pas de relation apparente avec le terrain ancien, quoique ce gisement soit près de la ligne de contact de ce terrain ; mais à l'Age-Saint-Martin, qui dépend de la même concession, le minerai est dans le Granite schistoïde.

A Excidouil, le manganèse est intercalé dans l'étage jurassique moyen : l'étage inférieur existe, en sorte que l'épaisseur du Calcaire qui sépare le gîte de manganèse des Roches anciennes est considérable. Le manganèse forme des veines irré-

---

montre que la Pyrolusite en forme souvent la plus grande partie et lui donne ses principaux caractères. Elle nous apprend aussi que ce genre de minerai est d'un usage très-avantageux dans les arts, mais qu'il est difficile de le constituer comme espèce.

gulières courant sans aucune loi dans le Calcaire, et si le manganèse était enlevé seul, il resterait des cavités sinueuses qui seraient assez analogues à celles qu'un liquide corrodant pourrait produire, suivant le plus ou moins d'agrégation de la Roche.

A Fousseyreaux, le manganèse existe dans l'oolite inférieure, qui est en partie à l'état saccaroïde, et en partie à l'état dolomitique : le minerai y forme des veinules et de petits amas irréguliers.

Enfin, j'ai eu l'occasion de constater moi-même, dans l'arrondissement de Confolens et sur la continuation de la bande qui, dans le département voisin de la Dordogne, renferme le manganèse, à la séparation des terrains anciens et secondaires, deux gisements de Psilomélane, le premier au pont du Cluseau, commune de Chantresac, et le second entre Hiesse et Epénède, mais très-près de ce dernier village. Au pont du Cluseau, le manganèse forme des veinules irrégulières dans des Silex jaspoïdes, qui renferment aussi de l'Allophane rose : à Epénède, le minerai se présente en pisolites agglutinées à la manière des mines de fer en grains. Dans ces deux localités, les Silex et le manganèse appartiennent incontestablement au terrrain tertiaire supérieur, car ils reposent transgressivement, à Chantresac, sur l'oolite inférieure, le lias supérieur et le lias moyen, et à Epénède, sur les Dolomies du lias inférieur : or, comme dans la Dordogne les gisements de manganèse ne sont pas recouverts et que de plus ils se trouvent à divers niveaux dans la formation jurassique, je soupçonne qu'ils sont également de date tertiaire.

Toutefois, on ne saurait contester l'âge tertiaire de la Psilomélane réniforme et pisolitique de Frâne-le-Château dans la Haute-Saône ; car dans cette localité elle gît sur les Calcaires lacustres miocènes et est confondue avec la mine de fer en grains dans les mêmes Argiles pliocènes. Le minerai n'est pas répandu d'une manière uniforme dans toute l'étendue de la formation sédimentaire : il affecte des gisements particuliers dont il serait difficile de préciser les lois de distribution. Il se présente le plus souvent sous forme de galets aplatis, minces, à surface polie, comme s'ils avaient subi un frottement par les eaux ; leur cassure est pierreuse et compacte : mais en examinant avec attention leur structure interne, on découvre que ces espèces de galets n'ont pas été roulés, mais qu'elles se composent de couches concentriques et qu'elles ont été déposées à la manière des minerais géodiques des environs de Fumel et de Libos (Lot); souvent même on remarque que leur centre est occupé par un noyau d'Argile. Elles ne diffèrent donc des fers en grains ou géodiques que par leur composition.

USAGES.

La Pyrolusite et la Psilomélane servent à la fabrication du chlore ou de l'eau de javelle, dans les fabriques de toiles peintes et dans les blanchisseries : elles sont aussi employées pour la préparation de l'oxygène, dans les laboratoires, et pour purifier le verre blanc de quelques matières qui le colorent et qui sont détruites par l'oxygène qui se dégage des matières magnésiennes à une haute température.

DEUXIÈME GROUPE.—ROCHES DÉPOSÉES MÉCANIQUEMENT.

Substances dont les éléments provenant de la destruction de Roches déposées antérieurement, ont été tenus en suspension dans un liquide et se sont ensuite déposés au fond des eaux par l'effet de la pesanteur.

Ce groupe renferme les espèces suivantes :

1° Schiste argileux.
2° Argile.
3° Grès.
— A éléments volumineux (*Poudingue*).
— A grains désagrégés (*Sable*).

PREMIÈRE ESPÈCE. — SCHISTE ARGILEUX.

Synonymie. *Ardoise, Ampélite, Schiste alumineux, Schiste graphique, Schiste coticulaire, Novaculite, Tonschiefer, Schiste tégulaire, Pséphite, Schiste carburé, Alaunschiefer.*

Roche à structure schisteuse et feuilletée, essentiellement formée par des silicates d'alumine dont la composition très-variable par suite du mélange de plusieurs silicates ne peut être rapportée à aucun type minéralogique bien déterminé : indélayable dans l'eau, ce qui la distingue des Argiles proprement dites.

VARIÉTÉS.

1. **Schiste argileux tégulaire** (*Ardoise*). Variété se laissant diviser en feuillets minces et solides (1)

Environs d'Angers, Braunsdorf (Saxe), Glaris, Lavagna, Cevins, Doucy, Servoz, la Bathia (Savoie), Salettes près Corps, Charleville.

2. **Schiste argileux coticulaire**. Variété à texture schisto-compacte.

Vallée d'Ustou (Pyrénées), Salm-Château en Ardenne, Alternau (Hartz), Seffendorf (Saxe), Bohême, Levant, Egypte, Romanella près Campiglia, Caldana (Toscane).

3. **Schiste argileux commun**. Variété à cassure inégale.

Esquiéry (Pyrénées), Ginetz (Bohême), environs d'Angers, Campiglia, Maroc.

4. **Schiste argileux carburé** (*Ampélite, Schiste alumineux* et *graphique*). Variété mélangée de carbone.

Bagnères-de-Luchon, Saxe, Auvergne, Pays de Liège, Saarbruck, Angleterre, Italie, Morilla (Espagne), Cotentin, Haute Franconie.

5. **Schiste argileux bituminifère**. Variétés pénétrées de bitume en quantité variable.

Muse (Saône-et-Loire), Mansfeld (Thuringe), Lodève (Hérault), Morre, Mouthiers, Salins (chaîne du Jura), Boll, Neffiez, Vallée du Reyran (Var).

6. **Schiste argileux grésifère** (*Grauwackenschiefer* [2]). Variété contenant des grains de Quartz et passant à un Grès schisteux.

Goslac (Hartz), Planitz (Saxe), Houfalire (Luxembourg), Vallée du Larboust (Pyr.), La Tuilière près Lodève.

---

(1) Composition d'une Ardoise d'Angers (1), d'une Ardoise d'Allemont (2), du Schiste coticulaire (3) :

	(1)	(2)	(3)
Silice	0,486	60,40	0,713
Alumine.	0,235	21,40	0,153
Oxyde de fer. .	0,113	6,20	0,093
Magnésie	0,016	0,20	»
Potasse	0,047	4,60	»
Eau	0,076	7,00	0,033
Chaux.	»	0,20	»

(2) On a donné le nom de *Pséphite* à une Roche conglomérée, compo-

7. **Schiste argileux calcarifère.** Variété renfermant du Calcaire et devenant effervescente.

Taninges (Alpes), Vallée de Campan (Pyrénées), Campiglia (Toscane), Cumberland.

8. **Schiste argileux pyrytifère.** Du Fer sulfuré disséminé dans la masse.

Bagnères-de-Luchon, Angers, Liège, Saxe, Angleterre.

GISEMENT ET HISTOIRE.

Les Schistes argileux se liant d'une part aux Micaschistes et aux Talcschistes, qui ont une composition susceptible d'être déterminée assez exactement, et de l'autre à des Grès et à des Roches argileuses, possédant des signes non équivoques de leur origine sédimentaire par voie d'opération mécanique, il devient très-difficile de préciser avec exactitude ce qu'on doit entendre par le mot de *Schiste argileux;* et cette difficulté est exagérée encore par les modifications profondes que quelques-uns de ces Schistes ont éprouvées postérieurement à leur dépôt et qui leur ont imprimé des caractères de cristallinité et de solidité indépendants de la position qu'ils occupent dans la série stratigraphique. Nous aurons donc à établir dans ces Roches deux divisions, dont l'une comprendra les *Schistes argileux normaux,* c'est-à-dire qui n'ont subi aucune transformation, et la seconde, les *Schistes argileux anormaux,* qui figureront parmi les Roches métamorphiques.

Les Schistes argileux normaux, qui sont formés au détriment du Feldspath des Roches primitives, se montrent très-abondants dans les terrains paléozoïques, où ils alternent avec des Grès et des Calcaires : on peut citer les terrains siluriens et dévoniens de la Bohême, de l'Angleterre, des Pyrénées, du Maroc, de l'Espagne, des Etats-Unis, les terrains houillers et permiens : ils se montrent aussi dans les formations jurassique (Toscane) et crétacée (Glaris), mais d'une manière pour ainsi dire exceptionnelle. Ce sont généralement des Roches d'aspect

sée d'une pâte schisteuse renfermant des fragments de diverse nature, mais le plus souvent schisteux. Cette Roche forme des couches et amas à texture poudingiforme et bréchiforme, et se rencontre le plus fréquemment dans les terrains paléozoïques, le terrain houiller et le permien. Il est évident que cette Roche ne peut être conservée comme espèce, car elle appartient au Schiste argileux ou bien au Grès.

terne, chargées quelquefois de paillettes de Mica, colorées en brun, en jaune ou en vert, ou bien en noir : dans ce dernier cas, leur coloration est due à des matières charbonneuses. Comme elles renferment ordinairement des fossiles, rien n'indique que leur structure ait été modifiée d'une manière notable sous l'influence d'agents métamorphiques.

Bien que le *Schiste argileux* proprement dit et le *Schiste ardoisier* soient liés entre eux par des transitions insensibles, on peut dire qu'en général l'ardoise se distingue par la facilité avec laquelle elle se débite en feuillets très-minces, longs, larges, parfaitement droits, sonores et assez durs pour ne pas se laisser rayer par le cuivre, tandis que le Schiste argileux est plus tendre, moins solide, et ses feuillets sont aussi moins épais et moins étendus. Un mélange de sable plus ou moins fin et de paillettes de Mica détermine le passage aux Grès schisteux dans l'Ardenne, et aux Grès schisteux anthracifères dans la chaîne des Alpes. Les ardoises du permien de Lodève ne sont, à proprement parler, que des Grès à grains de Quartz microscopiques, rendus fissiles par l'interposition de paillettes de Mica.

Quelques géologues et entre autres MM. Dufrénoy et E. de Beaumont admettent que les ardoises, sinon toutes en général, sont des Schistes argileux qui ont été durcis par la chaleur ensuite de laquelle il s'est développé une ébauche de cristallisation. Le passage graduel que l'on observe près de Seix, dans la vallée de Salat (Ariége), entre les Schistes siliceux, les Schistes ardoisiers et les Schistes normaux du lias ne laissent planer aucun doute sur la légitimité de cette explication. La fissilité extraordinaire qui permet de diviser cette Roche en plaques minces et unies serait due à une altération que celle-ci a éprouvée dans sa structure, par un changement moléculaire postérieur à son dépôt. Cette disposition schisteuse ne serait pas, comme on le croit généralement, le résultat d'un dépôt par couches minces; mais les lits des couches sont souvent obliques aux plans de fissilité de l'ardoise, de sorte qu'on reconnaît que la structure de cette Roche a été soumise successivement à deux causes différentes, la première, sédimentaire, aurait déposé la Roche par couches plus ou moins épaisses; la seconde, dérivant plus ou moins directement de phénomènes ignés, aurait permis aux molécules de s'associer différemment, et leur aurait communiqué un état à la fois cristallin et fissile. Cette fissilité et une tendance bien prononcée à se casser en long et à se diviser en esquilles dans le même sens, ont été signalées par M. Fournet pour les Schistes durcis de Martigny, et se remarquent à chaque pas dans les terrains paléozoïques de la chaîne des Vosges. Il est à noter que ce clivage se montre aussi dans les pierres à rasoir, car la division en feuillets se prolonge indistinctement du coticule jaune jusque dans l'ardoise brune, sans que le changement de couleur se fasse sentir dans la direction des joints. Mais est-ce bien à des phénomènes ignés qu'il convient de rapporter la cause de cette fausse stratification? On serait tenté d'en douter, quand on examine ces gigantesques trilobites couchés dans le sens des feuillets sur les ardoises d'Angers et quand, près de Besançon, on observe dans l'étage corallien des Calcaires argileux dans lesquels des lignes de clivage, opérées par suite de retrait, établissent une séparation régulière des couches dans une direction oblique à celle des bancs voisins qui, n'étant pas argileux, n'ont pas été soumis à un retrait de cette nature. On signale une disposition analogue dans les Schistes marneux des étages liasien et oxfordien des Alpes de la Provence, ainsi que dans les Schistes subordonnés au Calcaire nummulitique des Apennins, et décrits par les géologues italiens sous le nom de *galestri*.

La présence du charbon conduit aux *Schistes carburés* (*Ampélite*), dont la couleur noirâtre est singulièrement affaiblie par l'action de la chaleur. Ces variétés de Roches ont une texture schisto-compacte, souvent tourmentée et quelquefois terreuse. Elles sont généralement pénétrées de pyrites de fer dont la décomposition engendre des efflorescences composées de sulfate de fer et d'alumine. On les rencontre assez communément dans les Pyrénées, associées aux Schistes argileux de la période silurienne. Elles sont aussi en relation avec des Grès micacés dans lesquels on trouve des orthocères, comme dans les gorges d'Esquiéry. Au-dessus du Pont-des-Soupirs, près de Bagnères-de-Luchon, elles renferment des macles dont la couleur blanche ressort d'autant plus vivement, que le Schiste qui leur sert de gangue est parfaitement noir. Cependant leur gisement le plus ordinaire est dans le terrain houiller (pays de Liège, Saxe, Saarbruck, Angleterre).

Les *Schistes bitumineux*, dont on peut retirer de l'huile par la distillation, sont principalement abondants à la partie supérieure de la formation houillère (environs d'Autun, d'Igornay et d'Epinac). Ils sont noirs et ont une puissance qui va quelquefois jusqu'à 60 mètres. Les terrains permiens en contiennent aussi ; tels sont ceux de Mansfeld en Thuringe, de Lodève et de Neffiez dans l'Hérault. Enfin, ils remontent jusque dans la formation jurassique : en effet, dans la chaîne du Jura ils constituent (Beurre, Morre, Mouthiers, Vorges, Salins, Bolandoz) la base du lias supérieur. C'est dans une position identique qu'on les retrouve à Boll dans le Wurtemberg, etc.

Le *Schiste coticulaire* n'offre généralement pas la fissilité que l'on remarque dans les autres variétés de Schistes argileux. Sa texture est schisto-compacte ; elle devient même quelquefois compacte jusqu'au point de prendre la cassure conchoïde. Il forme des couches ou des veines subordonnées dans les terrains paléozoïques inférieurs (Ardenne, Hartz, Bayreuth). Près de Campiglia (Toscane), il appartient à la formation jurassique.

USAGES.

L'ardoise est employée à couvrir les toits, à faire des tables, des planches à écrire. Son exploitation donne naissance à un commerce très-important. On obtient des ardoises suffisamment solides qui n'ont pas plus de 5 millimètres d'épaisseur et souvent moins, dont 3 mètres 79 centimètres carrés de couverture ne pèsent que 50 à 62 kil., ce qui permet d'employer des couvertures légères et par conséquent les charpentes les moins dispendieuses. Ce sont les ardoises d'Angers et de Charleville qui sont faites avec le plus de soin. Les premières fournissent presque entièrement à la consommation de Paris.

Les ardoises épaisses sont recherchées dans les localités où les vents ont fréquemment beaucoup de violence, ainsi que dans les montagnes où il tombe beaucoup de neige, parce que par leur poids elles offrent une résistance suffisante.

Le Schiste coticulaire sert à affuter les instruments fins, les canifs, etc. Les pierres à rasoir sont ordinairement des parallélipipèdes taillés de manière que la partie inférieure soit composée de l'ardoise dans laquelle le coticule forme des veines.

Les *ampélites* alumineux (*Alaunschiefer*) sont exploités dans beaucoup de localités pour la préparation de l'alun. Partout où il en existe des masses considérables, on les lessive pour en retirer le sel. On y supplée souvent en étendant les ampélites pyritifères sur des aires et en les humectant, afin de favoriser la décomposition des pyrites. Les variétés dites *graphiques*, et qu'on désigne aussi sous les noms de *Pierre d'Italie, crayon des charpentiers, crayon noir, zeichenschiefer,* fournissent les crayons qui servent aux ouvriers et même aux dessinateurs : on les emploie aussi en peinture. Les meilleurs proviennent de l'Italie, de Morilla en Espagne, de la haute Franconie.

Wieglieb a trouvé le crayon d'Italie composé de :

Silice.	0,641
Alumine.	0,110
Carbone.	0,110
Oxyde de fer.	0,027
Eau.	0,072
	100,000

Les *Schistes bitumineux* renferment des huiles volatiles qu'on extrait par la distillation. La quantité de matières huileuses dont ils sont imprégnés est très-variable et souvent très-considérable. Il existe dans le bassin d'Autun quelques échantillons rendant de 45 à 50 pour 100. Les couches exploitées ou susceptibles de l'être, rendent de 5 à 9 pour 100; toutes celles qui ne contiennent pas 5 pour 100 doivent être rejetées. On observe dans la chaîne du Jura, à la base du lias supérieur, des assises très-puissantes d'un Schiste bitumineux feuilleté que l'on a cru être propre à la fabrication de l'huile de Schiste. On a eu l'intention de le distiller dans une usine que l'on a élevée à Mouthiers, et dont la construction a été interrompue.

DEUXIÈME ESPÈCE. — ARGILE.

Synonymie. *Smectite, Terre à foulon, Fullersearth, Argile plastique, Terre de pipe, Terre à pot, Terre glaise, Ocre jaune, Ocre rouge, Sanguine, Marne, Limon.*

Roche essentiellement composée de silicate alumineux hydraté, plus ou moins mélangé, et ayant la propriété de se délayer, de faire pâte avec l'eau et de durcir au feu.

VARIÉTÉS.

1. A. **PLASTIQUE** (*Terre de pipe* [1]). Variété possédant une grande plasticité.

Devonshire, Ardennes, Hesse, Arcueil, Vanvres, Nevers, Provins, Strasbourg, Dreux, Chalais, Forêt-de-Chaux (Jura).

2. A. **SMECTIQUE** (*Terre à foulon* [2]). Variété se délayant avec facilité dans l'eau, lui donnant une apparence savonneuse et ayant la propriété de dégraisser les étoffes, mais ne faisant qu'une pâte courte.

Angleterre, Belgique, Silésie, Comté de Surrey.

---

(1) Analyses des Argiles les plus estimées, soit pour la fabrication des poteries fines, soit pour celle des vases ou de briques réfractaires.

	Silice.	Alumine.	Oxy. de fer.	Chaux.	Magnés.	Eau.
Du Devonshire	49,60	37,40	»	»	»	11,20
Harford	64,24	25,23	1,52	1,24	»	7,52
D'Andennes.	52,00	27,00	2,00	»	»	19,00
De Hesse.	47,50	34,37	1,24	0,50	1,00	14,50
Abondant près Dreux	50,60	35,20	0,40	»	»	13,10
Arcueil.	62,14	22,00	3,09	1,68	»	11,01
Vanvres	51,84	26,10	4,91	2,25	0,23	14,58
Dourdan.	60,60	26,39	2,50	0,84	»	9,20
Forges-les-Eaux . . .	65,00	24,00	»	»	»	11,00
Gaujac	46,50	38,10	»	»	»	14,50
Montereau.	64,40	24,60	»	»	»	10,00
Nevers.	62,50	23,15	»	2,30	»	12,65
Provins	50,95	34,45	1,62	4,75	1,80	12,60
Strasbourg	66,70	18,20	1,60	»	0,60	12,00
Stourbridge.	63,70	22,70	2,00	»	»	10,30

M. Brongniart admet que les Argiles véritablement plastiques et privées d'eau, contiennent moyennement 57,42 de silice sur 42,58 d'alumine, ce qu'on exprime par la formule $Al^2 Si^5$. Hors de cette limite, il y a un excès, soit de silice, soit d'alumine, et les propriétés des Argiles en éprouvent une certaine variation.

(2) Analyse de quelques terres à foulon

	de Reigate.	du Hampsire.	de Silésie.
Silice.	50,80	51,00	48,50
Alumine	23,00	17,00	18,50
Chaux	2,30	0,50	»
Oxyde de fer . . .	0,70	5,75	6,00
Magnésie	0,20	1,25	1,50
Eau	24,50	24,00	25,50
	101,50	99,50	100,00

3. A. **FIGULINE** (*Terre à pot*). Variétés liantes, mais moins tenaces que l'Argile plastique.

Meudon, Moncley (Doubs), Benest, Saint-Eutrope (Charente).

4. A. **TÉGULINE**. Variétés communes, impures.

Châteauneuf, Gurat (Charente), environs d'Aix, Palente, Morre (Doubs).

5. A. **CALCARIFÈRE**. Mélangée en proportions variables de carbonate de chaux, et passant, par la prédominance de celui-ci, à des Calcaires argileux ou marnes.

6. A. **SCHISTEUSE**. A structure feuilletée.

Cransac (Aveyron), Puget (Var), Salins (Jura), Beurre (Doubs), Aix, Montmartre.

7. A. **MICACIFÈRE**. Remplie de paillettes de Mica qui lui donnent une structure feuilletée.

Carmeaux (Tarn), Estérel (Var), Aubin (Aveyron), Saint-Etienne, Autun.

8. A. **SABLEUSE**. Variétés mélangées de grains de sable disséminés dans la pâte.

Aveyron, Estérel, Aix, Charente, Saint-Paul-Trois-Châteaux (Drôme).

9. A. **FERRUGINEUSE**. Variétés se distinguant par une forte proportion de Fer hydraté (*ocre jaune*) qui les colore en jaune, ou d'oxyde rouge de fer qui les colore en rouge (*ocre rouge*).

Environs d'Aix, Roussillon (Vaucluse), île d'Elbe, La Voulte (Ardèche).

10. A. **BITUMINEUSE** (1). Variété mélangée de bitume ou de particules charbonneuses.

Scheffleld (Bavière), Collobrières (Var), Aubin, Carmeaux, Fuveau, etc.

---

(1) Composition des Argiles bitumineuses de Scheffield, en Angleterre (1), et de Bavière (2) :

	(1)	(2)
Silice	58,40	41,20
Alumine	22,50	14,70
Charbon	5,80	30,90
Oxyde de fer. . .	3,00	5,60
Magnésie	»	1,00
Eau.	10,30	5,60
	100,00	99,00

11. A. PYRITIFÈRE. Variété contenant des rognons ou des grains de pyrite de fer.

Palente (Doubs), Aubin, Soissonnais, etc.

12. A. SALIFÈRE. Variété imprégnée de Sel gemme.

Salins, Grozon (Jura), Dieuse, Zouabis (province de Constantine), Cardona (Espagne).

GISEMENT ET HISTOIRE.

Les Argiles sont des Roches remaniées et provenant de la décomposition du Feldspath des Roches d'origine ignée. La destruction des Roches granitiques et des Schistes cristallins riches en Quartz, a fourni deux éléments distincts aux terrains sédimentaires qui se sont formés à leurs dépens : d'un côté les Quartz roulés qui ont donné naissance aux Poudingues, aux Sables et aux Grès ; et de l'autre les particules vaseuses qui ont été tenues en suspension dans les eaux, et ont été déposées ensuite en vertu des lois de la pesanteur. Aussi il existe un passage réel, une analogie frappante entre certains Kaolins et les Argiles ; il est même rare que celles-ci ne renferment pas une certaine quantité de potasse.

La formation des Argiles par voie de transport explique d'une manière naturelle leur différence de composition : elles consistent en la réunion de grains d'une ténuité extrême, dont chacun pourrait présenter une combinaison distincte, mais provenant de minéraux différents. Leur mélange avec des grains sableux, des matières salines ou bitumineuses, avec du carbonate ou du sulfate de chaux, du Mica, leur coloration, se déduisent des conditions mêmes de leur existence, et dévoilent, au sein du liquide au fond duquel elles se sont stratifiées, la double intervention des dépôts d'origine mécanique et des dépôts d'origine chimique, ou l'influence prédominante d'un d'entre eux. Aussi la classification des Argiles, au point de vue de la nature de leurs éléments constituants, offre-t-elle beaucoup de difficultés. Les géologues les divisent, et avec raison, d'après les terrains dans lesquels on les observe, tandis que les technologistes leur imposent des noms empruntés aux usages auxquels elles sont employées.

M. Dufrénoy les répartit en deux groupes distincts à la fois par leurs caractères extérieurs, leurs propriétés chimiques et leur emploi dans les arts.

Le premier groupe contient les combinaisons de silice, d'alumine, qui ne renferment que 10 à 12 pour 100 d'eau. Elles sont inattaquables par les acides, ou du moins ces réactifs ne dissolvent au plus qu'un quart de leur masse. Les terres qui présentent ces caractères font avec l'eau une pâte ductile qui se façonne aisément; elles sont par suite spécialement employées à la fabrication des poteries.

Les Argiles qui constituent le second groupe contiennent de 22 à 25 pour 100 d'eau. Elles sont solubles ou du moins attaquables en entier par les acides; la pâte qu'elles font avec l'eau est peu liante et se déchire; au feu elles se déforment, se gercent, enfin elles fondent avec facilité. Il résulte de ces caractères que ces Argiles ne peuvent être employées seules à la fabrication des poteries, et lorsqu'on s'en sert à cet usage, c'est par exception, en les mélangeant avec d'autres terres. Mais elles possèdent des propriétés particulières qui les font rechercher avec soin, c'est de se combiner aux graisses, avec lesquelles elles font un savon terreux. Elles servent à dégraisser les laines, et portent le nom de *terre à foulon*, *d'Argiles smectiques*.

Comme les Argiles se trouvent répandues avec une abondance extrême dans toutes les formations sédimentaires, ce serait s'engager dans des digressions oiseuses que d'énumérer les diverses positions qu'elles occupent dans la série des terrains. On peut dire, d'une manière générale, qu'elles tiennent dans les formations une place intermédiaire entre les Grès qui en forment la base et les Calcaires qui les terminent presque toujours; souvent même les Grès sont à pâte argileuse, tandis que les premières couches calcaires contiennent également une quantité notable d'Argile. Or, les Grès sont incontestablement des Roches de transport, tandis que les Calcaires sont déposés par voie de dissolution. Les Argiles sont donc placées à la fin des dépôts mécaniques et au commencement des sédiments chimiques. Les terrains secondaires et tertiaires sont principalement riches en Roches argileuses.

Le limon n'est autre chose qu'une Argile ordinairement mélangée d'autres matières. Il est très-abondant dans les vallées et dans les plaines basses. Il constitue la base principale des terrains de deltas et d'embouchure, et des meilleures terres végétales.

USAGES.

Les Argiles *plastiques* fournissent la terre à faïence fine. Leur couleur est le blanc sale, le gris clair, le brun et le jaunâtre. Les variétés blanches sont employées à la fabrication des poteries dites *terres de pipe, terres anglaises*. Les Argiles de Forges-les-Eaux, d'Abondant près Dreux, et des environs de Chalais (Charente), servent à façonner des pots de verrerie, des cazettes à cuire la porcelaine dure, usages qui exigent des Argiles réfractaires.

Les faïences communes sont faites avec les *Argiles figulines*, ainsi que les terres cuites, les briques, et en général les poteries qui n'ont pas besoin d'être soumises pour leur cuisson à une haute température. Pour les *briques*, les *carreaux*, les *tuiles*, les *poteries grossières*, on emploie toutes les espèces d'Argiles qui se trouvent à différents étages des formations secondaires ou tertiaires. Les carreaux à pâte fine et auxquels on donne la forme hexagonale, qui sont connus dans le midi sous le nom de *moëllons d'Auriol*, sont formés avec une Argile tertiaire rouge très-répandue dans la basse Provence.

Les Argiles calcarifères connues sous le nom de *marnes*, sont utilisées pour l'amendement des terres. Dans la chaîne du Jura, c'est l'étage oxfordien qui est surtout exploité pour cet usage, et sous ce rapport il rend des services immenses à l'agriculture.

Les variétés qui possèdent la propriété d'absorber les corps gras, sont désignées sous le nom d'*Argile smectique*; elles sont très-grasses au toucher, se délaient dans l'eau, qu'elles rendent plus ou moins savonneuse, ce qui fait que dans les endroits où elles existent, le peuple s'en sert pour blanchir le linge et pour tous les usages auxquels nous employons ordinairement le savon. Elles sont de la plus grande utilité pour les fabriques de draps, et c'est par leur moyen qu'on débarrasse ces tissus de l'huile dont on a été forcé d'imbiber la laine pour la travailler. On foule ces étoffes avec cette terre sous des pilons de bois, et c'est de là qu'est venue la dénomination de *terre à foulon*. C'est aussi une Argile smectique qu'on emploie comme pierre à détacher, qui est particulièrement utile pour les taches de graisse.

Les matrices dans lesquelles on coule les canons, les cloches et les diverses pièces de moulage, sont également préparées avec de l'Argile. Ce sont aussi les variétés presque infusibles au feu qui sont mises en œuvre pour la fabrication des briques réfractaires, dont on revêt les soles et les cheminées des fourneaux qui doivent résister à une très-haute température. Nous avons déjà parlé de l'emploi de l'Argile, à l'espèce Calcaire, pour la préparation des *chaux hydrauliques* et des *ciments*. En traitant les Argiles par l'acide sulfurique, on obtient du sulfate d'alumine, qui entre dans la composition de l'alun du commerce,

Quelques variétés d'*ocre* sont particulièrement recherchées, à cause de la vivacité de leurs teintes, pour les peintures les plus délicates. On les prépare par le broiement, le lavage. Au moyen de ce procédé, on sépare les parties les plus fines, qui restent suspendues dans l'eau, et ne se déposent qu'après un certain temps. Ce sont les Argiles ferrugineuses préparées, tantôt à l'état naturel, tantôt calcinées, qui constituent les *ocres jaunes, rouges* ou *brunes,* la *terre d'Ombre,* la *terre de Sienne,* la *terre d'Italie,* le *brun rouge*, etc.

Les *Argiles bitumineuses,* lorsqu'elles sont infusibles, sont employées avec avantage pour la fabrication des creusets pour acier fondu. Le charbon dont elles sont pénétrées, en brûlant, rend les creusets poreux ; ils peuvent alors supporter plus facilement le passage incessant d'une température élevée à la température ordinaire et réciproquement, auquel ils sont exposés, quand on sort les creusets du feu pour couler l'acier dans les moules, ou lorsqu'on les reporte dans les fourneaux.

Ainsi, comme le fait remarquer M. Beudant, les Argiles de toutes sortes, qui se trouvent en si grande abondance à la surface de la terre, et sur lesquelles le minéralogiste daigne souvent à peine jeter un regard, sont de la plus haute importance sous les rapports économiques, et constituent une valeur en quelque sorte inappréciable. On estime qu'il existe en France seulement plus de trois cents fabriques de poteries, qui en livrent annuellement pour plus de 25 millions de francs. La confection des briques et des tuiles fournit encore à l'existence d'un grand nombre d'hommes, et s'élève à plus de 17 millions de francs.

TROISIÈME ESPÈCE. — GRÈS (1).

Synonymie. *Arkose, Métaxite, Psammite, Traumate, Grauwacke, Molasse, Macigno, Gompholite, Anagénite, Sandstein, Sandstone, Poudingue, Nagelflue, Sable.*

Roche essentiellement composée de Quartz, à texture grési-

---

(1) L'*Arkose* n'est autre chose qu'un Grès formé au détriment du Granite, dans le voisinage, ordinairement du moins, de cette Roche. M. D'Omalius d'Halloy, dans sa méthode, considère comme *Arkose* non-seulement les Grès feldspathiques, mais encore la *pegmatite*, quand le Feldspath cessant d'être prédominant, est cependant moins abondant que le Quartz, ainsi que l'*Hyalomicte* qui retient du Feldspath. La *Métaxite* de M. Cordier est une *Arkose* dont le Feldspath est passé à l'état de *Kaolin*. Suivant des différences de texture on a distingué l'*Arkose commune*, la *granitoïde*, la *miliaire*.

Le *Psammite* ne sert qu'à distinguer les Grès micacifères et argileux. Le *Macigno*, dont le nom s'applique en Italie aux Grès de la formation nummulitique et la *Molasse* représentent des Grès argilo-calcaires. On donne le nom de *Gompholite* et de *Nagelflue*, à une espèce de Poudingue à ciment de grès calcaréo-argileux. La dénomination de *Grauwacke* désigne plutôt un terrain qu'une variété de Roche. On l'applique pourtant à certains Grès des terrains paléozoïques formés aux dépens des Roches primitives. L'*Anagénite*, qui correspond à la *Grauwacke* à gros grains des Allemands, comprend certains Grès ou Poudingues entremêlés de feuillets de Talcschiste. Enfin le *Mimophyre* est une variété de Grès à ciment argileux, dans lequel les éléments roulés sont implantés et isolés, de manière à imiter la structure dite porphyroïde.

Comme l'espèce Grès, telle que nous l'entendons et que nous l'appliquons dans un sens très-général, est une Roche essentiellement formée aux dépens des Roches préexistantes, et dont les fragments roulés, au point de vue de leur composition minéralogique et de leur volume, peuvent offrir une infinité de variations, il nous a paru superflu de surcharger la méthode de noms particuliers suivant la taille, la prédominance ou la présence persistante ou accidentelle de tel ou tel élément, quand cet élément n'était pas essentiel. Des épithètes convenablement choisies suffisent bien certainement pour exprimer toutes les associations possibles de Roches passées à l'état roulé. La seule condition exigée pour avoir un Grès, c'est que le ciment qui unit les fragments soit quartzeux, ou que le Quartz à l'état de grains l'emporte sur les autres parties constituantes du ciment. Si la pâte devenait calcaire ou argileuse par l'adjonction du carbonate de chaux ou d'Argile, les expressions *Grès argileux, Grès calcarifère, Grès argilo-calcaire,* rendraient bien mieux compte de cette composition que les mots de *macigno* ou de *psammites*.

En étabissant trois divisions dans notre espèce de Grès, suivant le volume des fragments roulés, divisions qui comprennent les Grès propre-

forme ou arénacée, servant de ciment à des fragments de Quartz ou d'autres Roches arrondies par le frottement.

VARIÉTÉS.

A. *Grès à grains du volume d'un petit pois et au-dessous.*

1. G. **COMMUN**. Partout.
2. G. **LUSTRÉ**. Variété à cassure luisante et à bords translucides : aspect dû à une cimentation siliceuse qui a noyé les grains roulés dans une pâte siliceuse.
   Fontainebleau, Roussillon près Apt (Vaucluse), Beauchamps, Pont-St-Esprit (Gard).
3. G. **COMPACTE**. Formant des bancs épais se laissant exploiter en masses considérables.
   Dans tous les terrains.
4. G. **SCHISTEUX**. Se débitant en petites plaques ou en dalles.
   Dans tous les terrains.
5. G. **FELDSPATHIQUE** (*Arkose, Métaxite*). Variété composée de Feldspath pur ou décomposé.
   Remilly près Dijon, Sainte-Sabine près de Pouilly, Martes de Vaya (Auvergne), Chessy près de Lyon, Avallon (Yonne), Les Ecouchets près Châlon-sur-Saône, les Cherchonies, Génouillac, Parcou, Chatelart (Charente), Estérel (Var).
6. G. **ARGILEUX** (*Psammite, Grès des houillères, Traumate*). Variété composée d'Argile et de Grès.
   Aubin, Carmeaux, Estérel, Toulon (Var), Plombières, Aveyron, Charente, Le Creuzot, Blanzy.
7. G. **MICACIFÈRE**. Le Mica répandu avec plus ou moins d'abondance dans le Grès (*Psammite, Grauwake*).
   Pyrénées, Alpes, Soultz (Vosges), Estérel, Apennins, Maroc, Afrique française.

---

ment dits, les Poudingues et les Sables, nous n'avons pas voulu bannir complétement des noms qui sont devenus d'un usage familier, et que la science a empruntés au langage ordinaire. Les Grès ne sont que des sables agglutinés : la conservation de l'espèce *Sable* constituait dès lors un double emploi. On sait d'ailleurs que dans la forêt de Fontainebleau, il existe de véritables dunes mobiles de l'époque tertiaire au milieu desquelles se trouvent engagées des masses quelquefois très-considérables de Grès solidifié : ce qui démontre une origine commune.

8. **G. argilo-calcaire** (*Macigno, Gompholite*). Variété composée de Grès, d'Argile et de Calcaire.
Suisse, Provence, Apennin, Espagne, Afrique.

9. **G. polygénique**. Variétés à base de Grès, empâtant des fragments de Roches de toute nature.
Cap Corvo, Verruca, île d'Elbe, Cap Argentaró (Toscane), Corse, Alpes, Pyrénées, Estérel, Aveyron, Saint-Etienne, Filfilah, Fedj Kentourès (Afrique).

10. **G. ferrifère**. Variété dont la masse est pénétrée de Fer oxydé.
Vosges, Forêt-Noire, Ardenne, Pyrénées, Ecosse, Rustrel, Roussillon (Vaucluse), Pont-Saint-Esprit (Gard), Garde-Epée (Charente), Monte Valério (Toscane), Djaritz (Maroc).

B. *Grès à éléments volumineux (Poudingues).*

11. **Grès poudingue quartzeux** (*Mimophyre, Grauwacke à gros grains*). Noyaux siliceux dans une pâte de Grès.
Plaine de Boulogne, environs de Nemours, Plombières, Chaîne des Vosges, Allevard, Valorsine, Pyrénées, Cap Garonne, Estérel (Var).

12. **Grès poudingue polygénique**. Variété de Grès empâtant des fragments volumineux de Roches de composition différente.
Valorsine, Allevart, Estérel, Altenau (Hartz), Pyrénées.

13. **Grès poudingue argilifère** (*Grauwacke*). Variétés à ciment argilo-quartzeux, empâtant des fragments arrondis de Roches de composition différente.
Clécy (Calvados), Baden, Pyrénées, Alpes.

C. *Grès-sable, à éléments quartzeux, grains libres et meubles.*

14. **Sable quartzeux**.
Fontainebleau, Sahara, Dunes.

15. **S. micacifère**.

16. **S. argileux**.

17. **S. calcarifère**.

18. **S. aurifère**.
Californie, Minas-Geraès (Brésil).

19. **S. polygénique**.

GISEMENT ET HISTOIRE.

Les Grès, Poudingues et Sables, auxquels on donne aussi le nom de Roches arénacées, sont formés aux dépens de Roches plus anciennes, détruites soit par les révolutions successives que le globe a éprouvées, soit par les causes qui agissent tous les jours. Ils contiennent des fragments durs, résistants et toujours visibles.

Les Roches arénacées ayant une origine commune, il est naturel qu'elles aient toutes une certaine ressemblance : aussi trouve-t-on dans des terrains d'âges géologiques très-éloignés, des Grès presque identiques. D'un autre côté, les débris des Grès étant formés de Roches très-diverses, on rencontre quelquefois, dans la même formation, des Grès dont les caractères extérieurs sont très-variables. Cette circonstance a apporté une grande difficulté dans leur classification. A l'exemple de M. Dufrénoy, nous allons les indiquer suivant leur position géologique, cette méthode présentant l'avantage de grouper ensemble les Roches appartenant à un même terrain et jouant le même rôle dans la nature.

Terrains silurien et dévonien. La Roche arénacée de ces terrains est connue sous le nom de *Grauwacke.* Elle est formée par la réunion de fragments de Roches anciennes et d'un ciment grisâtre. Les fragments sont ordinairement du Quartz, du Granite, du Porphyre, du Micaschiste, du Schiste argileux, et quelquefois les galets sont assez gros et forment par leur réunion un Poudingue : le plus souvent les galets sont très-petits et la *Grauwacke* est dite à grains fins. Dans beaucoup de circonstances, les paillettes de Mica sont dominantes, et comme elles sont toujours à l'état de petites lamelles, elles se déposent sur leur face plate et communiquent à la Roche la structure schisteuse. C'est la variété que l'on a désignée sous le nom de *Grauwacke schisteuse* (*Psammite* de M. Brongniart). Elle passe, par degrés insensibles à des Schistes argileux qui sont également le résultat d'un dépôt sédimentaire. Le Grès dévonien a été appelé par les Anglais *vieux Grès rouge* (*old red sandstone*).

Terrain houiller. Le Grès de cette formation (*Psammites*) est formé aux dépens des Roches anciennes, et contient un grand nombre de galets siliceux réunis par un ciment argileux, souvent très-micacé. Il est analogue à la Grauwacke, seulement il est à grains plus grossiers et son ciment est toujours terreux. Les Grès houillers schisteux passent à des Argiles schisteuses par des gradations insensibles.

Terrain permien. En France (Alboy dans l'Aveyron et Lodève dans l'Hérault), les Grès permiens sont siliceux, quelquefois feldspathiques, et passent à des Poudingues à cailloux de Quartz hyalin. Ceux de la Tuilière, dans cette dernière localité, sont schisteux, quoique très-durs et très-solides, et passent à une ardoise. Dans l'Allemagne centrale, ils sont composés d'un ciment argileux et sablonneux, colorés par de l'oxyde rouge de fer, empâtant des galets de Quartz hyalin et noir, de Schiste argileux, de Porphyre, de Granite. Les Allemands l'ont appelé *rothe todte liegende* (*base morte rouge*). Il est connu sous le nom de *terrain de Grès rouge.*

Terrain triasique. Le Grès de l'étage inférieur du trias est à grains fins, à ciment sablonneux et ferrugineux; sa couleur, le plus ordinairement rouge, est quelquefois grisâtre ou verdâtre. C'est à cette variation de couleur qu'est dû le nom de *Grès bigarré.*

Terrain jurassique. On trouve sur une foule de points, audessous du Calcaire à gryphées arquées, un Grès qu'on a nommé, à cause de sa position, *Grès infraliasique.* En Bourgogne, dans la Charente et ailleurs, il est feldspathique, et il a été décrit sous le nom d'Arkose. A Hétanges ce Grès est très-fin et très-siliceux.

Terrain crétacé. La grande quantité de points verts que renferment les Grès de cette formation leur ont valu le nom de *Grès verts,* nom qui sert à désigner plutôt un étage qu'une qualité particulière de Roche. Leur ciment est calcaire ou marneux, quelquefois il est tout à fait siliceux:

Terrain tertiaire. Ce terrain contient des couches nombreuses de Grès. On en trouve à la partie inférieure de cette formation, à la hauteur de l'*Argile plastique* et du *Calcaire grossier.* Les Grès connus en Italie sous le nom de *Macigno,* ou de *Grès à fucoïdes,* et qui sont très-répandus dans l'Apennin et sur le littoral de la Méditerranée, tant en Espagne qu'en Afrique, appartiennent à l'étage tertiaire inférieur. Le sol de la forêt de Fontainebleau est formé d'un Grès qui est appelé *Grès de Fontainebleau* et qui est le plus important des terrains tertiaires parisiens. Il sépare l'étage inférieur de l'étage moyen. Cette Roche est composée de grains siliceux et d'une pâte calcaire ou quelquefois siliceuse.

La Roche appelée *Molasse* est composée de grains de Quartz, de paillettes de Mica, de particules d'Argile, enfin de débris de coquilles agglutinées par un ciment calcaire. En Suisse, cette Roche passe fréquemment à un Poudingue dont les galets sont assez gros. La pâte étant peu solide, elle se décompose à la surface, et les galets présentent une série de proéminences saillantes, qui a fait donner à ce Poudingue le nom de *Nagelflue,* par sa comparaison avec une muraille garnie de clous. La Molasse abonde dans le midi de la France, en Toscane, en Corse, dans le Maroc, et dans l'Afrique française.

Sables. Les Sables se forment par la désagrégation des Grès à ciment argileux, comme on peut l'observer au milieu des Grès bigarrés et des Grès de Fontainebleau. Cependant il existe à l'état incohérent et meuble dans plusieurs formations. Dans le Soissonnais, il est superposé à l'Argile plastique ; à l'état de faluns, il occupe la position du Calcaire grossier, à Grignon, à Vitry-le-Français. Les faluns de la Touraine sont de l'époque miocène ; ceux de la Toscane, de l'époque subapennine. Dans la Provence, le Sable qu'on désigne par le nom de *safre* est subordonné à la Molasse.

Les déserts de la Lybie, du Sahara, appartiennent aux étages les plus récents des terrains tertiaires ; enfin, les mers et les rivières exercent sur les Roches soumises à la fureur de leurs vagues un travail puissant de désagrégation. C'est ce travail incessant de destruction qui donne naissance à la formation d'une grande quantité de Sable. Les monticules connus sous le nom de *dunes,* sont un des résultats les plus remarquables de l'accumulation des Sables sur les bords des côtes, par l'intermédiaire du flux et du reflux ainsi que des vents.

On nous saura gré de consigner ici, sur la formation et la marche des dunes, les observations remarquables que M. de

Beaumont rapporte dans son ouvrage intitulé : *Leçons de géologie pratique.*

Lorsque le fond de la mer est formé de Sable, comme cela arrive très-souvent, et lorsqu'en même temps la plage est faiblement inclinée et qu'il y a une marée, les Sables sont agités par le vent d'une manière funeste pour les contrées adjacentes. Le Sable se trouve à découvert pendant que la mer est retirée, et le vent qui souffle de la mer peut entraîner ce Sable au loin, et donner naissance aux mêmes effets que dans les déserts. Le phénomène se produit très-facilement si la marée découvre chaque jour une large zone sablonneuse, ce qui arrive nécessairement si la côte est extrêmement plate et présente des bancs de Sable, et où le vent puisse le saisir. Le Sable a bientôt franchi et même comblé l'intervalle qui sépare le banc de Sable de la côte. Lorsque la côte est basse, il s'y répand avec facilité; quand différentes circonstances favorables se réunissent, il se produit des *dunes,* c'est-à-dire des accumulations de Sable qui s'élèvent sous forme de monticules, dont le pied se trouve placé à la limite des plus hautes marées.

Le Sable charrié par la mer, découvert par la marée basse, puis séché par le soleil, est poussé par le vent sur la surface ascendante de ces monticules, et est élevé jusqu'à la partie supérieure, puis il s'écroule à l'extrémité postérieure. Les dunes acquièrent ainsi une certaine hauteur. Quand elles dépassent une limite, qui dépend des circonstances locales, le vent n'a plus la force de faire monter le Sable jusqu'au haut; mais il en a une de plus en plus grande pour le précipiter du haut des dunes sur leur pente postérieure; de sorte qu'elles cessent de s'élever. Les dunes atteignent des hauteurs de 6, de 10, de 20 mèt., et même, quoique plus rarement, de 60 et 100 mèt.

Ces monticules offrent toujours quelques irrégularités; chacun d'eux présente un plan incliné vers la mer, et terminé par des talus produits par l'éboulement des Sables. Pendant un certain temps, le vent fait monter le Sable sur le plan incliné tourné vers la mer, et ce Sable s'écroule par derrière ou latéralement. A côté du premier monticule, il s'en trouve un autre disposé de la même manière; mais à mesure que ces deux monticules s'élèvent, le Sable y monte moins aisément; il atteint sa limite sur l'un et sur l'autre; le Sable se porte alors dans l'intervalle resté vide entre eux, et d'autant plus facilement, qu'il y a là une sorte de gorge où le vent s'engouffre. Il se forme par suite une nouvelle dune, à l'extrémité de l'intervalle compris entre les deux premières ; elle grandit à son tour et sa croissance se ralentit; puis, de part et d'autre de la nouvelle dune, il s'en forme d'autres qui ont une direction plus ou moins oblique; de là résulte une série de monticules disposés irrégulièrement.

Ces dunes une fois formées, le vent ne les laisse pas en repos; en faisant ébouler leur sommet et en élevant le Sable sur leur plan incliné, il les chasse sans cesse devant lui, puis il en fait naître d'autres à la place qu'elles abandonnent, au moyen du Sable qui vient de la plage. La masse des dunes s'avance ainsi vers l'intérieur, à peu près comme les vagues de la mer, mais non avec une régularité complète ; elle s'avance successivement en différents points, tantôt c'est un point, tantôt c'est l'autre qui s'avance. Il y a des points qui avancent les uns plus que les autres ; mais la masse des dunes empiète sans cesse sur la terre. S'il existe au bord de la mer un grand espace uni, les dunes l'envahissent; elles ensevelissent des terres qui étaient couvertes de végétation, les terres cultivées, et même des villages.

La partie des côtes de France où les dunes sont si remarquables, est la côte des landes de Gascogne. Les dunes s'étendent au nord jusqu'à la pointe de Grave, qui resserre l'embouchure de la Gironde, près la tour de Cordouan.

A partir de la pointe de Grave, s'étend vers le sud une côte très-unie, présentant très-peu de découpures jusqu'à l'entrée du bassin d'Arcachon. La côte continue ensuite de la même manière jusqu'à l'entrée de l'Adour et aux falaises de Biaritz.

Les landes présentent une plaine très-unie, très-légèrement inclinée vers la mer, et il faut se représenter qu'elle se prolonge sous la mer, de manière à former une côte faiblement inclinée. Les dunes sont placées précisément à l'intersection de la surface de la mer avec la prolongation de la surface générale des landes.

Les dunes de Gascogne occupent généralement un espace d'une assez grande largeur, qui, au nord et au sud de la Teste de Buch, est de 4 à 6 kilomètres; en beaucoup d'autres points, elle est plus large encore; et elle peut être estimée de 6 à 8 kilomètres environ.

Les dunes font disparaître les landes, non-seulement en les recouvrant de leurs Sables, mais aussi en faisant refluer sur elles des étangs qui les couvrent de leurs eaux. Il tombe sur la surface des landes des eaux pluviales qui s'accumulent derrière les dunes et forment un certain nombre d'étangs. Les dunes s'avancent sans cesse vers l'intérieur des terres, font reculer les étangs, et ceux-ci empiètent sur les landes. Ainsi l'ancienne église de Saint-Paul se trouve maintenant sous les eaux de l'étang d'Aureilhan.

D'après M. E. de Beaumont, l'aspect général du phénomène conduirait à penser que toutes les dunes d'un grand nombre de localités remontent à peu près à une même époque. Cette époque ne serait autre chose que le commencement de la période actuelle, qu'on pourrait appeler l'*ère des dunes*. Ainsi, en admettant que les dunes avancent depuis 5000 à 6000 ans, elles n'ont guère avancé, terme moyen, dans les côtes du golfe de Gascogne, de plus de 1 mèt. par an, la largeur moyenne de la zone qu'elles occupent étant comprise entre 6,000 et 8,000 mèt.

C'est à la mobilité du Sable dans les déserts de l'intérieur de l'Afrique et de l'Asie, et à la violence de certains vents, que sont dues ces tempêtes de Sables qui ensevelissent des caravanes entières, ainsi que l'envahissement de la partie occidentale de l'Egypte qui borde le désert de Libye.

Nous avons eu l'occasion de constater dans le Maroc, entre Ceuta et Tétuan, la formation d'un dépôt contemporain de *Molasse*, contenant les coquilles que la mer rejette sur la côte. Avant d'être engagées dans la Roche, ces coquilles ont été, pour la plupart, usées par le frottement, le plus souvent même elles sont réduites à l'état de fragments arrondis. Elles sont empâtées dans une Roche à base calcaire, mais tellement mélangée de Sable, de graviers et de galets, qu'elle a toutes les apparences d'un Grès poudingiforme. La présence des animaux marins et des Sables dans ces dépôts est facile à étudier. Le vent d'est, qui souffle avec assez de violence et de constance dans ces parages, élève, à l'embouchure des ruisseaux et des rivières qui se déchargent dans la mer, des barrages provenant de l'accumulation de Sables et de galets, derrière lesquels les eaux douces forment des flaques plus ou moins étendues, et dont le niveau s'élève de 1 à 3 mèt. au-dessus de celui de la mer. Ces eaux se débarrassent alors du carbonate de chaux qu'elles tiennent en dissolution, en empâtant les coquilles, les galets et les Sables, que le vent ou le flot de mer ont poussés jusque dans ces flaques, et en donnant ainsi naissance à un dépôt arénacéo-calcaire, avec coquilles marines.

L'*Arkose*, comme nous l'avons déjà dit, est un Grès particulier très-commun dans les terrains triasique et jurassique de la Bourgogne, et qui est composé de Quartz, de Feldspath, et de quelques paillettes de Mica, réunis par un ciment généralement siliceux. Il forme des masses très-puissantes, ordinairement bien stratifiées. Cette Roche repose le plus souvent sur le Granite aux dépens duquel elle a été formée, et lorsqu'on observe le contact avec cette dernière Roche, on remarque un passage insensible, mais toujours mécanique entre l'*Arkose* et le Granite ; de sorte qu'on peut facilement se convaincre qu'elle est formée des éléments du Granite décomposé et réagglutiné par un ciment siliceux. L'*Arkose* se montre dans l'étage du Grès bigarré, montagnes du Morvan, forêt de la Serre (Jura), à la base de l'étage liasique, Avallon, Charolles, Clayotte, Cherchonnies, Cherves, Génouillac (Charente), ainsi que dans les Sables tertiaires qui reposent sur le Granite ou dans son voisinage (St-Laurent-de-Céris, Parcou (Charente).

USAGES.

Les matières arénacées, ou Grès, sont beaucoup moins employées dans l'architecture que les pierres calcaires. Cependant, il en est plusieurs espèces qui présentent assez de solidité, et dont on se sert avec succès dans plusieurs contrées. Ainsi, le Grès des Vosges est employé dans les constructions de Paris. Les palais les plus remarquables de Florence, ainsi que les dalles dont les rues de cette ville et de Livourne sont pavées, ont emprunté leurs matériaux au Grès nummulitique (*Macigno*). Le Grès de Fontainebleau fournit d'excellents pavés. Beaucoup de meules à moudre les grains sont formées avec les Poudingues. Enfin, les pierres à aiguiser sont faites avec des Grès argileux à grains fins.

C'est au milieu de matières arénacées appartenant à l'âge des alluvions anciennes, et composées de cailloux roulés quartzeux, liés entre eux par une matière ferrugineuse, que se trouvent disséminés les Diamants. Ces dépôts portent, au Brésil, le nom de *Cascalho*. Ils s'étendent sur de très-grands espaces, et partout absolument à découvert.

On a découvert le Diamant dans un petit nombre de lieux, à la surface du globe. Dans l'Inde, il en existe principalement dans les provinces de Visapour, de Golconde, et au Bengale. On le recueille aussi dans l'île de Bornéo. Il existe plusieurs exploitations de cette substance au Brésil, et surtout dans la province de Minas-Geraès. On l'a trouvée aussi en Sibérie, sur la pente occidentale des monts Ourals, associée à du Platine et à de l'Or en grains.

Jusqu'en 1843, le Diamant n'avait été remarqué qu'en dehors de son gisement naturel, et toujours à l'état roulé. Mais il a été véritablement trouvé dans sa gangue, au Brésil, sur la rive gauche du *Corrego-des-Rois*, sur la *Serra du Grammagoa*. Le Diamant est disséminé, dans cette localité, dans une Roche composée de grains de Quartz hyalin micacifère, et considérée par les uns comme un Micaschiste, et par les autres comme une Roche de transition métamorphique et pouvant être comparée aux Quartzites des Alpes. Cette Roche porte le nom d'*Itacolumite*.

Les Diamants se trouvent toujours en très-petite quantité, et leurs cristaux sont fort petits. Le plus gros Diamant connu est celui du Raja de Matan, à Bornéo ; il pèse plus de 6 décagr. Celui de l'empereur du Mogol était de 279 carats, et avait été évalué à 11,723,000 fr. Le Diamant qu'on nomme le Régent, qui est regardé comme le plus beau de l'Europe, pesait 410 carats avant d'être taillé. Sa valeur est de plus de 4,000,000 de francs. On a découvert dernièrement dans l'Inde des Diamants très-volumineux, d'une belle couleur bleue, et dont le prix est très-élevé.

TROISIÈME GROUPE. — ROCHES CHARBONNEUSES OU D'ORIGINE VÉGÉTALE.

Les Roches qui constituent ce groupe brûlent toutes à une température peu élevée, avec flamme, et en dégageant une odeur prononcée. Elles sont fragiles et tendres ; leur pesanteur spécifique ne dépasse pas 1, 6. Leurs principes constituants sont essentiellement le carbone, l'hydrogène et l'oxygène. Les combustibles, qu'à cause de leur abondance on peut employer dans les usages domestiques, se trouvent dans la nature à l'état charbonneux et à l'état bitumineux. Ils doivent leur origine à la destruction de végétaux enfouis. L'altération que les substances végétales ont éprouvée, par suite de leur enfouissement et des phénomènes différents auxquels elles ont été soumises, a donné naissance à des produits analogues à ceux que l'on obtient par l'incinération et la distillation de ces mêmes corps.

On peut admettre deux subdivisions : 1° les Bitumes et 2° les Charbons fossiles.

A. *Bitumes.*

ESPÈCE UNIQUE. — ASPHALTE.

Synonymie. *Bitume de Judée, Bitume glutineux, Pissasphalte.*

Substance noire, solide, à cassure vitreuse conchoïdale et brillante, souvent mélangée de pétrole ; fusible à la température de l'eau bouillante ; s'enflammant facilement et brûlant avec une flamme luisante, en répandant une fumée épaisse et laissant peu de résidu ; à la distillation sèche, elle donne une huile bitumineuse particulière, très-peu d'eau, des gaz combustibles et des traces d'ammoniaque. Elle laisse environ un tiers de son poids de charbon. Poids spécifique 1, à 1,6.

VARIÉTÉS.

1. **A. piciforme.** En masses compactes.
   Lac Asphaltique (Judée), île de la Trinitad, Oued Cheniour (province de Constantine).
2. **A. agglutinant.** Disséminé dans des Grès et des Calcaires d'époques différentes.
   Oued Cheniour, Seyssel, Lobsan, Dax, Monestier (Cantal), Environs de Forcalquier (Provence), Val de Travers (Suisse).
3. **A. glutineux** (*Pissasphalte*). Variété amenée à un certain état de ramollissement par une quantité variable d'huile de Naphte.
   Dax, Puy de la Poix, chez les Achaich (province de Constantine), Afrique française.

GISEMENT ET HISTOIRE.

L'Asphalte est connu de temps immémorial sur les bords du lac de Judée ou lac asphaltique et à l'île de la Trinitad. A Seyssel et au val de Travers, il existe dans le Calcaire néocomien à *Caprotina ammonia;* à Dax, à Forcalquier, à l'Oued Cheniour, on le trouve dans le terrain tertiaire; enfin, l'Asphalte de Monestier appartient au terrain volcanique; il est disséminé dans un tuf basaltique.

Dans la tribu des Achaich, au sud-ouest de Ghelma, un Calcaire que je rapporte à l'étage moyen du terrain jurassique est imprégné d'Asphalte qui, pendant les grandes chaleurs de l'été suinte à travers les fissures des rochers. Ce gisement est analogue, à part sa position différente, à celui du val de Travers.

USAGES.

L'Asphalte est devenu une matière très-importante pour les constructions, notamment pour faire des enduits dans les lieux humides.

B. *Charbons de terre ou combustibles fossiles.*

On désigne d'une manière générale, sous le nom de *Charbons de terre,* les combustibles fossiles qui se trouvent en grand dans la nature et qui laissent à la distillation une proportion de coke toujours considérable. Leur différence de composition les a fait réunir en quatre groupes distincts, qui sont : les Anthracites, les Houilles, les Lignites et les Tourbes.

PREMIÈRE ESPÈCE. — ANTHRACITE.

Synonymie. *Houille éclatante.*

Substance noire, opaque, douée d'un certain éclat demi-métallique, brûlant avec difficulté, sans flamme ni fumée, et se couvrant à peine d'un enduit de cendres blanches en se refroidissant : poids spécifique 1,6.

La quantité de charbon que l'on obtient par la distillation, s'élève ordinairemest à 90 pour 100 : elle n'est jamais inférieure à 85 pour 100.

VARIÉTÉS.

1. A. COMPACTE (1). Variété à cassure conchoïde dans tous les sens.
   Pensylvanie, Dauphiné, La Mure, Bohême.
2. A. LAMELLAIRE. Variété se divisant en plaques.
   Sablé, Pensylvanie, Alpes du Dauphiné, Estérel (Var), Creuzot (Saône-et-Loire).
3. A. GRAPHITEUSE. Variété mélangée de graphite et passant au Graphite.
   Alpes du Dauphiné et Savoie, Vallée du Reyran.
4. A. TERREUSE. Variété mélangée d'Argile.

GISEMENT ET HISTOIRE.

L'Anthracite commence à se montrer dans les terrains siluriens (Bohême) ; elle est commune dans le terrain dévonien (Sablé) ainsi que dans la formation carbonifère (Russie, Amérique du Nord) ; elle se montre aussi avec la Houille (Bleuse Borne à Anzin), Estérel (Var); enfin, elle remonterait, d'après les observations de M. E. de Beaumont, jusque dans la formation jurassique (Alpes de la Savoie et du Dauphiné). Aussi, comme le fait observer très-judicieusement M. Beudant, cette substance n'a pas de gisement particulier, et dans le plus grand nombre de cas, elle paraît être une modification de la Houille, par des circonstances diverses qui ont fait dégager le bitume ou les matières volatiles que ces combustibles renferment. En effet, on peut remarquer, dans les Alpes surtout, que l'Anthracite se trouve en général dans des terrains où l'on rencontre fréquemment des Roches d'origine plutonique en relation intime avec les couches qui renferment le combustible.

Quelques auteurs vont plus loin encore, car ils considèrent le Graphite lui-même comme des matières charbonneuses métamorphiques. Telle est l'opinion de MM. Elie de Beaumont et

(1) Composition des Anthracites.

	Mandre (Isère).	Pensylvanie.	Moutiers.	Sablé.
Charbon	91,3	88	70,8	69,3
Cendres	2,7	4	21,4	24,6
Matières volatiles. .	6,0	8	7,8	7,1
	100,0	100	100,0	100,0

Dufrénoy. Ce premier savant fait remarquer que le terrain de lias des Alpes qui contient de l'Anthracite sur plusieurs points, offre quelques gisements de Graphites, notamment au col du Chardonnet, près de Briançon : ce Graphite, accompagné d'empreintes végétales, n'est autre chose que l'Anthracite, qui a perdu, par une action postérieure, les matières volatiles qui lui étaient propres, et qui a en outre pris la structure cristalline.

La plupart des gîtes de Graphite paraissent, aux yeux de M. Dufrénoy, exister dans des circonstances analogues : leur concordance avec la direction des couches des terrains inférieurs dans lesquelles on les observe, montre que cette substance est contemporaine du dépôt de ces Roches, formées toutes par la voie de sédiment. Il est donc naturel de supposer que dans la plupart de ses gisements, le Graphite est le résultat de végétaux enfouis.

USAGES.

L'Anthracite est employée comme matière combustible : mais elle ne brûle qu'autant qu'elle est en grande masse et soumise à un chaleur très-élevée : les morceaux isolés s'éteignent presque immédiatement : ils ne s'agglutinent pas entre eux, comme cela a lieu généralement pour la Houille. Par suite de cette circonstance, on ne peut s'en servir à la forge de maréchal. Un des grands inconvénients qu'elle présente est de décrépiter à la première impression de la chaleur, de se briser en petits fragments. Aussi jusqu'à présent on n'a pu l'employer seule pour le travail des hauts-fourneaux, les fragments encombrent le fourneau, s'opposent à la circulation de l'air, nuisent à la combustion et arrêtent la fusion du minerai.

On emploie ce combustible de préférence partout où il existe, pour la cuisson des pierres calcaires très-denses, dont la réduction en chaux exige une grande chaleur. L'exploitation des Anthracites de la Sarthe et du Dauphiné a ouvert une branche d'industrie fort importante, et dont l'agriculture a reçu des améliorations remarquables. En effet, la production de la chaux à bon marché a permis de rendre plus productifs, au moyen du chaulage, des terrains entièrement privés d'éléments calcaires.

DEUXIÈME ESPÈCE. — **HOUILLE** (1).

Substance noire, opaque, tendre, s'allumant et brûlant avec facilité, avec flamme et odeur bitumineuse ; fondant, se gonflant pendant la combustion, de manière à ce que les morceaux se collent entre eux ; donnant, lorsqu'elle a cessé de flamber, un charbon poreux, léger, solide, dur, d'un éclat métallique, à surface largement mamelonnée : poids spécifique 1 à 1,6.

Les Houilles sont essentiellement composées de carbone, en proportions variables, et de substances volatiles qui sont des mélanges d'hydrogène carboné, de gaz oléfiant, d'hydrogène pur, d'oxyde de carbone, d'acide carbonique, d'azote, de vapeurs huileuses, d'hydrogène sulfuré et d'un peu d'ammoniaque.

(1) La manière dont la Houille se conduit à la distillation a fait penser que cette substance était une matière charbonneuse, peut-être analogue à l'Anthracite, qui se trouvait mécaniquement mélangée de matière bitumineuse en plus ou moins grande quantité. Mais cette manière de voir pourrait bien n'être pas vraie, et il pourrait se faire que les Houilles fussent des composés analogues aux matières organiques, et dont les différentes variétés renfermassent des principes immédiats différents. Tompson, qui s'est occupé de cet objet, est parvenu aux résultats analytiques suivants :

	Charbon.	Mat. volat.	Mat. terr.
Houille collante de New-Castle	75,90	22,60	1,50
Houille esquilleuse de Glascow	55,23	35,27	9,50
Houille molle de Glascow . . .	41,25	47,75	10,00
Cannel Coal de Coventry. . . .	29,00	60,00	11,00

par où l'on voit que ces matières sont différentes par les quantités relatives de charbon et de substance volatile ; mais cherchant en outre les quantités relatives des principes élémentaires dans ces corps, le même chimiste a trouvé les rapports suivants, en faisant abstraction des matières terreuses :

	Carbone.	Hydrog.	Oxyg.	Azote.
Houille collante de New-Castle	75,28	4,18	4,58	15,96
Houille esquilleuse de Glascow	75,00	6,25	12,50	6,25
Houille molle de Glascow. . .	74,45	12,40	2,93	10,22
Cannel Coal	64,72	21,56	»	13,72

On voit par ces résultats que les trois premières espèces renferment à peu près la même quantité de carbone, mais que l'hydrogène, l'oxygène et l'azote sont en quantités relatives fort différentes dans chacune d'elles. Le Cannel Coal est encore plus remarquable, car, outre qu'il s'y trouve une quantité d'hydrogène beaucoup plus grande, on voit l'oxygène y manquer totalement.

VARIÉTÉS.

1. H. LAMELLEUSE. Variété lamelleuse, dans un sens, et à cassure inégale ou conchoïde dans l'autre.
   Aubin, Rive-de-Gier, Blanzy, Collobrières, Angleterre, Anzin, Saarbruck.
2. H. COMPACTE. Variété à cassure conchoïde plus ou moins marquée, d'un éclat tantôt vitreux ou résineux, tantôt à peu près mate.
   (Cannel Coal), Newcastle, Saarbruck.
3. H. SCHISTEUSE. Divisible en plaques ou en feuillets.
   Aubin, Blanzy, Creuzot, Alais, Saarbruck.
4. H. TERREUSE. Variété mélangée de parties terreuses.
   Epinal, Aubin, Saint-Etienne, Anzin.
5. H. PYRITIFÈRE. Variété contenant de la pyrite de fer.
   Aubin, Collobrières, St-Etienne, Carmaux, Blanzy, Monchanin, Creuzot, Longpendu (Saône-et-Loire).

GISEMENT ET HISTOIRE.

Les Houilles commencent à se montrer dans la formation dévonienne (Asturies). On les rencontre ensuite dans le Calcaire carbonifère (Donetz). Mais c'est surtout dans les dépôts arénacés désignés sous le nom de terrain houiller qu'elles sont le plus abondamment répandues; on en cite aussi dans des formations géologiques plus élevées dans la série des terrains, surtout dans les marnes irisées, Salins, Grozon (chaîne du Jura), Montferrat, Fayence (Var), mais elles y sont généralement d'une qualité médiocre, et on ne peut guère les utiliser dans les forges.

Les combustibles qu'on exploite dans les formations secondaires, comme dans les environs de Milhau, appartiennent plutôt à l'espèce Lignite qu'à une Houille véritable : aussi les services qu'ils rendent à l'industrie sont ils très-limités.

La découverte faite dans le terrain tertiaire de Monte Bamboli en Toscane, d'un combustible fossile jouissant de la propriété de se boursouffler et de donner du Coak, fit sensation dans le monde industriel; on crut avoir à exploiter un gisement houiller comparable aux gisements de l'Angleterre. L'analyse entreprise par M. le professeur Piria, dévoila la composition suivante :

Carbone	70,11
Hydrogène.........	3,95
Azote..............	2,68
Oxygène............	11,44
Pyrite.............	1,77
Soufre.............	2,34
Matières terreuses...	5,71

Composition qui, par le fait, se rapproche de celle des charbons anglais.

Depuis longtemps on exploite, dans les environs de Dauphin (Basses-Alpes), au milieu des Lignites tertiaires, une couche composée de Lignite collant et pouvant être employée dans les forges de maréchal; mais ces qualités sont tout à fait exceptionnelles.

En France, les mines de Houille les plus importantes sont dans le département du Nord, entre Lille et Valenciennes, dans le département de Saône-et-Loire, à Blanzy et au Creuzot; entre Saint-Etienne et Rive-de-Gier; dans le département de l'Aveyron, du Gard, etc.

La superficie des bassins houillers est de 251,000 hectares pour la France, et de 1,573,000 hectares pour l'Angleterre. La Belgique renferme des terrains houillers dont la superficie s'élève à 1/24 de la surface totale du pays : la proportion de ce terrain est de 1/20 en Angleterre et de 1/200 en France (1).

(1) Distribution du terrain houiller en France.

Loire	Saint-Etienne, Rive-de-Gier.	20,899 hectares.
Rhône......	Sainte-Foy, Argentière ...	1,794
Gard	Alais, Saint-Amboix	26,888
Var	Fréjus	1,756
Hérault	Saint-Gervais, le Bosquet. ..	15,229
Aude	Durban, Ségur	1,759
Tarn	Carmaux.	8,800
Aveyron.....	Aubin, Rodez.	6,639
Lot	Figeac	60
Dordogne....	Lardin, Cublac	1,564
Vendée	Feymoreau, Vouvant	1,532
Allier......	Fins, Commentry, Bert. ...	7,369
Puy-de-Dôme .	Saint-Eloy, Bourg-Lastic ...	3,801
Corrèze.....	Argentat, Lapleau.	5,430
Creuse	Bourganeuf, Ahun	3,151

Le Wurtemberg, la Bavière, l'Autriche, la Hongrie ne possèdent que de très-faibles dépôts houillers. La Chine et le Japon paraissent en renfermer de très-considérables. On a découvert aussi de la Houille à la Nouvelle-Hollande près de Sidney. On voit par cette énumération rapide que la Houille est répandue sur presque tous les points du globe.

Cantal	Champagnac.	303 hectares.
Haute-Loire . .	Brassac, Longeac.	2,550
Nièvre.	Decise	8,010
Saône-et-Loire.	Creuzot, Blanzy, Epinac . . .	42,798
Haute-Saône . .	Ronchamps	3,365
Haut-Rhin . . .	Saint-Hippolyte, Hury. . . .	2,600
Bas-Rhin	Villé	1,149
Moselle.	Forbach.	2,679
Finistère	Quimper	735
Mayenne	Saint-Pierre-la-Cour	1,539
Calvados	Littry, le Plessis	16,347
Nord	Valenciennes, Condé	49,248
Pas-de-Calais. .	Hardinghen	4,795
Ardèche	Prades, Nièglès	7,252
		251,041

Répartition du terrain houiller en Angleterre.

Northumberland et Durham	445,000 hectares.
Cumberland	20,640
Westmoreland	10,195
Derbyshire.	277,325
Cheshire et Lancashire.	151,000
Flintshire.	9,950
Glamorgan (pays de Galles)	225,750
Glocestershire	3,070
Satffordshire (Birmingham, Dudley).	5,665
Edimbourg et Glascow	396,546
Dumfries et Jedburgh	25,800
	1,572,641

L'Angleterre, si favorisée par l'abondance de ses gisements houillers, qui occupent une superficie six fois plus considérable que la surface des terrains houillers en France, l'est également sous le rapport de leur répartition. En effet, le grand bassin houiller, situé au sud de l'Ecosse, qui occupe une grande partie de l'espace compris entre Edimbourg, Glascow et Dambarton, aboutit aux deux mers. Ceux de New-Castle et de Durham touchent à la mer du Nord. Le littoral de l'ouest offre les gisements de Whitchaven dans le Cumberland, de Liverpool, de Chester, de l'île d'Anglesea, et ceux d'Haverford et de Merthyr-tydvil dans le pays de Galles. Enfin les bassins houillers situés au centre de l'Angleterre, tels que ceux de Derby, de Sheffield, de Birmingham et de Dudley, sont

Nous empruntons à M. Burat les détails suivants sur la production de la Houille dans les divers états de l'Europe. La France, avec une richesse de 58 bassins, produit annuellement cinq millions de tonnes de Houille ; la Belgique en produit autant avec une superficie houillère de 150,000 hectares seulement ; enfin, le bassin de Sarrebruck fournit environ 500,000 tonnes.

Cette production est en partie absorbée par la France, et cependant elle ne suffit pas à sa consommation qui est d'environ sept millions de tonnes, réparties ainsi qu'il suit :

Production de la France.............	5,000,000 tonnes.
Importation de la Belgique...........	1,350,000
— de l'Angleterre..........	612,000
— de Sarrebruck...........	230,000

Décomposons maintenant la production de la France, et nous trouverons que le bassin du Nord, prolongement de la zone belge, figure pour 1,200,000 tonnes ; celui de la Loire pour 1,600,800 ; celui du Gard pour 500,000 ; et ceux de Saône-et-Loire pour 500,000. Après ces quatre bassins, viennent ceux de l'Aveyron et de l'Allier, qui produisent chacun 200,000 tonnes : dans tous les autres, la production tombe au-dessous de 100,000 tonnes.

L'extraction houillère de l'Angleterre atteint aujourd'hui 40 millions de tonnes. C'est huit fois celle de la France, et plus de trois fois celle de tout le reste de l'Europe.

La production dans les Etats de la Prusse et de la confédération est de plus de 3 millions de tonnes, réparties de la manière suivante :

Bassins.	de la Ruhr	1,100,000
	d'Eschweiler et de Sarrebruck . . .	800,000
	de la Saxe.	200,000
	de la Silésie	950,000

L'extraction de la Houille atteint, en Bohême, 500,000 tonn. Elle dépasse certainement 100,000 en Espagne.

---

traversés par des canaux qui leur permettent d'exporter leurs produits jusqu'à Londres.

L'extraction houillère de l'Angleterre atteint aujourd'hui 40 millions de tonnes : c'est huit fois celle de la France, et plus de trois fois celle de tout le reste de l'Europe.

On peut estimer par conséquent la production annuelle de la Houille en Europe à 54 millions de tonnes ; et les extractions tendent à augmenter dans chaque contrée par le développement naturel des consommations industrielles et domestiques.

On évalue la production de combustible dans l'Amérique du Nord, tant en Anthracite qu'en Houille bitumineuse, à 5 millions de tonnes environ. Mais grâce à l'extension que prend l'industrie des fers dans cette contrée, ce chiffre sera doublé certainement dans quelques années.

Les terrains houillers doivent être séparés en deux classes, d'après les conditions essentiellement différentes de leurs dépôts, qui se sont formés à la même époque géologique.

Les uns, formés dans des bassins circonscrits, sont des dépôts lacustres, plus ou moins analogues aux tourbières. La base de ces dépôts circonscrits est presque toujours occupée par un Poudingue grossier, fait aux dépens des Roches environnantes : souvent ces Poudingues sont formés de la réunion de blocs gigantesques, assez peu roulés, et qui n'ont pu être transportés de très-loin. Les terrains houillers de l'Aveyron, de Saint-Etienne et d'Epinac offrent de beaux exemples de ces Poudingues à grandes parties, et les blocs de Roches anciennes qui y forment des galets, ont fréquemment un volume de plusieurs mètres cubes. A Epinac, ce Poudingue est à fragments tellement considérables, qu'un puits a été foncé, sur une profondeur de plusieurs mètres, dans un seul bloc. Les Poudingues à grandes parties sont, en général, formés de débris des Roches anciennes qui entrent dans la constitution géologique de la contrée où on les observe, circonstance qui montre que les terrains houillers sont le résultat de causes locales. Ainsi, dans l'Aveyron, le Poudingue est exclusivement granitique ; au nord de Saint-Etienne et à Rive-de-Gier, il est composé principalement de fragments de Gneiss, de Micaschistes et de Talcschistes.

Le second groupe comprend les terrains houillers déposés dans de vastes bras de mer; ils portent tous les caractères des terrains déposés dans les mers, et participent à leur étendue et à leur puissance. Cette seconde classe de terrains houillers, déposés le long des falaises des terrains paléozoïques plus anciens, se présente plutôt par bandes que par bassins fermés de tous côtés. Les Poudingues qu'on observe à la partie inférieure de ces terrains, diffèrent, par des caractères très-importants, de ceux qui occupent la base des terrains houillers lacustres. Les Poudingues, rarement composés de galets de plus d'un décimètre de diamètre, sont presque uniquement siliceux; les Roches du pays n'y sont que faiblement représentées et, dans tous les cas, elles y sont accompagnées de nombreux galets de Quartz hyalin laiteux. Cette différence, dans la nature des galets, qui donne la preuve que les terrains houillers à Poudingue quartzeux, n'ont pas été formés, comme ceux à Poudingue granitique ou schisteux, par des causes locales, se rattache toujours à la présence de couches plus ou moins puissantes de *milstone grit*, ou de Calcaire marin (*Calcaire carbonifère*), qui se montrent à la base de cette seconde classe de dépôts houillers.

Les terrains houillers de l'intérieur de la France sont éminemment formés dans des bassins circonscrits; ils contrastent avec les couches houillères du nord de la France, de la Belgique, et de l'Angleterre. De l'Ardenne aux montagnes du pays de Galles et de l'Ecosse, s'étendaient, à cette époque, des bras de mer, dans lesquels se sont formés les dépôts du Calcaire carbonifère, du milstone grit, et, après eux, celui du terrain houiller.

Le plateau central présente des exemples très-curieux de bassins houillers circonscrits. Parmi les plus étendus, on doit citer celui de Saint-Etienne et de Rive-de-Gier. En effet, le bassin houiller de la Loire est le plus important de la France par sa position, l'excellence du charbon qu'il produit et le développement qu'y a pris l'exploitation. Il s'étend, du nord-est au sud-ouest, sur une longueur de 46,250 mètres, et il occupe toute la largeur de cette zone étroite du Forez qui sépare la Loire du Rhône au point où ces deux fleuves approchent le plus l'un de l'autre, entre Saint-Rambert et Givors. Le terrain houiller traverse même la vallée du Rhône; on le retrouve dans le département de l'Isère, à Ternay et à Communay. Sa surface totale est évaluée à 27,355 hectares. Il est contenu de toutes parts dans un bassin d'origine primitive, dont les parois sont principalement de *Gneiss*. Cependant, à l'ouest et au nord-est, il est assez ordinaire que le sol houiller repose sans intermédiaire sur le Granite.

Les Roches qui le constituent sont les mêmes sur toute son étendue. Elles sont composées de débris plus ou moins divisés du vase qui les contient de toutes parts. Ces Roches consistent en des Poudingues formés de gros fragments de Micaschiste de Talcschiste et de Granite, à peine liés entre eux, ou des Poudingues formés de fragments moins gros, liés par la pâte ordinaire du Grès houiller; en Grès à gros grins; en Grès de grosseur uniforme, en Grès micacés fins et en Schistes d'un tissu plus ou moins serré.

Le petit lambeau de terrain de Lapleau, qui n'a que 900 mètres de côté sur 400 de longueur, est contenu entièrement dans une concession dont la surface est de 3,500 hectares. Il repose immédiatement sur le Granite porphyroïde G (fig. 53),

Fig. 53.

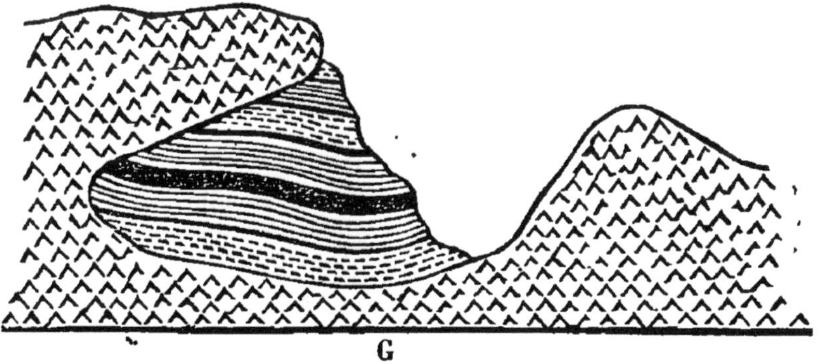

Disposition du terrain houiller en forme de coin dans le Granite.

et il y est même enclavé sous la forme d'un coin; de sorte que celui-ci existe, à la fois, au-dessus et au-dessous du terrain houiller. Cette disposition singulière est le résultat d'un pliement du terrain et d'une compression très-énergique. Aussi, les couches du terrain sont-elles très-tourmentées. Les plus inférieures sont composées d'un Poudingue à galets de Granite rose porphyroïde, dont les angles sont simplement arrondis, mais qui n'ont pas la forme ellipsoïdale des cailloux longtemps roulés par les eaux. La forme de ces galets et la nature du Granite qui les compose, montrent que le terrain houiller de Lapleau a été presque fait sur place. Toutes ces circonstances démontrent clairement que la Houille a dû être déposée à la manière de la Tourbe.

La fig. 54 représente une coupe du terrain houiller du Creuzot, passant par le puits Manby. La direction des couches

Fig. 54.

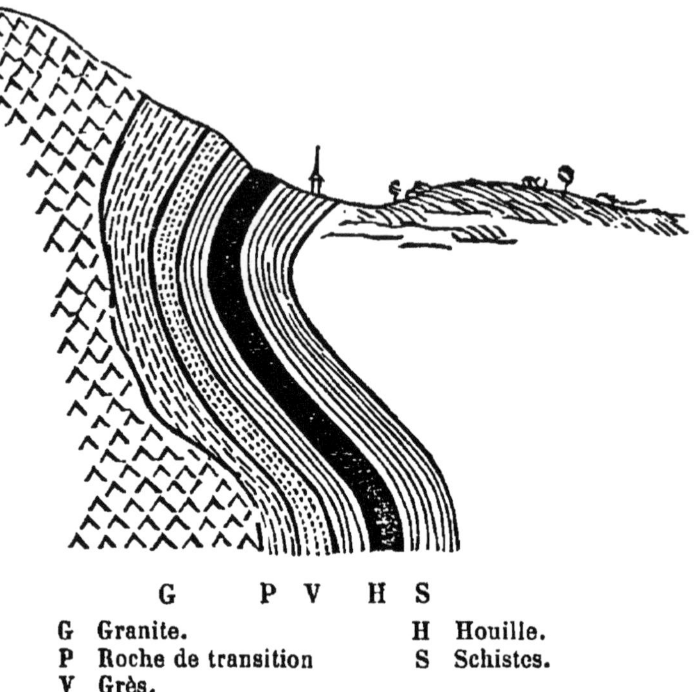

G Granite.
P Roche de transition
V Grès.
H Houille.
S Schistes.

est selon le sens de son allongement. A la surface, elles inclinent vers le nord, et semblent s'enfoncer sous le Granite. Mais quand on suit l'inclinaison des couches dans tous les travaux, on remarque bientôt que le plongement des couches sous le Granite est dû à leur contournement autour des parois du vase granitique dans lequel le terrain houiller est encaissé.

Il existe, à l'extrémité de la partie orientale des Pyrénées, deux petits bassins houillers placés sur le revers méridional du groupe de montagnes qu'on désigne spécialement sous le nom de Corbières. Ces deux lambeaux sont situés tous deux dans le département de l'Aude, l'un à Ségure près Tuchan, l'autre à Durban, sur la Bert.

Le terrain houiller de Ségure, dont le diamètre longitudinal ne dépasse pas 4,000 mèt., se compose essentiellement de Grès, d'Argile schisteuse, et de quatre couches de Houille. Il y existe aussi un Porphyre qui passe à l'*Amygdaloïde*. Ce Porphyre semble former, dans quelques parties, les parois extérieures du terrain houiller, comme le montre la coupe du ravin de la tuilerie de Viala (fig. 55). On voit les tranches du Grès

Fig. 55.

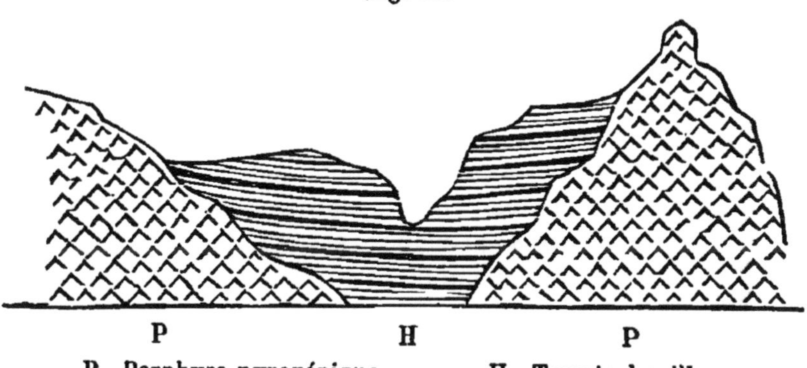

P Porphyre pyroxénique. H Terrain houiller.

houiller s'appuyer sur le Porphyre, disposition qui pourrait faire croire qu'elles ont été déposées postérieurement à cette Roche ignée. Mais si on étudie le Porphyre dans l'intérieur même de la mine, on reconnaît qu'il coupe toutes les couches, et que celles-ci ont éprouvé un rejet à son contact. La coupe suivante (fig. 56), prise transversalement au bassin de Ségure,

Fig. 56.

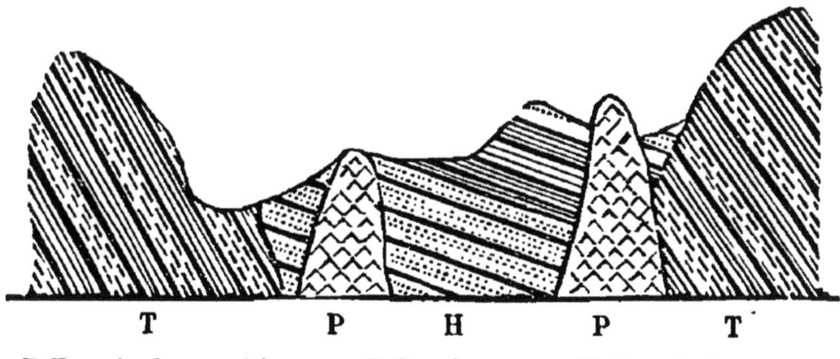

T Terrain de transition. P Porphyre. H Terrain houiller.

à son extrémité ouest, fait ressortir la position des Porphyres. Cette Roche se montre sur les deux parois nord et sud; elle y constitue deux pitons, qui s'élèvent verticalement sous forme de filons, en coupant toutes les couches. Le filon nord offre même cette circonstance remarquable, que les couches, malgré une stratification en apparence régulière, ne se correspondent pas des deux côtés de la masse de Porphyre.

On a discuté beaucoup sur l'origine probable de la Houille : est-elle de formation organique ou inorganique? Voilà en quels termes la question a été posée. Aujourd'hui on est assez généralement d'accord sur ce point, qu'elle est due à l'enfouissement des végétaux. En effet, on rencontre dans le sein même des couches de Houille ainsi que dans les Grès et les Argiles alternantes, des plantes déterminables dont le tissu a été transformé en Houille. Cette première induction est confirmée par les données fournies par sa composition; car on y retrouve le carbone et d'autres principes essentiellement végétaux. M. Hutton a reconnu nettement au microscope, dans des lames très-minces de Houille, la texture des plantes originaires. Il a observé de plus, dans le charbon minéral, des cellules arrondies remplies d'une matière bitumineuse jaune qui, suivant ce savant, sont dues à la texture réticulée de la plante mère.

Cete première question de la formation des Houilles ainsi résolue, il s'en présente une autre fort intéressante pour la géologie, c'est celle de savoir si les Houilles doivent leur origine à des dépôts tourbeux ou à des dépôts de transport. En d'autres termes, les végétaux qui ont concouru à la formation de la Houille ont-ils crû sur les lieux mêmes où on les trouve enfouis, ou y ont-ils été entraînés par des courants?

La conservation des portions les plus délicates et les plus frêles des végétaux fossiles, que l'on observe au milieu des couches du terrain houiller, exclut toute idée du transport de ces végétaux.

Un courant violent n'aurait pas permis à des feuilles de fougères ou de lycopodes, qui n'ont subi aucun dérangement, de rester attachées à leurs rameaux ; mais il y a plus : à Anzin, à la carrière du Treuil près de Saint-Etienne et sur plusieurs autres points, on a'observé des tiges qui semblaient encore être en place et qui étaient perpendiculaires aux couches de terrain au milieu desquelles elles étaient engagées.

En effet, lorsque les végétaux sont verticaux, ou plutôt lorsque leurs tiges sont perpendiculaires au plan des dépôts, on reconnaît souvent qu'ils sont dans leur position normale, et qu'ils ont été moulés et fossilisés sur le point même de leur croissance. Tels sont les nombreux fossiles que M. Brongniart a dessinés dans les Grès de la carrière du Treuil; ces végétaux étaient tous en place, clair-semés, et dans une position qui lui a paru avoir tous les caractères d'une véritable forêt fossile, ensablée par l'envahissement des Grès.

On a constaté beaucoup d'autres exemples de végétaux verticaux : dans les bassins houillers de l'Amérique du Nord, cette position est, en quelque sorte, la position habituelle des grandes tiges. Dans le bassin du nord de la France, et notamment dans les houillères d'Anzin, on a trouvé, et examiné en détail, plusieurs exemples dans lesquels les tiges étaient toujours perpendiculaires aux plans de stratification des couches qui les contiennent. La fig. 57 indique la position d'une de ces tiges en place, dans les couches de Grès, de Schistes plus ou moins charbonneux renfermant une petite couche de Houille où elle devait évidemment avoir ses racines implantées. On voit que cete tige a été progressivement ensablée, et que les détritus dont chaque banc est composé formaient, autour de la tige, une espèce de bourrelet saillant, jusqu'à ce que cette tige, altérée par la décomposition, eût été rompue. Elle appartenait à une *Sigillaire,* et a été trouvée à 232 mètres de profondeur. Lorsque les végétaux verticaux se sont développés sur une couche de Houille, si l'exploitation vient leur enlever leur support naturel, comme l'écorce charbonneuse qui les entoure a détruit leur adhérence aux Roches extérieures, ils tombent, et sont désignés par les mineurs sous le nom de *cloches*.

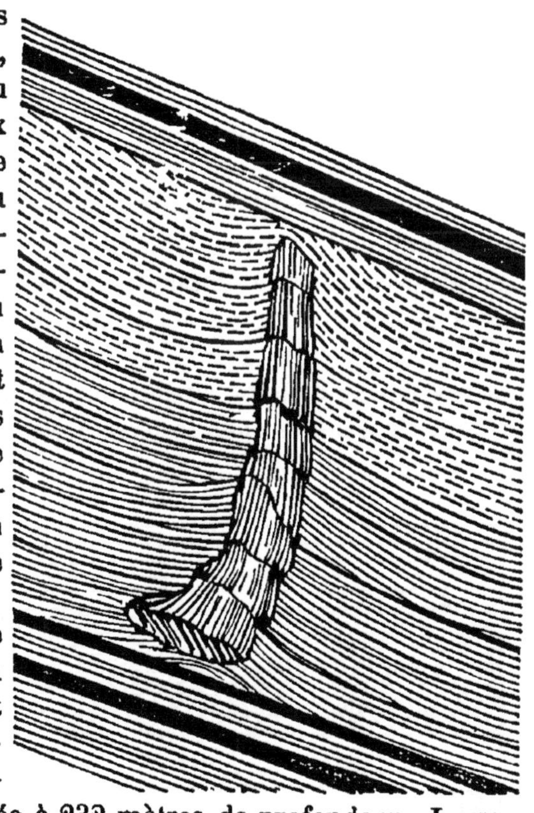

Cette position normale des végétaux en place, qui sont toujours perpendiculaires au plan de stratification des couches, lors même que ce plan est très-incliné, fournit une nouvelle démonstration de l'horizontalité première des dépôts houillers.

Les végétaux en place ont conservé leur forme cylindrique ; ils ont presque toujours leurs racines dans une couche de Schiste ou de Grès fin et charbonneux : leurs tiges traversent les diverses couches superposées, et les Roches ont pénétré dans l'intérieur, de manière à en fossiliser d'une façon différente les parties engagées dans un milieu différent. Il en résulte que ces tiges se divisent en tronçons successifs ou disques, les uns transformés en Grès, les autres en Argile schisteuse. A une certaine hauteur, ces végétaux sont ordinairement brisés, comme dans l'exemple précédent; quelquefois, cependant, les branches se sont conservées, et l'arbre est à peu près complet.

La formation houillère n'est pas la seule qui ait offert des accidents de cette nature. On doit à MM. de la Bèche et Buckland un travail fort intéressant sur les circonstances dans lesquelles se sont rencontrés des troncs fossiles silicifiés de *Cycadées*, dans l'Ile de Portland, immédiatement au-dessus du Calcaire portlandien et au-dessous de la pierre de Purbeck (fig. 58), c'est-à-dire dans le terrain wealdien. Ces troncs sont

Fig. 58.

renfermés dans les même lits de terreau noir où ils se sont développés, et ils y sont accompagnés par des troncs couchés de grands conifères et par des souches de ces mêmes arbres maintenus dans une position droite, avec leurs racines encore enfoncées dans leur sol natal.

La fig. 59 représente de semblables souches d'arbres enracinées dans le terreau où elles ont pris naissance, qui se voient dans la falaise située immédiatement à l'est de Lulworth-Cove (comté de Dorset). Comme les couches ont été soulevées jusqu'à une inclinaison de près de 45 degrés, les souches dont il s'agit ont conservé l'inclinaison anormale dans laquelle le soulèvement les a placées.

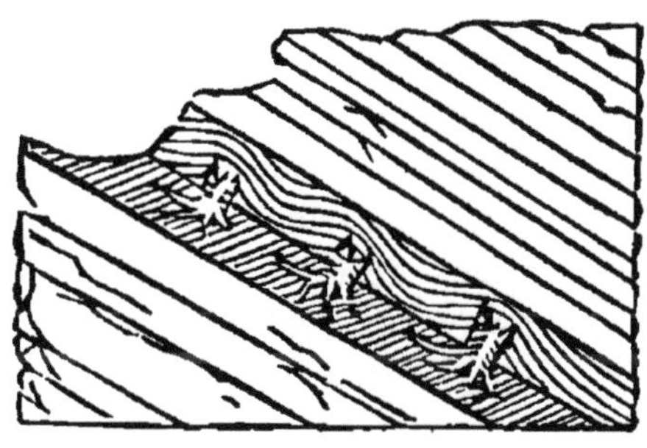

Toutes ces circonstances ont conduit à regarder les couches de Houille, comme produites en grande partie par la croissance et l'accumulation sur place de végétaux, dans des bassins dont le sol s'enfonçait progressivement sous le poids des débris déjà accumulés. Un calcul très-simple, dû à M. E. de Beaumont, montre la presque impossibilité de voir dans la Houille le résultat de la décomposition d'amas de végétaux transportés dans des bassins.

La pesanteur spécifique de la Houille est en moyenne de 1,30 ; celle du bois dont nos forêts se composent peut être évaluée en moyenne à 0,70. De là il résulte que si l'on concevait que du bois fût condensé de manière à acquérir la densité de la Houille, son volume se réduirait dans le rapport de 1,30 à 0,70, ou de 1 à 0,5385. De plus, le bois ne renferme pas, à poids égal, autant de carbone que la Houille, ce qui exige une nouvelle réduction.

D'après M. Regnault, les diverses Houilles contiennent entre 80 et 90 pour 100 de carbone ; moyenne 85 pour 100. Le bois vert contient moyennement environ 36 pour une de carbone.

D'après cela, si un poids donné de bois pouvait être changé en Houille, sans perte de carbone, il se réduirait dans le rapport de 1 à 36/85 ou de 1 à 0,4235. Si donc une couche de bois sans interstices pouvait être changée en Houille, sans perte de carbone, son épaisseur diminuerait dans le rapport de 1 à $0,5385 \times 0,4235 = 0,2280$. La quantité de matière ligneuse contenue dans un hectare de forêt est variable, et il est difficile d'en donner une valeur moyenne exacte. En prenant comme exemple le département des Ardennes, où M. Sauvage évalue à 180 stères le produit d'un hectare de taillis de vingt-cinq ans entièrement coupé, sans laisser aucune réserve, le poids de chaque stère de bois d'essences mélangées serait (eu égard aux vides) d'environ 330 kilogrammes, ce qui donnerait pour l'hectare entier 59,400 kilogrammes; en admettant une pesanteur spécifique moyenne de 0,70, cela donnerait 84,86 mètres de bois, qui pourraient former sur toute la surface de l'hectare une couche continue et sans interstices de $0^m008486$ d'épaisseur. Transformée en Houille, d'après les évaluations précédentes, cette couche de bois reviendrait à une couche de Houille de $0^m008486 \times 0,2280 = 0^m001935$ ou environ deux millimètres d'épaisseur.

Il est probable que la plupart des futaies ne renferment pas trois fois autant de matières ligneuses qu'un taillis de vingt-cinq ans bien garni; par conséquent la plupart des futaies doivent contenir moins de carbone qu'une couche de Houille de même étendue et de 6 millim. d'épaisseur. Il existe probablement peu de futaies, même parmi les plus épaisses, qui contiennent autant de carbone qu'une couche de Houille de même étendue et de 1 centim. d'épaisseur. La surface des terrains houillers reconnus en France forme 1/214 de la surface totale du territoire. Si l'on tient compte de la stérilité de certains terrains, on verra qu'une futaie de la plus belle venue possible, qui couvrirait la France entière, serait loin de contenir autant de carbone qu'une couche de Houille de 2 mèt. d'épaisseur, étendue dans les seuls bassins houillers connus.

Ces résultats, qui sont de simples approximations, suffisent cependant pour donner une haute idée du phénomène quel qu'il soit, par suite duquel a eu lieu l'accumulation de matière végétale nécessaire pour produire une couche de Houille, ayant 1 mèt., 2 mèt., et jusqu'à 30 mèt. d'épaisseur, comme celle du bassin houiller de Decazeville.

Il résulte de ce calcul que si les couches de Houille sont produites par l'enfouissement de radeaux de bois flotté, ces radeaux ont dû avoir des épaisseurs énormes et inadmissibles.

Le bois, quand on le coupe en bûches d'une longueur uniforme et qu'on le range en stères, présente de nombreux interstices qu'on évalue à plus de 38/128 du volume total; de sorte que le bois n'en remplit réellement que les 90/128. Pour des branchages, la somme des vides est encore plus grande.

Dans un radeau naturel, les troncs ne pourraient être aussi bien rangés que dans du bois en stères, et l'on peut supposer, sans exagération, qu'un radeau naturel renfermerait 61/128, ou la moitié de son volume de vide; par conséquent un pareil radeau, s'il pouvait se réduire en Houille sans aucune perte de carbone, en donnerait une couche dont l'épaisseur serait 1/2 × 0,2280, ou 0,1140, c'est-à-dire moins du huitième de la sienne. Ainsi, une couche de Houille de 2 mèt. supposerait un radeau de 17 mèt. 52; une couche de Houille de 30 mèt. supposerait un radeau de 263 mèt. Il faut, en outre, remarquer que la Houille provient de végétaux qui, comme les tiges des *equisetum*, étaient bien loin d'être aussi pleins que les arbres de nos forêts. Pour avoir égard à cette circonstance, il faudrait peut-être tripler les épaisseurs précédentes, et attribuer des couches de Houille de 1, 2, 3.... 30 mèt. à des radeaux de 26 mèt., 52 mèt... 788 mèt. d'épaisseur, suppositions qui dépassent les limites du possible.

En excluant l'hypothèse des radeaux, cette remarque augmente la probabilité de celle qui attribue aux couches de Houille une origine analogue à celle des tourbières.

On sait que l'accroissement de la Tourbe correspond à peu près à 65 centimèt. d'épaisseur par siècle; si, par analogie, on applique cette donnée à la formation de la Houille, il sera facile de calculer le temps qu'aura mis une couche de Houille à se déposer.

Le bassin houiller des environs de Paisley, en Ecosse, renferme 32 mèt. de Houille; à Pontypool, au sud du pays de Galles, on compte 30 mèt.; à Saint-Etienne, l'épaisseur totale des couches de Houille, dans tout le bassin, est de 76 mèt. M. Cordier donne à la couche de Houille de Salles (Aveyron) une puissance de 103 mèt. Dans ce dernier exemple, le dépôt de la couche aurait exigé une période de 15,440 années.

Si on étendait cette méthode de calcul à la formation houillère tout entière, c'est-à-dire à l'épaisseur complète du terrain, nous trouverions une période de 480,000 ans pour le terrain houiller des comtés de Salop et de Hereford, dont la puissance est de 3,200 mètres, et de 600,000 ans pour celui des Asturies, dont l'épaisseur est évaluée à 4,000 mèt.

C'est ici le lieu de dire quelques mots sur une substance gazeuse qui est le produit de la décomposition des Houilles et qui devient très-dangereuse, lorsqu'elle s'enflamme dans l'intérieur des travaux des mines. Nous voulons parler du protocarbure d'hydrogène qui est connu sous le nom de *Grizou*.

Ce gaz est incolore, d'une odeur très-forte, irrespirable, à moins qu'il ne soit mêlé avec au moins deux fois son volume d'air; il brûle avec flamme bleue et il est insoluble dans l'eau. P. S. 0,5589.

Composé en poids de :

Carbone.	75,38
Hydrogène . . .	24,62

Sa formule est $H^4 C$ (ou 4 volumes d'hydrogène et 1 volume vapeur carbone condensée en 2 volumes); mêlé à l'air atmosphérique, il s'enflamme à l'approche d'un corps en combustion, il détone et donne de l'eau, de l'acide carbonique et de l'azote. Le mélange le plus détonant est celui qui renferme 1/8 d'hydrogène protocarboné.

Le gaz hydrogène protocarboné se dégage des Houilles mêmes. Ainsi, en pilant du charbon dans un tonneau à ouverture étroite, l'air qui s'en échappe est inflammable ; en brisant de la Houille sous l'eau on voit des bulles de gaz venir éclater à sa surface. Il se trouve dans un tel état d'élasticité dans le sein même du combustible, qu'il est toujours prêt à s'échapper. Il brise les petits fragments qui s'opposent à sa sortie, en produisant un bruit et un pétillement analogue à celui de l'eau échauffée, dans l'instant qui précède l'ébullition tumultueuse. Dans les galeries recouvertes d'eau, les bulles s'y observent en grande abondance et se succèdent avec rapidité. Sa force élastique surmonte des pressions énormes ; à Latour (Loire), elle est supérieure à la résistance que lui oppose une masse de plus de 10 mètres d'eau. On a remarqué en Transylvanie que le Grizou frappe la main comme le ferait un vent très fort, et qu'il repousse les morceaux de papier. Il est l'agent qui, dans l'Etat d'Ohio amène l'eau salée des profondeurs du sol.

Les Houilles collantes et friables sont les variétés qui fournissent du gaz hydrogène protocarboné en plus grande quantité ; aussi est-il commun dans les fronts d'abattage, les éboulements et dans les tailles.

Il s'écoule souvent par les fissures naturelles de la Roche et débouche ainsi à la surface. A Saarbruck, on connaît une fissure qui donne du gaz depuis 18 ans ; à Rheine, on l'a conduit dans des tuyaux de 333 mètres de long et on le fait servir à l'éclairage ; il en est de même à la mine de Sztalina en Westphalie.

On a pu constater, par des expériences directes faites sur la température du Grizou, que le gaz ne provenait jamais d'une profondeur supérieure à 100 mètres maximum, par conséquent qu'il ne se trouvait pas déjà formé au-dessous du terrain houiller. On a observé également qu'il ne se remarque jamais en dehors des terrains stratifiés et qu'il se manifeste surtout dans ceux qui contiennent des combustibles fossiles ou des Schistes bitumineux : il n'a donc pas la même origine que les gaz des volcans ou des sources thermales.

Le Grizou se forme journellement sous nos yeux. Dans les temps chauds, on le voit s'élever sous forme de bulles à la surface des eaux stagnantes, par suite de la décomposition des matières organiques. Mais le gisement le plus abondant et le plus curieux est celui qui constitue les *salzes*, espèces d'éruptions boueuses, sur lesquelles M. Dufrénoy donne les renseignements suivants. La violence avec laquelle le gaz s'échappe du sein de la terre est telle, qu'il rejette les sables qu'il traverse, et que, les mélangeant avec l'eau, il en résulte des déjections boüeuses, quelquefois très-abondantes, auxquelles la présence du sel a fait donner le nom de *salzes*.

Lorsque les jets de gaz se trouvent enflammés par l'approche accidentelle d'un corps en ignition, ils donnent naissance à ce qu'on appelle *terrains ardents, fontaines ardentes, sources inflammables, feux naturels,* qu'on a quelquefois confondus avec les effets volcaniques avec lesquels ils n'ont cependant aucun rapport. L'inflammation se fait sans détonation, mais les flammes s'échappent au premier moment avec bruit, elles produisent une chaleur assez forte pour calciner le terrain sur lequel elles brûlent, et même qui peut être utilisée à la fabrication de la chaux. Ces flammes continuent à brûler pendant plus ou moins de temps, jusqu'à ce que de grandes averses, de grands coups de vent viennent les éteindre.

Ces sources gazeuses sont assez nombreuses à la surface de la terre, on en cite partout, dans les Apennins, dans le Parmésan, le Bolognais, en Sicile, en Crimée, en Chine, dans l'Indoustan, à Java, sur la côte d'Amérique.

Tout le monde connaît les désastres épouvantables qui surviennent dans les mines de Houille, lorsque par accident ou par imprudence, le Grizou s'enflamme dans l'intérieur des travaux. Dans le courant de l'année 1813-1814 on a compté plus de 600 mineurs tués à la suite des explosions, seulement dans les mines de Newcastle. Le moyen le plus efficace pour conjurer ces catastrophes, est celui qui consiste à établir dans les galeries un bon système d'aérage ; mais il est insuffisant pour les galeries ascendantes et les galeries fermées, où l'air vicié ne peut pas être balayé par celui qui est amené de la surface.

Mais une découverte dont l'humanité est redevable à H. Davy a soustrait la vie des ouvriers aux dangers qui la menaçaient. Ce chimiste a démontré que les explosions sont incapables de passer à travers des tubes de métal longs et étroits et de se communiquer à l'air des galeries. Or, comme l'inflammation du Grizou ne peut s'opérer que sous l'influence d'une haute température, si le mélange est refroidi par un corps bon conducteur, la détonation n'a pas lieu. Davy a alors emprisonné de toutes parts la flamme d'une lampe à huile par une toile métallique à mailles très-serrées et portant 748 de ces mailles par 7 centimètres carrés. Cet instrument porte le nom de *Lampe de sûreté*.

USAGES.

La Houille est susceptible d'applications aux arts et aux usages de la vie, si nombreuses et si bien connues de tous, qu'il serait fastidieux de les énumérer ici. Contentons-nous de dire que la richesse des nations civilisées est en rapport avec les ressources qu'elles possèdent en combustibles fossiles et en mines de fer. C'est à l'abondance de ces produits naturels enfouis dans son sol que l'Angleterre est redevable de sa grande puissance.

On a calculé qu'en Angleterre environ quinze mille machines à vapeur étaient, en 1838, journellement en jeu. En supposant à chacune de ces machines la force moyenne de vingt-cinq chevaux, on voit que dans ce royaume la puissance de la vapeur équivalait à celle d'environ deux millions d'hommes. Si l'on considère que cette force était en grande partie appliquée à mettre des machines en mouvement, et que l'ensemble du travail exécuté par les machines en Angleterre a été estimé égal à celui que pourraient fournir immédiatement trois ou quatre cents millions d'hommes, on sera stupéfait en voyant combien la Houille, le fer et la vapeur ont d'influence sur les destinées et sur la fortune de l'espèce humaine. Or, depuis 1838, le nombre des machines a presque doublé dans le royaume uni.

La grande variation dans les qualités de la Houille en ont rendu la classification très-difficile tant au point de vue scientifique que sous le point de vue industriel. Ainsi, les Houilles les plus médiocres produisent environ 45 pour 100 de coke ; la majeure partie en donnent 60 : pour quelques-unes, qui se rapprochent alors des Anthracites, cette proportion s'élève à 85 pour 100. Ces variations dans la teneur en coke se reproduisent pour les matières volatiles : ainsi, la Houille distillée en grand, dans les usines à gaz d'éclairage, fournit moyennement 300 litres de gaz par kilogramme, tandis que pour certaines Houilles (le Cannel-Coal, par exemple), cette proportion s'élève jusqu'à 400 litres.

Au point de vue industriel, on a divisé les Houilles en trois grandes catégories, savoir :

1° Les *Houilles sèches,* celles dont les fragments en brûlant conservent leurs formes ;

2° Les *Houilles grasses,* celles dont les fragments se ramollissent au feu et s'agglutinent ;

3° Les *Houilles maigres,* celles qui brûlent avec flamme très-longue et sont intermédiaires entre les deux variétés précédentes.

Les Houilles *sèches* brûlent avec difficulté, ne se gonflent pas et ne s'agglutinent que légèrement.

Les analyses immédiates ont donné :

	Mons.	Fresnes.	Le Rolduc.	Galles.	Charb. min.
Charbon.....	85,0	82,4	84,0	79,3	91,3
Cendres	2,3	4,2	2,7	1,3	3,9
Mat. volatiles.	12,7	13,4	13,3	19,4	4,2
	100,0	100,0	100,0	100,0	100,0

Cette variété de Houille, dans le pays de Galles, est passée directement dans les hauts-fourneaux ; mais son usage le plus habituel est la fabrication de la chaux.

Les Houilles *grasses,* désignées en France sous le nom de *Houilles maréchales,* parce qu'elles sont propres au travail de la forge, sont composées de la manière suivante :

	Alais.	Gier.	Decazeville.	Carmaux.	St-Etienne.
Charbon	68,1	66,5	71,5	64,5	64,0
Cendres	6,4	2,0	3,5	6,3	4,0
Mat. volatiles.	25,5	31,5	25,0	29,2	32,0
	100,0	100,0	100,0	100,0	100,0

Les Houilles *maigres* s'allument avec la plus grande facilité, brûlent avec une flamme très-longue, sans que les fragments changent de forme ou s'agglutinent. A la distillation, elles fournissent beaucoup de gaz, mais laissent un résidu noir et peu cohérent, qui ne peut être utilisé comme coke. Ces Houilles sont employées pour le chauffage des chaudières à vapeur ; elles servent en outre à tous les usages de grille qui exigent de la flamme.

Les analyses immédiates ont donné pour cette dernière variété :

	Cublac.	Tuchan.	Blanzy.	Epinac.
Charbon	70,25	56	76,48	74,75
Cendres.......	7,40	20	2,28	5,65
Mat. volatiles..	22,35	24	21,24	19,60
	100,00	100	100,00	100,00

TROISIÈME ESPÈCE. — LIGNITE.

Synonymie. *Stipite, Bois bitumineux, Jayet.*

Matière noire ou brune offrant alors une grande analogie avec la Houille; ou possédant encore le tissu ligneux et souvent la couleur du bois; s'allumant et brûlant avec facilité, avec flamme, fumée noire, odeur bitumineuse, souvent fétide. Quand la flamme de la Houille est éteinte, celle-ci se couvre d'une cendre blanche, et cesse de brûler presque aussitôt après; les Lignites se couvrent bien également d'une cendre blanche, mais ils continuent à brûler, ainsi que cela a lieu pour la braise. Ce caractère constant suffit pour distinguer certains Lignites à texture compacte de la Houille, dont ils se rapprochent beaucoup par les caractères extérieurs. Ils donnent à la distillation des matières bitumineuses, de l'eau chargée souvent d'acide acétique, et laissent un charbon brillant, compacte, qui conserve la forme des fragments employés.

On peut établir dans ces combustibles deux groupes bien tranchés : 1° *Lignites piciformes,* appelés aussi *Lignites communs,* dans lesquels le tissu organique est complètement effacé, et 2° les *Lignites fibreux* ou *Bois bitumineux,* présentant tous les caractères du bois (1).

VARIÉTÉS.

1. **L. compacte.** Variété homogène et ne présentant aucune apparence de tissu organique.
   Fuveau, Gardane, Forcalquier, Saint-Martin de Castillon (Provence), Buriano (Toscane), La Tour-du-Pin (Dauphiné), Ste-Colombe (Aude), St-Paulet (Gard).
2. **L. lamelleux.** Variété se divisant en fragments à faces parallèles.
   Environs d'Aix, Monte Bamboli (Toscane).
3. **L. schistoïde.** Variété se divisant en plaques minces.
   Saint-Martin de Castillon, Fuveau, Gréasque (Provence).
4. **L. xiloïde.** Variété offrant la texture et la forme extérieure de tiges et de branches de bois.
   Grand-Denis (Doubs), Saint-Martin de Castillon.
5. **L. collant.** Variété noire, brillante, jouissant de la propriété de se boursouffler à la manière des Houilles grasses et de former un charbon solide analogue au coke ordinaire.
   Dauphiné (Basses-Alpes), Monte Bamboli (Toscane).

(1) Les analyses immédiates ont donné :

	Jayet de Ste-Colombe.	Lignite comm. de Marseille.	Lignite comm. du Dauphiné.		Bois fossiles.	Bois bitumineux.
Charbon . . .	60,4	49,3	43,6		44,1	38,4
Cendres . . .	1,7	3,9	7,4		1,4	2,5
Mat. volatiles	37,9	46,8	49,6	liquides	37,1	39,3
				gazeuses	17,4	19,8
	100,0	100,0	100,0		100,0	100,0

6. **L. TERREUX** (1). Mélangé de particules terreuses.
Soissonnais, Gargas (Vaucluse), La Tour-du-Pin), Le Revest près Toulon, Menat (Puy-de-Dôme).

7. **L. PYRITIFÈRE.** Variété contenant des Pyrites de fer.
Fuveau, Gargas, Buriano, Soissonnais, La Tour-du-Pin, environs de Vevay, Grand-Denis (Doubs), Saint-Paulet (Gard), Menat.

GISEMENT ET HISTOIRE.

Les combustibles contenus dans les formations secondaires avaient été décrits par M. Brongniart sous le nom de *Stipite,* d'après l'expression *stipe,* par laquelle on désigne les tiges de Cycas qui se trouvent dans ces terrains. La dénomination de *Lignite* s'appliquait plus spécialement aux combustibles des terrains tertiaires. M. Dufrénoy confond les uns et les autres sous le nom de *Lignites,* abstraction faite des variations qu'ils peuvent présenter dans leur texture ou leur composition et qu'il est difficile de préciser d'une manière rigoureuse.

Ces matières ne commençent à se montrer que dans le Grès bigarré (Wasselonne, Soultz-les-Bains). On les retrouve plus haut dans les marnes irisées : Grozon, Fayence et Montferrat (Var); dans le lias inférieur (Deister), à la base de l'oolite inférieure : Milhau, plateau de Larzac (Aveyron).

Les Grès verts supérieurs contiennent à leur tour des dépôts plus ou moins puissants de Lignites, appartenant surtout à la variété Jayet : tels sont ceux de Sainte-Colombe, de Candelon près Brignolles, de l'île d'Aix, d'Anzin, de Saint-Paulet près du Pont-Saint-Esprit, dans le Gard.

Cette dernière localité est surtout intéressante en ce qu'il devient facile de déterminer avec précision la place qu'occupent les Lignites dans l'étage des Grès verts. La succession des

(1) Analyses des Lignites terreux :

	Allemagne.	Chantilly.	Menat.	Bouxvillers.	Reims.
Matières combustibles. . .	0,825	0,803	0,650	0,440	0,110
Argile et Sable.	0,175	0,066	0,350	0,440	0,860
Pyrite.	»	0,131	»	0,120	0,030
	1,000	1,000	1,000	1,000	1,000

Il est facile de voir combien est variable la quantité de carbone que renferment les Lignites souillés par des mélanges terreux.

couches qui constituent cette partie moyenne du terrain crétacé est indiquée dans la fig. 60.

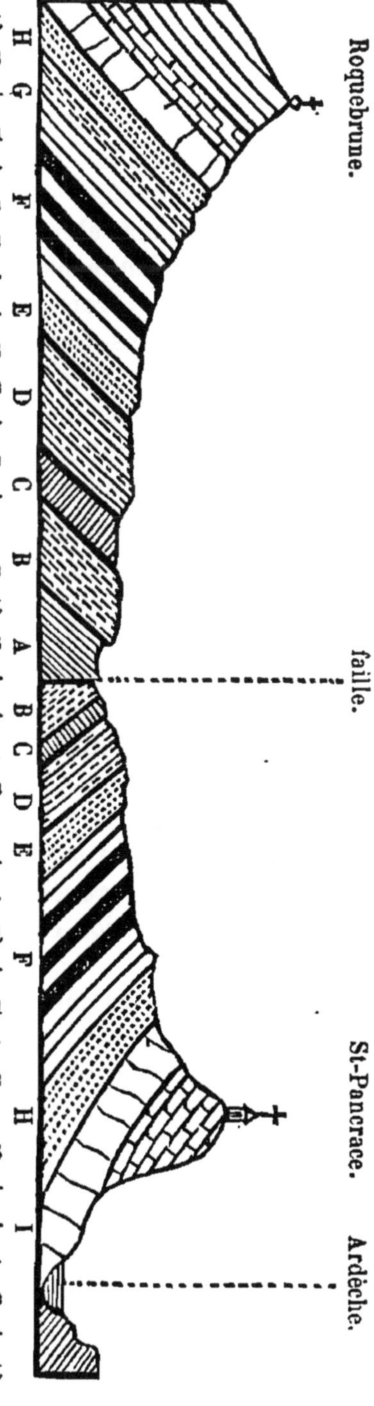

Une faille, dirigée sensiblement de l'est à l'ouest, et qui partant des environs de la ville du Pont-St-Esprit, passe par le château de la Blache, par le revers nord du village de Carsan, se perd dans le massif montagneux de la Chartreuse de Valbonne, a établi dans les terrains une ligne de rupture de chaque côté de laquelle les couches s'inclinent en sens opposé; de sorte qu'en partant des Rochers de Roquebrune et se rendant à l'ermitage de St-Pancrace, l'observateur recoupe deux fois les mêmes bancs.

Les plus inférieurs A, qui se montrent aux affleurements, sont constitués par des marnes grisâtres qui appartiennent à la partie supérieure du terrain néocomien désignée sous le nom de terrain aptien.

On remarque ensuite dans l'ordre ascendant :

1° Un Grès B à grains fins, parsemé d'une infinité de points verdâtres (*silicate de fer*), et contenant en abondance l'*Orbitolites concava,* fossile si commun à la perte du Rhône, et la *Belemnites semi-canaliculatus.* Ce Grès représente le Gault.

2° Des bancs puissants d'un Grès sableux rouge C renfermant, à l'état subordonné, un banc de peroxyde de fer, mélangé de *Berthiérite,* dont la puissance varie de 1 mèt. à 1 mèt. 30. Ces Grès ferrugineux appartiennent au Gault supérieur et forment dans toute l'étendue du bassin un horizon nettement défini.

3° Des Grès verts D, en couches alternantes avec des Argiles et des marnes bleuâtres, caractérisés par l'*Ostrea conica,* le *Pecten asper,* l'*Holaster lævis,* et d'autres espèces fossiles spéciales à la craie chloritée de Rouen.

4° Des sables rougeâtres ou jaunâtres E, généralement friables, mais quelquefois agglutinés par un ciment siliceux ou calcaire, et formant alors des plaques et des couches solides.

5° Une formation lacustre F, très-puissante, presque exclusivement calcaire, renfermant beaucoup de coquilles d'eau douce, telles que des *Ampullaria,* des *Cyrènes,* des *Pyrènes,* et des *Cyclades.* C'est dans ce système, dont l'épaisseur sur plusieurs points du bassin dépasse 60 mèt., qu'est enclavé un Lignite piciforme dont il existe trois bancs exploitables.

6° Des Grès et sables jaunâtres G contenant à la base l'*Ostrea flabellata,* qui descend quelquefois dans l'étage à Lignites, et l'*Ostrea columba* à la partie supérieure.

7° Des sables jaunâtres H passant à un Grès friable, alternants avec des Argiles sableuses.

8° Un Grès lustré I passant à un Quartzite très-solide, alternant avec des Argiles sableuses.

9° Un Calcaire jaunâtre K à points miroitants, en couches peu épaisses, formant la base du Calcaire à *Hippurites.*

10° Enfin, le Calcaire à *Hippurites* formant des bancs très-épais et représentant la partie la plus supérieure du Grès vert, correspondant au *Turonien* de M. d'Orbigny, mais parfaitement distinct par sa position et sa faune de l'horizon de l'*Ostrea columba.*

Cette coupe du terrain crétacé des environs du Pont-Saint-Esprit démontre d'une manière péremptoire, que la formation lacustre avec combustible fossile, qu'on retrouve dans la même position à Moudragon (Vaucluse), est réellement intercalée dans l'étage du Grès vert supérieur, et qu'elle est placée entre les couches avec *Pecten asper* (craie chloritée des environs de Rouen), et l'étage des *Ostrea columba* et *flabellata.* C'est un nouveau wealdien spécial au Grès vert, analogue au wealdien plus ancien, placé entre les deux formations marines portlandienne et néocomienne. Celui du département du Gard, à cause de son importance et de son développement, pourrait être convenablement désigné par le nom de *terrain gardonien.*

Les Lignites de l'île d'Aix et qu'on retrouve près d'Angoulême et de Jarnac, sont à peu près de la même époque que ceux de Saint-Paulet : ils sont cependant un peu plus anciens; car, dans les deux Charentes, ils forment la base du Grès vert supérieur; ils sont, en effet, recouverts par le Calcaire à *Miliolites,* à *Caprina adversa* et *Radiolites agariciformis,* qui représente la craie chloritée de Rouen, et qui supporte à son tour les Argiles figulines, caractérisées par les *Ostrea flabellata* et *columba.*

M. Dufrénoy avait bien signalé, à Saint-Paulet, le mélange de coquilles marines avec des coquilles d'eau douce dans le Calcaire lignitifère; mais ce savant, auquel le recouvrement de ce Calcaire par l'*Ostrea flabellata* avait échappé, l'avait classé dans l'étage tertiaire moyen.

C'est surtout dans la formation tertiaire que les Lignites se présentent avec le plus d'abondance. Ils donnent lieu à des exploitations importantes. On les trouve d'abord au-dessous du Calcaire grossier ou dans les parties inférieures de ce dépôt (Bagneux, Auteuil, Laon, Reims), et dans des Calcaires lacustres équivalents dans le midi de la France : Gardanne, Fuveau, Coudoux (Bouches-du-Rhône). Les dépôts qu'on observe dans le nord des Etats prussiens et dans la Bohême occidentale se rapportent aux étages du terrain tertiaire inférieur. Ils sont situés principalement à gauche de l'Elbe. Ces Lignites ont, en certains endroits, une puissance considérable, souvent plus de 6 mètres d'épaisseur, quelquefois 20 à 30 mètres. L'espace qu'ils occupent est immense ; aussi peut-on regarder ces ressources comme indéfinies ; l'abondance en est telle, qu'en certains endroits on brûle le Lignite, seulement pour obtenir des cendres, qui constituent un engrais très-actif.

Dans l'étage éocène supérieur correspondant au Gypse de Montmartre, on peut citer les gisements de Gargas, de Saint-Martin de Castillon (Vaucluse), de Sisteron, de Dauphin, de Forcalquier, de Monte Bamboli, de Buriano (Toscane), de Smendou (province de Constantine). Les Lignites de Vevay, de Lausanne (Suisse), du Grand-Denis (Doubs), sont enclavés dans le terrain miocène. Enfin, on en connaît aussi quelques dépôts dans l'étage pliocène, la Tour-du-Pin (Isère).

Dans ces diverses localités, les Lignites sont accompagnés de débris de plantes et surtout de débris de coquilles fluviatiles. On a signalé, sur la côte occidentale de Madagascar et à Nossi-Bé, un terrain formé de Grès et d'Argiles schisteuses qui contiennent du Lignite fibreux et brillant, brûlant facilement avec une flamme longue et blanche, et dont la composition est :

Carbone fixe . . .	0,418
Matières volatiles.	0,542
Cendres	0,040
	1,000

USAGES.

Les Lignites, quoique moins importants que les Houilles, sont néanmoins susceptibles d'emplois très-variés. On s'en sert avantageusement dans les usines où il s'agit de chauffer, d'évaporer des liquides, ou de produire de la vapeur, pour la cuisson de la chaux, des poteries communes, pour le chauffage des appartements. Les environs d'Aix et de Marseille possèdent les gisements les plus étendus et les plus riches en ce genre de combustibles. Les variétés bitumineuses des environs de Dauphin (Basses-Alpes), et de Monte Bamboli (Toscane), jouissent de la propriété de se boursouffler en brûlant et peuvent être utilisées dans les forges de maréchal.

La Provence fournit aujourdhui plus de 120,000 tonnes d'un Lignite dont la qualité est peu inférieure à celle de la Houille. La Prusse produit annuellement plus de 800,000 tonnes de ce combustible.

Le Jayet, qui est une variété de Lignite compacte, brillante et dense, est employé pour faire diverses sortes de bijoux de deuil, des boutons, des colliers, etc. La petite ville de Sainte-Colombe (Aude), se livrait à la fabrication de ces sortes d'objets, qui constituait autrefois pour elle un commerce assez lucratif.

Les Lignites pyriteux sont employés dans diverses localités pour préparer de l'alun et du sulfate de fer. On laisse ces substances effleurir à l'air, ou bien on les calcine lentement et on lessive ensuite les matières terreuses qui se sont formées. Les cendres qui proviennent de cette fabrication qu'on nomme *cendres rouges*, sont fort recherchées pour l'agriculture, et ont produit des résultats très-avantageux dans les terres stériles de la Champagne. On emploie aussi avec succès le Lignite menu, qui est alors connu sous le nom de *cendres noires*.

Les Bois altérés, qui se montrent surtout dans les parties les plus superficielles des terrains tertiaires, ou plutôt dans les alluvions, peuvent servir plus ou moins aux mêmes usages que les bois ordinaires : il en est qui sont si bien conservés qu'on les a même employés dans la bâtisse ; d'autres ont été tournés, et on en fait des écuelles, des vases divers. On s'en sert pour la cuisson de la chaux et des poteries, et pour chauffer et évaporer les liquides ; mais ils laissent dégager en brûlant une odeur fétide qui limite son emploi dans les habitations et souvent même le rend complétement impossible.

On peut considérer comme un *Lignite* particulier, une matière terreuse brune, s'allumant avec facilité et brûlant sans flamme, comme le bois pourri, et sans fumée, produisant des cendres blanches ou rouges, et qu'on connaît dans l'industrie sous les noms de *Terre de Cologne* et de *Terre d'Ombre*.

Cette matière, qui a tous les caractères organiques, et qui paraît provenir de végétaux entièrement décomposés, se trouve aux environs de Cologne, principalement à Brühl et à Liblaz. Il paraît qu'elle forme des dépôts considérables, qui ont jusqu'à 13 mètres d'épaisseur et plusieurs lieues d'étendue. On y reconnaît une grande quantité de bois, des fruits de diverses sortes ; mais tous ces débris sont entièrement décomposés, et se réduisent en poudre lorsqu'ils sont exposés à l'air. Ils sont recouverts par des cailloux roulés.

La terre de Cologne est exploitée avec activité et principalement comme combustible, dont on fait une grande consommation dans le pays. On la moule, après l'avoir humectée dans des vases en forme de cône tronqué, pour pouvoir la transporter plus facilement. On l'emploie aussi en peinture, tant à l'huile qu'en détrempe, après l'avoir pulvérisée avec plus ou moins de soin, suivant la délicatesse des ouvrages. On assure qu'en Hollande on la mélange avec le tabac, pour lui donner de la finesse et du moelleux.

Les cendres de cette matière sont aussi recherchées pour l'agriculture, et on en transporte jusqu'en Hollande ; on en brûle même exprès sur les exploitations pour cet usage.

QUATRIÈME ESPÈCE. — TOURBE (1).

Matière brune plus ou moins foncée, quelquefois assez homogène, le plus souvent remplie de débris visibles d'herbes sèches ; brûlant facilement avec ou sans flamme ; donnant une

(1) M. Berthier a trouvé pour la composition immédiate des Tourbes :

	Démérary.	Chateau-Landon.	Reims.	Clermont-Oise.	Bavière.
Charbon	23,5	26	34,6	30,1	38,6
Cendres.	17,3	15	6,8	17,4	1,7
Mat. volat. liq.	36,7	31	39,9	28,4	38,5
Gaz	32,5	28	18,6	24,1	21,2
	100,0	100	100,0	100,0	100,0

Deux espèces de Tourbe de Brunsvick ont fourni au chimiste Wiegmann : Tourbe compacte (Stechtorf [1]), Tourbe à forme (Baggertorf [2]).

	[1]	[2]
Ulmine	276,00	104,00
Cire.	62,00	2,50
Résine.	48,00	4,25
Bitume	90,00	22,50
Charbon terreux . . .	452,00	446,00
Eau	54,00	21,00
Chlorure de calcium	0,15	»
Sulfate de chaux. . .	2,80	48,75
Silice et Sable	7,20	164,00
Alumine.	0,80	96,00
Fer et Posphore. . .	2,65	66,00
Carbonate de chaux.	4,40	16,00
	1000,00	1000,00

Klaproth a obtenu par distillation de la Tourbe du comté de Mansfeld :

1° Produits solides	Charbon.	20,0	40,5
	Sulfate de chaux	2,5	
	Peroxyde de fer.	1,0	
	Alumine.	0,5	
	Sable siliceux.	12,5	
2° Produits liquides	Eau chargée d'acide pyroligneux	12,0	42,0
	Huile empyreumatique	30,0	
3° Produits gazeux	Acide carbonique. . . .	5,0	17,5
	Oxyde de carbone et hydrogène carboné . . .	12,5	

Ce sont là les mêmes produits que ceux qu'on retire du bois, mais dans des proportions différentes. Ils se trouvent dans toutes les espèces de Tourbe, en variant toujours dans leurs proportions.

fumée analogue à celle des herbes sèches et du tabac, et laissant une braise très-légère; donnant à la distillation de l'acide pyroligneux une matière huileuse et des gaz.

VARIÉTÉS.

1. **T. compacte** (*Tourbe limoneuse, Tourbe piciforme*). Variété brune, solide, homogène, à cassure terreuse, quelquefois à cassure luisante, résineuse.
Hollande, Somme, Jura, Ecosse.

2. **T fibreuse** (*Tourbe mousseuse*). Variété composée de fragments de plantes visibles.
Jura, Somme, Hollande, Ecosse, Charente, Vosges.

GISEMENT ET HISTOIRE.

La Tourbe est extrêmement abondante à la surface de la terre. La date de sa formation est postérieure au dernier mouvement géologique, qui a donné à nos continents leur configuration actuelle. Il s'en dépose tous les jours dans tous les endroits bas et marécageux.

En Europe, la région des tourbières s'étend depuis le ravin septentrional des Alpes et des Pyrénées, jusqu'aux latitudes du nord où cesse la végétation des plantes ligneuses. C'est donc vers le 45me ou 46me degré de latitude qu'on commence à voir paraître les dépôts tourbeux; plus bas, vers le sud, on n'en rencontre jamais. Dans l'hémisphère méridional, la région des tourbières occupe absolument les mêmes limites que dans l'hémisphère boréal. C'est dans les îles Malouines, par 52° de latitude sud, que les dépôts tourbeux se montrent avec le plus d'étendue et de puissance. A cet égard, il y a un rapprochement curieux à faire avec ce qu'on observe en Irlande, où, sous une même latitude, au nord, et à température moyenne égale, on rencontre aussi la plus grande quantité de marais tourbeux. L'Irlande, comme les îles Malouines, n'est en réalité qu'une vaste tourbière.

Les marais tourbeux s'étendent sur les rives basses des mers et des lacs, au bord des fleuves et des rivières, au fond des vallées et quelquefois sur les pentes et les sommets des montagnes.

Dans les Pays-Bas, sur les rivages de la mer du Nord, la

croissance de la Tourbe a enlevé aux eaux de la mer la plus grande étendue de sol. Toute la Hollande est assise sur la Tourbe, et c'est là le sol qui s'étend presque sans interruption depuis le Zuiderzée jusqu'à l'embouchure de l'Elbe, sur une largeur qui a souvent plus de 100 kilomètres. L'Oweryssel, la Drenthe, la Frise orientale, et la Frise occidentale, Groningue, Osnabruck, Oldenbourg et Brême, tous ces gouvernements populeux et riches, toutes ces campagnes que l'homme a fertilisées et qu'il a couvertes de villes commerçantes, ont été peu à peu conquises sur le domaine des mers par la lente et insensible croissance de la Tourbe.

La presqu'île du Jutland, placée entre la mer du Nord et la mer Baltique, offre partout, sur les rivages, de grandes étendues de sol tourbeux. Des golfes, qui pénétraient dans l'intérieur des terres, ont été séparés peu à peu du bassin de la mer par des amas de sable, et se sont comblés totalement ou en partie par l'accumulation des dépôts tourbeux. Les bords du Grubersee, dans le Holstein, sont couverts de prairies établies sur la Tourbe, et au milieu, on voit s'élever une grande quantité de petites îles couvertes de roseaux qui vont achever de combler ce golfe, où des vaisseaux naviguaient encore il y a quatre cents ans.

Les îles et les rivages de la mer Baltique sont aussi couverts d'immenses dépôts de Tourbe. L'île de Seeland en a environ 6,338 hectares; la surface de l'île de Bornholm en est presque entièrement formée. On peut donc dire avec raison que les contrées du nord-ouest de l'Europe doivent une bonne partie de leur territoire à la formation de la Tourbe.

Partout où les fleuves s'étendaient jadis très au large, où leur cours irrégulier inondait de vastes plaines, le même phénomène a eu lieu. La croissance de la Tourbe a élevé sur les eaux de très-grandes étendues d'un sol maintenant fertile. La géographie de l'Europe avait, avant que la Tourbe se fût formée, une grande ressemblance avec celle de ces pays nouveaux découverts dans l'hémisphère austral. On y voyait, comme dans la Nouvelle-Hollande, de larges nappes d'eau, dont le cours incertain allait se perdre au milieu des forêts de joncs et de roseaux. Telles étaient, en France, la Somme près d'Amiens, la rivière d'Essonne, entre Corbeil et Villeroi, l'Oise, l'Aisne, l'Aronde, la Bresle, la Minette, dans la vallée d'Aumale, l'Authie, l'Ourck, pendant un espace de plus de 50 kilomètr., la Vesle, depuis Fismes jusqu'à Reims, la Sarthe, la Seine, entre Rouen et Landebeck; car ces rivières traversent maintenant de grandes plaines tourbeuses qu'elles couvraient jadis. La Tourbe s'est élevée; elle a resserré leurs lits dans de justes limites; elle a régularisé leur cours vagabond; elle a enfin construit, sur les bords, des digues puissantes qu'aucun effort ne peut renverser. En Suisse, les vastes plaines du Seeland ont été formées de cette manière. En Allemagne, le Weser, l'Elbe, le Danube, la Vistule traversent aussi de vastes dépôts tourbeux.

La température moyenne la plus favorable à la formation de la Tourbe est de + 6° à 8° centigrades. C'est la température de l'Irlande et des îles Malouines; c'est encore la température des hautes vallées jurassiques, où les dépôts sont si nombreux et parfois si profonds. A mesure qu'on arrive dans des contrées plus froides, où l'activité de la végétation diminue, les marais tourbeux gagnent en étendue, mais ils deviennent de moins en moins profonds.

Les plantes qui concourent de la manière la plus efficace à la formation de la Tourbe, sont le *Sphagnum cuspidatum*, le *Sphagnum cymbilifolium*, le *Sphagnum tenellum*, l'*Hypnum fluitans*, l'*Hypnum aduncum*, et l'*Hypnum revolvens*; le *Polytricum commune*, le *Polytricum gracile*; le *Jungermannia sphagni*, le *Marchantia polymorpha*; la *Conferva fugacissima*, la *Conferva bullosa*. Parmi les arbres et les arbustes dont le ligneux se consume ordinairement au milieu des dépôts tourbeux, dans un état parfait de conservation, on doit citer le *Pinus pumilio*, le *Betula alba*, le *Betula nana*, le *Vaccinium uliginosum*; l'*Erica vulgaris*; le *Salix repens*, le *Lonicera cœrulea*. Après les arbres et les arbustes viennent, comme principal composant, les Cypéracées et les Joncées; l'*Eriophorum vaginatum*, l'*Eriophorum alpinum*; le *Carex ampullacea*, le *Carex panicea*, le *Carex stellulata*, le *Carex leporina*, le *Carex limosa*; le *Juncus obtusiflorus*, le *Juncus lamprocarpus*, le *Juncus conglomeratus*.

M. Lesquereux, auquel nous avons emprunté les détails qui précèdent, admet, après bien des recherches, que la Tourbe est produite par le ligneux des végétaux, dont la décomposition est modifiée par la présence et la température de l'eau.

Dans l'air sec ou sous l'eau, dit Liebich, le ligneux se conserve pendant des siècles entiers sans s'altérer. D'ailleurs, outre les conditions ordinaires, la fibre de bois exige beaucoup de temps pour que sa pourriture s'accomplisse.

L'*Erémacausie* ou la pourriture de la partie essentielle de tous les végétaux, à savoir du ligneux, présente un phénomène particulier, c'est que, au contact de l'oxygène ou de l'air, elle convertit l'oxygène en un volume égal d'acide carbonique. Dès que l'oxygène disparaît, la pourriture s'arrête.

Si l'on enlève cet acide carbonique et qu'on le remplace par l'oxygène, la pourriture s'établit de nouveau, c'est-à-dire que l'oxygène se transforme de nouveau en acide carbonique. Puisque le ligneux se compose de carbone et des éléments de l'eau, on peut dire d'une manière générale que cette pourriture est identique dans ses résultats avec la combustion du carbone pur à des températures très-élevées ; ainsi le ligneux se comporte, en brûlant lentement, comme si son hydrogène ni son oxygène ne se trouvaient combinés avec du carbone.

L'accomplissement de ce phénomène de combustion exige un temps fort long : la présence de l'eau en est également une condition indispensable. Les alcalis en favorisent les progrès, les acides les entravent : toutes les matières antiseptiques, l'acide sulfureux, les huiles empyreumatiques les arrêtent entièrement. A mesure que la pourriture du ligneux s'avance, celui-ci perd la faculté de pourrir davantage, c'est-à-dire de transformer l'oxygène ambiant en acide carbonique, de sorte qu'à la fin il laisse une matière brune et charbonneuse qui n'a plus cette propriété. C'est là le produit final de l'érémacausie ou de la pourriture lente du ligneux, produit qui forme les Tourbes et la partie essentielle de tous les Lignites.

Si ce phénomène se produit à l'air libre, la source d'oxygène ne tarissant jamais, il a lieu rapidement, et les parties constitutives du ligneux passent bientôt à l'état d'ulmine. A une température élevée, cette décomposition est encore plus rapide. Si, au contraire, il se produit dans l'eau et à une température basse, comme les parties ligneuses ne peuvent être soustraites absolument à l'action de l'oxygène, elles en subissent aussi à la longue les effets ; mais cette oxydation est très-lente : elle est jointe à l'action des éléments de l'eau.

Il est clair que cette altération produite par l'eau et par l'action de l'air, se fera sentir d'abord sur les parties non ligneuses des plantes et par conséquent sur celles qui, par leur décomposition, donnent les acides, les huiles empyreumatiques, les résines et toutes les substances antiseptiques.

On comprend donc que ces nouveaux produits agiront sur le ligneux pour en retarder la décomposition. Ainsi l'ulmine pourra le trouver en dissolution dans l'eau des tourbières : les gelées le feront passer à l'état concret et insoluble, et comme résine, il deviendra l'une des matières constitutives de la Tourbe. Il ne sera pas cependant l'élément essentiel de la Tourbe.

L'*ulmine,* ou *acide ulmique* ou *géine* pure, lorsqu'elle est desséchée, est noire et très-fragile : sa cassure est vitreuse et a l'éclat du jayet. Elle est peu sapide et inodore ; elle ne se dissout ni dans l'eau ni dans l'éther; mais elle est très-soluble au contraire dans l'alcool, dans l'acide sulfurique concentré, et dans l'acide acétique à chaud; l'eau la précipite de ses dissolutions. Elle sature complétement les propriétés alcalines de la potasse, de la soude et de l'ammoniaque, avec lesquelles elle forme des sels solubles de couleur brune. L'ulmine donne à la distillation les produits ordinaires des matières végétales, et environ la moitié de son poids de charbon : elle brûle avec flamme et en se boursoufflant.

Elle est composée de :

Carbone.	0,567	2 atomes.
Eau.	0,433	1

On doit aussi rapporter aux phénomènes des tourbières l'existence des *forêts sous-marines* que l'on a découvertes sur les côtes de France et sur d'autres points. En 1811, près de Morlaix, des ouragans ayant déblayé la côte des sables qui la couvraient, on vit que le sol était composé d'une accumulation de matières végétales noires, dans lesquelles étaient enfouis un très-grand nombre d'arbres. Il existe de ces forêts sous-marines sur les côtes de Normandie, à Sainte-Honorine et aux Vaches-Noires; on en a constaté un grand nombre sur les côtes d'Angleterre, et l'on a pu y reconnaître des chênes, des bouleaux, des noisetiers, des aulnes, dont les racines et les troncs étaient dans leur position normale, tandis que les tiges étaient toujours renversées : on a été conduit à attribuer ce renversement à l'action des ouragans, et leur situation actuellement inférieure au niveau de la mer, soit à l'affaissement progressif des sols limoneux et tourbeux par les surcharges de sables que la mer y apporte, soit à la rupture subite des digues qui isolaient autrefois de la mer les forêts littorales.

La baie de Saint-Michel était, à l'époque des Romains, couverte de bois ; la côte formée probablement par un cordon littoral qui formait la baie, devait passer au nord de l'île Chosey. Une voie romaine, située au nord de Dôl et du rocher Saint-Michel, se dirigeait sur Carantan. Cet équilibre fut détruit en 709 ; la levée littorale dut se rompre, les eaux envahirent graduellement la baie, et l'envahissement se propagea jusqu'en 1400. Le sol tourbeux de la forêt qui couvrait autrefois la baie se trouve actuellement enfoui sous les sables; mais les chocs de la mer sur son propre fond déterminent souvent la sortie de grosses billes d'un bois noirci par une altération analogue à celle des tourbières.

C'est ici le lieu de dire quelques mots sur le *terreau*. Si la Tourbe nous présente le résultat de la décomposition des végétaux sous les eaux, le terreau nous présente celui de leur décomposition à la surface de la terre, dans les endroits humides, où l'air est peu renouvelé, ou bien le résultat de la décomposition des matières animales.

Le terreau ne se présente jamais qu'en très-petite quantité à la surface de la terre, parce que, exposé continuellement aux influences atmosphériques, les éléments réagissent les uns sur les autres, et se dissipent en matières gazeuses.

Un sondage exécuté dans les environs de Rotterdam, pour trouver de l'eau douce, a traversé les couches suivantes :

Tourbe mêlée d'Argile. . .	6 m.	66 c.
Argile légère et blanchâtre.	4	66
Tourbe mêlée d'Argile . . .	6	»
Argile compacte	4	66
Argile blanchâtre	1	33
	23	31

On a cherché à évaluer la quantité de Tourbe qui se produit pendant une unité de temps donnée et à apprécier, d'après les épaisseurs trouvées, l'âge probable des marais tourbeux. D'après les observations faites par les Hollandais et recueillies par

Deluc, la croissance de la Tourbe serait de 66 centimètres par siècle.

C'est là le sol qui s'étend presque sans interruption depuis le Zuiderzée jusqu'à l'embouchure de l'Elbe, sur une largeur qui a souvent plus de 110 kilomètres.

Il existait, en 1651, dans la paroisse de Loch Broom en Irlande, une plaine couverte de sapins : or, en 1669, on y exploitait de la Tourbe.

D'après M. Lesquereux on trouve sur le Simplon des tourbières de 50 centimètres de profondeur, reposant sur trois pieds de terre noire et entremêlées de branches de pins, de mélèses et de genévriers. Avant les travaux entrepris par les Français pour la construction de la route, le sol était couvert de forêts. C'est donc depuis une soixantaine d'années que la Tourbe a commencé à croître dans ces lieux élevés, où on l'exploite déjà comme combustible.

Ainsi, en admettant que 66 centimètres de Tourbe correspondent à cent ans, on voit que les dépôts tourbeux de la Hollande auraient exigé une période de 4,000 ans environ.

USAGES.

On emploie la Tourbe comme combustible : 1° dans son état naturel, c'est-à-dire en briquettes, espèces de cubes formés au louchet et séchés au soleil; 2° après lui avoir fait subir une forte compression qui réduit notablement son volume; 3° à l'état de charbon. Le charbon de Tourbe fournit un combustible dont le pouvoir calorifique est les trois quarts de celui du charbon de bois; il est employé avec avantage dans l'industrie pour la génération de la vapeur, la cuisson de la chaux, et même on s'en sert au pudlage de la fonte.

Les richesses en Tourbes sont très-considérables en Bohême. On les exploite principalement à Reichenberg, Kalisch, Egez, Ransko, et on les applique à des industries qui, partout ailleurs, n'emploient ordinairement que la Houille; à l'industrie du fer, par exemple. Le prince de Dietrichstein brûle des Tourbes dans ses hauts-fourneaux de Ransko, et il y a vingt ans qu'elles alimentent les célèbres verreries situées près de Kalisch.

La Tourbe est une substance précieuse dans tous les lieux où elle se trouve, et particulièrement dans ceux où le bois manque entièrement, comme, par exemple, dans la Hollande, qui, privée de cette importante production, serait absolument inhabitable. On peut l'employer à presque tous les usages auxquels le bois pourrait servir; pour le chauffage dans l'intérieur des appartements, où elle produit un feu qui n'est pas sans agrément; dans les ateliers, pour toutes les opérations où l'on a besoin de chauffer, d'évaporer; pour la cuisson de la chaux, des briques, des tuiles, etc. La production annuelle des tourbières de la France est de 500,000 tonnes.

Comme la Tourbe retient l'eau avec une très-grande force, on l'a employée pour rendre des digues imperméables; pour cela il faut construire deux murs espacés l'un de l'autre, et remplir l'intervalle de Tourbes bien tassées.

RÉSUMÉ SUR LES COMBUSTIBLES.

Il résulte des analyses immédiates précédemment citées, que la richesse en *charbon* ou en *coke* augmente avec l'ancienneté des combustibles. En effet, l'Anthracite contient 80 à 90 pour 100 de charbon : les Houilles en renferment de 60 à 80 ; les Lignites de 40 à 50 ; enfin, dans les Tourbes, la proportion de charbon varie de 25 à 30 pour 100.

Mais outre le charbon que l'on obtient par la distillation, les végétaux contiennent des matières bitumineuses qui renferment également du carbone ; pour avoir une idée complète de la composition des combustibles fossiles, il est donc nécessaire de connaître leurs éléments mêmes : c'est le but que s'est proposé M. Regnault dans un mémoire important consacré à la recherche de la composition élémentaire des principaux combustibles. Les nombreuses analyses qu'il a exécutées à cette occasion ont établi :

1° Que la richesse en carbone augmente à mesure que les combustibles appartiennent à des terrains plus anciens; 2° que la richesse en oxygène suit une marche inverse, et par suite que la composition des combustibles fossiles se rapproche de plus en plus de la composition du bois, à mesure que ces combustibles appartiennent à des terrains plus modernes.

Le tableau suivant met ces deux lois dans tout leur jour.

Tableau de la composition élémentaire des combustibles fossiles.

DÉSIGNATION DES COMBUSTIBLES.	Densité.	Carbone.	Hydrogène.	Oxygène et azote.	Cendres.
Terrains de transition.					
I. Anthracites. Pensylvanie	14.62	90.45	2.43	2.45	4.67
I. Anthracites. Mayenne.......	13.67	91.98	3.92	3.16	0.94
I. Anthracites. Pays de Galles..	13.48	92.56	3.33	2.53	1.58
Terrain houiller.					
II. Houilles grasses et dures. — Rive-de-Gier	13.15	87.85	4.90	4.29	2.96
III. Houilles grasses maréchales. — Rive-de-Gier	12.98	87.45	5.14	5.63	1.78
IV. Houilles grasses à longues flammes ... Flénu de Mons ...	12.76	84.67	5.29	7.74	2.10
IV. Houilles grasses à longues flammes ... Cannel Coal.....	13.17	83.75	5.66	8.04	2.55
V. Houilles sèches à longues flammes.— Blanzy	13.62	76.48	5.23	16.01	2.88
Terrains secondaires.					
VI. Charbon de Ceral (Tarn). — Oolite inférieure	12.94	75.38	4.74	9.02	11.86
VII. Lignite de Noroy (marnes irisées)	14.10	63.28	4.35	13.17	19.20
VIII. Jayet de Belestat (Grès vert)	13.05	75.41	5.79	17.91	0.89
Terrains tertiaires.					
IX. Lignite parfait de Marseille..	12.54	63.88	4.58	18.11	13.43
X. Lignite imparfait de Cologne.	11.00	63.29	4.98	26.24	5.49
XI. Lignite imparfait passant au bitume	11.57	73.79	7.46	17.79	4.96
Epoque actuelle.					
XII. Tourbe de Louy près Abbeville	1.2	58.09	5.93	31.27	4.61
XIII. Charbon roux de Bourdaine du Bouchet	»	71.42	4.85	22.91	0.82
XIV. Bois. Composition moyenne	0.7	49.07	6.31	44.62	»

L'augmentation de la proportion d'oxygène est un des faits les plus remarquables.

Les Anthracites en contiennent au plus 3 pour 100. Cette proportion devient de 7 à 8 pour les Houilles à flammes longues ; elle est de 12 à 15 pour 100 pour les Lignites des terrains secondaires, dans lesquels la texture végétale est souvent effacée, tandis qu'elle s'élève de 18 à 25 pour 100 dans les Lignites tertiaires.

Enfin, la Tourbe en contient 31 pour 100, tandis que le bois en donne 44.

Une autre remarque intéressante, également en rapport avec la quantité d'oxygène, c'est que les Houilles grasses, qui deviennent riches par l'augmentation de charbon, ou, autrement dit, par leur passage à l'Anthracite, deviennent maigres en se rapprochant des Lignites par leur composition : la Houille sèche de Blanzy, par exemple, contient 16 pour 100 d'oxygène, tandis que le jayet de Belestat en contient 17. La quantité de carbone, dans le premier de ces combustibles, est de 76, 48 ; elle est de 75,41 dans le second.

On a souvent besoin d'évaluer la capacité calorifique des combustibles et d'en connaître la composition : voici, suivant les cours autographiés de l'école des Ponts, quels moyens on peut employer pour y parvenir. Il est démontré que la quantité de chaleur émise par un combustible est exactement proportionnelle à la quantité d'oxygène que ce combustible absorbe en brûlant. D'après ce principe, quand la composition d'un combustible est connue, il est facile de déterminer par le calcul son pouvoir calorifique ; il suffit pour cela, de chercher quelle quantité d'oxygène il absorberait pour que, ayant égard à celui qu'il contient, tout son carbone puisse se transformer en acide carbonique, et tout son hydrogène en eau, et de comparer cette quantité à celle que prend en brûlant un combustible dont la puissance calorifique est connue, par exemple, le charbon pur.

L'unité calorique, appelée calorée, est représentée par un poids d'eau égal au poids du combustible brûlé, échauffé d'un degré.

La composition d'un combustible est difficile à connaître ; mais on peut y remédier par la méthode suivante : plusieurs oxydes métalliques se réduisent avec une telle facilité que, lorsqu'on les chauffe avec un corps combustible, celui-ci se trouve complétement brûlé, sans qu'aucun de ses éléments puisse échapper à l'action de l'oxygène, ou se dégager à l'état de vapeur huileuse. La composition des oxydes étant bien connue, si on prend le poids de la partie de l'oxyde qui a été réduite à l'état métallique, on en déduit immédiatement la proportion d'oxygène employée à la combustion. On se sert principalement pour cette opération de l'oxyde de plomb (litharge). On réduit le combustible en poudre, on en prend 1 gramme que l'on mélange avec de la litharge également en poudre, dans la proportion de 20 grammes au moins et 40 au plus. On met le tout dans un creuset de terre et on recouvre le mélange de 20 à 30 grammes de litharge pure ; il ne faut pas que le creuset soit plus d'à moitié plein ; on chauffe graduellement, il y a ramollissement, bouillonnement et souvent boursoufflement ; quand la fusion est complète, on donne un bon coup de feu pendant dix minutes environ, pour réunir le métal réduit ; on retire le creuset et on le fait refroidir lentement. Or, le carbone pur produisant avec la litharge pure 34 fois son poids de plomb, et le gaz hydrogène 103,7, on peut, d'après ces nombres, calculer pour un combustible quelconque, son équivalent en carbone ou en hydrogène.

Quand un combustible renferme des matières volatiles, l'analyse immédiate en fait connaître les proportions. Cette analyse se fait en introduisant quelques grammes du combustible concassé dans un petit tube de verre, portant un bouchon à son extrémité, dans lequel passe un second tube plus petit et courbé de manière à pouvoir conduire le gaz, qui se dégage, sous une cloche à mercure. On chauffe graduellement en poussant la chaleur jusqu'au point de ramollir le verre ; on a séparé par ce moyen le carbone des parties volatiles. Si après avoir constaté la proportion des matières volatiles, on recherche celle du plomb que le combustible fournit avec de la litharge, il devient facile de calculer l'équivalent en carbone des matières volatiles, et par suite, de savoir quelle est la valeur calorifique des substances que l'on dégage de ce combustible, en le soumettant à la carbonisation.

Supposons, par exemple, qu'un combustible fournisse à la distillation C de charbon (soustraction faite du poids des cendres), V de matières volatiles, et qu'il produise P de plomb avec la litharge; la quantité C de charbon donnera $34 \times C$ de plomb : la quantité V de matières volatiles en produit $P - 34 \times C$; elle équivaudrait donc à $\left(\frac{P - 34\,C}{34}\right)$ de carbone. Il résulte de là que les quantités de calorique développé par le charbon, les matières volatiles et le combustible non altéré seraient entre elles comme les nombres

$$34\,C : (P - 34\,C) : P$$

qui représentent les quantités de plomb, ou comme les nombres

$$C : \left(\frac{P - 34\,C}{34}\right) : \left(\frac{P}{34}\right)$$

qui représente les quantités de carbone.

Ces évaluations sont propres à faire connaître la valeur relative des différents combustibles et le meilleur usage que l'on peut en faire.

Quand on connaît la quantité de plomb réduit par un combustible, il est facile d'évaluer son pouvoir calorifique en calorées, parce qu'on a déterminé par des expériences directes le poids d'eau que le charbon pur peut échauffer de 1 degré : ce poids est, d'après M. Despretz, de 7815 fois celui du charbon. Or, comme ce corps produit avec la litharge 34 fois son poids de plomb, il s'ensuit que chaque partie de plomb produite par un combustible équivaut à 230 unités calorifiques ou calorées. On admet que le pouvoir calorifique du bois, parfaitement desséché par les moyens artificiels, équivaut à 3,500 unités; et celui du bois d'une année de coupe, lequel contient de 0,20 à 0,25 d'eau, est de 2,600 unités. La quantité de charbon à laquelle chaque bois équivaut est, terme moyen, de 0,40 et varie entre 0,37 et 0,44.

Pouvoir calorifique du charbon.

On a dit plus haut que le pouvoir calorifique du carbone pur est exprimé par 7815 calorées, ou autrement, qu'il peut échauffer 7815 fois son poids d'eau de 1 degré centigrade ; il s'ensuit qu'il peut élever 78,15 fois son poids d'eau à 100° centigrades, ou à l'ébullition, et vaporiser 11,8 fois son poids de liquide; il réduirait théoriquement 34 parties de plomb. Le charbon de commerce, celui de Picardie ou de Choisy, par exemple, n'en donne que 27 à 28, il s'ensuit que son pouvoir calorifique n'est que 2610 à 2640, ou qu'il ne vaporise que 10 parties d'eau, ce qui s'accorde avec les expériences directes. A poids égaux, le charbon a un pouvoir calorifique plus que double de celui du bois, ce qui est facile à comprendre, d'après la composition du charbon qui est :

Charbon de Picardie.	Charbon de Choisy.
0,81	0,720
0,03	0,064
0,16	0,216
1,00	1,000

A volumes égaux, la différence est moins grande ; elle est cependant toujours notable et varie avec la pesanteur spécifique du bois ou du charbon qu'il produit. Quoi qu'il en soit, à volumes égaux, la combustion du charbon développe toujours une température beaucoup plus élevée que la combustion du bois; c'est la raison qui fait que pour les opérations métallurgiques, qui exigent une très-haute température, on n'emploie que le charbon, et que pour un grand nombre d'opérations, lorsque la flamme n'est pas nécessaire, on préfère le charbon au bois, quoique par la carbonisation ce dernier perde les 2/3 de la matière combustible qu'il renferme.

TROISIÈME FAMILLE.

ROCHES MÉTAMORPHIQUES.

Cette famille comprend les Roches d'origine aqueuse qui, au contact ou dans le voisinage des Roches d'origine ignée, ont éprouvé des modifications dans leur texture ou dans leur composition (Voir la page 34).

Celles qui reposent directement sur les terrains granitiques et qui participent à leur composition, se font remarquer généralement par leur schistosité ainsi que leur cristallinité, et elles ont été désignées par la dénomination de *Schistes cristallins*. Elles comprennent les espèces *Micaschiste, Talcschiste, Chloritoschiste, Amphiboloschiste,* des *Calcaires* micacifères et talcifères, l'*Argiloschiste* et des bancs subordonnés de *Fer oxydulé*. Les Schistes cristallins forment ordinairement la base des terrains fossilifères; quelquefois cependant ils se montrent subordonnés à des couches renfermant des corps organisés fossiles.

Les Roches dues à une précipitation chimique sont représentées par des *Calcaires,* des *Dolomies*, des *Gypses* et des *Anhydrites*. Enfin celles qui, déposées mécaniquement, ont été converties en des produits pour ainsi dire nouveaux, sont l'*Alunite,* le *Quartzite,* le *Jaspe* et la *Porcellanite*. Nous les décrirons dans l'ordre ci-dessus indiqué.

A. *Schistes cristallins.*

PREMIÈRE ESPÈCE. — MICASCHISTE.

Synonymie. *Gneiss schisteux, Schiste micacé, Micacite, Micaslate, Glimmerschiefer, Leptinite schisteux, Macline, Hyalomicte schisteuse.*

Roche essentiellement formée de Quartz et de Mica continu, abondant, auxquels s'adjoint fréquemment l'Orthose.

VARIÉTÉS.

1. M. COMMUN. Quartz et Mica uniformément distribués.
Pyrénées, Alpes, Plateau central, Var, Corse, Saxe, Amérique du Nord.

2. M. QUARTZEUX (1). Le Mica et le Quartz très-apparents, presque seuls, alternant en feuillets ondulés.
Frauenberg (Saxe), Hustad (Norwége), Sables d'Olonne (Vendée), Environs de Nantes, Environs d'Ansac près de Confolens (Charente), Collobrières (Var), Environs de Tétuan (Maroc), Bône (province de Constantine), Pyrénées, Etats-Unis, Espagne, Tyrol, Postdam (Etats-Unis), Amérique méridionale.

3. M. FELDSPATHIQUE (2). De l'Orthose lamellaire ou grenue, en petits lits alternants.
Mendiondo (Pyrénées), Saint-Béat, Confolens, Collobrières, La Molle, La Garde Freynet (Var), Corse, Bône Afrique), Etats-Unis.

4. M. GRENATIFÈRE. Des Grenats abondants disséminés dans la Roche.
Saint-Symphorien près Lyon, Tyrol, Collobrières (Var), Environs de Nantes, Etats-Unis, Norwége, Saint-Gothard, Environs de Bône.

5. M. TOURMALINIFÈRE. Variété pénétrée de cristaux de Tourmaline.
Pyrénées, Vendée, Corse, Tyrol, Bône, Maures (Var).

6. M. GRAPHITIFÈRE. Variété contenant du Graphite disséminé dans le sens des feuillets.
La Garde Freynet, Collobrières (Var), Cornimont (Vosges).

---

(1) Le Quartz devient tellement abondant que le Mica ne semble figurer que comme substance accidentelle. Cette variété a été confondue souvent avec les *Hyalomictes*, qui sont des Granites sans Feldspath, et comprend le Quartz micacé de M. D'Omalius d'Halloy.

(2) Les Granites schistoïdes (*Gneiss*), qui sont une variété de Granite riche en Mica, passent au Micaschiste ordinaire par l'intermédiaire d'un Micaschiste qui retient encore du Feldspath. Ce Micaschiste se rapporte à la variété qui fait l'objet de cette note, et il comprend aussi les *Leptinites* schisteuses de certains auteurs. Ainsi le *Gneiss*. considéré au point de vue de son origine, se répartit en deux espèces distinctes qui sont le Granite éruptif et le Micaschiste proprement dit.

7. **M. MACLIFÈRE**. Des cristaux de Macle engagés au milieu des feuillets.

Vallée du Lys (Pyrénées), Aveyron, Bretagne, Cap Filfilah (Afrique française).

8. **M. AMPHIBOLIFÈRE**. Variété contenant de l'Amphibole.

Collobrières (Var), Confolens (Charente), Bône, Bretagne, Corse, Etats-Unis, Aveyron.

9. **M. TALCIFÈRE**. Des paillettes de Talc mêlées au Mica de la Roche.

Alpes, Vallée du Lys (Pyrénées), Chabanais (Charente), Recoaro près Vicence, Guérande près Nantes, Bottino, Vallée de Serravezza (Toscane).

10. **M. ARGILOSCHISTIEN**. L'Argiloschiste ou le Schiste argileux satiné se mêle aux éléments de la Roche et joue le même rôle que le Mica.

Pont-des-Soupirs, Bagnères-de-Luchon, Najac (Aveyron), Pierrefeu, Hyères, Estérel (Var), Corse, Confolens.

11 **M. OXYDULIFÈRE** (*Sidérocriste, Itabirite*). Variété de Micaschiste dans laquelle du Fer oxydulé ou du Fer oligiste est mêlé au Mica ou dont le Mica est quelquefois remplacé par ces minéraux à base de fer (1).

Collobrières (Var), Villa-Rica et Mariana (Brésil), Suède, Environs de Bône, Bretagne.

GISEMENT ET HISTOIRE.

Le Micaschiste est une Roche très-répandue dans la nature et subordonnée au terrain granitique dont il est presque constamment le satellite fidèle. Il serait superflu, à cause de son extrême abondance, d'énumérer toutes les contrées où il est représenté. En décrivant les Granites schistoïdes, nous avons indiqué les passages de ceux-ci aux Micaschistes et la difficulté qu'on éprouvait de tracer une ligne de séparation tranchée entr'eux, Les Micaschistes, à leur tour, passent aux Talcschistes et à des

(1) Cette variété a été décrite par Brongniart sous la dénomination de *Sidérocriste*. Comme jusqu'à présent elle ne constitue que quelques couches de peu d'étendue subordonnées à la formation des Micaschistes, et qu'en outre le fer se trouve le plus souvent associé au Mica, nous n'avons pas cru devoir compliquer la nomenclature des Roches, en introduisant un nom nouveau pour désigner un simple accident.

Schistes argileux satinés (*Phyllades*) auxquels ils sont associés, de manière qu'il n'est pas toujours aisé d'en établir la démarcation rigoureuse.

Les Micaschistes sont remarquables par leur structure feuilletée, qui est un des caractères les plus apparents. Ils contiennent un grand nombre de minéraux cristallisés dont les plus abondants sont le Grenat, la Tourmaline, la Staurotide, le Disthène, l'Emeraude, le Corindon.

Pour les géologues qui voient dans les Micaschistes des Roches métamorphiques, cette formation embrasse nécessairement les *Gneiss* schisteux et les Micaschistes feldspathiques, qui conduisent par passages gradués des premiers aux Granites schistoïdes. On s'est appuyé, pour justifier cette hypothèse, sur la fréquence, au milieu de ces formations inférieures, de bancs calcaires qu'on suppose avoir appartenu au terrain de transition. Ainsi on remarque qu'à mesure qu'on approche des limites du plateau central, le terrain ancien du Limousin offre moins de Roches granitoïdes et plus de Roches schisteuses. Près d'Eymoutiers, un Calcaire saccaroïde micacifère est enclavé en amas parallèles dans le *Gneiss*. A Gioux, dans le département de la Corrèze, et à Savenne, dans celui du Puy-de-Dôme, on exploite du Calcaire saccaroïde gris subordonné à la même Roche. On retrouve également une couche de Calcaire dans le *Gneiss* à Lavignac près Mauriac, dans le Cantal, qui reparaît en plusieurs points du cours de la Dordogne, notamment à Archers et à Roche-les-Peyroux.

La présence du Calcaire dans les Roches anciennes, suivant M. Dufrénoy, n'a lieu ordinairement que vers la limite de ces formations et des terrains de transition. Elle est assez fréquente dans cette position et elle paraît presque toujours le résultat du métamorphisme du terrain de transition. Il est, au contraire, rare de trouver du Calcaire intercalé dans le *Gneiss* associé aux contrées entièrement granitiques, comme les montagnes du centre de la France. Il est donc probable que les Gneiss qui contiennent les Calcaires de Sussac, de Gioux, de Savenne, appartiennent également à des terrains de transition, qui ont été postérieurement enclavés dans les terrains granitoïdes.

Le Micaschiste forme sur presque tout le pourtour du plateau central une bande assez mince à la séparation du terrain ancien et des formations secondaires. Cependant, dans quelques localités, il prend plus d'extension et, dans ce cas, il paraît en connexion avec les terrains de transition. Beaucoup de circonstances font penser que le Micaschiste est véritablement du Schiste argileux modifié; mais à l'exception des exemples de son passage à des ardoises non fossilifères, on ne possède que des présomptions.

Le chemin de Saint-Féréol à Traversac, dans la Corrèze, montre assez nettement ce passage. Cette route coupe les couches en travers, et les fait passer toutes en revue. Les premières qui s'appuient immédiatement sur le Granite se divisent en feuillets minces peu étendus. Peu après, la couleur, de gris verdâtre qu'elle était, passe au gris brunâtre, puis au brun ; les feuillets deviennent plus nets, plus étendus et plus compactes. Malgré ces changements, le Schiste présente partout la teinte brillante du Mica ; seulement, au lieu de scintiller par place, ainsi que cela a lieu lorsqu'il contient des lamelles disséminées de cette substance, il devient satiné, luisant et comme talqueux. A ces Schistes, brillant d'une manière uniforme, succèdent, mais par dégradations insensibles, les larges feuillets bleuâtres du Schiste ardoisier; ces derniers présentent encore quelques paillettes de Mica disséminées dans la masse même de la Roche. La dégradation de texture, d'éclat et de couleur a lieu par des passages insensibles, de sorte qu'il serait impossible de dire où est la limite entre le Schiste micacé et le Schiste ardoisier, quoique cependant ces deux Roches soient différentes à chaque extrémité de la série. D'un autre côté, le Schiste ardoisier, malgré l'absence totale de fossiles, est complétement identique avec les Roches analogues de certains terrains de transition.

La présence du Graphite et de l'*Anthracite* au milieu du *Gneiss* et des Micaschistes dans plusieurs points des Vosges, et notamment dans le quartier des *œuvres,* à l'ouest du Val-d'Ajol, fait incliner vers l'opinion très-probable que ces matières charbonneuses ont pour origine des végétaux déposés en même temps que les matières premières de la Roche, quelle que puisse être aujourd'hui la texture cristalline de celle-ci. S'il en est ainsi, les *Gneiss* devront être classés parmi les Roches métamorphiques, ce que la présence des amas de Calcaire grenu tendait déjà à faire soupçonner. L'étude des montagnes du littoral du Var, où le Calcaire et le Graphite se trouvent unis également à des *Gneiss,* des Micaschistes et des *Phyllades* passant à des Quartzites, conduisent à des conclusions identiques, et M. Elie de Beaumont qui les formule très-nettement pour ces deux contrées, se demande si, dans les Vosges, le Granite commun et le *Leptinite* ne devraient pas être considérés, ainsi que le *Gneiss,* comme provenant d'un changement d'état cristallin du terrain schisteux, déterminé par une fusion plus complète que dans le cas du *Gneiss*.

Dans la partie de la chaîne des Maures comprise entre Pierrefeu et la Garde-Freynet, surtout dans le massif montagneux des environs de Collobrières, connu sous le nom de Valescure, on rencontre à chaque pas, au milieu des Micaschistes et des Argiloschistes satinés, des veines de Graphite mêlé à un Schiste carburé, qui sont parallèles aux couches encaissantes. Leur abondance est quelquefois telle qu'elle a donné à quelques industriels l'idée d'y rechercher de la Houille.

L'exemple le plus curieux a été observé et décrit par M. Elie de Beaumont au sud-est de Notre-Dame de Milamas, où on observe un filon de Granite graphique, à très-larges lamelles, dont quelques points se décomposent en *Kaolin*. Ce filon a de 20 à 30 mètres de puissance. Il est accompagné de deux espèces de salbandes, larges de 2 à 3 mètres, formées d'un Schiste mat, noduleux, avec traces charbonneuses. Ce fait curieux est bien singulier, dit M. de Beaumont ; car il semblerait prouver que le Granite graphique, loin d'avoir exercé une action métamorphique, a, au contraire, prévenu celle qui, dans une foule d'autres points, a changé le Schiste argileux en Micaschiste. Le Granite G (fig. 61) reparaît encore un peu plus loin sous la forme d'un filon-couche, de 5 mètres de puissance, qui plonge

Fig. 61.

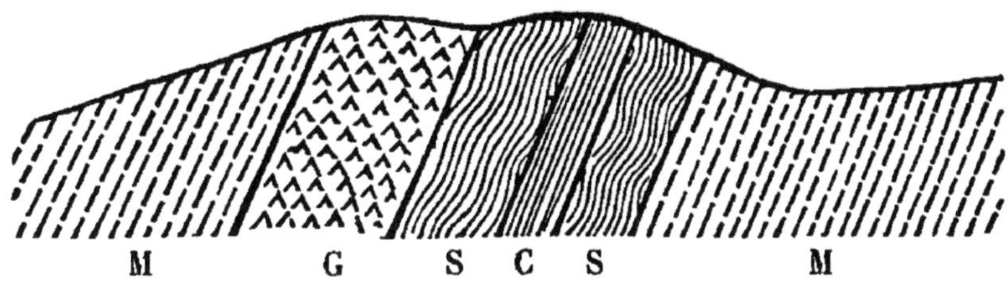

G Granite feldspathique. S Schiste contourné.
M Micaschiste. C Schiste mélangé de charbon.

de 50 degrés au nord-ouest, ainsi que les couches S,c de Schiste carburé qui l'encaissent.

Les observations publiées récemment par M. Logan sur la constitution géologique du Canada, donnent aux idées émises par M. E. de Beaumont un degré de vraisemblance bien rapproché de l'évidence d'un fait rigoureusement constaté, puisqu'elles constatent l'existence de Grès et de Conglomérats au milieu des *Gneiss* et des Micaschistes. En effet, d'après ce géologue, les Roches du système Laurentien, qui sont les plus anciennes connues sur le continent d'Amérique, et qui supportent la formation cambrienne, sont, en grande partie, des Schistes cristallins, tels que des *Gneiss*, des Micaschistes, ainsi que des Calcaires et des Quartzites. Ces derniers se présentent quelquefois sous forme de *Conglomérats*.

M. Murchison a confirmé ces déductions de la géologie moderne en signalant la découverte de certains fossiles turriculés et d'Orthocères dans les Marbres et Calcaires cristallins des terrains *primitifs* de Durness, non loin du cap Wrath, dans le comté de Sutherland. Voici dans quel ordre se présentent les dépôts sédimentaires du nord de l'Ecosse.

La Roche la plus ancienne est un *Gneiss* percé de beaucoup de veines granitiques, qui est recouvert transgressivement par une immense série d'autres Roches cristallines, de Quartz en roche, de Conglomérats avec de grandes bandes calcaires, suivis en ordre ascendant par des Micaschistes et des Roches feldspathiques et quartzeuses, quelquefois schisteuses, qui, en certains endroits, prennent aussi l'aspect du *Gneiss*. Ces Roches cristallines sont couvertes tout à fait transgressivement par des Grès et des Conglomérats rouges, qui constituent la partie inférieure du grand système du *Vieux Grès rouge* (terrain dévonien).

Suivant M. Murchison, les Roches cristallines, les Schistes argileux, les Roches quartzeuzes, et les Micaschistes ci-dessus mentionnés, vu leur position inférieure et la grande discordance qui les sépare de tous les dépôts de l'âge dévonien, représentent dans un état métamorphique l'étage silurien inférieur, lequel est si bien développé dans le midi de l'Ecosse. Toutefois, la présence de matériaux remaniés par les eaux, tels que les Conglomérats, au milieu de Roches réputées pendant si longtemps comme primitives, donne la mesure de l'intensité modificatrice, en même temps qu'elle dévoile la généralité du phénomène métamorphique.

Ainsi, les Micaschistes seraient l'expression la plus avancée de la transformation survenue après coup dans la texture et dans la composition des Schistes argileux ; et cette opinion, à laquelle les détails qui précèdent donnent un caractère de grande vraisemblance, trouve sa confirmation dans la position de certains Micaschistes dans la chaîne des Alpes, au milieu du Calcaire jurassique. Saussure le premier et, après lui, M. Fournet ont distingué au col de Ferret quatre gradations ou nuances marquées dans le contact du Schiste effervescent et du Granite. En effet, les couches de Schiste dans lesquelles on aperçoit les premiers indices de la transformation, prennent des feuillets plus ondés, plus luisants et plus ressemblants à du Mica : cependant les caractères du Schiste sont conservés. Viennent ensuite des parties encore plus foncées, dans lesquelles on découvre déjà des lames de vrai Mica, mêlangé avec un Quartz donnant des étincelles au briquet, et la Roche continue à se montrer effervescente. Le troisième état se compose de Quartz mêlé de Mica et l'effervescence cesse d'avoir lieu. Enfin, on trouve une Roche granitoïde grisâtre, à très-petits grains de Mica, de Quartz et de Feldspath ; elle repose sur la Roche granitique. Cependant cette dernière, qui est veinée, n'acquiert toute sa perfection qu'à quelques décimètres après la jonction, et l'ensemble de ce métamorphisme occupe, en général, une faible épaisseur, puisque sur plusieurs points les quatre couches prises ensemble n'ont pas plus de 0,30 de puissance. Des accidents pareils ont été constatés aussi par M. Fournet dans les environs de Martigny. Mais les découvertes récentes de M. Gras et de M. Rozet ne peuvent laisser subsister aucun doute sur le peu d'ancienneté des Micaschistes dans le Dauphiné et la Savoie. D'après la description du premier géologue, le système supérieur arénacé et anthraciteux du Chardonnet, au col de Fréjus, est remarquable par sa composition cristalline ; on n'y voit que du Quartz et des Schistes micacés entièrement semblables à ceux des terrains les plus anciens. La formation anthracifère des environs de Briançon se prolonge vers le nord dans la Maurienne, où elle prend un grand développement et remplit tout l'espace compris entre Saint-Michel et Modane. Aux environs de ce dernier bourg, ses couches ont, sur une certaine étendue, un aspect cristallin qui devient de plus en plus général à mesure que l'on s'avance vers le nord-est. Dans la Tarentaise, elles n'offrent plus que de grandes masses quartzeuzes associées à des Schistes micacés et talqueux passant au *Gneiss* qui forme, au sud de Pesey et du Petit Saint-Bernard, de hautes sommités couvertes de glaciers. Comme sur un grand nombre de points ces Roches reposent incontestablement sur des assises calcaires qui sont elles-mêmes très-élevées dans la série des couches anthracifères, il faut bien admettre, dit M. Gras, que, malgré leur composition cristalline, elles sont de beaucoup supérieures à d'autres d'une nature évidemment sédimentaire.

M. Rozet place même dans l'étage jurassique moyen, les Micaschistes et les Talcschistes du mont Cénis, et les assimile aux Roches de même nature qu'il a observées dans la vallée de l'Ubaye. Ainsi, d'après ce géologue, tout ce grand système de Schistes talqueux, de Talcschistes, de Micaschistes passant çà et là au Gneiss, percé sur plusieurs points par des masses et filons de Granite, qui constitue le massif du Pelvoux, une grande partie des montagnes de la frontière du Piémont, tout le massif du mont Cénis, s'élevant à 4,100 mètres au-dessus du niveau de la mer, tout ce système appartiendrait aux groupes liasique et jurassique moyen.

M. Mischerlitz a vu le Mica se développer dans les scories du traitement de Cuivre à Garpenberg, en Suède, et il a trouvé dans les Laves des volcans de l'Eifel des fragments de Schiste argileux qui avaient été convertis en Schistes micacés. On sait aussi que le Mica est très-abondant dans les Roches de Calcaire saccaroïde éparses sur les flancs de la Somma.

M. Rivière, dont nous avons déjà fait connaître les idées théoriques (voir l'espèce Granite), considère les Micaschistes comme la Roche fondamentale du troisième membre du terrain granitique et lui attribue une origine éruptive. Ce serait donc un terrain primitif et antérieur, par conséquent, à tout dépôt de couches fossilifères. Cette opinion, qui peut être vraie pour un grand nombre de gisements, nous paraît, si elle devait être généralisée, en opposition avec les exemples que nous venons de produire et auxquels on pourrait ajouter ceux que nous a offerts l'Italie, et notamment le cap Corvo, où de véritables Talcschistes et des *cipolins* micacifères sont superposés à des

Poudingues à galets quartzeux et à ciment talqueux : or ces Roches qui, au cap Argentaro, renferment du Gypse, appartiennent incontestablement au terrain triasique.

USAGES.

Le Micaschiste n'est guère exploité que comme moellons dans les contrées où on le trouve. Les Micaschistes de l'île de Naxos, dans l'archipel grec, sont pénétrés d'émeri et sont exploités pour en retirer ce minéral qui sert à polir les corps durs.

DEUXIÈME ESPÈCE. — TALCSCHISTE.

Synonymie. *Schiste talqueux, Talcite, Talksiefer, Stéaschiste, Schiste stéatiteux.*

Roche essentiellement composée de Talc ou Stéatite et de Quartz, retenant accidentellement du Feldspath.

VARIÉTÉS.

1. T. **COMMUN**. Quartz et Talc uniformément distribués.
   Greiner, Las d'Oo, Cap Corse, Alpes, Toscane, Ripa.
2. T. **QUARTZEUX**. Le Talc et le Quartz très-apparents, et donnant à la masse, par leur alternance, une structure rubannée.
   Alpes, Pyrénées, Vendée, Golfe de Stora (province de Constantine, Rosina (Alpes Apuennes).
3. T. **FELDSPATHIQUE** *(Protogyne schisteuse)*. De l'Orthose lamellaire ou grenue en petits lits alternants.
   Alpes, Dauphiné, Pyrénées.
4. T. **GRENATIFÈRE**. Grenats disséminés dans la masse.
   Eulergebirge (Bohême), Blocs erratiques de Valorbe.
5. T. **MACLIFÈRE**. Variété contenant des Macles.
   Esquiéry, Vallée du Lys (Pyrénées).
6. T. **TALCITOÏDE** (1). Variété ayant l'extérieur et l'apparence du Talcschiste, mais la substance talqueuse ne possédant pas la composition du Talc.
   Coray (Bretagne), Saint-Gothard, Zillerthal.

---

(1) Ainsi que le font très-bien remarquer MM. Dufrénoy et Fournet, beaucoup de Roches que l'on désigne sous le nom de *Schistes talqueux*, doivent ce nom à un ensemble de caractères extérieurs; mais en réalité,

7. T. **STÉATITEUX.** Variété composée presque exclusivement de lamelles de stéatite onctueuse.

Briançon, Hennemorte près Lacus (Ariége), Najac (Aveyron).

8. T. **CALCARIFÈRE.** Mélangé avec du Calcaire.

Cap Corvo (Italie), Filfilah (Afrique), Alpes.

9. T. **MICACIFÈRE.** Des paillettes de Mica mélangées dans la Roche.

Corse, Pyrénées, Alpes.

10. T. **ARGILOSCHISTIEN.** L'Argiloschiste ou le Schiste argileux satiné se mêle aux éléments de la Roche et joue le même rôle que le Mica.

Estérel (Var), Pyrénées, Corse, Alpes.

---

ils n'appartiennent en aucune façon à l'espèce Talc. Quelquefois on devrait les désigner sous le nom de Chlorites schisteuses, bien qu'ils aient l'onctuosité du Talc, parce qu'ils se rapprochent de la composition de la Chlorite. Le plus ordinairement ces Roches, dues à des causes métamorphiques, ont des compositions très-diverses : elles diffèrent beaucoup les unes des autres, et ne présentent sous ce rapport d'analogie avec aucun minéral connu. L'aspect talqueux serait donc, dans ce cas, plutôt un mode de texture que le résultat de la composition. En attendant qu'une analyse des Schistes métamorphiques dits talqueux et chloriteux ait fait justice des abus auxquels cette dénomination a donné lieu, nous proposons de reléguer dans nos Talcschistes *talcitoïdes* les variétés qui, n'étant ni Talcschistes ni Chloritoschistes, suivant les termes d'une définition rigoureuse, forment un groupe hybride entre ces deux espèces, les Micaschistes et les Argiloschistes satinés.

Les analyses suivantes faites sur les Roches classées dans presque toutes les collections sous le nom de *Schistes talqueux*, mettent ces différences dans tout leur jour.

Schiste talqueux de Coray par Vauquelin (1), de Saint-Gothard (2) et du Zillerthal (3) par Schafhault.

	(1)	(2)	(3)
Silice.	45,50	50,20	40,695
Alumine	25,10	35,90	18,150
Oxyde ferreux. . . .	5,40	2,34	5,250
Soude . . . . } Potasse. . . . . }	6,50	8,45	11,163
Magnésie	16,10	»	»
Carbonate de chaux.	»	»	22,760
Eau.	»	2,45	0,600
	98,70	99,36	99,828

Le Schiste de Coray est celui qui contient les staurotides de Bretagne ; le Schiste de St-Gothard est la belle Roche à Disthène et Staurotide qui existe dans toutes les collections.

GISEMENT ET HISTOIRE.

Les Talcschistes et les Schistes talcitoïdes sont associés avec les Micaschistes et les autres Schistes cristallins. Ils sont surtout abondants dans la chaîne des Alpes et des Pyrénées : on les retrouve en Corse, dans le Tyrol, en Toscane. M. Gras a fait observer que dans la Tarentaise ils existent en bancs très-puissants superposés à des couches calcaires renfermant des bélemnites.

Près du Mont de Lans (Isère), on remarque, au milieu du terrain anthracifère, des bancs de Poudingue dont les galets quartzeux sont enveloppés dans les feuillets d'un Talc verdâtre, qui donnent à la Roche les apparences d'un Talcschiste très-ancien. Mais nulle part le peu d'ancienneté de la Roche qui nous occupe n'est mis plus nettement en évidence que dans les falaises de la Spezia au cap Corvo, où l'on voit les divers termes du terrain triasique modifiés d'une manière complète, les Calcaires convertis en Calcaires talcifères ou *Cipolins* et les Schistes argileux en Talcschistes. Il y a plus : le ciment argileux qui primitivement enveloppait les grains ou les galets de Quartz, dont sont composés les Grès et les Poudingues que l'on observe à divers niveaux dans l'ensemble de cette formation secondaire, est passé lui-même à l'état de Talc pailleté et onctueux : or la présence des cailloux roulés au sein des couches calcaires et schisteuses exclut formellement toute idée de les rapporter à une formation *primitive*. Telle est cependant l'opinion de M. Rivière, qui voit dans les Talschistes un produit formé par voie de fusion, une des Roches fondamentales de son terrain granitique.

Comme les faits théoriques relatifs à l'histoire des Talcschistes sont les mêmes que ceux des Micaschistes, nous renvoyons pour plus de détails à la description de cette dernière espèce.

USAGES.

Le Talcschiste fournit d'excellents moellons. Il est exploité à Rosina dans la vallée de Serravezza (Toscane) comme pierre de taille. Il fournit en même temps une excellente pierre réfractaire avec laquelle on revêt l'intérieur des hauts-fourneaux.

TROISIÈME ESPÈCE. — CHLORITOSCHISTE.

Synonymie. *Chloritschiefer, Chloriteslate, Schiste chloriteux.*

Roche composée essentiellement de Chlorite et de Quartz.

VARIÉTÉS.

1. **C.** **COMMUN.** Le Quartz et la Chlorite uniformément distribués.

   Bohême, Tyrol, Cap Corse.

2. **C.** **OXYDULIFÈRE.** Variété remplie de cristaux octaédriques de Fer oxydulé.

   Cap Corse, Tyrol.

3. **C.** **GRENATIFÈRE.** Des Grenats engagés dans la masse.

   Tyrol.

4. **C.** **CHLORITOÏDES** (1). Variétés semblables par les caractères extérieurs aux Chloritoschistes ordinaires, mais l'élément chloriteux ne se rapportant pas exactement à l'espèce Chlorite.

5. **C.** **TALCIFÈRE.** Variété contenant des paillettes de Talc.

   Corse, Tyrol.

GISEMENT ET HISTOIRE.

Le Chloritoschiste est une Roche très-répandue dans la nature et qui joue un rôle important dans la formation des Schistes cristallins, dont il partage au surplus les accidents et

---

(1) Composition de Chloritoschistes chloritoïdes de Pfitsch (Tyrol) par Warrentrapp (1). Chlorite schisteuse par Gruner (2).

	(1)	(2)
Silice.	31,54	29,50
Alumine..	5,44	15,62
Oxyde de fer. . .	10,18	18,39
Chaux	»	1,50
Magnésie.	41,54	21,39
Eau	9,32	7,38
	98,02	98,78

Il est infiniment probable que les Talcschistes et les Chloritoschistes sont le résultat, dans le plus grand nombre de cas, de l'association ou du mélange du Talc et de la Chlorite : d'où la difficulté de les distinguer les uns des autres, et de leur appliquer une dénomination rigoureuse.

l'histoire. Nous renvoyons par conséquent pour les détails aux deux espèces précédentes.

QUATRIÈME ESPÈCE. — AMPHIBOLISCHISTE.

Synonymie. *Schiste amphiboleux.*

Roche essentiellement composée de Quartz et d'Amphibole, retenant souvent du Feldspath accidentellement.

VARIÉTÉS.

1. A. **COMMUN.** Quartz et Amphibole uniformément distribués.
   Saxe, Montagnes des Maures (Var), Environs de Confolens, Environs de Bône (Afrique), Pyrénées, Canada.
2. A. **QUARTZEUX.** Le Quartz et l'Amphibole très-apparents, donnant à la masse, par leur alternance, une structure rubannée.
   Collobrières (Var), Confolens, Environs de Bône, Canada, Bretagne, Norwége.
3. A. **FELDSPATHIQUE** (*Syénite schisteuse*). De l'Orthose lamellaire ou grenue en petits lits alternants.
   Corse, Ile d'Elbe, Confolens, Gassin (Var), Pyrénées, Alpes, Norwége, Canada.
4. A. **MICACIFÈRE.** Variété contenant des paillettes de Mica.
   Pyrénées, Var, Corse, Bône, Confolens, Aveyron.
5. A. **GRENATIFÈRE.** Grenats disséminés dans la masse.
   Corse, Etats-Unis, Pyrénées.

GISEMENT ET HISTOIRE.

L'Amphibolischiste étant un des éléments constitutifs de la formation des Schistes cristallins et se trouvant répandu au milieu des Micaschistes qu'il remplace souvent, est pour les uns un Schiste sédimentaire métamorphique et pour quelques géologues, une Roche d'origine ignée, dont la schistosité serait la conséquence de son mode de refroidissement et de cristallisation. Il serait superflu de se livrer à des digressions étendues pour discuter ces deux opinions, puisqu'il faudrait reproduire les mêmes arguments qui ont été déjà donnés dans la description du Micaschiste.

CINQUIÈME ESPÈCE. — ARGILOSCHISTE (1).

Synonymie. *Phyllade, Killas, Thonschiefer, Macline, Schiste argileux.*

Roche à structure schisteuse et feuilletée, à texture cristalline, composée essentiellement de silicate d'alumine dont la composition est variable par suite du mélange de plusieurs silicates et ne peut être rapporté à un type minéralogique bien déterminé.

VARIÉTÉS.

1. A. **SATINÉ** *(Phyllade, Killas)*. Variété présentant des enduits de Mica ou des paillettes si petites et si multipliées qu'il semble être continu.

   Pyrénées, Pierrefeu, Fort de la Malgue (Var), Schnéebery (Saxe), Vendée, Cornouailles, Limousin, Aveyron, Campiglia.

2. A. **PAILLETÉ**. Mica ou Talc disséminé dans la Roche en paillettes distinctes.

   Pyrénées, Vendée, Cap Corvo, Cap Argentaro, Cap Filfilah, Fedj Kentoures, Stora (Afrique française), Corse, Ile d'Elbe, Alpes Apuennes.

3. A. **PORPHYROÏDE**. Cristaux de Feldspath disséminés dans la Roche.

   St-Jullien (Vendée), St-Gothard, Tharaud (Saxe).

---

(1) L'Argiloschiste représente la limite extrême des Micaschistes et des Taloschistes. Dans cette Roche le Mica ou le Talc, au lieu de se présenter comme dans les deux espèces précitées en particules distinctes, y sont à l'état d'un enduit feuilleté d'un brillant mat ou à reflets satinés. Il passe au Schiste ardoisier ou à des Grès fins par des nuances tellement ménagées que la distinction des variétés métamorphiques d'avec les produits normaux devient très-difficile à établir. Or, c'est justement ce passage insensible des Micaschistes les mieux caractérisés à des Roches schisteuses fossilifères par l'intermédiaire des Argiloschistes qui a fait considérer la formation des Schistes cristallins comme un terrain déposé primitivement à la manière des Roches sédimentaires ordinaires et rendues cristallines par une action postérieure.

La dénomination d'*Argiloschiste* que nous avons adoptée s'applique exclusivement aux Schistes argileux d'origine métamorphique, l'expression de *Schiste argileux* étant réservée aux couches qui ont conservé encore leurs caractères originaires.

4. A. **MACLIFÈRE** *(Macline)*. Variété remplie de cristaux de Macles.
   Pyrénées, Ponthivy (Morbihan), Filfilah (Afrique).

5. A. **QUARTZEUX**. Variété traversée par des veines de Quartz parallèles.
   Var, Pyrénées, Afrique, Cap Corvo, Ile d'Elbe, Cornouailles, Corse.

6. A. **PYRITIFÈRE**. Variété pénétrée de cristaux de Pyrites de Fer.
   Pyrénées, Tyrol, Corse.

7. A. **GRAPHITIFÈRE**. Variété contenant du Graphite disséminé dans le sens des feuillets.
   Collobrières (Var), Vosges, Pyrénées.

8. A. **FOSSILIFÈRE**, Argilophyre satiné ou maclifère conservant des restes organisés fossiles.
   Ponthivy (Morbihan), Astorga (royaume de Léon, Espagne).

9. A. **POLYGÉNIQUE**. Variété renfermant des grains et des fragments roulés de Quartz et d'autres Roches anciennes, passant aux Grès dits *Anagénites* et *Grauwackes*.
   Pyrénées, Golfe de Stora, Caps Corvo et Argentaro.

GISEMENT ET HISTOIRE.

Si généralement les Argiloschistes constituent la portion la plus élevée de la formation des Schistes cristallins, celle qui établit la séparation minéralogique des Micaschistes et des Schistes ardoisiers, il ne faudrait pas croire pourtant qu'on ne les observe pas plus haut dans la série stratigraphique. C'est ainsi qu'ils sont extrêmement communs dans les couches métamorphiques du terrain triasique du cap Corvo, du cap Argentaro et de l'île d'Elbe. Dans ces localités ils sont associés à des Talcschistes et à des Calcaires micacifères. C'est aussi à l'étage des marnes irisées qu'il faut rapporter les Argiloschistes satinés et maclifères de Fedj Kentoures et de Djebel Filfilah, dans la province de Constantine. Dans le Campiglièse ils se montrent dans le lias supérieur, sans qu'au point de vue de la composition et des caractères extérieurs on puisse les distinguer des Argiloschistes des terrains inférieurs.

Des remarques intéressantes faites par M. Dufrénoy, sur la

présence des Macles dans les Roches schisteuses, ont conduit ce savant à considérer les Macles comme formées aux dépens de la Roche même; c'est une partie de la Roche qui est devenue cristalline par une action postérieure; si, dans un grand nombre de localités, les Macles se distinguent nettement de la Roche par leurs formes et leurs dessins réguliers, le plus souvent on ne les reconnaît qu'à une espèce de gonflement de la surface de la Roche, à des aspérités anguleuses, quelquefois même à des nœuds cristallins plus durs que la Roche. La position relative des Macles complètes, des Macles à contours mal déterminés, et pour ainsi dire à *moitié formées,* ainsi que des nœuds cristallins qui communiquent à la Roche une disposition maculée, n'est pas l'effet du hasard; les Macles nettement cristallisées sont au contact même des Roches cristallines, et les Schistes qui les contiennent sont luisants et satinés; les Macles indistinctes existent à une certaine distance des terrains cristallins, et les Schistes qui les renferment portent souvent encore les traces de leur formation arénacée. Enfin, les Schistes maculés forment les couches inférieures des terrains neptuniens, et font nécessairement partie de ces terrains. On observe donc un passage dans les Roches schisteuses qui correspond au développement de la cristallisation, et ce développement est lui-même en rapport avec la proximité des Roches auxquelles on attribue l'action qui a donné naissance aux Macles.

Une découverte faite par M. Boblaye donne beaucoup de poids aux conséquences qui précèdent, c'est la présence de fossiles au milieu des Schistes à Macles bien déterminées. Ces Schistes se trouvent à Salles de Rohan près de Ponthivy, et font partie du terrain silurien inférieur. M. Boblaye a observé et recueilli des échantillons qui montraient à la fois des Macles de plusieurs centimètres de longueur, une espèce d'*Orthis* et des Trilobites du genre *Calymene.* Comme l'énonce très-judicieusement M. Dufrénoy, les fossiles établissent la nature neptunienne de ce terrain; les Macles n'ayant pu, au contraire, être formées que par une cristallisation ignée, il en résulte nécessairement qu'elles doivent leur développement à une action postérieure. On attribue cette action à la chaleur produite par les Roches ignées qui se sont introduites dans les terrains neptuniens après leur dépôt, et qui en ont dérangé la stratification. Effectivement, on voit les Schistes maclifères former des zones continues, plus ou moins larges, autour des massifs et même des mamelons granitiques qu'ils enveloppent.

M. de Verneuil a rapporté tout récemment d'Astorga (royaume de Léon) des plaques d'une *phyllade* satinée noirâtre, portant encore, malgré leur état métamorphique avancé, des empreintes déterminables de Graphtolites. Ces Argiloschistes appartiennent par conséquent au terrain silurien inférieur de l'Europe.

M. Fournet, qui s'est livré avec beaucoup de sagacité à l'étude des actions métamorphiques, reconnaît que, dans le Valais, ces actions ont amené, avec une variation infinie de caractères intermédiaires, la cuisson des Argiles schisteuses du terrain jurassique, leur transformation en Argiloschistes ou en ardoises, la conversion des ardoises ordinaires en schistes endurcis, onctueux, plus ou moins modifiés dans leur couleur, enfin le changement de ces mêmes Roches en Schistes micacés, feldspathiques, ou en *Gneiss* plus ou moins porphyroïdes. Si ces exemples bien constatés nous démontrent de la manière la plus certaine que, dans le voisinage des Roches ignées, les sédiments argileux, grossiers, ont pu revêtir une texture cristalline, ils ne nous renseignent pas d'une manière aussi satisfaisante sur les moyens que la nature a employés pour produire des effets très-variés et dont les plus difficiles à expliquer sont ceux qui se rapportent aux changements divers subis par les Roches dans leur composition, ainsi que dans la formation de minéraux nettement cristallisés, dont souvent les éléments ne se retrouvent pas dans la Roche primitive. Mais ces difficultés, quelque embarrassantes qu'elles soient, doivent fléchir devant l'évidence et ne mettent en relief que notre insuffisance pour les lever en totalité.

Toutefois, l'examen des Schistes maclifères est de nature à éclaircir le mystère dont est enveloppée en partie la théorie du métamorphisme, et a fourni à M. Dufrénoy ces remarques fort intéressantes. Il arrive fréquemment que les Macles se fondent et passent, pour ainsi dire, aux Roches schisteuses dans lesquelles elles existent : ce passage se fait ordinairement à la surface, en sorte qu'il est impossible de séparer complétement les Macles de leur gangue. Mais en outre, dans certains cas, la partie centrale noire ne possède plus de régularité et elle se fond elle-même dans les Roches, elle conserve la structure schisteuse, tandis que la partie blanche, d'abord très-mince, augmente d'épaisseur à mesure que le cristal se développe. Cette disposition conduit naturellement à considérer les Macles comme formées aux dépens de la Roche même ; mais voici, suivant nous, un fait qui le démontre.

On observe à Stazzemma, en Toscane, une espèce de Brèche calcaire, dont les fragments, passés à l'état saccaroïde, sont reliés par un Argiloschiste brunâtre, qui fait l'office de pâte. Ce dernier élément est distribué d'une manière capricieuse et inégale, et il renferme des Macles qui y sont répandues avec profusion. Or, ces minéraux se sont développés exclusivement dans les portions argileuses, et ils manquent complétement dans les Calcaires. Si leur cristallisation s'était effectuée à l'époque même où la Roche se déposait au sein des eaux triasiques, on expliquerait difficilement leur isolement dans la masse, surtout quand cet isolement correspond à une analogie complète de composition entre les gangues et les Roches elles-mêmes.

B. *Roches métamorphiques d'origine chimique.*

PREMIÈRE ESPÈCE. — CALCAIRE.

Synonymie. *Calciphyre, Cipolin, Hémithrène, Calschiste, Ophicales, Marbre statuaire, Calcaire primitif.*

VARIÉTÉS.

1. C. **LAMELLAIRE** (*Marbre statuaire de Paros*). Texture lamellaire miroitante.
   Paros, Campiglia, île d'Elbe, Alpes du Dauphiné.
2. C. **SACCAROÏDE**. Texture grenue, cristalline, couleur blanche (*marbre statuaire*), jaune (*marbre de Sienne*) ; grise ou noirâtre.
   Carrara, Seravezza, Campiglia, Sienne, île d'Elbe, Filfilah (Afrique), Saint-Béat (Pyrénées).
3. C. **CIREUX**. Texture massive, cassure conchoïde ; translucide sur les bords.
   Campiglia (Toscane), île d'Elbe, Djebel Filfilah (Afrique française), Grèce, Pyrénées.

4. C. **MICACIFÈRE**. Calcaire saccaroïde pénétré de paillettes de Mica irrégulièrement disséminées ou disposées par traînées (*Cipolin* [1]) et donnant à la Roche une structure feuilletée.

Grèce, Sainte-Marie-aux-Mines (Vosges), Jersey, Saxe, mont Cénis, Corse, île d'Elbe, Alpes Apuennes (Toscane), Norwége, Saint-Béat, Castillon (Pyrénées), environs de Bône (Afrique), Etats-Unis.

5. C. **TALCIFÈRE** (*Cipolin*). Variété analogue à la précédente, mais dans laquelle le Mica est remplacé par le Talc.

Grèce, Seravezza, Bastia, Norwége, Pyrénées, Alpes, Golfe de Stora, Filfilah (Afrique).

6. C. **ARGILOSCHISTIEN** (*Calschiste*). Variété de Calcaire mélangé de Schiste argileux satiné, et présentant une structure éminemment schisteuse.

Moutiers (Savoie), Vallée d'Arran (Pyrénées), Saint-Aventin, Cap Corvo, Monte Argentaro, Campiglia, Alpes Apuennes, île d'Elbe (Toscane), Esquiéry, Centuri (cap Corse), Alpes du Dauphiné, Sidi-Cheick-ben-Rohou, Filfilah, golfe de Stora (province de Constantine), Colonnes d'Hercule (Maroc).

7. C. **GRENATIFÈRE**. Variété contenant des Grenats.

Col d'Aulus (Pyrénées), Pic d'Eredlitz, Saint-Gothard, Estérel, Canada.

8. C. **AMPHIBOLIFÈRE** (*Hémithrène*). Variété renfermant des cristaux d'Amphibole.

Pouzac, Hennemorte (Pyrénées), Saint-Béat, Marienberg, Meissen (Saxe), environs de Bône (Afrique), Canada, Valdana (île d'Elbe).

---

(1) Les espèces *Cipolin*, *Calciphyre*, *Calschiste*, *Hémithrène*, ne pouvaient être conservées, puisque dans ces Roches essentiellement calcaires, le second élément est variable et accidentel. C'eût été surcharger la nomenclature de noms inusités. Ainsi le *Calciphyre* qui est défini par son auteur : *pâte de calcaire enveloppant des cristaux de Pyroxène, de Feldspath, de Grenats, d'Amphibole*, etc., devrait être divisé en autant d'espèces qu'il s'y trouve de minéraux différents. L'*Hémithrène*, à son tour, qui est essentiellement composée d'Amphibole et de Calcaire, en quoi diffère-t-elle du *Calciphyre amphibolien ?* Il était donc plus rationnel d'exprimer par des épithètes toutes les variations que la présence des minéraux accidentels imprime aux Calcaires cristallins, que d'ériger ces variations en caractères spécifiques.

9. C. **SERPENTINIFÈRE** (*Ophicalces*). Variété renfermant de la Serpentine en fragments isolés ou mélangée avec elle d'une manière intime.

Maurin (Basses-Alpes), Santa-Catarina (île d'Elbe), Gosseyr (Egypte), Marbre vert antique, Ligurie, Toscane, Egypte.

10. C. **COUZÉRANITIFÈRE**. Des cristaux de Couzéranite engagés dans le Calcaire saccaroïde.

Ariége, Saint-Béat, Campiglia (Toscane).

11. C. **DIPYRIFÈRE**. Des cristaux de Dipyre dans le Calcaire saccaroïde.

Vallongue (Ariége), Pouzac (Pyrénées).

12. C. **GRAPHITIFÈRE**. Des paillettes cristallisées de Graphite répandues dans la masse à la manière du Mica.

Mendionde, Saint-Béat (Pyrénées).

GISEMENT ET HISTOIRE.

Les Calcaires saccaroïdes ont été réputés très-longtemps comme *primitifs*, c'est-à-dire comme étant antérieurs à la création des êtres organisés, parce qu'on les rencontre presque constamment dans le voisinage des Roches granitiques et qu'ils n'ont conservé aucune trace de fossiles. Les marbres de Carrara et des Pyrénées étaient surtout cités comme fournissant des exemples péremptoires en faveur de cette opinion. Cependant, bien avant les travaux des savants recommandables qui soutenaient cette thèse, l'abbé Palassou établissait, dans une longue série de recherches, qu'il n'existait pas de Calcaires primitifs, et que ceux réputés tels alternaient avec des Schistes et des Calcaires fossilifères ou contenaient eux-mêmes des fossiles. La vallée d'Ossau lui avait surtout fourni de bons exemples de la présence de corps marins dans des Calcaires grenus. A Loubie, les bancs de marbre blanc, marbre statuaire comme celui de Paros, reposent, dans le voisinage du Granite, sur des bancs calcaires à cassure grenue, dans lesquels on distingue quelques coquilles pétrifiées. Cette disposition n'est pas la seule preuve de *l'époque secondaire* des marbres à Loubie; car si l'on suit dans leur direction ces bancs de pierres calcaires, prétendues primitives, on y découvre des pierres grises calcaires compactes, dont quelques-unes contiennent des fossiles. C'est à la suite de cette découverte, qu'un géologue illustre, M. de Charpentier, qui admettait néanmoins l'existence des Calcaires primitifs dans les Pyrénées, convenait que la découverte d'un bloc de banc calcaire blanc, parfaitement salin, dans la vallée d'Ossau, donnait la preuve incontestable que dans les Calcaires, ni la couleur ni la texture n'indiquaient d'une manière sûre la formation à laquelle ils appartiennent.

L'idée fondamentale adoptée par l'ancienne école sur l'antériorité des Granites par rapport à toutes les autres Roches, avait fait considérer comme primitifs et comme formation indépendante les Calcaires qui reposaient sur eux et ne contenaient aucun fossile; mais les découvertes récentes, en rajeunissant l'âge des premiers, attaquaient implicitement celui des Calcaires grenus qui leur étaient superposés, et les rejetaient, en définitive, dans une période comparativement plus récente. C'est ainsi que MM. de Buch, Hoffmann et Humboldt citèrent, dans le nord de l'Europe et dans le Tyrol méridional, des Roches granitiques, non-seulement postérieures à des couches fossilifères, mais encore intercalées dans celles-ci et en empâtant des fragments. Ces Calcaires étaient devenus grenus vers les points de contact sur une assez grande étendue, et portaient ainsi, dans cette altération accidentelle, les traces de l'action modificatrice du Granite.

Si cette découverte inattendue contraria les idées reçues sur l'antiquité du Granite, les observations bien plus importantes de M. E. de Beaumont dans les Alpes, contribuaient à opérer un démembrement bien plus considérable encore, en constatant dans le massif de l'Oisans la présence de Roches granitiques qui débordaient au-dessus du Calcaire jurassique, dont elles modifièrent la structure, en se modelant exactement sur leur surface. Les travaux postérieurs de MM. Hugi et Studer, qui, aux faits déjà connus, ajoutèrent de nouvelles preuves d'une semblable superposition, ne peuvent laisser aucun doute sur l'apparition du Granite après la période jurassique dans la chaîne des Alpes. Sur les divers points indiqués, les Calcaires sont devenus saccaroïdes dans le voisinage des masses plutoniques, et ils ne reprennent leurs caractères primitifs et leurs fossiles qu'à plusieurs mètres de distance. Les conclusions de M. E. de Beaumont sont remarquables en ce qu'elles prouvent que le Granite, lorsqu'il s'est fait jour à la surface du sol, et que la superposition s'est opérée, se trouvait encore dans un état de mollesse ou de refroidissement imparfait.

On soupçonna dès lors que tous les gisements des Calcaires réputés primitifs appartenaient réellement à des formations récentes, dont l'aspect originaire avait changé ou disparu complétement au contact des Roches d'épanchement; et cette présomption trouve une confirmation éclatante dans la découverte de corps marins, faite par M. de Blainville, et depuis par d'autres géologues, dans des échantillons du fameux *marbre primitif* de Carrara. La surface de ces morceaux n'offrait aucune trace d'organisation, tandis que celles qui avaient été polies, montraient, sous un certain aspect, une disposition stelliforme, provenant évidemment de loges d'Astrées.

Après des résultats aussi concluants, l'attention des géologues se porta naturellement vers l'examen de ces puissantes masses de Calcaire saccaroïde qui, dans les Pyrénées, se rencontrent presque sans interruption à la limite des formations secondaires, depuis Perpignan jusqu'à Bayonne, et leurs rapports géognostiques ne pouvaient échapper à un observateur aussi habile que M. Dufrénoy. Saint-Martin de Fenouillet lui présenta des masses granitoïdes intercalées dans des couches calcaires où elles s'étaient nécessairement introduites sous forme de filons : des altérations très-prononcées se manifestaient vers les points de contact, les Calcaires étaient changés en marbre. Or, ces Calcaires, ainsi modifiés, appartenaient incontestablement à des étages crétacés qui, en dehors de la masse ignée, devenaient compactes et fossilifères.

Nous avons eu l'occasion d'étudier nous-même la position relative des Calcaires grenus avec le Granite dans les Pyrénées, et de découvrir des fossiles intercalés au milieu de ces Calcaires réputés primitifs. Nous citerons principalement deux localités, Lacus dans le haut de la vallée du Ger, et Cazaunous entre Saint-Béat et Couledoux, où les corps marins reposent dans des Calcaires grenus, remplis de Couzéranites, de Dipyres et d'autres minéraux cristallisés. A Lacus, les Calcaires de la formation jurassique viennent s'appuyer directement sur un Granite qui paraît au jour près du pont de Hennemorte, et prennent au contact la texture saccaroïde. En étudiant, sur l'escarpement pratiqué par les eaux du torrent, les progrès de la transmutation qui s'opère dans une même couche à mesure qu'elle se rapproche de la Roche ignée, on observe d'abord qu'un Calcaire noir, pétri de fossiles et de coraux, dont le test se détache en dessins blancs, passe insensiblement à un Calcaire fétide, très-grenu, qui montre encore quelques-uns de ces coraux, et qu'il finit ensuite par constituer un *Calciphyre* dans lequel les Couzéranites se trouvent mélangées avec ces mêmes corps marins, mais à peine reconnaissables. Dans les points intermédiaires, le Calcaire n'a éprouvé de changement que dans sa structure, et cette modification a également atteint le test des coraux qui, de compacte qu'il était, est devenu cristallin et lamellaire. Comme on le voit par cet exemple, on peut recueillir dans une même couche, à quelques mètres de distance, des échantillons qui seraient à la fois et *Calcaires primitifs* et *Calcaires secondaires*.

Les fossiles trouvés à Cazaunous se présentent dans une position différente, mais tout aussi démonstrative du peu d'ancienneté de la formation qui les renferme. Dans les Pyrénées (fig. 62), les Calcaires secondaires C alternent avec des Schistes

Fig. 62.

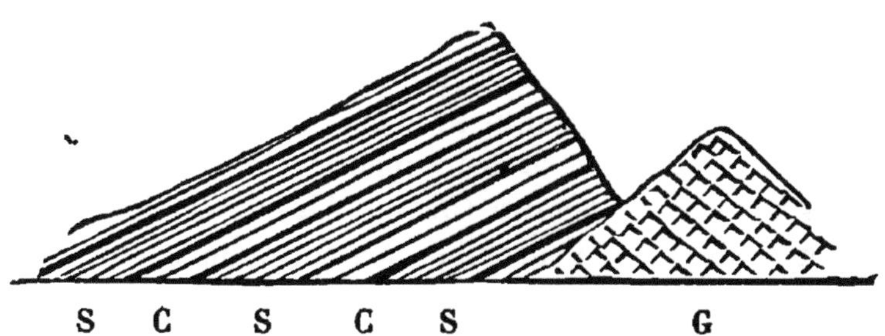

G Granite. C Calcaire saccaroïde. S Schistes marneux fossilifères.

argileux noirâtres S qui ont résisté plus que les premiers aux influences modificatrices; de sorte qu'il n'est pas rare d'observer les Calcaires totalement métamorphosés, tandis que les Schistes conservent à peu près leurs caractères ordinaires. Il y a toutefois exception, lorsque la Roche est très-rapprochée du Granite, car elle passe alors à un Schiste siliceux très-dur. Cette circonstance explique très-bien l'absence ou la rareté des fossiles dans les bancs calcaires et leur présence dans les Schistes. Or, c'est précisément au milieu de ces derniers, qui, près de Cazaunous, alternent en couches très-minces avec des

Calcaires grenus, pétris de Couzéranites, que nous avons découvert l'*Ammonites bifrons*, caractéristique du lias supérieur.

Nous avons signalé à l'article Micaschiste (page 299), la découverte de fossiles siluriens faite dans le nord de l'Ecosse, au milieu de Calcaires saccaroïdes subordonnés au Schiste micacé.

Nous pourrions multiplier la citation d'exemples analogues observés dans d'autres contrées, en Grèce, dans le Campiglièse, dans la province de Constantine, où des faits pareils ont été constatés ; mais les détails qui précèdent suffisent pour établir la théorie du métamorphisme d'une manière générale et en assigner la cause aux actions produites par les masses plutoniques.

Si les modifications dont nous venons de parler ont été engendrées par les Roches granitiques, les altérations produites sur les Calcaires par les Roches porphyriques et par les Roches volcaniques, quoique s'étant manifestées sur une moins large échelle, n'en sont pas moins remarquables et fréquentes dans la nature. Ainsi les Amphibolites dans les Pyrénées, les Serpentines dans les Alpes et dans la Toscane, les Porphyres dans l'Estérel, les Basaltes dans la France centrale, le Vésuve lui-même; tous les produits d'origine ignée, en un mot, ont été les agents de modifications analogues sur les Roches traversées; mais elles se sont fait sentir avec énergie surtout dans le voisinage des Serpentines et des Euphotides

Dans la vallée de Maurin (Basses-Alpes), et dans les alentours du mont Viso, l'ensemble des formations stratifiées est interrompu de distance en distance par des amas de Serpentine. A un kilomètre environ de Maurin, une Roche serpentineuse occupe, sous la forme d'une vaste calotte sphérique, un centre de dislocation vers lequel se dressent les bancs calcaires. Aux points de contact, la fusion entre le Calcaire et la Serpentine est si intime, qu'on ne saurait dire celle des deux Roches qui prédomine; mais, à quelque distance, les Calcaires commencent à s'isoler et les Serpentines ne forment plus au milieu d'eux, que quelques veines qui, un peu plus loin, finissent par disparaître complétement. Cette disposition remarquable se reproduit avec la même uniformité sur les deux flancs de la vallée, de sorte que l'œil peut très-bien saisir les relations du Calcaire métamorphosé avec celui qui est resté intact, parce qu'elles sont exprimées par une traînée verte qui dessine comme un vaste croissant dont le centre serait enchassé dans la Serpentine.

Le mélange des deux éléments donne naissance à un marbre très-recherché (*Ophicales*) que les terrains serpentineux de la Toscane, de l'île d'Elbe, des Apennins Bolognais et de la Ligurie fournissent aussi. Dans la Péninsule italienne, qui peut être considérée à juste titre comme la contrée classique, on observe tous les passages, depuis le Calcaire le plus grossier renfermant des fossiles, jusqu'à un Calcaire pénétré de Serpentine et complétement dépouillé de ses caractères originaires. Il faut renoncer à décrire ici toutes les variations qui sont dues à des changements survenus dans la texture, dans la composition et dans la couleur. Il nous suffira d'avoir fixé l'attention sur la généralité du phénomène.

M. Sedgwich a décrit, dans la vallée de la Tess, des Calcaires saccaroïdes subordonnés à des filons de Trapp, et M. Dufrénoy depuis longtemps a mentionné la conversion d'un Calcaire compacte en un Calcaire grenu au contact d'un dyke de Basalte, dans la France centrale. On peut enrichir l'histoire du Calcaire métamorphique d'un nouvel exemple que présente Rougiers, dans le département du Var. Ainsi qu'il en a été déjà parlé, dans les environs de ce village, au quartier dit le Polinier, le Basalte forme une protubérance conique qui s'est établie au milieu du Muschelkalk. Les couches calcaires ont été redressées circulairement autour de la butte volcanique, et on recueille, empâtés dans le Basalte même, des fragments dont la texture saccaroïde et la couleur blanche dévoilent la modification énergique dont ils ont été l'objet.

M. Henslow a décrit un exemple très-frappant de ce genre d'altération que l'on observe aux environs de Plas-Newydd, dans l'île d'Anglesey. Des couches d'Argile schisteuse et de Calcaire argileux, traversées perpendiculairement par un dyke de Basalte cristallin de 41 mètres de large, sont altérées jusqu'à la distance de 9 à 11 mètres comptés à partir du bord du dyke. L'Argile schisteuse augmente de compacité à mesure qu'elle approche du Basalte, et acquiert son maximum de durcissement à sa jonction avec cette Roche. Là, bien qu'elle perde une partie de sa structure schisteuse, sa division en couches parallèles reste encore discernable. Dans plusieurs endroits, l'Argile schisteuse est convertie en Jaspe dur porcellaniforme. Quoique dans la partie la plus endurcie de la masse, les coquilles fossiles, les *Productus* surtout, soient presque entièrement détruites, ici même, pourtant, on en retrouve souvent les impressions. Le Calcaire argileux subit des changements analogues, perdant sa texture terreuse, et devenant de plus en plus granulaire et cristallin, à mesure qu'il approche du dyke. Mais ce qu'il y a de plus extraordinaire dans le phénomène, c'est la présence de nombreux cristaux d'Analcime et de Grenat dans les portions de l'Argile schisteuse qui ont été affectées par le dyke.

Le comté d'Antrim, situé dans la partie septentrionale de l'Irlande, renferme plusieurs dykes basaltiques qui se sont frayé un passage à travers la craie à Silex. Près du Basalte, la craie se trouve convertie en marbre granulaire ; mais, à partir du point de contact, là où ce changement est le plus complet possible, il devient de moins en moins sensible, jusqu'à ce qu'enfin, à la distance de 2 à 3 mètres comptés de la paroi du dyke, il s'évanouisse entièrement.

La fig. 63 représente trois dykes basaltiques B traversant la craie C sur une étendue de 27 à 28 mèt. La craie contiguë aux deux dykes extérieurs est convertie en un marbre M, à grains

Fig. 63.

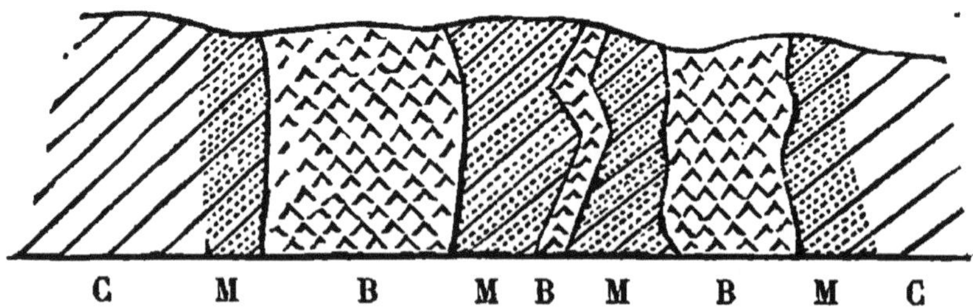

B Basalte. C Craie blanche non altérée. M Craie convertie en marbre.

très-fins, et semblable à celui des masses qui séparent les dykes extérieurs du dyke central. Le contraste parfait que présentent, dans ces cas divers, la composition et la couleur de la Roche pénétrée et de la Roche pénétrante, rend le phénomène aussi évident que curieux.

Les effets produits par la chaleur qui a dû pénétrer autrefois les Calcaires et contribuer à les rendre cristallins, sont attestés par la blancheur même de ces Calcaires et par les minéraux accidentels dont de nouvelles affinités moléculaires ont dû provoquer la formation. En effet, il nous paraît hors de doute que les marbres statuaires doivent leur éclat à la volatilisation ou à l'expulsion des parties bitumineuses qui souillent généralement les couches secondaires dont ces marbres proviennent. Il y a plus ; souvent ces principes colorants, dus à la décomposition de substances d'origine organique, ont été convertis en paillettes de Graphite très-brillantes, comme on peut l'observer pour certains marbres de Saint-Béat et de Mendionde (Pyrénées). Nous imitons, jusqu'à un certain point, les opérations que nous attribuons à la nature, lorsque, soumettant à une température convenable des Calcaires noirs ou des ardoises, nous parvenons à en expulser le principe colorant et à convertir l'oxyde de fer qu'ils contiennent en Fer oligiste. On sait aussi que le Graphite se produit, dans les scories des hauts-fourneaux et dans les cornues des appareils à gaz, au détriment du charbon et de la Houille. Ne serons-nous donc pas fondé, d'après l'autorité de ces données expérimentales, à supposer que l'influence des Roches ignées, dans le voisinage desquelles on remarque les Calcaires grenus, a donné à leurs molécules la faculté de jouir d'un certain mouvement les unes par rapport aux autres, et de se grouper de manière à constituer un corps d'aspect différent ? A l'appui de cette supposition, nous invoquerons les belles expériences de Hall, qui, en reproduisant les circonstances sous lesquelles on admet que les marbres ont été placés, est parvenu à changer de la craie pulvérulente en un Calcaire cristallin. Il y a certainement bien loin d'une pareille transmutation à celle qui a converti la texture de montagnes entières : mais il ne faut pas perdre de vue la limite des moyens qui sont en notre pouvoir. Sans doute, lorsqu'il s'agit d'hypothèses géologiques, on a rarement occasion de comparer des effets d'un même degré d'intensité. Toutefois, si la disproportion dans les termes de comparaison provoque quelquefois de l'hésitation dans le jugement, l'examen rigoureux des faits sur le terrain modifie singulièrement les règles de la logique empruntées aux simples expériences du laboratoire.

Les Calcaires métamorphiques renferment souvent des substances cristallisées dont la composition participe assez généralement de la nature de la gangue et quelquefois aussi de celle de la Roche modifiante. Les minéraux que l'on observe le plus fréquemment sont des silicates à base de chaux, tels que la Couzéranite (6 $Al\ Si + 2\ (Ca, Mg)\ Si^3 + (K, Na)\ Si^2$; l'Amphibole trémolite ($Ca\ Si^3 + 3\ Mg\ Si^2$); le Grenat grossulaire ($Al\ Si + Ca\ Si$); la Wernérite ($3\ Al\ Si + Ca\ Si$); le Mica, le Talç, etc. Ces variétés de Calcaires avaient reçu le nom de *Calciphyres,* et elles abondent dans les Pyrénées, dans le Tyrol, à Arendal, à Pargas, en Norwége, dans l'île d'Elbe, etc. Les Calcaires saccaroïdes rejetés par le Vésuve sont remarquables aussi par les minéraux variés qu'ils renferment.

Quant à la position que les Calcaires saccaroïdes occupent dans la série stratigraphique, on conçoit que, par cela seul qu'ils sont anormaux, on peut les retrouver à tous les niveaux géologiques, sans qu'on puisse leur assigner d'avance leur place d'après les caractères de leur composition. On peut dire cependant d'une manière générale que les variétés schisteuses (*Cipolins,* dont le *Calschiste* est le dernier terme), sont subordonnées au terrain des Schistes cristallins, comme dans la Corse, dans la chaîne des Maures (Var), dans les environs de Bône (Afrique). On en connaît aussi dans des formations plus récentes, dans les marnes irisées, au cap Corvo, au cap Argentaro (Toscane), à Djebel Filfilah, à Fedj Kentoures (Afrique française), et même dans la formation jurassique (Pyrénées, île d'Elbe, Filfilah, Alpes).

Les Calcaires saccaroïdes exploités comme marbre statuaire sont ordinairement une dépendance du terrain jurassique (Saint-Béat, Massa Carrara, Filfilah). Les marbres serpentineux (*Ophicalces*) ont été formés aux dépens des Calcaires de plusieurs formations distinctes; ceux de l'île d'Elbe et de la Toscane font partie du terrain nummulitique et sont conséquemment de l'époque tertiaire.

USAGES.

Les marbres statuaires, les vert antique, le vert de Gênes, les marbres de Paros, le jaune de Sienne, les Bardigli turquins, proviennent tous des Calcaires métamorphiques. Il est inutile de dire qu'ils fournissent aussi de la chaux grasse d'une qualité supérieure.

DEUXIÈME ESPÈCE. — DOLOMIE.

Roche exclusivement formée d'un double carbonate de chaux et de magnésie.

VARIÉTÉS.

1. D. SACCAROÏDE.
Saint-Gothard, Col de la Furka, Apennin Bolognais, Toscane, Ile d'Elbe.
2. D. COMPACTE.
Monte Rufoli, Monte Castelli (Toscane).
3. D. FRIABLE. Variété grenue et s'égrenant avec la plus grande facilité.
Ile d'Elbe, Alpes, Djebel Filfilah (Afrique).
4. D. CRISTALLINE. Variété bacillaire.
Pian di Seta (Apennin Bolognais).
5. D. STÉATITEUSE. Variété pénétrée de Stéatite.
Terriccio (Toscane), Apennin Bolognais.
6. D. CALCARIFÈRE. Variété contenant du carbonate de chaux en proportions variables.
Toscane, Apennin Bolognais, Djebel Filfilah.

GISEMENT ET HISTOIRE.

Si on reconnaît à la plupart des Dolomies stratifiées régulièrement une origine franchement sédimentaire, l'existence de Dolomies blanches et saccaroïdes subordonnées à des Micaschistes, ou se montrant en relation avec des Roches cristallines formées par le feu, a fait admettre par plusieurs géologues qu'elles ont été produites par voie de transformation. La théorie la plus généralement adoptée pour expliquer leur mode de formation, repose sur l'hypothèse qu'au moment de l'apparition des Roches plutoniques, la magnésie se dégagea sous forme de vapeurs, pénétra dans les couches calcaires, et constitua, en s'incorporant à leur substance, un carbonate double de chaux et de magnésie. Voici à présent les recherches d'après lesquelles M. de Buch a été conduit à donner cette explication.

Ce savant avait remarqué que la sortie des *Mélaphyres,* dans le Tyrol (fig. 64), était généralement accompagnée de grandes perturbations dans les Roches secondaires qu'ils avaient tra-

Fig. 64.

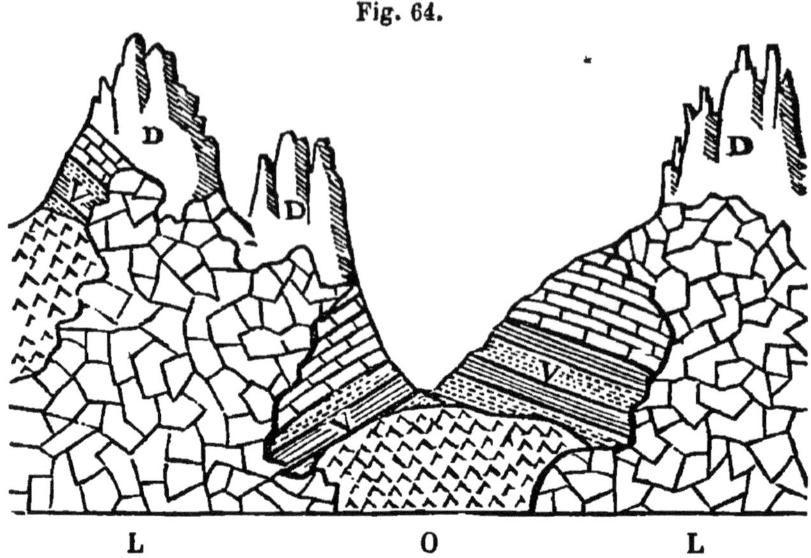

L Labradophyre. O Orthophyre. V Grès bigarré surmonté du Calcaire coquillier (Muschelkalk). D Dolomie.

versées, et que la présence de la Dolomie paraissait toujours concorder avec leur contact ou leur voisinage. Les Dolomies de la vallée de Fassa, toujours suivant M. de Buch, sont concomitantes des *Mélaphyres*, et doivent être regardées comme résultant de leur influence modificatrice sur les Calcaires coquilliers, compactes et stratifiés, qui se montrent tels, dès que le Porphyre disparaît.

La fig. 64 indique la disposition de la Dolomie dans la vallée de Fassa, par rapport au terrain triasique V, au Porphyre rouge O, et à la Roche L, que M. de Buch considère comme un Labradophyre.

Le cône dolomitique de Sainte-Agathe près de Trente, se compose également de Dolómies tellement crevassées et fendillées que toute stratification a disparu; mais les mêmes couches se trouvent sans altération sur le revers; de sorte qu'avec des fouilles, on pourrait obtenir des dalles d'un côté, formées de Calcaire à *Ammonites*, tandis que l'autre serait dans un état de décomposition qui conduit à la formation de la Dolomie. La physionomie des masses dolomitiques est caractéristique : des crevasses verticales et profondes les traversent dans toutes les directions, sans qu'aucune division en couches horizontales ou inclinées n'interrompe l'uniformité des contours perpendiculaires.

L'analyse qui a été faite du Calcaire stratifié que l'on observe dans le prolongement n'a décelé aucune trace de magnésie : or, lorsqu'on voit ce Calcaire se modifier peu à peu, sans que sa continuité soit interrompue, et passer à la Dolomie dans le voisinage des *Mélaphyres*, n'est-il pas naturel d'admettre que c'est la Roche pyroxénique qui l'a fournie? Sans doute, l'on a de la peine à comprendre comment de la magnésie qui est fixe a pu être transportée dans les Roches calcaires : mais le contact des Roches ignées ne nous présente-t-il pas des problèmes aussi complexes? Certains Calcaires se pénétrant de Grenats, d'Amphibole ou de Pyroxène, souvent à des distances de plusieurs mètres des points de contact, ne révèlent-ils pas des transports de molécules aussi inexplicables dans l'état actuel de nos connaissances?

Telles sont, en résumé, les considérations sur lesquelles M. de Buch a fondé sa théorie de la dolomitisation, théorie qui a été adoptée jusqu'ici par un grand nombre de géologues, bien qu'elle ait été l'objet de beaucoup de critiques. M. Fournet est, de tous les opposants, celui qui l'a attaquée avec le plus de force. Suivant cet habile géologue, les *Mélaphyres* du Tyrol, regardés comme Roches éruptives par M. de Buch et ses partisans, doivent être divisés en deux classes, savoir : les *Mélaphyres éruptifs*, qui ne sont autre chose que des Basaltes, et les *Mélaphyres proprement dits*, qui sont des produits métamorphiques. Les premiers sont principalement concentrés dans un espace assez restreint de la région orientale des Alpes, à partir de la vallée de l'Adige, tandis que les seconds occupent un champ beaucoup plus étendu, puisqu'on les retrouve échelonnés sur divers points, depuis la vallée de Fassa jusqu'auprès du Lac Majeur. Les *Mélaphyres* métamorphiques ne seraient que des Grès et des Schistes de transition auxquels ils passent par des nuances ménagées : ainsi, les vraies Dolomies du versant méridional des Alpes orientales ne peuvent pas être un résultat de l'action des Mélaphyres, ceux-ci étant eux-mêmes métamorphiques. Si l'on voulait absolument que les Dolomies jurassiques en question eussent été modifiées par l'intrusion des vapeurs magnésiennes, il faudrait du moins faire dériver ces vapeurs des Porphyres quartzifères qui ont provoqué la transformation du terrain de transition en Roches porphyroïdes. Parmi les autres difficultés qui s'élèvent contre cette manière d'envisager les faits, M. Fournet fait remarquer les suivants : le *Mélaphyre* métamorphique, tout comme le Porphyre quartzifère métamorphisant, avaient déjà complétement perdu leur chaleur, lorsque les terrains triasique et jurassique se sont établis soit dessus, soit à proximité. Ce qui le prouve, ce sont d'abord les cailloux roulés de *Mélaphyre* que l'on trouve dans les Conglomérats triasiques ; c'est en second lieu l'absence de toute trace de métamorphisme dans ces Conglomérats, qui reposent directement sur le *Mélaphyre ;* c'est enfin la même nullité d'action qui se remarque dans les Calcaires du Muschelkalk ou autres, qui gisent entre ce Conglomérat en question et la grande assise dolomitique. En vain se rejetterait-on sur les Mélaphyres basaltiques des environs de Trente ; car ceux-ci sont limités dans un espace assez circonscrit, et on croira difficilement qu'une bande de terrain qui s'étend sans discontinuité depuis le Lac Majeur jusqu'en Dalmatie, ait été affectée par les vapeurs dérivées d'un point aussi exigu.

Si la théorie de M. de Buch peut être attaquée dans son application aux montagnes mêmes qui en ont suggéré l'idée à son auteur, elle ne saurait être niée, suivant nous, pour deux localités que nous avons eu l'occasion d'étudier avec beaucoup de soin et à plusieurs reprises. La première est dans le voisinage de la Gabbra, entre Monte Rufoli et Monte Verdi en Toscane. Dans cette partie du Volterrano, le terrain nummulitique est traversé de distance en distance par des dykes de Serpentine et d'Euphotide qui sont accompagnés de grandes masses de Quartz résinite verdâtre. Vers les points de contact, certaines couches calcaires ont été transformées en une Dolomie compacte et finement grenue, tandis qu'à quelque distance, elles reprennent les caractères qui leur sont propres dans toute la péninsule italienne, en dehors de l'influence des Roches d'éruption : or, nulle part on ne connaît des Calcaires dolomitiques normaux dans cette formation sédimentaire.

Le second exemple de dolomitisation nous a été fourni par la commune de Montacuto-Ragazzo, dans les Apennins de Bologne. La vallée du Reno et de ses affluents est exclusivement occupée par les Grès, les Argiles et les Calcaires du terrain nummulitique : seulement çà et là on rencontre des culots très-circonscrits de Serpentine et d'Euphotide. Ces Roches ont exercé dans leur voisinage des modifications fort énergiques, dont l'action, ne s'étant pas propagée bien au loin, n'en est que plus facile à saisir. Généralement les Calcaires ont été convertis en Ophicalces et les Schistes en Jaspes rubéfiés; mais sur ces divers points et notamment sur les bords de la Seta, quelques couches ont été transformées en une Dolomie blanche, saccaroïde et stéatiteuse, mais seulement dans les portions qui touchent aux Euphotides, et ce n'est que plus haut qu'elles reprennent graduellement la composition, la structure et la couleur des Calcaires normaux. Il résulte de cette disposition, que l'exploitation de quelques gisements de ces Dolomies comme marbre blanc a mise en évidence, que les Dolomies sont constamment attachées à un banc calcaire. Toutefois, ces transmutations, bien que déjà très-manifestes, sont traduites d'une manière plus claire encore dans un banc de Dolomie que l'on rencontre entre le Pian di Seta et Montacuto-Ragazzo, et qui est connu dans la contrée sous le nom de *Sas-cristallo* (Roches du cristal). Cette masse est en connexion avec un dépôt d'Euphotide, et contraste, par sa teinte jaune foncée et par une consistance plus grande, avec les couches nummulitiques environnantes. Au-dessus de la Seta, c'est une Dolomie bacillaire à géodes tapissées de cristaux lenticulaires à surface courbe et de Quartz dodécaédrique : mais à mesure que l'on s'élève dans les flancs de la vallée, et après un parcours de 30 à 40 mètres, la cristallinité de la Roche s'efface peu à peu, la Dolomie court en veines minces au milieu de la masse restée calcaire, et on retombe presque immédiatement sur le Calcaire normal et fossilifère de la contrée. Vers les limites où les effets du métamorphisme cessent de se produire, on assiste, pour ainsi dire, à un travail qui n'est qu'interrompu, car les portions encore intactes sont engagées dans la masse par rapport aux portions dolomitisées, de sorte qu'il serait impossible de saisir une ligne de séparation brusque entre les unes et les autres. L'observateur, dans cette localité remarquable, peut d'autant mieux se mettre à l'abri de toute illusion et de toute idée systématique préconçue, que les changements survenus, il les constate sur une couche unique qu'il ne quitte jamais et qui, Calcaire grossier d'abord, devient dans le voisinage de l'Euphotide, une Dolomie cristalline des mieux caractérisées, appartenant à la variété décrite sous le nom de *Miémite*.

Les terrains anciens ne seraient pas les seuls qui nous offrissent des Dolomies anormales; M. Thompson pense que les Dolomies amenées au jour par les déjections du Vésuve sont aussi des Roches métamorphiques.

TROISIÈME ESPÈCE. — GYPSE.

Synonymie. *Gypse primitif.*

VARIÉTÉS.

1. G. **SACCAROÏDE.**
   Route du Simplon, Val Canaria au Saint-Gothard.
2. G. **MICACIFÈRE.** Variété remplie de paillettes de Mica.
   Val Canaria.
3. G. **TALCIFÈRE.** Variété remplie de paillettes de Talc.
   Arnave (Pyrénées).
4. G. **OLIGISTIFÈRE.** Variété remplie de paillettes de Fer oligiste métalloïde.
   Environs de Carthagène (Espagne).
5. G. **GEMMIFÈRE.** Variété pénétrée d'Emeraudes cristallisées.
   Oued Bouman (Afrique française).
6. G. **SPONGIEUX.** Variété à tissu cristallin, mais lâche.
   Lagoni de Castel-Nuovo (Toscane).
7. G. **ÉPIGÉNIQUE.** Variété provenant de la conversion de l'Anhydrite en Gypse au contact de l'atmosphère.
   Vizille (Dauphiné), Saint-Geniez (Basses-Alpes).

GISEMENT ET HISTOIRE.

Il est assez difficile de tracer une limite exacte de démarcation entre les Gypses normaux dont nous avons déjà parlé (page 178), et les Gypses anormaux ou métamorphiques. Les détails qui vont suivre feront connaître les différences qui existent entre les uns et les autres.

Dans la grande chaîne des Alpes et des Pyrénées, il existe,

entre les dépôts gypseux et les Roches d'origine ignée qui les avoisinent, une connexité intime, qu'on a été amené naturellement à attribuer à la sortie de ces Roches leur présence au milieu des Calcaires qui les enclavent. C'est ainsi que dans les Pyrénées, les Gypses se trouvent en contact avec des Amphibolites ou bien alignés suivant la même direction qu'elles. Dans les Alpes, les Serpentines, les Labradophyres semblent aussi avoir subordonné à leur voisinage les dépôts nombreux qu'on y observe. Or, comme ceux-ci gisent indistinctement à divers niveaux au milieu des étages secondaires, et que leur position anormale indique qu'ils n'ont pas toujours fait partie, dans l'état où on les voit aujourd'hui, des systèmes calcaires qui les renferment, on a dû se livrer à l'appréciation théorique des faits qui ont pu leur donner naissance, et on admet presque généralement qu'ils représentent des formations locales d'un genre particulier, et qu'ils ont été produits par *voie de transformation,* c'est-à-dire, par l'intervention d'émanations sulfureuses qui, à la suite des dislocations survenues après l'éruption des Porphyres, auraient pénétré à travers les assises calcaires et les auraient converties en sulfate de chaux suivant une direction verticale. Les Gypses anormaux, en définitive, seraient le résultat d'une épigénie opérée dans des terrains émergés sur des bancs calcaires déjà consolidés, tandis que les Gypses tertiaires représenteraient une opération analogue, mais qui se serait accomplie au sein du liquide même qui tenait le carbonate de chaux en dissolution.

L'épigénie, à laquelle peut être attribuée l'origine des Gypses, consiste en ce que dans une masse calcaire, chaque atome d'acide carbonique a été remplacé par un atome d'acide sulfurique, de sorte que chaque atome de carbonate de chaux, dont le poids est de 632,486, est devenu un atome de Gypse hydraté qui pèse 1082,243. La supposition de l'épigénie entraîne, comme conséquence, celle d'un gonflement de plus de moitié : or, les faits généraux confirment cette ingénieuse induction empruntée à M. E. de Beaumont, puisqu'ils nous montrent la plupart des gisements de Gypse occupant des centres de dislocation autour desquels les Roches encaissantes se sont contournées ou étoilées.

Nulle part cette disposition n'est exprimée d'une manière plus énergique que dans diverses régions de l'Afrique française, occupées par les Gypses métamorphiques. La fig. 65, prise dans les montagnes des Zouabis (province de Constantine),

Fig. 65.

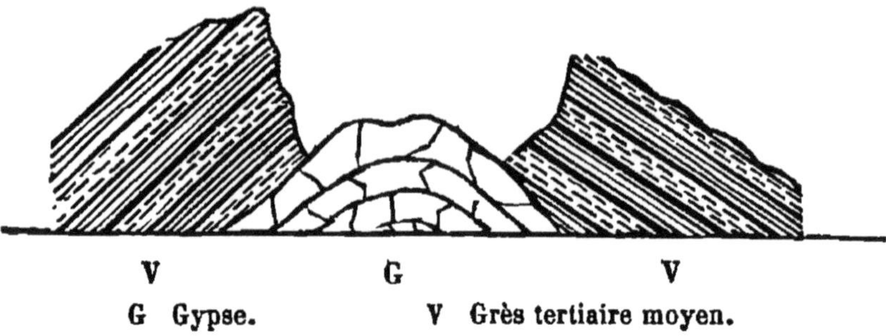

G Gypse. V Grès tertiaire moyen.

entre Ghelma et Tebessa, à la naissance de la plaine des Harectas, montre les Gypses G occupant, sous forme de dôme à stratification bombée, l'intérieur de cirques autour desquels les couches d'un Grès tertiaire moyen V se redressent circulairement et en rendent l'accès très-difficile. Ce sont, comme on le voit, de vrais cratères de soulèvement.

L'influence ignée à laquelle on subordonne l'origine de la plupart des dépôts des terrains secondaires est d'ailleurs attestée par la présence du Mica ou du Talc dans les Gypses du Saint-Gothard et dans ceux de la vallée du Saurat dans les Pyrénées. On vient de découvrir dans la vallée d'El-Harrach, à 15 kilomètres de Blidah (Afrique française), un gisement d'émeraudes enclavé dans un terrain secondaire : ce qu'il y a de remarquable, c'est que ces gemmes sont logées indistinctement dans un Calcaire saccaroïde et dans un Gypse, l'un et l'autre métamorphiques, et qu'elles semblent subordonnées, dans leur distribution, au voisinage de Roches d'origine plutonique, telles que des Gneiss, des Amphibolites et de la Serpentine. On concevrait, en effet, difficilement comment ces deux minéraux auraient pu être formés par voie aqueuse, dans ces deux régions, si le Gypse y avait été déposé à la manière de ceux d'Aix et de Montmartre.

On peut, au surplus, contrôler le mérite de l'hypothèse de la transformation, en interrogeant les solfatares en activité ainsi que les Lagoni. Leur étude met à la disposition de la science de nouveaux moyens qui permettent d'observer à loisir la marche de certains phénomènes dont l'action est, pour ainsi dire, réglée suivant la volonté de l'expérimentateur. Les Gypses métamorphiques sont créés dans le voisinage des Lagoni qui, comme ceux de Monte Cerboli et de Castel-Nuovo (Toscane), se sont fait jour à travers les bancs calcaires, avec une abondance telle, que le progrès de leur formation peut être constaté directement. L'attaque s'exerce à la fois sur les parois des fissures du sol qui livrent passage aux vapeurs souterraines. De là elle se propage graduellement dans l'intérieur des masses et elle finit par gypsifier des cirques entiers dont le rayon est généralement celui du Lagoni lui-même. Les Calcaires purs sont convertis en un sulfate de chaux lamellaire, mais d'un tissu lâche et rempli d'interstices. Comme l'épigénie s'exerce dans le sens de l'épaisseur des strates, il n'est pas rare d'observer, vers les limites où expire l'influence métamorphique, un massif de Roches franchement calcaire à une de ses extrémités, se terminant à l'extrémité opposée en une pierre à plâtre que les habitants emploient dans leurs bâtisses. Cette ressemblance avec les Gypses enclavés au milieu des terrains secondaires se maintient jusque dans la teinte rougeâtre que la peroxydation imprime aux Argiles concomitantes des Calcaires, ainsi que dans la formation de Brèches argilo-gypseuses au pied des escarpements léchés par les vapeurs sulfureuses, double caractère qui se reproduit constamment dans l'intérieur des gisements anormaux des Gypses que l'on trouve enclavés au milieu des terrains secondaires, dans les Lagoni et dans les solfatares tant anciennes qu'en activité.

Les solfatares de Péreta et de Selvena présentent des accidents analogues et sur lesquels il serait superflu de s'arrêter davantage. Ces divers faits bien constatés et acquis à la science, établissent des rapports si intimes entre les Gypses des Lagoni et les Gypses anormaux des terrains secondaires, qu'ils constituent une loi de continuité que les phénomènes actuels achèvent de généraliser, en démontrant leur communauté d'origine.

QUATRIÈME ESPÈCE. — ANHYDRITE.

Roche exclusivement composée de Chaux sulfatée anhydre.

VARIÉTÉS.

1. A. **LAMELLAIRE.**
   Vizille, Saint-Geniez du Dromont (Basses-Alpes), Auriol, Roquevaire (Provence).
2. A. **SACCAROÏDE.**
   Vizille, Saint-Geniez du Dromont, environs de Bergame, Djebel Zouabis (province de Constantine).

Comme l'Anhydrite métamorphique se confond, quant aux particularités de son origine et de son histoire, avec celles de l'espèce précédente, nous ne la mentionnons ici que pour mémoire.

C. *Roches métamorphiques d'origine mécanique.*

PREMIÈRE ESPÈCE. — ALUNITE.

Synonymie. *Aluminite, pierre d'Alun, Alunite, Alaunstein.*

VARIÉTÉS.

1. A. **COMPACTE.** En masses pierreuses, à cassure esquilleuse ou conchoïde.
   La Tolfa, Montioni, Campiglia, Péreta (Toscane), Musaï (Hongrie).
2. A. **STALACTITIQUE.** En masses mamelonnées, à structure fibro-bacillaire.
   La Tolfa.
3. A. **CAVERNEUSE.** En masses compactes remplies de cellules irrégulières.
   Mont Dore (Auvergne), Parad (Hongrie).
4. A. **TERREUSE.** En masses tendres, se réduisant très-facilement en poussière.
   Montioni, La Tolfa, Pouzzoles, La Guadeloupe.
5. A. **BRÉCHIFORME.** En masses composées d'Alunite fragmentaire engagée dans des gangues quartzeuses.
   Péreta (Toscane), La Tolfa.

GISEMENT ET HISTOIRE.

L'Alunite est une Roche essentiellement métamorphique et dont la production, qui se continue encore aujourd'hui dans le voisinage des solfatares, est liée, d'une manière intime, au dégagement du gaz sulfhydrique.

A Montioni, à Campiglia et à la Tolfa, où la fabrication de l'alun a été pratiquée sur une vaste échelle, l'Alunite forme des gisements circonscrits au milieu des Schistes argileux rougeâtres de l'époque jurassique. Ceux-ci, par l'action du gaz sulfhydrique, ont perdu leurs caractères originaires, et, suivant la nature de leurs éléments constitutifs, ont été transformés en une pierre d'alun plus ou moins parfaite. En effet, lorsque la pierre est riche en alun, elle forme, au milieu des Schistes, des rognons d'un volume quelquefois très-considérable, dans lesquels toute trace de stratification a disparu, tandis que lorsqu'elle est mélangée de beaucoup de Schistes peu alunifères, elle s'exfolie avec facilité et elle conserve en grande partie sa physionomie primitive. La disposition en rognons compactes indique suffisamment que les molécules, au moment de leur combinaison avec l'acide sulfurique, ont obéi à un jeu particulier d'affinité, qui leur a permis de s'agrouper entre elles et de cristalliser sous une forme nouvelle. Cette vérité ressort d'une manière plus frappante encore, pour les variétés cristallisées et stratoïdes de la Tolfa, qui remplissent les crevasses de la montagne d'encroûtements stalactitiques. Lorsque, au contraire, l'acide sulfurique n'a rencontré que des matériaux peu propres à la formation de la pierre d'alun, il a réagi sur les parties que leur composition rendait propres à former ce double sel, en respectant celles qui ne pouvaient se combiner avec lui.

L'aspect des alunières et le mode inégal avec lequel l'Alunite s'y trouve distribuée, correspondent bien à l'idée que l'on se fait des causes qui leur ont donné naissance. Elles représentent, avec la dernière évidence, des portions de terrains traversées par des courants de vapeurs sulfureuses qui, en réagissant sur les molécules soumises à leur contact, se combinaient avec elles, ou, suivant leur nature, se bornaient à les blanchir ou bien les respectaient dans toute leur intégrité, lorsque les éléments ne se prêtaient à aucune transformation.

La manière dont l'Alunite se produit encore aujourd'hui dans la solfatare de Péreta, donne l'explication des causes auxquelles on doit attribuer l'origine des anciennes Alunites. On s'assure que, dans cette localité, le gaz sulfhydrique se décompose, et que le produit de cette décomposition est du Soufre en partie, qui se dépose, et de l'acide sulfurique, lequel se forme par un procédé analogue à celui que l'on remarque dans les eaux thermales. L'acide sulfurique réagissant à son tour sur les Roches à travers lesquelles il suinte, les altère plus ou moins profondément : ainsi, sur les points d'attaque, les Calcaires sont convertis en Gypse, les Grès sont blanchis, et les Schistes argileux sont convertis en Alunite, sans que la stratification ait été dérangée. A Péreta seulement, les Schistes, qui sont une dépendance de l'étage nummulitique, étant pauvres en potasse, la pierre d'alun est de mauvaise qualité et ne pourrait être exploitée avec avantage.

En Hongrie et dans le Mont Dore, l'Alunite s'est formée aux dépens du terrain trachytique ; et on conçoit très-bien, d'après ce qui vient d'être dit, que les produits de cette formation volcanique, se rapportant à des silicates à base de potasse, aient dû donner des Roches alunifères après leur combinaison avec l'acide sulfurique.

Les Alunites sont souvent mélangées de Quartz, qui s'y trouve disséminé en grains ou en rognons plus ou moins volumineux. A Péreta surtout, cette substance est fort répandue ; on l'observe aussi dans les alunières de Campiglia, de Montioni et de la Tolfa. Dans ces dernières localités, les Schistes jurassiques, qui ont fourni la pierre d'alun, admettent des Schistes siliceux à l'état subordonné. A Péreta, au contraire, la silice, comme on le remarque dans les Lagoni, paraît avoir subi, sous l'influence des vapeurs chaudes, une dissolution préalable et puis une régénération à la suite de laquelle elle s'est mélangée avec les Alunites et les Schistes, en donnant à l'ensemble l'apparence d'une Brèche.

L'Alunite se produit journellement dans les solfatares de Pouzzoles, de la Guadeloupe, et dans le voisinage des Lagoni, aux dépens des silicates d'alumine et de potasse qui se trouvent sur le passage des vapeurs sulfureuses.

USAGES.

Pour retirer l'alun de la pierre de la Tolfa et de Montioni, on la transporte, après l'avoir grillée, sur une aire où on l'arrose continuellement, afin de la faire effleurir ; on la réduit ensuite en pâte, puis on procède au lessivage à chaud et à la cristallisation. On obtient immédiatement de l'alun sans addition de matières potassées. Il est connu sous le nom d'*Alun de Rome*.

Les alunières de Campiglia étaient exploitées du temps des Républiques Italiennes ; celles de Montioni sont à peu près délaissées. La Tolfa même, où la grandeur des excavations témoigne de l'importance du gisement, fournit fort peu d'alun au commerce, depuis qu'on a eu l'idée de le fabriquer de toutes pièces et de l'obtenir dès lors aussi pur, en quelque sorte, qu'on le désire.

DEUXIÈME ESPÈCE. — QUARTZITE.

Synonymie. *Anagénite, Quartz grenu.*

Roche essentiellement composée de Quartz grenu, dont les grains sont comme soudés entre eux.

VARIÉTÉS.

1. **Q. COMMUN.** Variété à cassure égale.
   Amérique du Nord et Amérique du Sud, Pyrénées, Bretagne, Filfilah (Afrique).
2. **Q. POUDINGIFORME.** Des cailloux de Quartz d'un volume considérable engagés dans une pâte de Quartzite.
   Valorsine, Environs de Briançon, Ile d'Elbe, Allevart, Filfilah, Cap Garonne (Var).
3. **Q. POLYGÉNIQUE.** (*Anagénite*). Variété composée de cailloux de Roches d'espèces différentes.
   Cap Corvo, Cap Argentaro, Verruca, Ile d'Elbe, Corse, Fedj Kentoures, Filfilah (Afrique).
4. **Q. TALCIFÈRE.** Variétés dont les grains de Quartz sont reliés par une pellicule talqueuse.
   Cap Corvo, Cap Argentaro, Sidi-Cheik-ben-Rohou, Filfilah (province de Constantine).

5. **Q. POLYÉDRIQUE.** Variétés divisées par le retrait en prismes pseudo-réguliers.
Estérel (Var), Pyrénées.

GISEMENT ET HISTOIRE.

Les Quartzites sont des Grès métamorphiques composés de Quartz grenu, de couleur généralement grisâtre, compactes, et à cassure cireuse. Quelquefois la fusion des grains de Quartz dont ils sont formés est tellement intime, que toute trace d'origine mécanique est effacée; on supposerait alors que les éléments de la Roche ont été tenus primitivement en dissolution dans un liquide; mais avec quelque attention, il est facile de trouver des grains de Quartz roulés, et de constater les passages de variétés à texture grenue à de véritables Grès.

Les Quartzites abondent dans les terrains paléozoïques, aux environs de Cherbourg, dans le massif des Ardennes, dans les Etats-Unis. Ils sont également très-communs dans les Alpes, où ils font partie de la formation anthracifère.

Les Anagénites sont encore un produit métamorphique dont le cap Corvo, dans le golfe de la Spézia, présente l'exemple le plus remarquable. Les grains et les cailloux de Quartz des Quartzites y sont enveloppés dans une pellicule de Talc satiné. Or, ces Roches remaniées alternent avec des Schistes talqueux et des Cipolins qui ont fourni les beaux marbres dont les palais de Gênes sont ornés. Le système entier, qui se continue dans le cap Argentaro et dans l'île d'Elbe, fait partie incontestablement du terrain triasique. C'est également à cette période qu'appartiennent les Anagénites, les Quartzites et les Cipolins que nous avons décrits et signalés sur plusieurs points de la province de Constantine, notamment au cap Filfilah, et près de Fedj Kentoures.

TROISIÈME ESPÈCE. — JASPE.

Synonymie. *Phtanite, Lydienne.*

VARIÉTÉS.

1. **JASPE COMMUN.** Variété de teinte uniforme, compacte.
Apennin Bolognais, Barga, Terriccio, Romito, Prato, Imprunota (Toscane), Estérel (Var).

2. J. SCHISTEUX. Masses se débitant en petites plaques parallèles.
Prato, Apennin Bolognais, Pont-de-la-Taule (Pyrénées).
3. J. QUARTZIFÈRE. Variétés traversées par des veines irrégulières de Quartz hyalin.
Apennin Bolognais, Barga, La Gabbra (Toscane).
4. J. ARGILEUX. Variété à aspect terne, répandant par l'insufflation une odeur prononcée d'Argile.
Prato, Monte Rufoli.
5. J. BRÉCHIFORME. Variété composée de fragments anguleux de volume variable, agglutinés par une pâte siliceuse.
Vallée du Reno (Apennin Bolognais), Monte Castelli.

GISEMENT ET HISTOIRE.

Les Jaspes *anormaux* ou métamorphiques sont des Roches d'origine sédimentaire dans lesquelles la silice prédomine, mais qui, postérieurement à leur dépôt, ont été soumises à l'influence de la chaleur des Roches plutoniques, dans le voisinage desquelles on les observe constamment. Ils se font remarquer par leur structure rubannée et souvent par leur schistosité prononcée qui, malgré leur dureté, permet de les débiter en plaques très-minces. Quelquefois ils se présentent en couches assez puissantes, et même, au contact des Roches ignées, elles passent à un Jaspe traversé dans tous les sens par des veines de Quartz renfermant des druses géodiques. Les bandes de nuances différentes que l'on remarque sur les tranches des couches, donnent à ces variétés l'apparence de Schistes argileux durcis, et elles donnent la preuve que leur état est dû à une action postérieure. Au surplus, à Impruneta, à Romito, à la Gabbra, à Monferrato près de Prato (en Toscane), et dans les Apennins de Bologne, il est très-facile de constater le passage insensible qui lie les Jaspes les plus sonores à des Schistes rubéfiés qui passent eux-mêmes à des Schistes tendres, grisâtres ou verdâtres, renfermant des fucoïdes et appartenant au terrain nummulitique. On peut, à Prato, choisir des échantillons qui sont Jaspe scintillant sur une de leurs faces, et Schiste feuilleté sur l'autre. Dans la vallée du Réno (Apennin Bolognais), la conversion des Schistes argileux en Jaspes s'est opérée sur plusieurs points avec une intensité remarquable, mais dans un rayon tellement circonscrit, qu'étant devenus excessivement solides, ils ont résisté aux dégradations que les eaux ont fait subir aux parties non modifiées. Ils se présentent alors sous forme de grandes murailles isolées, taillées à pic, à stratification parfaitement régulière, qu'au premier coup d'œil, on serait tenté de prendre pour des dykes éruptifs. La figure 66 indique la disposition de ces masses jaspifiées.

Fig. 66.

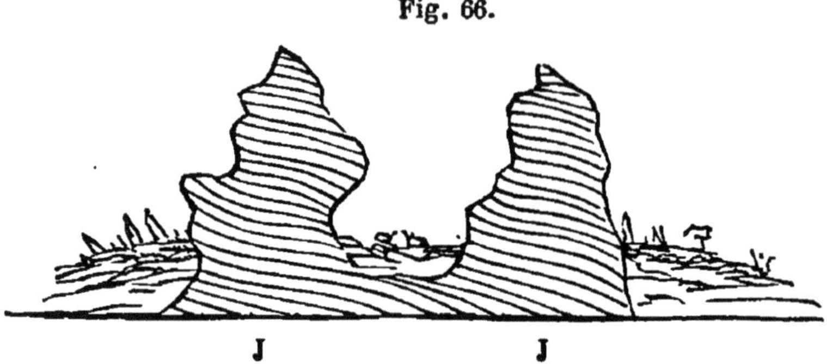

J Rochers de Jaspe métamorphique au contact des Serpentines.

Dans la Péninsule italienne, les Jaspes métamorphiques sont subordonnés aux Serpentines et aux Euphotides, dont l'apparition est postérieure au dépôt du terrain nummulitique.

Les Porphyres rouges de l'Estérel (Var) ont aussi donné naissance à des Jaspes rubannés qui appartiennent à l'étage du Grès bigarré.

Les Pyrénées présentent à leur tour, dans le voisinage du Granite et des Amphibolites (Vallongue, col d'Aulus, Pont-de-la-Taule), des Schistes siliceux rubannés, noirâtres, associés avec les Calcaires saccaroïdes de l'époque jurassique, et avec d'autres Schistes ardoisiers, quelquefois pénétrés de Dipyres. Ces espèces de *Lydiennes*, quoiqu'elles scintillent généralement sous le choc de l'acier et qu'elles aient la cassure conchoïde, admettent par places des nerfs formés d'un Schiste noirâtre feuilleté, dont la structure primitive a été respectée.

La plupart des Jaspes noirâtres unis à une petite quantité de matières talqueuses ou argiloschisteuses (*Phtanites*), que l'on trouve le plus fréquemment dans les terrains inférieurs, ne diffèrent des *Lydiennes* des Pyrénées que par leur position.

QUATRIÈME ESPÈCE. — PORCELLANITE (1).

Synonymie. *Thermantide, Jaspe porcelaine.*

Roche composée des mêmes éléments que les Argiles et les Schistes argileux des terrains brûlés par les incendies des Houilles.

VARIÉTÉS.

1. **P. compacte.** Variété à éclat luisant, à cassure conchoïde, se brisant avec facilité et résonnant sous le marteau.
   Cransac (Aveyron), Bilin (Bohême).
2. **P. rubannée.** Composée de veines parallèles de teintes variées.
   Cransac, Brassac (Allier).
3. **P. schisteuse.** Variété composée de feuillets très-minces et se réduisant par la trituration en une poudre sèche et rude au toucher.
   Cransac.
4. **P. scorifiée.** Variété qui a subi une véritable fusion et qui ressemble à une scorie de volcans.
   Cransac.
5. **P. bréchiforme.** La variété précédente empâtant des fragments anguleux d'autres Roches qui n'ont pas subi de fusion.
   Cransac, Brassac.
6. **P. phytifère.** Variété de Porcellanite conservant encore l'empreinte des plantes du terrain houiller.
   Cransac.

GISEMENT ET HISTOIRE.

Les Porcellanites proviennent incontestablement des Argiles

---

(1) M. Rose a trouvé pour la composition de la Porcellanite :

Silice.	0,608
Alumine.	0,273
Chaux.	0,030
Potasse	0,037
Oxyde de fer . . .	0,025

Mais on comprend que cette composition ne peut pas s'appliquer à toutes les espèces de Porcellanite.

et des Grès des terrains houillers qui ont été incendiés. Si leur composition élémentaire n'a subi aucune différence notable dans la série des transformations par lesquelles un degré de chaleur plus ou moins intense les a fait passer, il n'en est pas de même de leur structure qui a changé parfois au point de rendre les types dont elles proviennent méconnaissables.

Les portions du terrain les plus éloignées du foyer incandescent, mais cependant soumises à ses atteintes, n'ont subi généralement qu'un commencement de rubéfaction qui les distingue à peine des couches non altérées ; puis, à mesure qu'elles se trouvent plus rapprochées des fissures qui livrent passage aux flammes, les teintes rouges deviennent plus prononcées, les Argiles et les Grès sont endurcis ; enfin, vers les points de contact, ils ont subi une demi-fusion qui les rend sonores et fragiles, les bariole de couleurs vives et les fait ressembler à du biscuit de porcelaine. Cependant tous les accidents de la stratification sont parfaitement conservés ; le nombre des feuillets est indiqué par des teintes nuancées différemment, et, grâce à ce rubannement particulier, les plissements en zigzag et les interruptions des lignes sont traduits dans tous leurs moindres détails. Il n'est pas rare de remarquer dans ces Roches ainsi régénérées des empreintes de plantes dont le dessin est encore respecté. Que la Porcellanite conserve sa texture schisteuse, ou que les feuillets en s'agglutinant forment des masses compactes, elle constitue toujours une Roche à cassure conchoïde, rebelle au marteau et éclatant en fragments tranchants à la manière d'une Obsidienne. Comme la composition des Argiles et des Grès qui forment la charpente du terrain houiller est de nature variable et que ces Roches peuvent être rendues fusibles à une température élevée, il arrive assez fréquemment d'observer des monceaux de Porcellanites boursoufflées et scorifiées, empâtant des fragments torréfiés et ressemblant à des scories volcaniques.

Dans plusieurs localités et notamment à Labouiche (Allier) et à la Salle (Aveyron), on rencontre du Fer métallique au milieu des couches incendiées. La présence du Fer est évidemment due, ici, à une action postérieure ; le terrain houiller qui le contient a été la proie d'embrasements souterrains, et le Fer a été revivifié par un procédé analogue à celui employé journellement dans nos hauts-fourneaux. On peut citer encore la production de sels ammoniacaux, de sulfates d'alumine et de fer, de Fer oligiste sublimé, d'Arsenic sulfuré rouge, de Fer phosphaté, etc.

On cite plusieurs houillères embrasées, en France, à Saint-Etienne, à Aubin et Cransac (Aveyron), à Labouiche. La Porcellanite de Bilin, en Bohême, appartient au terrain tertiaire et est due à l'embrasement des Lignites. Un incendie qui s'était déclaré dans un banc de Lignite de la concession de Gardanne (Bouches-du-Rhône) avait converti en chaux vive les couches calcaires dans lesquelles le combustible était encaissé.

La conversion des Schistes argileux en Jaspes rubannés au contact des Serpentines trouve une explication si naturelle dans la comparaison des produits formés par les incendies du terrain houiller, l'analogie entre les uns et les autres est si frappante, qu'elle se présente d'elle-même à l'esprit et prête à la théorie du métamorphisme un caractère de vraisemblance tel qu'il doit être la vérité même.

En décrivant les Roches porphyriques, nous avons eu l'occasion de citer plusieurs exemples très-curieux d'intercalation de ces Roches d'origine ignée au milieu des terrains sédimentaires. Plusieurs bassins houillers de l'Angleterre et de la France présentent des cas de ces insertions porphyriques qui, le plus souvent, ont exercé une influence métamorphique très-prononcée sur les couches qu'elles ont traversées. On trouve dans le bassin de Brassac des Porphyres qui ont coupé le terrain houiller, englobé des fragments et des portions de couches comme l'aurait pu faire une pâte fluide, et dont la nature éruptive est démontrée par les altérations qu'ont subies la couleur normale, la structure et la texture des Roches houillères.

C'est en remontant la vallée de l'Allier jusqu'au confluent de l'Alagnon, qu'on rencontre, auprès du village d'Auzat, les dépôts houillers de Brassac, composés de Grès et de Schistes avec des couches de Houille qui, de l'autre côté de la rivière, vers la Combelle, prennent une importance remarquable. Les affleurements de ces couches, d'après M. Burat, auquel nous empruntons ces détails, décrivent une courbe dont le diamètre est de 4,000 mètres environ, et l'on peut suivre le terrain houiller sur une distance assez considérable, en remontant vers le nord, jusqu'au delà des villages de Brassac et de Charbonnier, où il disparaît sous les terrains tertiaires superposés. Si, à partir des premières exploitations de la Combelle, on s'élève sur les versants houillers, on ne tarde pas à renconter une intercalation de Porphyre, qui affleure sur tout le pourtour du bassin, et qui plonge dans le même sens que les strates de la formation. Sans la nature tout à fait anormale de la Roche porphyrique, et sans les caractères qu'elle imprime aux Roches arénacées, on serait disposé à considérer cette assise comme stratifiée et contemporaine des dépôts. Mais, outre qu'elle détermine des cassures et des rejets qui interrompent le régime naturel des couches, on est frappé, en suivant la ligne de ses affleurements, des altérations que subissent les Roches houillères. Elles sont endurcies et rougies comme par une calcination, et présentent de l'analogie avec les Roches brûlées qui recouvrent certaines houillères intérieurement embrasées. Sur le versant de la montagne de la Selle, on voit un immense bloc de ces Roches métamorphiques, entièrement englobé dans le Porphyre.

L'altération éprouvée par les Roches sédimentaires dans les houillères en feu, présente d'autant plus d'intérêt que nous pouvons en comparer les effets à ceux qui résultent du contact des Porphyres. Une contrée classique, sous ce rapport, est celle de la montagne embrasée, à la Ricamarie près Saint-Etienne. Le feu existe, sur ce point, de temps immémorial, dans les affleurements des couches inférieures du bassin, et notamment dans une couche épaisse de plus de 10 mètres. La combustion souterraine n'est pas très-active, elle se manifeste à l'extérieur par des fumarolles qui exhalent une odeur bitumineuse, et par des sublimations parmi lesquelles on recueille du sel ammoniac. La masse du terrain supérieur est fortement altérée ; les Schistes sont rouges et endurcis ; les Argiles sont dures, porcellanisées, et font feu avec l'acier; les Grès sont rouges, lustrés, très-fendillés, et présentent souvent des divisions irrégulièrement prismatiques, tout à fait distinctes de leurs divisions naturelles.

Ce qu'il y a de remarquable dans ce métamorphisme artificiel, c'est la grande épaisseur des couches affectées, et, par conséquent, la grande distance à laquelle le calorique a pu se propager ; c'est aussi la rareté des faits de fusion, ce qui démontre que cette grande altération est le résultat d'une action plutôt très-longue que très-énergique. Or, le métamorphisme naturel, qui a produit des effets analogues, affecte des épaisseurs encore plus considérables, tandis que les altérations sont encore moins prononcées; on peut donc en conclure que ces altérations, sont bien, en effet, produites par la chaleur, mais par une chaleur moindre que celle des houillères embrasées, et qui a dû agir pendant un temps plus long.

Ainsi, le métamorphisme des Porphyres, comme celui qui résulte des feux souterrains, a eu pour effet de donner aux Roches, ordinairement grises ou noirâtres du terrain houiller, une couleur rouge lie de vin, plus ou moins prononcée, résultant de la peroxydation du fer que toutes ces Roches contiennent à l'état de protoxyde; de fendiller les Grès et de leur donner souvent une texture compacte et lustrée ; de rendre les Argiles indélayables et indélitables, et souvent même, de les porcellaniser au point de leur donner la dureté des Grès. En observant les modifications dues au contact des Porphyres et en les comparant aux effets produits par les houillères embrasées, on peut dire que, s'il fallait encore des preuves pour attester l'origine ignée des Porphyres, cette similitude en serait une des plus irrécusables.

On peut ajouter que ces inductions se trouvent confirmées pleinement par les altérations qu'ont éprouvées les Houilles au contact des Porphyres qui les ont traversées, ainsi que dans le voisinage des centres embrasés. Dans ces deux cas, les effets produits se rapprochent de ceux qui résultent d'une calcina-

Fig. 67.

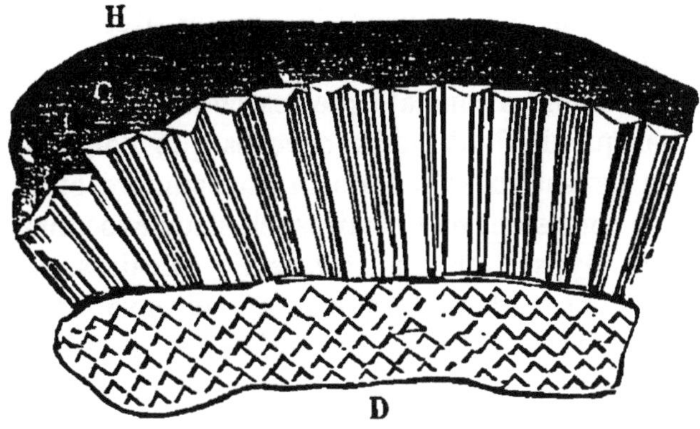

D Trachyte domitique. H Houille convertie en coke au contact du Trachyte.

tion., c'est-à-dire que la Houille a fait un pas très-prononcé vers l'état de coke. Nous citerons à ce sujet l'observation intéressante faite par M. Martins, à la houillère de Commentry. A 700 mètres de la grande tranchée, dans la galerie Saint-Edmond et à 60 mètres au-dessous de la surface du sol, les Schistes houillers sont relevés de 30 à 35 degrés contre un Trachyte altéré (*Domite*). Au contact de cette Roche D (fig. 67), sur une longueur de 8 mètres environ, la Houille H était métamorphosée ; elle formait une bande composée d'une série de prismes, en général pentagonaux ou hexagonaux, semblables à ceux du Basalte. Ces prismes avaient de 4 à 6 centimètres de hauteur ; ils étaient perpendiculaires à la surface de la Roche et à celle des couches de Houille non altérée qui reposaient au-dessus. Chacun de ces prismes est recouvert d'une couche d'oxyde de fer, due probablement à la décomposition du sulfure de fer ; leur dureté, leur couleur ocreuse contraste avec celle de la Houille non altérée : la cassure est plane, et offre un faible éclat métallique qui rappelle celui de la plombagine : la poussière ne tache pas les doigts. Projeté dans le feu, ce combustible rougit sans produire de flamme : certains fragments éclatent avec bruit en se brisant. Sa pesanteur spécifique est de 2,58. Il rentre dans la classe des Anthracites, car, comme eux, il ne donne à la distillation ni goudron ni autre matière huileuse : or, c'est dans des conditions à peu près identiques que se présentent, dans les environs d'Aubin et de Cransac, les Houilles qui sont enclavées dans les Porcellanites.

Citons un dernier exemple à l'appui de l'opinion qui tend à attribuer à la chaleur développée par les Roches d'origine ignée la conversion de la Houille en Anthracite et en Graphite. M. E. de Beaumont a constaté que les couches supérieures au système liasique de Petit-Cœur, couches que l'on traverse en montant du Lauzet au vallon de la Ponsonnière et au col du Chardonnet, consistent en Calcaires schisteux avec masses accidentelles de Gypse ; en Schistes argilo-calcaires, en Quartz compactes blancs, dans lesquels on retrouve souvent des noyaux qui indiquent une origine arénacée ; en Quartz schisteux passant au Grès ; en Schistes anthracifères, enfin, en Calcaires gris, souvent veinés, dont les puissantes assises couronnent les escarpements. La coupe du gisement du Graphite au col de Chardonnet comprend une partie de ces éléments (fig. 68). Cette coupe présente non-seulement les couches modifiées, mais aussi les agents modificateurs. En effet, le banc

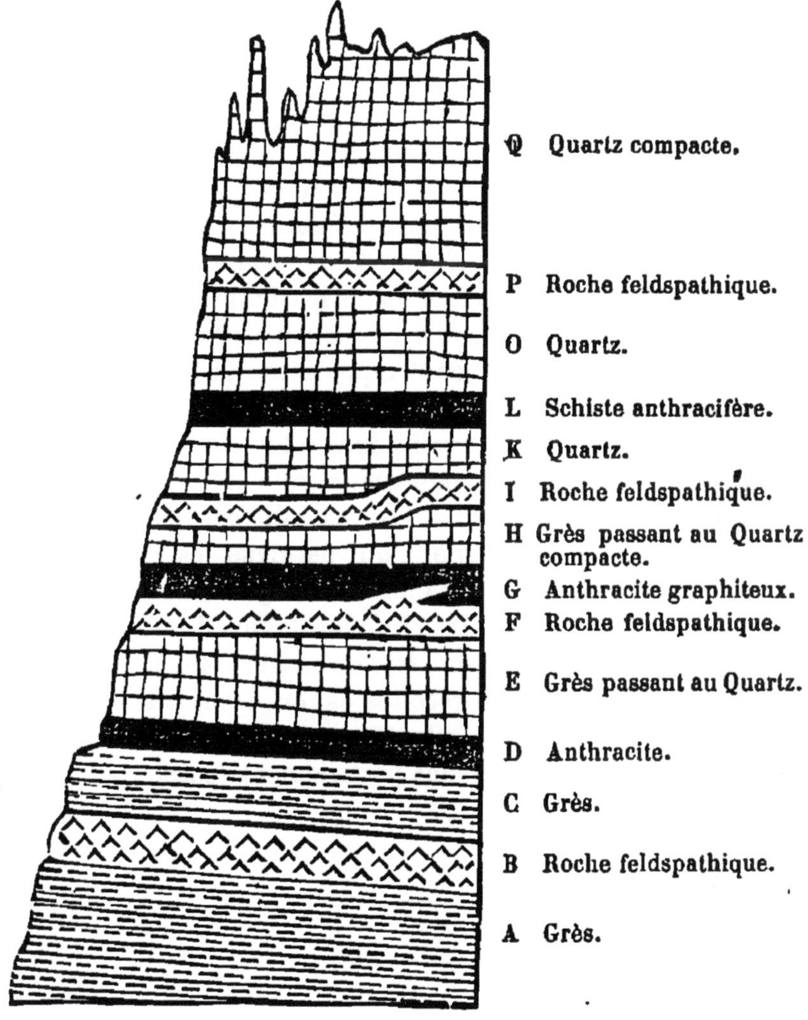

B, d'environ 6 mètres de puissance, est une Roche de Feldspath verdâtre, compacte, contenant des cristaux d'Amphibole et des grains cristallins de Quartz. Cette Roche n'est pas réellement stratifiée, et la preuve qu'elle a été intercalée après coup, c'est qu'elle empâte un grand fragment, de 4 mètres sur 1, du Grès A, qui forme le bas de l'escarpement. Ce Grès contient, comme en beaucoup de points des Alpes, des amas d'Anthracite tuberculeux D, qui ont été exploités. Au-dessus se reproduit la Roche feldspathique F, près de laquelle on voit les surfaces de séparation souvent contournées de l'Argile schisteuse G se couvrir d'enduits plus ou moins épais de Graphite. Cette Argile contient en outre des empreintes végétales. Un troisième banc de Roche feldspathique I coupe obliquement plusieurs assises de Quartz compacte ; ce Quartz, encore une fois interrompu, s'élève à plus de 200 mètres au-dessus. Il présente dans toute cette hauteur des indices de stratification, mais on y remarque surtout des fissures verticales par l'effet desquelles il se divise en prismes irréguliers, qui s'élancent en obélisques verticaux. D'après M. E. de Beaumont, le Grès qui contient l'Anthracite, le Graphite et les empreintes verticales du col de Chardonnet, serait à la fois superposé au lias et recouvert par des couches contemporaines d'une partie de la série oolitique.

Les embrasements souterrains donnent quelquefois naissance à des sources chaudes, et quand leur influence ne se fait pas sentir avec trop d'énergie à la surface du sol, ils établissent une température exceptionnelle qui paralyse les rigueurs des hivers. Dans le comté de Strafford, en Angleterre, se trouve un jardin d'une grande étendue, situé au-dessus d'un terrain embrasé : les fruits y mûrissent très-promptement, de telle sorte qu'on peut y obtenir trois récoltes par an. Dans une autre contrée de l'Angleterre, on a planté sur une houillère incendiée des arbres exotiques qui y ont parfaitement réussi.

APPENDICE.

DESCRIPTION DES MINERAIS QUI FOURNISSENT LES MÉTAUX UTILES.

Bien que généralement les divers Minerais qui produisent les métaux utiles aux besoins de l'homme, ne constituent pas des masses considérables, et que, sous ce dernier rapport, ils ne remplissent pas un rôle essentiel dans la constitution de l'écorce solidifiée du globe terrestre, nous avons jugé néanmoins convenable d'en donner une indication sommaire, mais suffisante. En effet, on aurait pu trouver surprenant que des substances, qui reçoivent une application si générale, et dont l'abondance influe d'une manière si directe sur la fortune et la prospérité des Etats, n'eussent point eu une place dans un traité spécial où les Roches sont considérées au triple point de vue de leur origine, de leur composition et des usages auxquels elles peuvent servir.

Les Minerais dont nous aurons à nous occuper, et d'où l'on extrait les métaux les plus usuels, seront décrits dans l'ordre suivant :

I. Or.
II. Argent.
III. Platine.
IV. Mercure.
V. Cuivre.
VI. Etain.
VII. Plomb.
VIII. Zinc.
IX. Antimoine.

Les Minerais de Fer et de Manganèse ont déjà été décrits dans les Roches sédimentaires.

I. OR.

Substance métallique, ductile, d'un jaune d'Or plus ou moins pur. P. S. 19, 25 ; fusible au chalumeau, attaquable seulement par l'eau régale, avec précipité de chlorure d'Or.

L'Or est rarement pur ; il est toujours allié avec une quantité variable d'Argent.

GISEMENT ET HISTOIRE.

L'Or est une substance de filons, et c'est généralement dans des Roches quartzeuses qu'on l'observe (la Gardette dans le Dauphiné, mont Rose, Pérou, Mexique, Colombie, Minas-Geraès dans le Brésil, Californie).

Mais c'est principalement sous forme de paillettes et de grains qu'il se trouve disséminé dans des Sables dits d'alluvion, et c'est même là qu'il se trouve en plus grande abondance. Lorsque les grains acquièrent un certain volume, on les nomme *pépites*.

Les pépites les plus célèbres sont :

Celle trouvée à Miask, en 1826, et pesant...... 10k 118

Aux Etats-Unis, dans le comté d'Ansa (Caroline du Nord), en 1821............................. 21 70

Pépite monstre, trouvée à Miask, en 1842...... 36 02

Cette dernière, le prix de l'Or étant de 3,100 fr. le kilogramme, a une valeur de 111,662 fr.

Les exploitations les plus remarquables et les plus productives sont dans le Nouveau-Monde, au milieu des Sables qui renferment le Diamant et le Platine (Villa-Rica, Serro do Frio, Minas-Geraès, Rio-Janeiro dans le Brésil), provinces d'Antioquia, de Choco, de Barbacoas dans la Colombie, dans le Chili.

Vers la fin du siècle dernier, on a découvert des alluvions aurifères sur les flancs des monts Ourals et de l'Altaï. Les lavages d'Or de la Sibérie forment trois districts dans lesquels le gisement de l'Or est le même; il est disséminé dans un Sable quartzeux, riche en Fer oxydulé. Cette partie de l'empire russe a produit, en 1842, 7,486 kilogrammes d'Or, la Russie tout entière en ayant donné 15,889 kilogrammes, c'est-à-dire pour plus de 47 millions de francs. D'après des renseignements fournis tout récemment par M. Ostreschkoff, la production annuelle de l'Or et de l'Argent, en Russie, a été, en moyenne, chaque année, de 1851 à 1855, de 80 millions 605,000 fr., dont 76 millions 801,000 fr. pour l'Or. C'est de 1848 à 1851 que la moyenne avait monté plus haut; elle allait alors, pour les deux métaux, un peu au delà de 88 millions. Depuis le commencement de l'exploitation, sous Pierre le Grand, jusqu'au 1er janvier 1856, le produit total des exploitations arrive à un milliard et demi, et à un peu moins de 412 millions pour l'Argent.

MM. Murchison, de Verneuil et de Keyserling, auxquels la science est redevable d'un travail très-étendu sur la géologie de la Russie, pensent que l'Or de l'Oural est très-récent et même plus récent que le Grès tertiaire avec Succin qui se trouve sur le flanc de la chaîne. Cet Or leur paraît être contemporain de l'éruption du Granite syénitique, ou de l'éruption des Roches ignées, qui seraient récentes comparativement aux terrains paléozoïques, et qui auraient donné à la chaîne son dernier relief, en même temps qu'elles formaient les bassins hydrographiques actuels.

Il paraît que l'Or se trouve aussi dans l'Asie méridionale, soit dans des terrains semblables, soit dans le sable des rivières. C'est aussi dans des matières arénacées qu'il se montre en Afrique, à en juger par la forme des paillettes. Il provient surtout de Kerdofan, des environs de Bambouch, et du pays de Sofala.

Il existe de l'Or en paillettes dans toutes les contrées où les Roches anciennes dominent. En France, dans la vallée de l'Ariége, dans le Gardon, dans le Rhin, dans les Etats de Gênes, etc. Si jusque dans les premières années de ce siècle, la plus grande quantité d'Or livrée à la circulation provenait presque en totalité des lavages de l'Amérique méridionale, les découvertes faites dernièrement dans les *placers* de la Californie et dans l'Australie, en livrant à l'avidité des exploitants de riches et nouveaux gisements, a eu déjà pour résultat de verser annuellement une quantité si prodigieuse d'Or, que ce métal tend à se substituer à l'Argent comme représentation monétaire. On pourra s'en faire une idée en voyant que l'extraction de l'Or, en Californie, s'est élevée, pendant l'année 1851, à une valeur qui dépasse 406 millions de francs.

L'existence de filons de Quartz aurifère dans les montagnes aux dépens desquelles les placers ont été formés, démontre suffisamment que l'Or qui se rencontre dans les sables d'alluvion, provient de la destruction partielle de ces mêmes filons ; au surplus, les matériaux roulés dont les terrains remaniés sont composés, se trouvent dans les montagnes des contrées voisines et dominantes, et l'on conçoit que leur abondance sera d'autant plus grande, que ces montagnes seront formées de Roches moins consistantes, comme cela a lieu au Brésil, dans la province de Minas-Geraès, où l'on exploite les Sables et en même temps les gîtes en place. La mine de Gougo-Socco est un exemple de cette dernière nature de gisement.

Dans cette localité, l'Or est disséminé en feuillets déliés, en plaques et en filets, dans des terrains stratifiés dont les principales Roches aurifères sont des Quartz schisteux, des Talcschistes et des Argiloschistes satinés.

Le caractère le plus saillant de l'ensemble de ces Roches stratifiées, c'est que toutes sont métallifères. Il semble que la masse entière ait été soumise à une action de pénétration générale. Ces principes métallifères deviennent quelquefois tellement dominants qu'ils ont masqué, en quelque sorte, le caractère premier des Roches ; le Quartz a surtout une grande aptitude à se pénétrer des éléments métalliques.

Le minerai le plus ordinaire est le fer à l'état de Fer oligiste et quelquefois à l'état de Pyrite aurifère; viennent ensuite l'oxyde ou le carbonate de manganèse, l'Or natif et ses annexes.

La généralité de dispersion de l'Or est telle que, dans certains pays de mines, une Roche stratifiée quelconque, broyée et lavée, fournit de l'Or. Enfin, l'Or est concentré en plusieurs points de ces mêmes Roches, surtout lorsqu'elles sont chargées de Fer oligiste et de manganèse. Rien d'ailleurs n'est plus variable que la proportion de ce métal utile qu'elles contiennent. En 1837, la compagnie impériale de Gougo-Socco, qui est la principale, a extrait 18,000 tonnes de minerai, qui ont produit 700 kilogrammes d'Or, ce qui ne fait que 1/26000 pour la teneur moyenne du gîte, c'est-à-dire environ 100 grammes d'Or par mètre cube de minerai. Six autres compagnies ont produit, dans des conditions analogues, 950 kilogrammes d'Or dans la même année ; ce qui porte à 5 millions la valeur totale produite par le district de Gougo-Socco dans la période la plus active de ses exploitations.

Nous empruntons à un mémoire que M. Marcou vient de publier tout récemment sur la constitution géologique d'une portion de l'Amérique du Nord, les notions qui suivent sur la nature du gisement de l'Or dans les placers de la Californie.

Si, partant de San-Francisco, on remonte le Rio Sacramento, puis la rivière de la Plume jusqu'à Marysville, on est constamment dans les alluvions modernes, à l'exception de quelques localités près de Hock-Farm, où l'on aperçoit le *drift* ou terrain de l'époque quaternaire.

En partant de Marysville, et coupant perpendiculairement la Sierra Nevada de l'ouest à l'est, voici la section que l'on obtient. D'abord on est sur l'alluvion moderne jusque près de Long-Bar : deux milles avant d'arriver à Long-Bar, on rencontre des dykes de *Trapp* (Labradophyre) courant du nord au sud, et qui commencent d'abord à percer le sol çà et là, puis ensuite forment tout le pays sur une largeur de 10 milles. Ce *Trapp* est une Roche feldspathique verdâtre, contenant des lamelles de Feldspath du sixième système et des lamelles de chaux carbonatée, blanche et spathique, disséminées dans la masse ; de plus, il y a quelques grains de Pyrite de fer; il est très-dur, à cassure écailleuse et irrégulière, quelquefois il devient un peu serpentineux et ne contient pas de l'Or. Près d'arriver à la petite ville de Rough-Andready, on commence à voir dans le *Trapp* quelques veines d'un Granite syénitique à Feldspath Orthose et à Amphibole. Ces Syénites et *Trapps* vont en alternant depuis Roug-Andready jusqu'à Grass-Valley, où le *Trapp* finit par disparaître entièrement, faisant place alors au Granite syénitique, qui s'étend vers l'est jusqu'à une distance qui n'a pas encore été déterminée.

Les veines de Quartz ne commencent à se rencontrer que près de Grass-Valley, où on les trouve surtout aux points de contact des filons de *Trapp* et de Syénite, courant aussi du nord au sud dans la direction générale de la chaîne. L'Or se trouve disséminé, le plus souvent, en particules très-fines dans le Quartz, et on ne l'aperçoit que rarement à l'œil nu. Près de Nevada-City, se trouve une de ces veines de Quartz, qui a été et est encore exploitée avec profit; elle a de 14 à 50 centim. d'épaisseur. La Roche encaissante est le Granite syénitique ordinaire de la Sierra. Le Quartz aurifère a la structure caverneuse, avec cellules tapissées de fer à l'état d'oxyde et d'hydroxyde, présentant souvent des paillettes d'Or et des filaments arborescents de ce précieux métal visibles à l'œil nu. L'un des plus beaux fragments de Quartz badigeonnés d'Or a été extrait de la mine de Lafayette et Helvétie, à Grass-Valley; il pesait 75 kilogr. et contenait pour 6,000 fr. d'Or.

La veine de la mine Lafayette et Helvétie se trouve au point de contact de la Syénite et du *Trapp;* elle a 96 centimètres d'épaisseur, et a atteint même, en un endroit, 1 mètre 60 cent.; elle est très-productive, et c'est la première veine qui ait été découverte et exploitée.

Les principales mines de Quartz aurifère se trouvent dans les comtés de Nevada, Sierra, Buttes, Eldorado, Calaveras, et Mariposa. Leurs gisements sont partout, soit dans le Granite syénitique, soit dans le *Trapp,* et surtout aux points de contact de ces deux Roches, où l'on observe aussi les veines les plus riches. Au printemps de 1854, il y avait, en Californie, quarante mines de Quartz aurifère, dont les opérations payaient un dividende plus ou moins fort.

L'époque à laquelle l'Or a fait son apparition dans la Sierra Nevada coïncide parfaitement, suivant M. Marcou, avec ce que M. Murchison a observé dans les monts Ourals. Suivant toute probabilité, cette époque est la fin de la période tertiaire.

Les gisements aurifères de l'Australie, signalés dans l'année 1841, n'ont guère attiré l'attention des exploitants que dix ans après leur découverte. L'Or y a été observé sur une étendue très-considérable, dans la Nouvelle-Galles du sud, ainsi que dans la province Victoria, soit à l'état roulé, soit en filons. A l'état roulé, il se trouve dans les terrains d'alluvion et de transport associé au Quartz, au Schiste argileux, à des Sables ou à des Argiles provenant de la désagrégation et de la décomposition de toutes les Roches de la contrée. Les minéraux accidentels sont le Fer oxydulé, la Topaze, le Grenat, l'Epidote, la Spinelle, le Corindon, le Péridot, le Zircon, le Rutile, la Cymophane, le Diamant et le Platine. Cette énumération montre que la composition minéralogique des Sables aurifères de l'Australie présente une grande analogie avec celle des Sables aurifères de la Californie.

L'Or en filons a le Quartz amorphe pour gangue habituelle, et il a pour satellites l'oxyde de fer, la Pyrite de fer et l'hydroxyde de fer. Les Roches encaissantes sont des Schistes, des Grès et des Calcaires siluriens caractérisés par la présence d'*Orthocères,* de *Trilobites* et de *Pentamerus.* On a observé aussi ce précieux métal dans le Granite, la Serpentine et le Labradophyre. Les pépites de 500 grammes à 1 kilogramme ne sont pas rares dans l'Australie. Celle de Brenan pesait 12 kilogrammes ; mais la plus grande connue jusqu'à présent a été découverte à la jonction du Meroo et de la Mirinda. Son poids était de 48 kilogrammes ; elle était encore entourée par une gangue de Quartz qui était extrêmement caverneux et qui était lui-même très-riche, car on a retiré 27 kilogrammes d'Or d'un seul morceau de ce Quartz. Le filon de Quartz aurifère duquel cette pépite provenait, se voyait en place sur les bords du torrent, environ à une centaine de mètres de l'endroit où elle avait été trouvée.

D'après des documents émanant du ministère des Colonies et de la Banque d'Angleterre, la Grande-Bretagne a reçu d'Australie, pendant l'année 1852, environ 325,000,000 de francs en or. Sur cette somme, 160,000,000 fr. ont été importés en lingots par la Banque d'Angleterre, qui a exporté en échange de l'Or monnayé pour une valeur au moins égale. D'un autre côté, on peut estimer à peu près à 75,000,000 fr. l'Or qui a été expédié à une destination autre que celle de l'Angleterre. Par conséquent la production totale de l'Australie pour l'année 1852 seulement est environ de 400,000,000 fr., et si l'on tient compte de la quantité d'Or restant entre les mains des mineurs, cette production doit être beaucoup plus considérable.

L'Or existe encore, mais en faible quantité, dans quelques minerais de Tellure, d'Antimoine, de Cuivre et dans quelques Pyrites de fer.

II. ARGENT.

Les minerais d'Argent qui sont traités directement pour en obtenir le métal, sont les sulfures et les chlorures ; mais comme plusieurs autres minerais le contiennent accidentellement, soit à l'état de sulfure, soit à l'état métallique, tels que ceux de Plomb et de Cuivre, on conçoit qu'on en fasse l'objet d'une opération spéciale, toutes les fois que les frais qu'elle exige peuvent être au moins couverts.

A. *Argent natif.*

Substance métallique, blanche, ductile : P. S. 10,17 ; soluble dans l'acide azotique : solution précipitant de l'Argent métallique sur une lame de Cuivre.

GISEMENT.

L'Argent natif se trouve en cristaux, en rameaux, en filaments, en plaques, et enfin en morceaux massifs et sans formes. Plusieurs de ces masses amorphes pèsent 1 kilogramme et plus; on en cite deux, provenant de la mine de Kongsberg, qui pesaient plus de 1,000 kilogrammes chacune. L'Argent natif ne forme pas à lui seul des gîtes indépendants, il accompagne les autres minerais d'Argent, principalement le chlorure et le sulfure ainsi que l'Argent rouge; il paraît être le résultat de la décomposition de ces minerais. Cependant il se présente quelquefois engagé dans des Roches porphyriques (Trapp) associé à du Cuivre natif, comme au Lac Supérieur dans l'Amérique septentrionale.

Il est principalement abondant dans les dépôts ferrugineux nommés *Pacos et Calorados* dans l'Amérique équatoriale (Zacatecas au Mexique, Yauricocha au Pérou, Huelgoat en Bretagne).

On donne ces noms à des terres ferrugineuses qui paraissent résulter, le plus souvent, de la décomposition des Pyrites : ce sont de véritables filons pourris, dans lesquels la décomposition a détruit la structure cristalline et géodique qui caractérise ordinairement les gîtes de cette nature.

B. *Argent amalgamé.*

Synonymie. *Arquérite.*

Substance blanc d'argent; plus tendre que l'Argent fin, se laissant couper au couteau. P. S. 10,85. Au chalumeau, dans le matras, elle produit un sublimé de Mercure sans bouillonner. Sur le charbon, elle donne un bouton d'Argent; elle est soluble dans l'acide azotique.

Sa composition est :

		Rapp. atom.	
Argent. . . .	86,50	0,0639	6
Mercure. . .	13,50	0,0106	1
	100,00		

Proportions qui conduisent à la formule $Ag^6 Hg$.

Cette espèce de minerai est une des principales espèces

exploitées dans les riches mines d'Argent d'Arqueros, dans la province de Coquimbo.

Les mines d'Argent amalgamé sont en connexion, dans les Cordillères du Chili avec des Porphyres amphiboliques qui sont en contact avec une formation calcaire puissante et développée, appartenant aux terrains jurassique et néocomien. Les plans de contact des Calcaires et des Porphyres sont des plans métallifères, et ils sont marqués par les mines d'Argent d'Arqueros, de Tunas, d'Amargua et toutes celles du pays de Copiapo. Cette ligne de mines présente l'Argent à l'état natif, amalgamé, ou à l'état de chlorure, et ces minerais ont pour gangue la Baryte sulfatée, le Calcaire spathique et la Baryte carbonatée.

C. *Argent sulfuré.*

Synonymie. *Argent vitreux; Argyrose.*

Substance métalloïde, compacte, gris d'acier ou gris de plomb : P. S. 6,9 à 7,2 : se coupant par petits copeaux avec un instrument tranchant ; fusible au chalumeau ; soluble dans l'acide azotique : solution précipitant des grains d'Argent sur une lame de Cuivre.

Il est composé de :

		Rapp.	atom.
Soufre.	13,61	0,68	1
Argent.	86,39	0,64	1

Sa formule est, par conséquent, $Ag\,S$.

GISEMENT.

L'Argent sulfuré est le minerai de ce métal le plus abondant, celui qui a fourni et fournit la plus grande partie de l'Argent du commerce. En Europe, on peut dire que c'est le seul minerai qui offre quelque importance. Les mines de Kongsberg, en Norwége, sont les plus riches de l'Europe.

L'Argent sulfuré se trouve toujours en filons : il existe d'abord dans le terrain des Schistes cristallins (Kongsberg, environs de Freyberg en Saxe, Schneeberg; Kolivan en Sibérie; Condorasto et Pomallata dans l'Amérique équinoxiale ; Allemont en Dauphiné). Il s'en trouve, en Amérique, des filons très-puissants et d'une richesse prodigieuse, dans les Schistes argileux des terrains de transition (Guanaxuato, Catorce et Zacatecas; Cerro del Potosi). Les Syénites et les Porphyres amphibolifères renferment également des mines d'Argent très célèbres, Schemnitz, Kremnitz, Kapnik en Hongrie; Nagyag en Transylvanie; Pachuca, Real-del-Monte au Mexique. Enfin, M. Beudant rapporte au terrain permien les gîtes extrêmement riches de Tehuilotepec et Tasco au Mexique; de Huelgayos, d'Yanrichoca au Pérou.

D. *Argent antimonié sulfuré.*

Synonymie. *Argent rouge*; *Argyrythrose.*

Substance non métalloïde, rouge; fragile, donnant une poussière rouge sombre : P. S. 5,83 à 5,91 : fusible au chalumeau; donnant des vapeurs blanches abondantes, sans odeur arsénicale, et laissant en définitive un globule d'Argent attaquable par l'acide azotique avec précipité antimonial. Solution laissant précipiter de l'Argent sur une lame de Cuivre.

Sa composition est :

		Rapports.	
Soufre. . .	16,61	0,082	6
Antimoine.	22,84	0,028	2
Argent . .	58,94	0,043	3

Elle conduit à la formule $3\,Ag\,S + Sb^2\,S^3$.

GISEMENT.

Ce minerai, en Europe, est subordonné aux gîtes d'Argent sulfuré et de Galène argentifère (Kongsberg; Joachimsthal en Bohême; Schemnitz en Hongrie; Andréasberg au Hartz). En Amérique, elle est quelquefois la partie principale des dépôts (Sombrerète, Cozala, Zoolga) et la source de produits immenses.

La mine de Veta-Negra a fourni 700,000 marcs d'Argent dans l'espace de quelques mois.

E. *Argent chloruré.*

Synonymie. *Argent Corné; Kérargyre.*

Substance blanche, gris jaunâtre ou brun violacé par son exposition à l'air : très-tendre, se coupant comme de la cire ou de la corne. P. S. 5,27; fusible au chalumeau, en répandant des vapeurs d'acide hydrochlorique; déposant de l'Argent métallique lorsqu'on la frotte sur une lame de Cuivre ou de Fer avec un peu d'eau.

Sa composition en poids est :

Chlore	24,67
Argent	75,33
	100,00

Ce qui conduit à la formule $\dot{A}g\,Cl^2$.

GISEMENT.

Ce minéral, que l'on supposait rare il y a quelques années, forme au contraire un des minerais les plus riches du Chili, du Pérou et du Mexique, où il se trouve associé avec de l'Argent natif. Il est principalement abondant dans les minerais de Fer hydraté, nommés *Pacos* et *colorados* que l'on trouve à la base du terrain permien. C'est également dans des *Pacos* que l'Argent chloruré a été rencontré dans la mine de Plomb argentifère d'Huelgoat.

Les chlorures, qui sont les minerais les plus productifs du Chili, se présentent ordinairement sous forme de terres grises ou ocreuses, qui n'offrent à l'extérieur aucune apparence métallifère. La loi de ces minerais est très-variable; on en exploite qui ne contiennent qu 3/1000 d'Argent : la majeure partie contient 8/1000 ; les minerais sont réputés très-riches à la teneur de 1/200.

Production de l'Argent.

Angleterre	26,000	marcs (245 gr.).
Russie	90,000	
France	8,000	
Autriche	340,000	
Allemagne sept	150,000	
Suède et Norwége	40,000	
Espagne	160,000	
Sardaigne	1,200	
Toscane	800	

Les Amériques fournissent les 11/14 de l'Argent extrait annuellement. On évalue son poids à 3,702,200 marcs.

Caractères des gîtes argentifères dans l'Amérique méridionale.

Toutes les descriptions des gîtes de minerais d'Argent de cette partie du Nouveau-Monde sont remarquables par leur identité, et l'on peut, abstraction faite de quelques caractères de détail, décrire collectivement ces gîtes, en disant qu'ils consistent en filons puissants et continus qui traversent indistinctement des Schistes argileux et des *Grauwackes* (filons de Zacatecas et de Guanaxuato, filons de Potosi); des Calcaires compactes (filons du district de Pasco, de Catorce); des Calcaires avec *Lydienne* (filon de la Veta-Negra, de Sombrerète); des Porphyres feldspathiques et amphiboliques (filons de Pachuca et du Xacal, partie supérieure de la Vetamadre de Guanaxuato); des Porphyres liés aux Trachytes et aux Obsidiennes (filons de Biscaina, Real-del-Monte).

Quant à leurs dimensions, on en cite de vraiment prodigieuses. La grosseur des filons argentifères, au Pérou et au Mexique, est de 8, 10 et même de 50 mètres; leur longueur atteint 3,000 mètres sans interruption. Les minerais de la mine de Yanrichoca occupent jusqu'à 4,367 mètres d'étendue en longueur, et jusqu'à 2,000 mètres en largeur. Les mines exploitées semblent inépuisables. La célèbre mine du Potosi a déjà rendu l'énorme quantité d'Argent représentée par 7 milliards. La mine de Pasco, mise en exploitation en 1630, a fourni 11 millions de francs chaque année, sans aucun signe d'épuisement. Enfin, un seul filon de la mine de Guanaxuato rend une moyenne annuelle de 110,000 kilogrammes d'Argent, ou une valeur de 29 millions de francs.

Quantités d'Or et d'Argent extraites des filons aurifères et argentifères.

M. Narsès Tarassonko-Ostreschkoff vient de publier sous le titre *De l'Or et de l'Argent, leur origine, quantité extraite dans toutes les contrées du monde connu*, un ouvrage remarquable, rempli de détails statistiques curieux et dans lequel l'auteur recherche la quantité d'Or et d'Argent qui a été fournie par l'exploitation depuis le commencement de l'ère chrétienne. Pour plus de clarté, il divise l'histoire des métaux précieux en six périodes. La première embrasse tout le temps qui s'est écoulé depuis la naissance de Jésus-Christ jusqu'en 1492, année de la découverte de l'Amérique; la seconde va de 1492 à 1810, année où l'exploitation des mines russes prend une plus grande importance; la troisième va de 1810 à 1825; la quatrième de 1825 à 1848, année de la découverte des mines de la Californie: la cinquième de 1848 à 1851, époque de la découverte des mines de l'Australie, et la sixième de 1851 à 1855.

M. Ostreschkoff calcule qu'il existait en nature, au temps de Jésus-Christ, pour toutes les parties du monde, 2,245,562 kilogrammes d'Or, soit une valeur de 7 milliards, 491,333,332 fr., et 63,630,123 kilogrammes d'Argent, soit 14 milliards 148 millions 666,668 francs, en tout une valeur de 21 milliards 640,000,000 de francs.

Pendant la première période (de Jésus-Christ à 1492), il a été exploité 6,123,711 kilogrammes d'Or, soit 20 milliards, 421,227,504 fr., et 13,662,107 kilogrammes d'Argent, soit 3 milliards 037,747,440 francs, valeur totale, 23 milliards 458,974,944 fr.

Pendant la deuxième (de 1492 à 1810), les mines de métaux précieux ont fourni 3,856,487 kilogrammes d'Or, soit 12 milliards 582,329,520 fr., et 137,096,830 kilogrammes d'Argent, soit 27 milliards 940,780,980 fr.; en tout une valeur de 40 milliards 523,110,500 fr., c'est-à-dire que, dans une période de trois siècles et quart, la production des métaux précieux a été presque le double de ce qu'elle avait été dans la période précédente embrassant près de 15 siècles.

Pendant la troisième période (de 1810 à 1825), il a été recueilli 270,190 kilogrammes d'Or valant 900,704,088 fr., et 6,237,414 kilogrammes d'Argent valant 1 milliard, 386 millions 920,080 francs, en tout 2 milliards 287,624,168 fr., c'est-à-dire le 20e de ce qu'avait donné la période précédente.

Pendant la quatrième période (de 1825 à 1848), il a été recueilli 863,514 kilogrammes d'Or, représentant une valeur de 2 milliards 880,701,128 fr., et 16,715,923 kilogrammes d'Argent valant 3 milliards 716,899,548 fr.; valeur totale 6 milliards 597,600,676 fr.

Pendant la cinquième période (de 1848 à 1851), les mines ont fourni 339,535 kilogrammes d'Or valant 1 milliard 133 millions 020,644 fr., et 3,013,411 kilogrammes d'Argent, valant 670,056,656 fr. ; en tout 1 milliard 803,077,300 fr.

Pendant la sixième période, il a été recueilli 1,615,654 kilogrammes d'Or, soit 5 milliards 473,007,804 fr., et 4,054,362 kilogrammes d'Argent, soit 901, 518,000 fr. ; valeur totale, 6 milliards 374,526,604 fr.

D'où il résulte que la valeur totale de l'Or et de l'Argent recueilli jusqu'au 1er janvier 1855, s'élève à la somme de 102 milliards 684,914,192 fr.

Il y a là une progression qui doit frapper tous les esprits : au fur et à mesure que nous avançons dans l'histoire, la production des métaux précieux va en augmentant. Cette progression apparaîtra plus visiblement, si l'on s'attache à la production moyenne annuelle, telle qu'on l'obtient des chiffres précédents. Pendant la première période, la production moyenne annuelle donne un total de 15 millions 829,628 fr. pour l'Or et pour l'Argent. Pendant la deuxième, elle atteint le chiffre de 130 millions 505,610 fr. ; elle est de 252 millions 510,098 fr. pour la troisième. de 286 millions 852,204 fr. pour la quatrième, elle s'élève à 601 millions 015,764 fr. pour la cinquième, et enfin, pendant la sixième, qui est la plus courte, elle atteint le chiffre énorme de 1 milliard 592 millions 631,651 fr.

En 1855, on exploitait annuellement : 1° En Europe, en Or, 26,805 kilogrammes ; en Argent, 161,444 kilogrammes ; valeur totale, 125 millions de francs ;

2° En Amérique, avec la Californie, en Or, 169,834 kilogrammes ; en Argent, 755,180 kilogrammes ; valeur totale, 734 millions de francs ;

3° En Asie, avec l'Océanie, en Or, 27,000 kilogrammes ; en Argent, 110,000 kilogrammes ; valeur totale, 114 millions de francs ;

4° En Afrique, 4,300 kilogrammes d'Or ; valeur totale, 13 millions de francs ;

5° En Australie, 290,360 kilogrammes d'Or, soit 1 milliard de francs.

Donc, en 1855, annuellement, dans toutes les parties du monde connu, on exploite en Or 518,199 kilogrammes ; en Argent, 1 million 026,624 kilogrammes, soit pour les deux métaux, une valeur de 1,988 millions de francs. Cette valeur, jusqu'en 1848, ne dépassait pas 400 millions de francs. En huit années, la production des métaux précieux est donc quintuplé. On peut affirmer d'avance que l'avenir assure à l'exploitation des gîtes aurifères et argentifères une activité plus féconde encore, activité, en définitive, qui amènera infailliblement l'avilissement de l'Or et de l'Argent.

III. PLATINE.

Substance métallique, gris de plomb : P. S. 19,50 : infusible et inoxydable au chalumeau ; attaquable seulement par l'eau régale.

Le Platine est rarement pur ; il est allié avec le Fer, le Rhodium et le Palladium.

GISEMENT.

M. Boussingault a observé le Platine en veines associé avec de l'Or dans une Syénite de la Colombie. M. Le Play a signalé la présence de ce métal dans une Serpentine des monts Ourals; mais c'est à l'état de pépite ou de grains que le Platine se trouve répandu dans les dépôts arénacés qui contiennent aussi de l'Or.

Les premières découvertes ont eu lieu dans les provinces du Choco et de Barbacoas en Colombie. On l'a retrouvé ensuite à Matto-Grosso au Brésil et dans l'île de Saint-Domingue. Vers 1836, on a découvert ce métal précieux dans la partie orientale de l'Oural, et plus récemment encore dans la partie européenne de la même chaîne. Cette dernière contrée est actuellement le plus grand centre d'exploitation de Platine.

Les pépites les plus volumineuses de Platine que l'on connaisse, sont celle trouvée dans la mine de Souko-Vicimski, d'un poids supérieur à 4 kilogrammes, appartenant à M. le comte Démidoff, et celle trouvée dans les exploitations de Nijni Tagilsk, du poids de 8 kil. 24.

USAGES.

Le Platine est devenu une monnaie ayant un cours légal en Russie. On s'en sert pour fabriquer des chaudières, des alambics, pour des creusets, des capsules, qui sont très-utiles pour la préparation de certains produits chimiques.

IV. MERCURE.

Le Mercure jeté dans le commerce provient du Mercure sulfuré, qu'on peut considérer comme le soul minerai qui produit ce métal.

Mercure sulfuré.

Synonymie. *Cinabre.*

Substance non métalloïde, rouge ou brune, aigre, facilement réductible en poussière d'un beau rouge vermillon. P. S. 8,09 : volatile sans résidu sur le charbon, avec vapeur sulfureuse. Volatile sans décomposition dans le tube fermé, et donnant des globules de Mercure lorsqu'on le traite ainsi avec la soude, attaquable par l'eau régale. Solution précipitant sur une lame de Cuivre une poussière grise qui en argente la surface.

Sa composition est :

		Rapport.	
Soufre.....	14,25	00,70	1
Mercure....	85	00,67	1

Relation qu'on exprime par la formule *Hg S.*

GISEMENT ET HISTOIRE.

Le Mercure sulfuré est en général une substance de filons. C'est dans cette condition de gisement qu'il se présente à Ripa et à Livigliani dans les Alpes Apuennes, où il forme des veines assez minces au milieu du Talcshiste. Le gîte de Szlana, dans le comitat de Gomor en Hongrie, est encaissé dans un Micaschiste onctueux. Les célèbres mines d'Almaden en Espagne sont dans le terrain silurien moyen caractérisé par les *graphtolites.* M. Le Play a constaté que dans les tailles pratiquées aujourd'hui au fond du filon principal, la masse du minéral, exploitable en entier et sans aucun mélange de parties stériles, a 12 à 15 mètres de puissance. Le produit moyen du minerai est environ de 10 pour 100 de Mercure.

M. Burat considère le gîte de Mercure d'Almaden comme appartenant à la classe des filons dits de contact. Il se compose de trois filons-couches parallèles, placés en quelque sorte côte à côte, et concordants avec la stratification onduleuse et inclinée des Grès et des Schistes siluriens S, qui les enclavent (fig. 69). Ils sont en même temps concordants avec le plan de contact d'une Roche métamorphique F, dite *Fraylesca,*

Fig. 69.

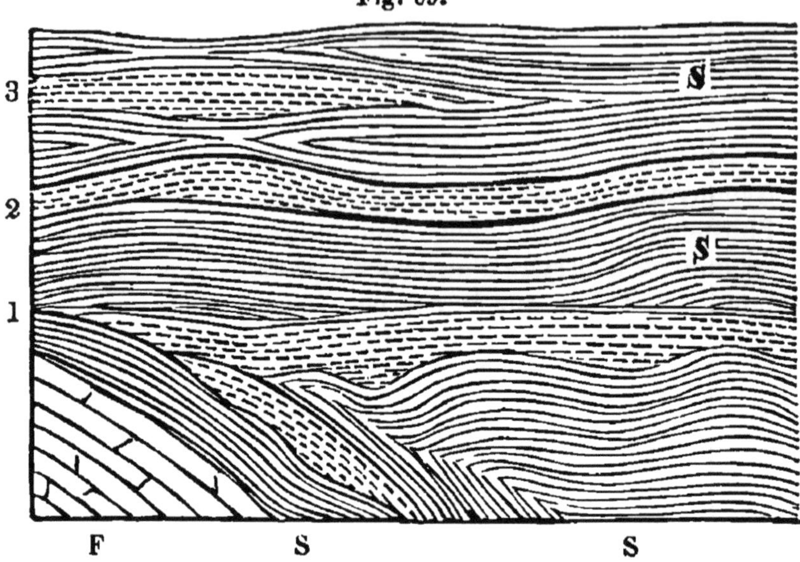

1 2 3 Filons de Mercure sulfuré. S Schistes et Grès siluriens.
F Roche dite *Fraylesca.*

qui forme une zone entre le terrain stratifié encaissant les filons et les Porphyres amphiboliques.

Les trois filons, de 6 à 12 mètres de puissance, suivent les alternances stratifiées des Grès et des Schistes. Ces alternances ondulent dans le sens vertical comme dans le sens horizontal; de telle sorte, que les coupes faites par les neuf étages d'exploitation donnent toujours des dispositions analogues, mais dans lesquelles les écartements des filons et leur puissance sont sujets à des variations plus ou moins grandes.

Les fossiles siluriens se trouvent dans des Grès un peu supérieurs au faisceau des couches cinabrifères, et l'ensemble s'appuie sur la Roche dite *Fraylesca.* Cette Roche, dans laquelle est percé le puits principal, est une *Grauwacke* altérée, solide, et dans laquelle on reconnaît souvent les éléments arénacés; son état métamorphique résulte évidemment du voisinage des masses amphiboliques sur lesquelles elle repose, et qui sont visibles à plusieurs kilomètres de la mine.

Le Cinabre, sublimé suivant le plan des couches du terrain,

s'est intercalé dans les Grès, et les a imbibés à tel point qu'on peut se procurer des échantillons plats, disposés dans le sens de la stratification, dont une face est à l'état de Cinabre pur et cristallin, et l'autre face à l'état de Grès à peine coloré, tandis que le milieu offre un passage entre ces deux compositions différentes.

Mais le gîte principal des minerais de Mercure, dans toutes les parties du monde, est dans les dépôts qui commencent la série des terrains secondaires. Tantôt il est dans le Grès rouge, comme dans l'ancien duché des Deux-Ponts, à Durasno au Mexique, à Cuença (Nouvelle-Grenade) ; tantôt dans des couches marno-bitumineuses dépendant de la formation jurassique, comme à Idria en Carniole, à Taïa en Afrique, ou dans les Calcaires néocomiens, à Djebel Hamimat.

La dissémination du minerai dans le Schiste, à Idria, et son mélange intime avec la gangue, ont fait généralement considérer le Mercure sulfuré comme contemporain du terrain jurassique; M. Dufrénoy pense cependant que son arrivée est postérieure aux couches stratifiées dans lesquelles on les observe.

USAGES.

Le Mercure sulfuré est employé comme couleur, et il est connu dans le commerce sous les noms de Cinabre et de Vermillon. On l'exploite avec activité partout où il existe, pour en retirer le Mercure que réclament les arts et l'industrie, et dont les opérations d'amalgamation, pour retirer l'Or et l'Argent des minerais argentifères et aurifères, établissent une grande consommation.

Les mines d'Almaden, qui sont les plus riches que l'on connaisse, fournissent annuellement 22,000 quintaux de Mercure. Jusqu'en 1850, on en a été réduit au Mercure recueilli dans les mines de l'Espagne, de l'Autriche et de Bavière. Dans ces cinq dernières années, des gisements nouveaux de Mercure ont été découverts en Californie. Le prix de ce métal a diminué à tel point qu'en 1854 il se vendait, au Mexique, 4 fr. 60 cent., et à Tuanaxuato, 2 fr. 90 cent. le kilogramme. Cet abaissement dans les prix a permis d'exploiter des mines d'Argent que la valeur de ce métal avait forcé d'abandonner.

V. CUIVRE.

Les minerais qu'on met en œuvre pour la préparation de ce métal sont le Cuivre natif, le Cuire pyriteux, le Cuivre sulfuré et quelquefois le Cuivre carbonaté.

A. *Cuivre natif.*

Substance métallique, rouge, ductile, fusible au chalumeau, attaquable par l'acide azotique ; solution devenant bleue par l'ammoniaque et donnant du Cuivre métallique sur une lame de fer.

Le Cuivre natif se trouve accidentellement dans les divers gîtes de minerais de Cuivre ; mais jusqu'à la découverte des mines des bords du Lac Supérieur, dans l'Amérique méridionale, on ne l'avait jamais vu former à lui seul des filons indépendants. Il est assez abondant dans la Sibérie, et les plus beaux échantillons proviennent des mines de Tourinski, dans la partie orientale des monts Ourals ; mais c'est surtout dans le Canada qu'il se présente dans des conditions exceptionnelles et qu'il paraît devoir prendre un rôle important dans la production du Cuivre.

La région qui forme les bords sud-ouest du Lac Supérieur et dont les travaux de MM. Jackson, Logan et Rivot nous ont fait connaître la constitution géologique, est principalement formée de Labradophyres (*Trapps*) qui ont traversé des Grès qu'on rapporte au terrain silurien. Le littoral qui s'étend à l'ouest du cap de Kewena-Point, sur les bords méridionaux du lac, est la partie la plus étudiée de cette région encore peu habitée, et le Cuivre natif qu'on y exploite, constitue sur beaucoup de points, des filons subordonnés aux Labradophyres et même remplit les cavités d'un *Trapp* amygdaloïde disposé en dykes très-épais. Le Cuivre de ces *Trapps* est argentifère, et l'Argent s'isole en petites veines et en petits nodules cristallins.

M. Jackson cite un bloc erratique de Cuivre pur, pesant environ 1,360 kilogrammes, trouvé près de la rivière Onontaga, et, s'il faut ajouter créance à des relations fournies par la presse périodique, on aurait découvert au Lac Supérieur un filon de Cuivre natif sur un prolongement de plus de 1,800 mètres et un bloc pesant plus de 500,000 kilogrammes. Toutefois, M. Rivot a vu sur place, dans la mine de South-Cliff, une masse de Cuivre dégagée sur plus de 30 mètres en hauteur, 8 à 12 mètres en direction : en plusieurs points son épaisseur dépassait 2 mètres.

Le mode d'exploitation des grandes masses de Cuivre natif est assez complexe ; on est souvent obligé de les diviser au ciseau en grands morceaux qu'on puisse détacher d'une pièce, et en choisissant pour les lignes de division les points les moins épais. On fait ensuite tomber à la poudre les morceaux coupés successivement, en commençant par la partie supérieure. Uue fois la masse ou les grands morceaux abattus sur le sol d'un niveau, on les coupe en fragments dont le poids varie de une à deux tonnes : la section est faite au ciseau, en pratiquant des rainures par l'enlèvement de copeaux.

B. *Cuivre pyriteux.*

Synonymie. *Chalkopyrite; Pyrite cuivreuse.*

Substance métalloïde, jaune de bronze : P. S. 4,16 : fusible au chalumeau, en globules attirables à l'aimant. Soluble dans l'acide azotique ; solution devenant bleue par l'ammoniaque, en donnant un précipité abondant d'oxyde de fer ; donnant l'indice du Cuivre sur un lame de fer et précipitant en bleu par l'hydrocyanate ferruginé de potasse.

Composition :

		Rapp.	atom.
Soufre...	35,87	0,178	2
Cuivre...	34,40	0,088	1
Fer......	30,47	0,089	1

Formule $FS + CuS$.

GISEMENT.

Le Cuivre pyriteux, qui est le minerai de Cuivre le plus abondant, est une substance de filons : Cornouailles, Saxe, Hartz, La Sérène près de Najac (Aveyron) ; ou bien il forme des amas irréguliers (Fahlun en Suède), ou bien il se présente en nodules, en rognons ou en veines, au milieu de Grès d'âge différent. A Chessy près de Lyon, le minerai est engagé dans le

Grès bigarré sans loi apparente. Au Chégaga (province de Constantine), le Cuivre pyriteux, accompagné de carbonate bleu et de Plomb sulfuré, est disséminé dans un Grès de l'étage tertiaire moyen.

Dans les alentours de Campiglia (Toscane), le Cuivre pyriteux est noyé dans du Pyroxène fibreux, qui forme des dykes éruptifs au milieu du terrain jurassique et de la formation nummulitique. Le riche filon de Monte Catini, où l'on exploite en même temps de la Pyrite cuivreuse, du Cuivre panaché et du Cuivre sulfuré, fait partie de la formation serpentineuse qui joue un rôle si important dans l'ancienne Etrurie. Le minerai est engagé en globes plus ou moins volumineux au milieu d'une Argile onctueuse et tendre, qui traverse elle-même des Roches métamorphiques rouges et verdâtres que les Toscans désignent sous le nom de *Gabbro*. Les filons cuprifères sont fort irréguliers et un de leurs caractères les plus singuliers, c'est que leur puissance, qui est presque nulle aux affleurements, 20 à 30 centimètres, par exemple, se renfle rapidement en profondeur, dépasse plusieurs mètres, et atteint quelquefois une épaisseur totale de 15 mètres. Comme l'a très-bien décrit M. Burat, ce sont des masses cunéiformes, qui semblent avoir été insérées suivant les contacts ondulés des Roches éruptives et des Roches métamorphiques.

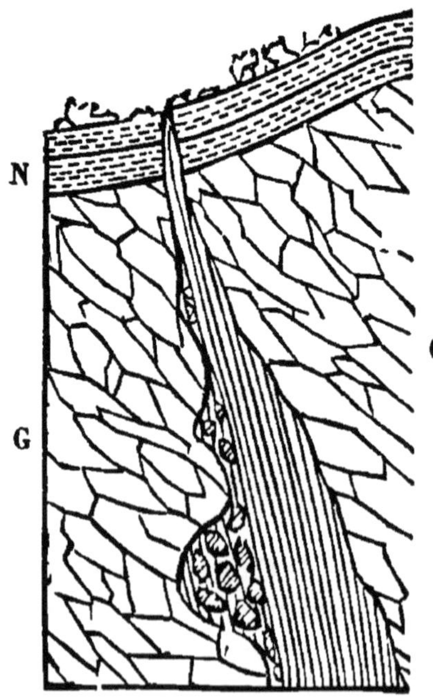

F Filon cuprifère.
G Roche métamorphique dite *Gabbro*.
N Terrain nummulitique.

La coupe faite dans la partie supérieure des gîtes de Monte Catini (fig. 71), peut donner une idée de sa forme. Outre la disposition uniforme qui constitue le caractère le plus saillant de cette coupe, on remarquera une loi intéressante de distribution du minerai. Le toit est régulier dans sa forme et son inclinaison; mais le mur présente des anfractuosités multipliées, et c'est dans ces anfractuosités que se trouvent les principales accumulations de *Cuivre panaché*. Ces concentrations atteignent en certains points des dimensions considérables. Elles prennent alors la forme de masses lenticulaires dont les surfaces ondulées font varier l'épaisseur de 0m 10 à 2m 20, et dont la direction, soutenue sans aucune interruption sur une longueur de 15 à 20 mètres, atteint un développement encore supérieur, suivant l'inclinaison. Dans ces parties, le minerai forme de véritables salbandes continues, parallèles au toit et au mur, et présente le fait remarquable d'une accumulation de minerai pur qui, sur un point, a dépassé 300 mèt. cubes.

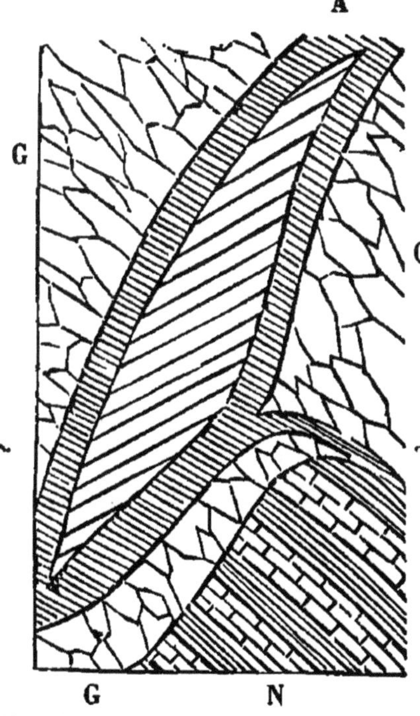

G *Gabbro*.
A Argile onctueuse enveloppant un rognon de Cuivre pyriteux.
N Terrain nummulitique.

Monte Catini n'est pas le seul exemple de ces grands amas métallifères dont les affleurements sont presque nuls, et qui sont en quelque sorte formés à la surface. La mine du Terriccio (fig. 71), près de la Castellina Marittima (province de Livourne), a présenté, dans un filon de même nature, des blocs de dimensions considérables, mais sans qu'on y ait trouvé assez de suite et de régularité pour établir une exploitation. La coupe ci-dessus exprime bien les circonstances du gisement du filon A, vers le contact du *Gabbro* G et du Calcaire nummulitique. Elle met en évidence l'isolement d'un bloc de Cuivre pyriteux au milieu des Argiles stéatiteuses qui remplissaient le filon. C'est dans des conditions identiques que nous avons eu occasion d'observer du Cuivre pyriteux au milieu des Serpentines, à la pointe de Ceuta (partie septentrionale de l'empire de Maroc).

Nota. On désigne par le nom spécial de *Phillipsite* ou de *Cuivre panaché* un minerai de Cuivre donnant les mêmes réactions que le Cuivre pyriteux, mais dans lequel les relations entre le Fer, le Cuivre et le Soufre ne sont pas les mêmes, comme il résulte des analyses qui en ont été faites et qui conduisent à la formule $Fs + 2\ Cu^2\ S$, laquelle est représentée en poids par :

		Rapp.	
Cuive....	58,20	0,154	4
Fer......	14,84	0,041	1
Soufre ...	26,98	0,118	3
	100,02		

La Phillipsite est rougeâtre ou brun rougeâtre ; souvent bleuâtre ou violâtre à la surface. Elle est une substance accidentelle des différents gîtes cuivreux, où elle est associée au Cuivre sulfuré. Cependant elle constitue un des éléments principaux des filons de Cuivre de Monte Catini et de Rocca Tederighi en Toscane.

Nous devons mentionner ici un gisement spécial au pays de Mansfeld et qui consiste en une couche de Schiste calcaire et bitumineux dépendant du terrain permien, dans lequel la masse est imprégnée de Cuivre sulfuré et de Cuivre panaché. Comme les caractères de cette couche métallifère sont constants dans toute l'étendue de la formation, cette circonstance tend à faire reconnaître que le Cuivre est contemporain du Calcaire qui le contient.

C. *Cuivre sulfuré.*

Synonymie. *Chalkosine, Cuivre vitreux.*

Substance métalloïde, gris d'acier : P. S. 5,69. Se laissant en partie couper par un instrument tranchant : fusible avec bouillonnement au chalumeau ; soluble dans l'acide azotique : solution devenant bleue par l'addition de l'ammoniaque en excès ; donnant un précipité de Cuivre sur une lame de fer.

Sa composition est de :

		Rapp. atom.	
Soufre...	20,5	101	1
Cuivre...	74,5	188	2
Fer......	1,5		

Sa formule est $Cu^2\ S$.

GISEMENT.

Le Cuivre sulfuré forme des filons puissants dans les monts Ourals en Sibérie; de plus il accompagne, comme substance accidentelle, les divers gîtes de Cuivre pyriteux que nous avons mentionnés.

D. *Cuivre carbonaté.*

Synonymie. *Azurite, Cuivre bleu, Bleu de montagne.*

Substance bleue, donnant de l'eau par calcination et noircissant; soluble dans l'acide azotique; solution précipitant du Cuivre sur une lame de fer : P. S. 3,50.

Elle est composée de :

		Oxyg.	Rapp.
Oxyde de Cuivre.....	68,5	13,95	3
Acide carbonique....	25,0	18,61	4
Eau.............	6,5	4,62	1
	100,0		

La formule qui résulte de cette composition est $2\ Cu\ C^2 + Cu\ Aq$.

GISEMENT.

Le Cuivre carbonaté est un minerai précieux quand il se présente en quantités considérables, comme sur le revers occidental de la chaîne des monts Ourals, dans la Thuringe et à Chessy près de Lyon. Généralement il est une matière subordonnée aux gîtes métallifères et principalement à ceux de minerais de Cuivre.

Production du Cuivre.

Angleterrre......................	250,000 quint. métr.
Russie..........................	38,000
France..........................	1,000
Autriche........................	25,000
Allemagne sept..................	15,000
Suède et Norwége................	18,000
Espagne.........................	50,000
Toscane.........................	4,000

VI. ÉTAIN.

L'Etain provient exclusivement du traitement du minerai d'Etain oxydé, qui est assez abondant dans la nature.

Etain oxydé.

Subtance le plus souvent brune, quelquefois blanche. P. S. 6,50 et 6,96; rayant le verre, infusible au chalumeau, difficilement réductible au feu de réduction, difficilement attaquable par l'acide chlorhydrique, solution précipitant en pourpre par le chlorure d'Or.

Elle est composée de :

		Rapport.	
Oxygène.........	21,33	0,215	2
Etain.............	78,67	0,105	1
	100,00		

Sa formule est donc *Sn*.

GISEMENT ET HISTOIRE.

L'Etain oxydé paraît être un des minerais les plus anciennement formés. Il se trouve en filons, en amas ou disséminé dans les Granites et les Schistes cristallins. Il remonte dans les terrains de transition, comme en Saxe. M. Beudant en cite même dans le terrain secondaire, à San-Felipe au Mexique. On l'a signalé dernièrement dans les Granites modernes de l'île d'Elbe.

Les principales exploitations d'Etain oxydé sont situées dans le comté de Cornouailles en Angleterre, à Altenbergen Saxe, à Zinnwald en Bohême, à Banka dans les Indes. En France, il a été reconnu dans trois localités différentes, à Vaulry près Limoges, à Pyriac près Nantes, et à la Vilder dans le Morbihan: mais il y est peu abondant.

Outre le gisement de l'Etain en filons ou en amas, il existe dans la plupart des contrées stannifères une troisième manière d'être de l'oxyde d'Etain : c'est le *minerai d'alluvion* ou de *lavage* (*stream Works*). L'oxyde d'Etain, par sa grande pesanteur spécifique, s'est constamment rassemblé dans les parties les plus basses des alluvions qui comblent certaines vallées. L'Etain qui en provient est très-recherché à cause de sa grande pureté. La production de l'Etain de lavage en Saxe et en Cornouailles, quoique assez considérable, est cependant très-faible relativement à la quantité totale d'Etain que ces deux contrées versent dans le commerce. Mais on prétend que l'Etain de Banka, si renommé dans les arts, est obtenu exclusivement du stream Works. Si cette opinion généralement admise est vraie, il faut en conclure nécessairement, dit M. Dufrénoy, que les gisements de l'Etain dans l'Inde doivent être extrêmement étendus, puisque les alluvions auxquelles ils ont donné lieu sont elles-mêmes si productives.

Production de l'Etain.

Grande Bretagne	40,000 quint. métr.
Autriche	600
Allemagne sept.	3,500
Suède et Norwége	700

La quantité de ce métal fourni par Banka et Malacca peut être évaluée au double de la production européenne.

VII. PLOMB.

Le sulfure de Plomb est à peu près le seul minerai de ce métal qui fournisse le Plomb qui est mis en œuvre par l'industrie. Le carbonate de Plomb, quoique étant un minerai précieux là où il existe avec abondance, se trouve subordonné aux gisements de sulfure et mérite à peine d'être cité comme élément de production. Il en est de même de quelques polysulfures métalliques, tels que la *Bournonite* et la *Boulangérite*, dans lesquels le Plomb entre comme partie constituante.

Plomb sulfuré.

Synonymie. *Galène.*

Substance métalloide, gris de plomb ; cristallisant dans le système cubique : P. S. 7,76 ; fusible au chalumeau, avec dégagement de vapeurs sulfureuses ; facilement réductible ; soluble dans l'acide azotique avec précipité blanc de sulfate de Plomb : solution précipitant des lamelles brillantes sur un barreau de Zinc.

La composition du Plomb sulfuré est :

		Rapport.		
Soufre....	13,02	0,064	1	$= Pb\,S$.
Plomb....	85,13	0,065	1	

La Galène contient presque toujours une proportion d'Argent qui peut varier de 0,0001 à 0,003. Quand elle s'élève à 5 millièmes, le minerai est alors considéré comme riche. Dans quelques mines des environs de Freyberg, l'Argent entre dans la Galène pour 1/100

GISEMENT ET HISTOIRE.

Le Plomb sulfuré est une substance de filons qui appartient à toute la série des terrains sédimentaires. Comme il est abondamment répandu sur presque tous les points du globe, il serait inutile de se livrer à une énumération détaillée des gîtes qui le contiennent. L'Espagne, l'Angleterre et la Saxe sont les contrées qui livrent le plus de Plomb au commerce. Les filons de Galène les plus modernes qui aient été signalés étaient ceux du Massétano et de Campiglièse (Toscane), qui sont enclavés dans l'étage tertiaire nummulitique : mais en 1851, nous avons eu occasion de démontrer que les mines de Plomb et de Cuivre des environs de Chégaga, chez les Ouled Daoud (province de Constantine), reposaient au milieu de Grès appartenant à l'étage tertiaire moyen, et dans lequel on rencontre fréquemment le *Pecten burdigalensis,* l'*Ostrea longirostris,* ainsi que d'autres fossiles particuliers au terrain miocène. Le Plomb et le Cuivre s'y présentent à l'état de sulfures et de carbonates et ils ont pour gangue la Baryte sulfatée et l'Arragonite. On peut raisonnablement attribuer le remplissage des veines et des filons qui les contiennent à l'arrivée des dykes labradophyriques que l'on observe dans le voisinage.

USAGES.

La Galène réduite en poudre, sous le nom d'*Alquifous,* est employée pour former la couverture des poteries grossières. Nous avons dit déjà que c'était par excellence le minerai de Plomb. Nous devons ajouter, pour en signaler toute l'importance, qu'elle fournit aussi une quantité considérable d'Argent.

Production du Plomb.

Angleterre	500,000 quin. métriq.
Russie	25,000
France	4,700
Autriche	35,000
Allemagne sept.	95,000
Suède et Norwége	600
Belgique	50,000
Espagne	450,000
Sardaigne	2,000
Toscane	1,800

VIII. ZINC.

Le Zinc que réclament les besoins du commerce, provient du traitement des minerais de *Zinc sulfuré,* de *Zinc carbonaté* et de *Zinc silicaté.*

A. *Zinc sulfuré.*

Synonymie. *Blende.*

Substance non métalloïde, jaunâtre ou brune, rayant la chaux carbonatée, à poussière grise, cristallisant dans le système cubique : P. S. 4,16 : infusible au chalumeau ; chauffée sur le charbon, elle se décompose, donne une faible odeur d'acide sulfureux, et le charbon se recouvre d'oxyde de Zinc, sous la forme d'une poudre blanche : soluble dans l'acide azotique en dégageant de l'hydrogène sulfuré.

Sa composition, qui conduit à la formule $Zn\,S$, est :

			Rapport.
Zinc....	66,34	0,164	1
Soufre..	33,66	0,166	1

On a constaté que toutes les Blendes renferment une certaine quantité de protosulfure de fer.

Les variétés les plus communes sont lamellaires et grenues.

La Blende est une substance de filons, mais elle ne forme pas de gîtes à elle seule ; elle se trouve principalement avec le Plomb sulfuré, où elle est quelquefois en quantité considérable, ainsi qu'avec les mines d'Argent. Elle devient un obstacle pour le traitement des mines de Plomb, parce qu'il est fort difficile de la séparer de la Galène, par la préparation mécanique à laquelle on soumet ce minerai, sans en perdre une proportion assez notable. Pendant longtemps la Blende a été rejetée sur les haldes avec les gangues ; mais on l'emploie aujourd'hui pour la préparation du Zinc et celle du laiton. L'usine de Poipe près de Vienne (Dauphiné), est alimentée avec un minerai de cette nature, qui provient d'un filon exploité au milieu des Schistes cristallins.

B. *Zinc carbonaté.*

Synonymie. *Calamine, Smithsonite, Zinkspath.*

Substance cristallisant dans le système rhomboédrique, rayant le carbonate de chaux : P. S. 3,60 à 4,44 : donnant par calcination sur le charbon un éclat assez vif et une fumée blanche qui se dépose autour de la pièce d'essai. Soluble avec effervescence dans l'acide nitrique ; solution donnant par l'ammoniaque un précipité blanc qui se redissout par un excès d'alcali.

Sa composition est :

		Oxygène.	Rapport.
Acide carbonique...	35,2	25,46	2
Oxyde de zinc......	64,8	12,87	1

Le rapport de 1 : 2, qui existe entre l'oxyde de Zinc et l'acide carbonique, est le même que pour la plupart des carbonates. Le Zinc carbonaté est donc représenté par la formule $Zn\,C^2$.

Cette espèce est la véritable mine de Zinc : c'est elle qui, dans ce moment encore, est presque exclusivement exploitée pour la production de ce métal. Son mélange constant avec le silicate de Zinc, et quelques caractères analogues, ont fait confondre pendant longtemps ces deux minéraux l'un avec l'autre, sous le nom de *Calamine*. C'est M. Smithson qui les a séparés.

On exploite surtout les variétés concrétionnées et la variété pierreuse ou compacte.

C. *Zinc silicaté.*

Synonymie. *Calamine.*

Substance blanchâtre ou jaunâtre, cristallisant dans le système prismatique rhomboïdal droit: P. S. 3,42; rayant le fluor, rayé difficilement par une pointe d'acier. Donnant de l'eau par calcination; infusible au chalumeau, mais se gonflant: soluble en gelée, mais sans effervescence dans les acides ; solution donnant par l'ammoniaque un précipité blanc qui se redissout bientôt par un excès de l'alcali.

Sa composition est, d'après M. Berthier, de :

		Oxyg.	Rap.
Silice...	25,0	12,93	2
Oxyde de zinc.	66,0	13,28	2
Eau.........	9,0	6,63	1
	100,0		

Ce qui conduit à la formule $2\ Zn\ Si + Aq$.

Les variétés les plus communes sont la *Calamine lamelleuse* et la *Calamine compacte*.

GISEMENT ET HISTOIRE

DES MINERAIS CALAMINAIRES.

Ils se trouvent dans deux gisements différents : 1° en filons, dans les terrains anciens et de transition; 2° en amas, dans des terrains plus modernes.

Le gisement en filons est le plus fréquent : quelquefois alors le Zinc carbonaté est associé avec le Plomb sulfuré; cependant il existe des filons qui ne contiennent que de la Calamine, comme à Matlock dans le Derbyshire.

Le second gîte, quoique moins fréquent, est de beaucoup le plus productif; on le connaît dans le Mendip-Hill's en Angleterre, à la Vieille-Montagne en Belgique, et à Tarnowitz en Silésie. MM. Dufrénoy, Piot, Murailhe, Burat et Callon ont décrit ces trois localités, dans lesquelles les minerais, quoique associés à des terrains différents, présentent une grande analogie dans leur manière d'être.

La chaîne des Mendip-Hill's, dans le centre de l'Angleterre, s'étend dans une direction nord-ouest-sud-est, depuis le canal de Bristol jusqu'à Frome. Le Calcaire métallifère en occupe l'axe. C'est sur les pentes composées de Conglomérat magnésien et de Calcaire de même nature que sont situées les exploitations de Calamine. Cette substance est disséminée en petits filons contemporains, qui courent dans toutes les directions et semblent y former un réseau. Ces petits filons se réunissent dans tous les sens ; leurs dimensions sont très-variables ; ordinairement ils n'ont que quelques centimètres de puissance, mais, dans certains cas, ils atteignent jusqu'à 1 mètre 20 centimètres. On trouve également de la Galène dans ce gisement; elle y est rarement assez abondante pour être exploitée.

Les grands dépôts de Calamine de la Belgique forment des amas dans le terrain anthracifère ; ils sont répandus principalement dans les couches calcaires de cette formation ; ils y sont associés à des minerais de fer très-abondants, des terres à pipe de bonne qualité et à des Lignites.

Les gîtes les plus intéressants de Calamine sont ceux de la Vieille-Montagne, de la Nouvelle-Montagne, de Corfali près de Huy, d'Engis et de Membach.

La Vieille-Montagne est le gîte le plus connu. Les mines qu'on y exploite, appelées aussi *Altenberg* et *Calamine,* sont situées à deux lieues d'Aix-la-Chapelle, près du village de Moresnet. L'amas zincifère est placé dans le système calcareux supérieur. Les couches schisteuses et arénacées, situées au-dessous, forment une première bande, au sud de laquelle on en trouve une seconde de 2 à 300 mètres de large, composée de deux lits de Dolomie séparés par un lit de Calcaire. Au-dessus est une troisième bande, large de 100 mètres et composée de *Grès micacé*. C'est entre ces deux dernières que se trouve la Calamine ; elle remplit une dépression dans la Dolomie, et forme une vaste lentille de 450 mètres de long sur 180 à 208 mètres de large, et sur une profondeur qui ne paraît jamais avoir dépassé 60 mètres. Le minerai est recouvert par des terrains récents. Son enveloppe immédiate est une Argile jaunâtre très-micacée, recouverte elle-même par une Argile plus rouge qu'on appelle bol calaminaire. Ces deux couches ont ensemble une puissance d'environ 0,33. Le tout est environné d'une Argile noire, remplie de petits cristaux de Pyrites, et qui paraît représenter le prolongement des Schistes anthracifères. La Calamine est partagée en deux parties inégales par une Roche dolomitique. Quant à la partie productive du gîte, on peut la regarder comme formée de plusieurs petits amas disposés irrégulièrement et séparés par des Argiles de diverses couleurs, chacun de ces amas partiels étant lui-même un mélange confus d'Argile et de minerai. Ce dernier est un carbonate de Zinc accompagné de silicate. Ce mélange n'a aucune structure définissable, les diverses matières sont tour à tour dominantes sans qu'on ait pu saisir aucune loi. La Calamine et l'oxyde de fer s'isolent en blocs et morceaux cariés, cloisonnés et mamelonnés, enchevêtrés irrégulièrement les uns dans les autres, et cimentés par des parties argileuses ou même sablonneuses, comme les meulières dans certaines parties des environs de Paris. Enfin, on rencontre souvent, concentrés vers les périmètres de contact et même remplissant des espaces spéciaux, de la Blende, de la Galène et de la Pyrite de fer blanche et radiée. Ces sulfures sont plus ou moins mélangés avec les matières principales.

MM. Piot et Murailhe considèrent le gîte de la Vieille-Montagne comme se terminant en profondeur et disposé en fond de bateau, tandis que M. Burat admet que ce gîte, quoique irrégulier, devait nécessairement son origine principale à des phénomènes souterrains, c'est-à-dire qu'il devait exister au-dessous des canaux ou filons qui avaient servi de voies aux phénomènes générateurs. Ces filons souterrains peuvent être obliques, sinueux, de section très-réduite, comparativement à la section de l'amas superficiel; mais cependant il sera possible d'en constater l'existence par des travaux plus importants que ceux qui ont été exécutés jusqu'à présent, et leur section supposée réduite devra encore être suffisante pour entretenir une large exploitation.

Les dépôts de Calamine de la Silésie paraissent encore plus riches que ceux de la Belgique. La partie connue du gîte s'étend sur une longueur d'environ 14 kilomètres sur une largeur d'environ 8 kilomètres. Il forme deux amas isolés, intercalés entre des Calcaires de natures diverses et probablement d'origine et d'époques diverses.

Le Calcaire qui sert de *mur* appartient au Muschelkalk; il n'est ni magnésien ni argileux. La Roche qui forme le *toit* est une Dolomie très-variable dans son aspect. C'est dans la Dolomie que sont enclavés les amas très-irréguliers de minerais de Plomb, d'Argent, de Zinc et de Fer de la Haute-Silésie; ils ne se prolongent pas dans le Muschelkalk.

Le gîte de Calamine, considéré dans son ensemble, constitue un vaste amas très-irrégulier, d'une épaisseur variant de 14 à 18 mètres de puissance. On le trouve en contact avec le Muscholkalk, et recouvert soit par la Dolomie ou au milieu de la Dolomie même, et s'y ramifiant de diverses manières. En Silésie, comme dans le pays de Liège, on retrouve de la Galène au milieu même de la Calamine. Dans l'une et l'autre contrée, il existe de la Dolomie. Ces deux gîtes, quoique intercalés dans des terrains fort différents, ont donc une grande analogie, et paraissent formés dans des circonstances semblables.

Il existe dans les environs de Figeac (Lot) un gisement calaminaire dont l'identité avec les gisements déjà indiqués est manifeste, au point de vue surtout de la composition. Le minerai consiste en une Calamine caverneuse et compacte, contenant des rognons de Blende et de Galène à larges facettes. Il forme des amas irréguliers, subordonnés à des Dolomies stratifiées appartenant au lias inférieur; car on les voit recouvertes presque immédiatement par le Calcaire à Bélemnites caractérisé par la présence du *Pecten æquivalvis,* et représentant par conséquent l'étage du lias moyen. L'examen du gîte de Combecave et les travaux qu'on y a exécutés, démontrent presque jusqu'à l'évidence qu'il est contemporain des Dolomies encaissantes et qu'il ne continue pas dans la profondeur.

On observe dans les environs de Monte Calvi, dans le Campiglièse (Toscane), au lieu nommé *la Gran Cava,* le chapeau du filon de Blende et de Galène encroûté de Calamine mamelonnée et stalactitique. Cette substance y est certainement épigénique, et elle provient de la décomposition du Zinc sulfuré.

USAGES.

Les minerais que nous venons de décrire fournissent le Zinc à l'état métallique, ou sont employés directement à la fabrication du *laiton* (alliage de cuivre et de zinc). Une grande quantité du Zinc obtenu est converti en oxyde qui, broyé avec l'huile, donne une couleur blanche qui tend chaque jour à détrôner le blanc de céruse dont la préparation et l'emploi ne sont pas sans danger pour la santé des ouvriers.

L'extraction de la Calamine dans la Vieille-Montagne atteignit 18,000 tonnes en 1840. Ce chiffre s'est élevé, en 1847, à plus de 25,000 tonnes, qui correspondent à plus de 20,000 mèt. cubes de matières enlevées au gîte. Sur 16,475,855 kilogram. de Zinc brut fourni par la Belgique en 1851, la Vieille-Montagne figure pour le chiffre énorme de 11,675,851, soit

78 pour 100 de la production de la Belgique, et 23 pour 100 de la production générale de l'Europe. La fabrication du Zinc brut représente, pour la Belgique seule, une valeur de près de 7 millions de francs.

En 1837, les vingt-huit mines de Calamine en exploitation dans la Silésie, ont fourni 600,000 quintaux de minerai lavé, sans compter 300,000 quintaux de résidu de lavage encore traitable; et, en outre, comme produit accessoire, mais important par sa valeur, environ 4,000 quintaux de Galène argentifère.

Voici, au surplus, les quantités de Zinc produites par les différents Etats de l'Europe, telles qu'elles résultent des chiffres donnés par MM. Gente et d'Orbigny.

	Quint. métriq.
Iles britanniques..........	25,000
Russie.................	30,000
Autriche...............	5,000
Allemagne septentrionale.	180,000
Belgique...............	75,000
Espagne...............	2,000

IX. ANTIMOINE.

L'*Antimoine sulfuré* était, jusque dans ces derniers temps, considéré comme la véritable mine d'Autimoine : mais la découverte faite récemment de gîtes considérables d'*Antimoine oxydé* dans la province de Constantine, a enlevé à la première variété le privilége exclusif dont elle avait joui de fournir le régule au commerce.

A. *Antimoine sulfuré.*

Synonymie. *Stibine.*

Ce minéral se présente en masses fibreuses, bacillaires, grenues et quelquefois compactes. Il possède constamment l'éclat métallique; il est d'un gris de plomb ou d'un gris d'acier avec une teinte bleuâtre prononcée, surtout dans les parties ternies par l'action de l'air. Les surfaces fraîchement cassées sont très-brillantes. Il raie le Talc et il est rayé par la Chaux carbonatée. Sa pesanteur spécifique est de 4,62. Il est très-fusible, il se fond à la simple flamme d'une bougie. Il se volatilise complétement par le grillage, en donnant des vapeurs blanches très-abondantes. Attaquable par l'acide azotique, en produisant un résidu jaunâtre très-abondant.

Sa composition est :

		Rapport.	
Antimoine...	73,77	0,0926	2
Soufre......	26,23	0,1306	3

Elle conduit à la formule $Sb^2 S^3$.

Plusieurs minerais qu'on a confondus avec l'Antimoine sulfuré et qui constituent des espèces distinctes, sont des doubles sulfures de Plomb et d'Antimoine, tels que la *Zinkénite,* la *Jamésonite,* ou des doubles sulfures d'Antimoine et de Fer, comme la *Berthiérite.*

L'Antimoine sulfuré est une substance de filons assez répandue dans les terrains anciens. On le connaît en France sur plusieurs points du plateau central, notamment aux environs de Malbosc, dans le département de l'Ardèche. Le gisement d'Ersa, dans le cap Corse, se trouve au milieu de Schistes cristallins traversés par des Euphotides.

Les mines de Péreta et de Montaüto en Toscane, qui ont fourni du minerai d'une pureté remarquable, sont mêlées à du Quartz et ont traversé, sous forme de dykes éruptifs, les terrains nummulitiques. L'Afrique française possède à son tour plusieurs gîtes de ce minéral, qui sont exploités dans le Calcaire jurassique à Djebel Taïa et dans l'étage tertiaire inférieur. Au Taïa, le sulfure est accompagné de cinabre.

B. *Antimoine oxydé.*

Substance dimorphe, se présentant sous forme de fibres soyeuses, radiées, d'un éclat nacré dérivant du prisme rhomboïdal droit; ou en octaèdres réguliers, transparents à éclat vif et adamantin : P. S. 5,22 à 5,30; fondant à la flamme d'une bougie; entièrement volatile au chalumeau, soit qu'on la chauffe dans le tube ou sur le charbon : dans ce dernier cas, elle donne une fumée blanche qui se dépose sur le charbon.

Outre les variétés cristallisées, la province de Constantine fournit du minerai compacte, blanc, à cassure pierreuse et ressemblant à des pains de céruse du commerce.

La composition de l'Antimoine oxydé est :

		Rapport.	
Oxygène....	15,68	0,157	3
Antimoine...	84,32	0,104	2

Sa formule est donc représentée par $Sb^2 O^3$.

GISEMENT ET HISTOIRE.

La patrie par excellence de l'Antimoine oxydé est la province de Constantine. Le lieu de provenance des variétés radiées, qui proviennent de l'épigénie du sulfure, nommé Semça, est situé sur le prolongement du Djebel Hamimat, dans un des contreforts de la lisière montagneuse qui limite au nord la plaine des Harectas et qui forme promontoire au nord-ouest d'*Aïn-Bebbouch*. Elles sont encaissées au milieu des Calcaires néocomiens. La mine de Semça n'est plus exploitée aujourd'hui, parce que l'on a donné la préférence aux gîtes d'*Hamimat,* dont la richesse et la position semblaient placer l'exploitation dans des conditions plus avantageuses.

Jusqu'à l'époque de la découverte des mines d'Hamimat, l'Antimoine oxydé n'était connu qu'en petites masses épigéniques provenant surtout de la décomposition du sulfure d'Antimoine. Mais la quantité considérable qui en a été exportée de la province de Constantine a fait naître l'idée que ce minéral pouvait constituer, en Afrique, des gîtes particuliers dont la composition n'avait pas varié depuis leur dépôt; qu'il pouvait, en un mot, exister des filons distincts d'oxyde et de sulfure d'Antimoine, comme il existe des filons distincts d'oxyde et de sulfure de Fer, de Cuivre ou d'Etain.

On distingue à Hamimat quatre variétés d'oxyde d'Antimoine :

1° Le minerai compacte;
2° Le minerai grenu;
3° Le minerai cristallisé;
4° Le minerai disséminé.

Le minerai compacte est d'un blanc laiteux avec une teinte douteuse de gris, d'aspect pierreux, et à cassure conchoïdale. A part la couleur, les surfaces produites par le marteau ont le même aspect que la pierre lithographique des environs de Munich. Il est impossible d'y apercevoir ce que l'on appelle *un grain,* même à la loupe. Le moindre choc suffit pour en détacher des esquilles et déterminer des cassures franches et nettes. Cette variété, qui fournit les produits marchands les plus purs, forme, au milieu du filon d'Antimoine des rognons et des veines qui se fondent insensiblement dans la masse générale; mais elle n'affecte point une position déterminée.

Le passage du minerai compacte au minerai cristallisé s'opère au moyen d'une variété intermédiaire grenue, dans laquelle les grains sont visibles et miroitent à la lumière, à la manière d'une Dolomie ou d'un marbre statuaire à petits grains. C'est elle qui renferme ces superbes géodes tapissées de cristaux octaédriques de la plus grande netteté et souvent d'une transparence parfaite.

Le minerai disséminé consiste en des cristaux libres, noyés au milieu des Argiles néocomiennes, ou bien emprisonnés dans un Calcaire grisâtre.

Outre l'oxyde, on remarque aussi du sulfure d'Antimoine; mais ce dernier, qui est peu abondant, ne constitue qu'un accident remarquable au point de vue minéralogique seulement. Il forme de petites houppes soyeuses, logées dans les géodes ou dans les cavités du minerai compacte, ou bien implantées à la surface des cristaux.

Les minerais d'Antimoine se montrent sur divers points et dans divers bancs, par conséquent à divers niveaux, mais dans des conditions parfaitement identiques : ce qui démontre leur communauté d'origine, ainsi que l'action d'une cause con-

Fig. 72.

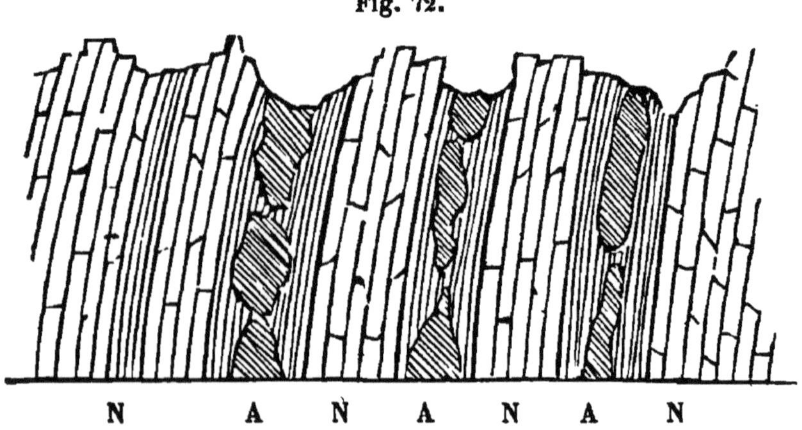

A Antimoine oxydé. N Calcaires en alternance avec les Argiles.

stante dans le cours d'une même période géologique. Tous les travaux exécutés ont démontré que l'oxyde existait au milieu des Calcaires néocomiens N (fig. 72), à l'état d'amas irréguliers, parallèles aux couches, qu'il était complétement dépourvu de gangue et intimement lié aux Calcaires et aux Argiles qui lui servent d'épontes. En effet, il n'est pas rare de voir ces derniers renfermer d'abord de nombreux cristaux, puis remplacés par le minerai ou empâtés par lui sous forme d'îlots emprisonnés. C'est la reproduction exacte de ce qui s'observe dans les amas et les couches de Fer hydroxydé, contemporains de la formation jurassique, où le Calcaire et le Fer, tenus en dissolution dans le même liquide, quoique provenant de sources différentes, se sont précipités à la fois et offrent des exemples de pénétration et de remplacement réciproque.

Si des circonstances particulières de la position de l'oxyde on cherche à remonter à l'histoire générale de sa formation, il ne sera pas difficile, nous le pensons, de lui reconnaître une origine aqueuse. En effet, la présence de nombreux cristaux octaédriques emprisonnés dans le Calcaire compacte, l'absence complète de gangues et le parallélisme le plus parfait entre les amas et les bancs calcaires, forcent à formuler cette conclusion à l'exclusion de toute autre. Si l'on admettait l'existence des filons-couches d'Antimoine sulfuré et leur conversion graduelle en oxyde, il serait impossible d'expliquer comment des cristaux d'oxyde auraient pu pénétrer, à des distances éloignées souvent de plus d'un mètre de la masse principale, au cœur d'un Calcaire compacte, qui, dans l'hypothèse d'une épigénie, n'a pu éprouver aucun de ces phénomènes de dilatation et de ramollissement invoqués à l'appui de la formation de certaines substances minérales au moyen de la chaleur ou d'émanations souterraines. La coexistence des cristaux et du Calcaire compacte implique nécessairement la dissolution et la cristallisation simultanée des uns et des autres. En vain voudrait-on y voir des opérations analogues à celles qui se sont accomplies dans les gîtes calaminaires, où les silicates et les carbonates de Zinc sont le produit de la décomposition du sulfure. Partout où la Blende tend à se transformer, les carbonates ou les silicates donnent naissance à des amas concrétionnés qui recouvrent ou encroûtent superficiellement les dépôts de sulfure ; mais nulle part on ne remarque les Roches compactes qui constituent les épontes, chargées, dans le cœur même de leur masse, de cristaux isolés, ainsi qu'on l'observe au Djebel Hamimat.

D'autre part, il serait difficile, si l'on admettait que l'oxyde provient de la décomposition du sulfure, de se rendre compte de l'implantation des petites houppes d'Antimoine sulfuré au-dessus des cristaux octaédriques dont la position semble, au contraire, autoriser l'explication inverse. Si l'on reconnaît que le dépôt d'oxyde a été produit par des causes analogues à celles qui, à diverses époques du globe, ont amené les amas de Fer hydroxydé au sein des terrains stratifiés, il ne sera pas trop audacieux de concéder en même temps que les sources qui apportaient cet oxyde, étaient accompagnées de dégagement de gaz sulfhydrique, lequel, en réagissant sur des quantités d'oxyde non encore précipitées, les réduisait en sulfure et les forçait à cristalliser sur l'oxyde déjà formé. Aussi n'est-il pas rare de rencontrer les variétés pierreuses et les plus compactes criblées de vacuoles à la manière de certains Basaltes, et les vacuoles tapissées par du sulfure d'Antimoine aciculaire, conséquence inévitable du passage du gaz et de sa réaction sur l'oxyde d'Antimoine.

Cette théorie ne se trouve d'ailleurs en opposition avec aucun des grands principes admis par la géologie et par la chimie géologique, pour l'origine des divers dépôts métalliques intercalés au milieu des couches terreuses. Si, pour le remplissage du plus grand nombre de fentes ou de filons proprement dits, on invoque l'intervention directe des masses fondues ou d'opérations incrustantes par l'arrivée successive des divers éléments constitutifs, on reconnaît aussi, à certains amas et à certaines couches métallifères, une origine contemporaine des terrains encaissants, la dissolution au sein d'un liquide commun, la précipitation simultanée et par conséquent le mélange fréquent des principes qui ont donné naissance aux substances exploitables et aux bancs qui les contiennent. On peut citer à l'appui de cette doctrine les Schistes cuprifères du Mansfeld et les amas de Fer oligiste qui, amenés par des sources au milieu des terrains stratifiés, ont offert l'intercalation curieuse de produits étrangers à la composition normale des couches dans lesquelles ils ont été introduits. Ces explications se trouvent d'ailleurs confirmées par les expériences faites par M. de Sénarmont sur la formation des minerais par voie humide dans les gîtes métallifères concrétionnés.

USAGES.

L'Antimoine allié avec le Plomb est employé pour les caractères d'imprimerie et la confection de vases de diverses formes. Les variétés blanches et compactes d'oxyde broyées remplacent les blancs de céruse et de zinc : enfin, dans les usines de Septèmes, on prépare de l'oxyde d'Antimoine qu'on fait servir aux mêmes usages que les deux dernières substances.

CLASSIFICATION DES ROCHES

Par M. Cordier, d'après le Dictionnaire d'histoire universelle de d'Orbigny.

Tableau général des familles ou groupes naturels.

CLASSES.	FAMILLES.
1re Classe. Roches terreuses	1. Roches feldspathiques. 2. — pyroxéniques. 3. — amphiboliques. 4. — épidotiques. 5. — grenatiques. 6. — hypersténiques. 7. — diallagiques. 8. — talqueuses. 9. — micacées. 10. — quartzeuses. 11. — vitreuses. 12. — argileuses.
2e Classe. Roches salines ou acidifères non métalliques ...	13. Roches calcaires. 14. — gypseuses. 15. — à base de sous-sulfate d'alumine. 16. — à base de chlorure de sodium. 17. — à base de carbonate de soude.
3e Classe. Roches métallifères	18. Roches à base de carbonate de zinc. 19. — — de carbonate de fer. 20. — à base d'oxyde de manganèse. 21. — à base de silicate de fer hydraté. 22. — à base d'hydrate de fer. 23. — — de peroxyde de fer. 24. — — de fer oxydulé. 25. — — de sulfure de fer.
4e Classe. Roches combustibles non métalliques	26. Roches à base de soufre. 27. — — de bitume gris. 28. — pissasphaltiques. 29. — graphiteuses. 30. — anthraciteuses. 31. — à base de houille. 32. — à base de lignite.
Appendice	33. Roches anomales. 34. — météoriques.

1re FAMILLE.— Roches feldspathiques.

1er *Ordre.* Phanérogènes, dont les éléments sont visibles à l'œil nu.

1er Genre. *Agrégées.*

1re espèce, Harmophanite. — 2e espèce, Leptinite. — 3e espèce, Gneiss. — 4e espèce, Pegmatite. — 5e espèce, Granite. — 6e espèce, Syénite.

2e Genre. *Conglomérées.*

1re espèce, Brèche feldspathique. — 2e espèce, Poudingue feldspathique. — 3e espèce, Grès feldspathique.

3e Genre. *Meubles.*

1re espèce, Sables et Graviers feldspathiques. — 2e espèce, Galets et Débris de Roches feldspathiques.

2e *Ordre.* Adélogènes en tout ou en partie, dont le volume des parties est en totalité ou en partie invisible.

1re Section. — *Pétrosiliceuses.*

A base de Feldspath compacte, quelquefois un peu quartzifère et fondant presque toujours en verre blanc; ne contenant jamais de Fer titané ; rarement cellulaire et amygdalaire.

1er Genre. *Agrégées.*

1re espèce, Pétrosilex. — 2e espèce, Jade. — 3e espèce, Porphyre syénitique. — 4e espèce, Porphyre pétrosiliceux. — 5e espèce, Pyroméride. — 6e espèce, Porphyre argiloïde.

2e Genre. *Conglomérées.*

1re espèce, Euritine. — 2e espèce, Grauwacke. — 3e espèce, Brèche pétrosiliceuse. — 4e espèce, Brèche porphyritique. — 5e espèce, Poudingue porphyritique.

3e Genre. *Meubles.*

1re espèce, Graviers et Sables de Roches pétrosiliceuses. — 2e espèce, Galets et Débris de Roches pétrosiliceuses.

2e Section. — *Leucostiniques.*

Roches volcaniques dont la base est composée de parties feldspathiques microscopiques, mélangées de 1/100 à 1/200 de Fer titané et quelquefois à de l'Amphibole et à du Mica, mais très-rarement à du Quartz. Cette pâte ou base est plus ou moins poreuse et toujours plus grossière que celle des Roches pétrosiliceuses. Fondant en verre blanc piqueté de points noirâtres résultant soit du Fer titané, soit de l'Amphibole ou du Mica.

1er Genre. *Agrégées.*

1re espèce, Phonolite. — 2e espèce, Leucostite. — 3e espèce, Trachyte. — 4e espèce, Fritte leucostinique ou Fritte trachytique.

2e Genre. *Conglomérées.*

Espèce unique, Brèche leucostinique.

3e Genre. *Meubles.*

1re espèce, Cendre leucostinique. — 2e espèce, Sables et Graviers de Roches leucostiniques. — 3e espèce, Galets et Débris de Roches leucostiniques.

2e FAMILLE. — **Roches pyroxéniques.**

Dans cette famille, le Pyroxène se présente rarement d'une manière prédominante par la proportion des parties qui en sont composées ; mais c'est à sa présence que sont dus les principaux caractères distinctifs des associations dans lesquelles il figure.

1er *Ordre.* Presque homogène et non cellulaire.

1er Genre. *Agrégées.*

1re espèce, Coccolite. — 2e espèce, Lherzolite. — 3e espèce, Lhercoulite.

2e Genre. *Conglomérées.*

Espèce unique, Brèche lherzolitique.

2e *Ordre.* Mêlées d'une assez grande quantité de Feldspath et de terre verre.

1er Genre. *Agrégées.*

1re espèce, Ophitone. — 2e espèce, Aphanite. — 3e espèce, Ophite.

2e Genre. *Conglomérées.*

Espèce unique, Brèche ophitique.

2e Section. — *Basaltiques.*

Mêlées de Feldspath vitreux, de Fer titané, Péridot, Amphigène, etc.

1er Genre. *Agrégées.*

1re espèce, Mimosite. — 2e espèce, Dolérite. — 3e espèce, Basanite. — 4e espèce, Basalte. — 5e espèce, Péridotite. — 6e espèce, Amphigénite. — 7e espèce, Néphélinite. — 8e espèce, Fritte basaltique.

2e Genre. *Conglomérées.*

1re espèce, Brèche basaltique. — 2e espèce, Grès pyroxénique.

3e Genre. *Meubles.*

1re espèce, Cendre basaltique. — 2e espèce, Sables et Graviers de Roches basaltiques. — 3e espèce, Galets et Débris de Roches basaltiques.

3e FAMILLE. — **Roches amphiboliques.**

1er Genre. *Agrégées.*

1re espèce, Amphibolite. — 2e espèce, Kersanton. — 3e espèce, Diorite. — 4e espèce, Dioritine. — 5e espèce, Porphyre dioritique.

2e Genre. *Conglomérées.*

Espèce unique, Grès dioritique.

4e FAMILLE. — **Roches épidotiques.**

Genre unique. *Agrégées.*

Espèce unique, Epidotite.

5e FAMILLE. — **Roches grenatiques.**

1er Genre. *Agrégées.*

Espèce unique, Grenatite.

2e Genre. *Meubles.*

Espèce unique, Sables grenatiques.

6e FAMILLE. — **Roches hypersthéniques.**

Genre unique. *Agrégées.*

1re espèce, Hypersthénite. — 2e espèce, Sélagite.

7e FAMILLE. — **Roches diallagiques.**

1er Genre. *Agrégées.*

1re espèce, Eclogite. — 2e espèce, Euphotide. — 3e espèce, Variolite. — 4e espèce, Serpentine.

2e Genre. *Conglomérées.*

1re espèce, Brèche euphotidienne. — 2e espèce, Brèche serpentineuse. — 3e espèce, Poudingue serpentineux. — 4e espèce, Grès serpentineux.

3e Genre. *Meubles.*

1re espèce, Sables et Graviers serpentineux. — 2e espèce, Galets et Débris serpentineux.

8e FAMILLE. — **Roches talqueuses.**

1er Genre. *Agrégées.*

1re espèce, Talcite. — 2e espèce, Protogyne. — 3e espèce, Porphyre protogynique.

2e Genre. *Conglomérées.*

1re espèce, Novaculite. — 2e espèce, Schiste argileux sédimentaire. — 3e espèce, Phyllade. — 4e espèce, Grès anagénique. — 5e espèce, Anagénite. — 6e espèce, Poudingue phylladique.

3e Genre. *Meubles.*

1re espèce, Sables et Graviers talqueux. — 2e espèce, Sables et Graviers phylladiens. — 3e espèce, Galets et Débris de Roches talqueuses. — 4e espèce, Galets et Débris de Roches phylladiennes.

9e FAMILLE. — **Roches micacées.**

1er Genre. *Agrégées.*

1re espèce, Roche de Mica. — 2e espèce, Greisen. — 3e espèce, Micacite. — 4e espèce, Macline. — 5e espèce, Fraidonite. — 6e espèce, Leptinolite. — 7e espèce, Hornfels.

2e Genre. *Conglomérées.*

Espèce unique, Poudingue de Micacite.

3e Genre. — *Meubles.*

1re espèce, Sable de Mica. — 2e espèce, Graviers de Micacite. — 3e espèce, Galets et Débris de Micacite.

10e FAMILLE. — **Roches quartzeuses.**

1er Genre. — *Agrégées.*

1re espèce, Quartzite. — 2e espèce, Roche de Quartz et de Tourmaline. — 3e espèce, Quartz sédimentaire. — 4e espèce, Phtanite. — 5e espèce, Jaspe. — 6e espèce, Silex. — 7e espèce, Tuf siliceux.

2e Genre. *Conglomérées.*

1re espèce, Grès quartzeux proprement dit. — 2e espèce, Grès quartzeux ferrifère. — 3e espèce, Grès quartzeux avec silicate de Fer. — 4e espèce, Arkose. — 5e espèce, Métaxite. — 6e espèce, Grès quartzeux phylladifère. — 7e espèce, Grès quartzeux avec Schiste. — 8e espèce, Psammite. — 9e espèce, Molasse. — 10e espèce, Macigno. — 11e espèce, Grès quartzeux calcarifère. — 12e espèce, Grès quartzeux strontianien. — 13e espèce, Grès quartzeux polygénique. — 14e espèce, Brèche quartzeuse. — 15e espèce, Poudingue quartzeux. — 16e espèce, Brèche jaspique. — 17e espèce, Brèche siliceuse. — 18e espèce, Poudingue siliceux. — 19e espèce, Conglomérat de Silex xyloïde.

3e Genre. *Meubles.*

1re espèce, Sable quartzeux homogène. — 2e espèce, Sable quartzeux micacé. — 3e espèce, Sable quartzeux ferrifère. — 4e espèce, Sable quartzeux feldspathique. — 5e espèce, Sable quartzeux avec Kaolin. — 6e espèce, Sable quartzeux argilifère. — 7e espèce, Sable quartzeux avec Marne. — 8e espèce, Sable quartzeux calcarifère. — 9e espèce, Sable quartzeux polygénique. — 10e espèce, Sable siliceux. — 11e espèce, Gravier quartzeux polygénique. — 12e espèce, Galets et Débris quartzeux. — 13e espèce, Galets et Débris siliceux. — 14e espèce, Débris anguleux de Roches quartzeuses diverses.

11e FAMILLE. — **Roches vitreuses.**

1er *Ordre.* A base d'éléments feldspathiques.

1er Genre. *Agrégées.*

1re espèce, Rétinite stratiforme. — 2e espèce, Obsidienne stratiforme. — 3e espèce, Scorie trachytique. — 4e espèce, Pumite stratiforme.

2e Genre. *Conglomérées.*

1re espèce. Conglomérat d'Obsidienne. — 2e espèce, Conglomérat ponceux.

3e Genre. *Meubles.*

1re espèce, Rétinite lapillaire. — 2e espèce, Obsidienne lapillaire. — 3e espèce, Pumite lapillaire. — 4e espèce, Cendre ponceuse. — 5e espèce, Sable ponceux.

2e *Ordre*. A base d'éléments pyroxéniques.

1er Genre. *Agrégées*.

1re espèce, Gallinace stratiforme. — 2e espèce, Scorie stratiforme.

2e Genre. *Conglomérées*.

1re espèce, Conglomérat de Gallinace. — 2e espèce, Conglomérat de Scories.

3e Genre. *Meubles*.

1re espèce, Gallinace lapillaire. — 2e espèce, Scorie lapillaire. — 3e espèce, Cendre à base de Scorie. — 4e espèce, Sable à base de Scories.

3e *Ordre*. THERMANDIENNES.

1re espèce, Thermandite. — 2e espèce, Tripoli.

12e FAMILLE. — Roches argileuses.

1er *Ordre*. EPIGÈNES OU ROCHES ARGILOÏDES.

1re Section. — *Congénères des Roches feldspathiques*.

1re espèce, Kaolin. — 2e espèce, Leptinite décomposé. — 3e espèce, Gneiss décomposé. — 4e espèce, Granite décomposé. — 5e espèce, Porphyre argilitique. — 6e espèce, Lithomarge porphyrigène. — 7e espèce, Pséphite. — 8e espèce, Grauwacke décomposée. — 9e espèce, Téphrine. — 10e espèce, Conglomérat téphrinique. — 11e espèce, Trass.

2e Section. — *Congénères des Roches pyroxéniques*.

1re espèce, Mimosite décomposée. — 2e espèce, Dolérite décomposée. — 3e espèce, Wacke. — 4e espèce, Tufa. — 5e espèce, Pépérino.

3e Section. — *Congénères des Roches amphiboliques*.

1re espèce, Amphibolite décomposée. — 2e espèce, Kersanton décomposé — 3e espèce, Diorite décomposé. — 4e espèce, Xérasite. — 5e espèce, Conglomérat de Xérasite.

4e Section. — *Congénères des Roches grenatiques*.

Espèce unique, Grenatite décomposée.

5e Section. — *Congénères des Roches diallagiques*.

Espèce unique, Serpentine décomposée.

6e Section. — *Congénères des Roches talqueuses.*

1re espèce, Argile phylladigène. — 2e espèce, Brèche phylladienne décomposée.

7e Section. — *Congénères des Roches micacées.*

1re espèce, Macline décomposée. — 2e espèce, Fraidonite décomposée.

8e Section. — *Congénères des Roches vitreuses.*

A — A base d'Obsidienne.

1re espèce, Obsidienne décomposée. — 2e espèce, Alloïte (ou *Cendre ponceuse décomposée*). — 3e espèce, Asclérine (ou *Pumite décomposée*). — 4e espèce, Conglomérat ascléritique.

B — A base de Gallinace.

1re espèce, Gallinace décomposée. — 2e espèce, Pépérite. — 3e espèce, Pouzzolite. — 4e espèce, Conglomérat de Gallinace décomposée. — 5e espèce, Conglomérat pouzzolitique.

C — A base de Tripoli.

Espèce unique, Tripoli décomposé.

2e *Ordre*. ARGILEUSES PROPREMENT DITES.

1re espèce, Argile : 1° *Argile smectique;* 2° *Argile plastique;* 3° *Argile magnésienne;* 4° *Argile ferrugineuse;* 5° *Argile arénifère.* — 2e espèce, Marne. — 3e espèce, Marnolite. — 4e espèce, Argilite. — 5e espèce, Schiste argileux proprement dit. — 6e espèce, Lydienne. — 7e espèce, Traumate.

13e FAMILLE. — Roches calcaires.

1er *Ordre*. A base de carbonate de chaux simple.

1re Section. — *Non sédimentaires.*

Genre unique. *Agrégées.*

Espèce unique, Calcaire primordial.

2e Section. — *Sédimentaires.*

1er Genre. *Agrégées.*

1re espèce, Calcaire sédimentaire à grains salins. — 2e espèce, Calcaire sédimentaire arénoïde. — 3e espèce, Calcaire sédimentaire compacte. — 4e espèce, Calcaire phylladifère. — 5e espèce, Calcaire avec Schiste argileux proprement dit. — 6e espèce, Calcaire avec

Argilite. — 7e espèce, Calcaire argilifère. — 8e espèce, Calcaire quartzifère. — 9e espèce, Calcaire avec Chamoisite. — 10e espèce, Calcaire avec Glauconie. — 11e espèce, Calcaire avec hydrate de Fer. — 12e espèce, Calcaire globulifère : 1° *Calcaire globulifère proprement dit; 2° Calcaire oolitique; 3° Calcaire pisolitique; 4° Calcaire tuberculaire; 5° Calcaire brocatelle.* — 13e espèce, Travertin. — 14e espèce, Tuf calcaire. — 15e espèce, Calcaire fibreux.

2e Genre. *Conglomérées.*

1re espèce, Calcaire crayeux. — 2e espèce, Calcaire grossier. — 3e espèce, Conglomérat madréporique. — 4e espèce, Conglomérat encrinitique. — 5e espèce, Conglomérat coquillier. — 6e espèce, Conglomérat de Crustacés. — 7e espèce, Poudingue calcaire ordinaire. — 8e espèce, Poudingue calcaire polygénique. — 9e espèce, Brèche calcaire.

3e Genre. *Meubles.*

1re espèce, Fragments de Roches calcaires. — 2e espèce, Galets de Roches calcaires. — 3e espèce, Sables calcaires. — 4e espèce, Sables coquilliers modernes. — 5e espèce, Sables madréporiques modernes. — 6e espèce, Coquilles modernes. — 7e espèce, Madrépores modernes. — 8e espèce, Faluns.

2e *Ordre.* A base de Carbonate de chaux magnésifère.

1er Genre. *Agrégées.*

1re espèce, Dolomie. — 2e espèce, Calcaire magnésien.

2e Genre. *Conglomérées.*

1re espèce, Brèche dolomitique. — 2e espèce, Brèche de Calcaire magnésien.

3e Genre. *Meubles.*

1re espèce, Sable dolomitique. — 2e espèce, Sable de Calcaire magnésien.

3e *Ordre.* A base de Carbonate de chaux ferrifère.

Genre unique. *Agrégées.*

1re espèce, Calcaire ferrifère ancien. — 2e espèce, Calcaire ferrifère sédimentaire.

14e FAMILLE. — **Roches gypseuses.**

1re espèce, Anhydrite. — 2e espèce, Gypse.

15e FAMILLE. — **Roches à base de sous-sulfate d'alumine.**

1re espèce, Alunite. — 2e espèce, Alunite silicifère.

16e FAMILLE. — **Roches à base de chlorure de sodium.**

1re espèce, Sel gemme. — 2e espèce, Argile salifère.

17e FAMILLE. — **Roches à base de carbonate de soude.**

Espèce unique, Natron.

18e FAMILLE. — **Roches á base de carbonate de zinc.**

Espèce unique, Calamine stratiforme.

19e FAMILLE. — **Roches à base de carbonate de fer.**

1re espèce, carbonate de fer grenu. — 2e espèce, carbonate de fer argileux.

20e FAMILLE. — **Roches à base d'oxyde de manganèse.**

1re espèce, oxyde de manganèse stratiforme. — 2e espèce, hydrate de manganèse stratifié.

21e FAMILLE. — **Roches à base de silicate de fer hydraté.**

1re espèce, Chamoisite. — 2e espèce, sous-silicate de fer avec Fer oligiste globulaire. — 3e espèce, Glauconie.

22e FAMILLE. — **Roches à base d'hydrate de fer.**

1re espèce, hydrate de fer compacte. — 2e espèce, hydrate de fer globulaire.

23e FAMILLE. — **Roches à base de peroxyde de fer.**

1er Genre. *Agrégées.*

1re espèce, peroxyde de fer sédimentaire compacte. — 2e espèce, peroxyde de fer sédimentaire globulaire. — 3e espèce, Fer oligiste stratiforme. — 4e espèce, Itabirite.

2e Genre. *Conglomérées.*

Espèce unique, Tapanhoacanga.

3e Genre. *Meubles.*

Espèce unique, Sable de fer oligiste.

24e FAMILLE. — Roches à base de Fer oxydulé.

1er Genre. *Agrégées.*

1re espèce, Fer oxydulé ordinaire. — 2e espèce, Fer oxydulé chromifère. — 3e espèce, Fer oxydulé titanifère. — 4e espèce, Fer oxydulé zincifère.

2e Genre. *Meubles.*

1re espèce, Sable de Fer oxydulé ordinaire. — 2e espèce, Sable de Fer oxydulé chromifère. — 3e Sable de Fer oxydulé titanifère.

25e FAMILLE. — Roches à base de sulfure de fer.

1re espèce, Pyrite blanche stratiforme. — 2e espèce, Pyrite ordinaire stratiforme. — 3e espèce, Pyrite magnétique stratiforme. — 4e espèce, Pyrite cuivreuse stratiforme.

26e FAMILLE. — Roches à base de Soufre.

1er Genre. *Agrégées.*

1re espèce, Soufre stratiforme. — 2e espèce, Tuf sulfureux.

2e Genre. — *Conglomérées.*

Espèce unique, Brèche sulfureuse.

27e FAMILLE. — Roches à base de Bitume grisâtre.

1re espèce, Dusodyle stratiforme. — 2e espèce, Schiste gris inflammable. — 3e espèce, Argile inflammable. — 4e espèce, Marne inflammable. — 5e espèce, Trass inflammable.

28e FAMILLE. — Roches pissasphaltiques.

1re espèce, Bitume solide argilifère. — 2e espèce, Pissasphalte stratiforme. — 3e espèce, Métaxite pissasphaltique. — 4e espèce, Pépérino pissasphaltique. — 5e espèce, Sable quartzeux pétroléen.

29e FAMILLE. — Roches graphiteuses.

Espèce unique, Graphite stratiforme.

30e FAMILLE. — Roches anthraciteuses.

1re espèce, Anthracite. — 2e espèce, Ampélite. — 3e espèce, Anthracolite.

31e FAMILLE. — Roches à base de Houille.

1re espèce, Houille. — 2e espèce, Schiste noir inflammable.

32e FAMILLE. — Roches à base de Lignite.

1re espèce, Lignite stratiforme. — 2e espèce, Lignite sédimentaire. — 3e espèce, Bois fossile. — 4e espèce, Terre d'Ombre. — 5e espèce, Tourbe. — 6e espèce, Terreau végétal.

Appendice à la classification spécifique des Roches.

33e FAMILLE. — Roches anomales.

1er *Ordre*. ROCHES DE FILONS PROPREMENT DITES.

1er Genre. *Agrégées*.

Les principales espèces de ce genre sont les suivantes :

Agrégat anomal quartzeux, — calcaire, — barytique, — de phosphate de chaux, — fluoritique, — de Pyrite ordinaire, — de Pyrite cuivreuse, — de Galène, — de carbonate de plomb, de Blende, de Cinabre, de Wolframm, d'oxyde d'étain, de carbonate de fer, de Fer oligiste, d'hydrate de fer.

2e Genre. *Conglomérées*.

Comprenant toutes les espèces de Brèches anomales à ciments divers et à fragments de même nature que les terrains qui les renferment.

2e *Ordre*. ROCHES DES GROTTES ET CAVERNES ET DES FENTES SUPERFICIELLES.

1er Genre. *Agrégées*.

1re espèce, Agrégat anomal gypseux. — 2e espèce, Agrégat anomal d'Arragonite. — 3e espèce, Agrégat anomal calcaire.

2e Genre. *Conglomérées*.

1re espèce, Limons endurcis anomaux. — 2e espèce, Brèches calcaires anomales. — 3e espèce, Poudingues anomaux. — 4e espèce, Brèches osseuses. — 5e espèce, Conglomérats d'Album græcum.

3e Genre. *Meubles*.

1re espèce, Graviers anomaux. — 2e espèce, Limons friables anomaux. — 3e espèce, Terreau animal.

34e FAMILLE. — Roches météoriques.

1re espèce, Météorite lithoïde. — 2e espèce, Météorite vitreuse. — 3e espèce, Météorite charbonneuse. — 4e espèce, Fer météorique.

TABLEAU

De la classification et des caractères distinctifs des Roches considérées minéralogiquement,

PAR AL. BRONGNIART.

ROCHES.

Ce sont des masses minérales, simples ou composées, qui se présentent sur une assez grande étendue pour être considérées comme entrant dans la structure du globe.

1re *Classe.* — Roches homogènes ou simples.

Caractères. Masses minérales dans lesquelles on ne distingue à l'œil nu qu'une seule matière composante.

1er Ordre. *Roches phanérogènes.*

Celles qui peuvent se rapporter à des espèces minérales connues.

2e Ordre. *Roches adélogènes.*

Celles qui ne peuvent se rapporter avec certitude à aucune espèce minérale connue.

2e *Classe.* — Roches hétérogènes ou composées.

Caractères. Mélanges naturels, fréquents, constants et en masses étendues, de minéraux appartenant, soit à des espèces rigoureusement déterminées, soit à des espèces imparfaites qui ne peuvent être rapportées à aucune des premières.

1er Ordre. *Les Roches de cristallisation.*

Celles qui résultent de la *cristallisation* confuse et simultanée des minéraux qui les composent.

2e Ordre. *Les Roches d'agrégation.*

Celles qui résultent de l'*agrégation* mécanique de ces minéraux.

TABLEAU DES ROCHES.

1re Classe. — ROCHES HOMOGÈNE .

1er Ordre. Roches phanérogènes.

I. *Métaux autopsides.*

Zinc. . . . . Calamine.

Cuivre.	Cuivre pyriteux.
Manganèse.	Manganèse terne.
Fer.	Pyrite.
	Fer oxydulé.
	Fer oligiste compacte.
	— sanguin.
	Fer hydroxydé compacte.
	— pisolithique.
	— oolitique.
	— limoneux.
	Fer carbonaté spathique.

II. *Métaux hétéropsides simples.*

Silice.	Quartzite.
	Grès lustré.
	— blanc.
	— rougeâtre.
	— bigarré.
	Silex meulière.
	— corné.
	Jaspe.

III. *Métaux hétéropsides combinés.*

Muriates.	Sel marin rupestre.
Fluates.	Fluorite compacte.
Phosphates.	Phosphorite compacte.
Sulfates.	Gypse saccaroïde.
	— fibreux.
	— grossier.
	Karsténite.
	Célestine fibreuse.
	Barytine lamellaire.
	— compacte.
	Alunite.
Carbonates.	Giobertite.
	Dolomie granulaire.
	— compacte.
	Calcaire lamellaire.
	— saccaroïde.
	— travertin.
	— marbre.
	— compacte.
	— oolite.
	— craie.

Carbonates........... Calcaire grossier.
— marneux.
— siliceux.
— calp.
— luculite.
— bitumineux.
— brunissant.

Silicates.............. Collyrite.
Serpentine.
Magnésite, écume de mer.
— plastique.
— schistoïde.
Stéatite.
Talc laminaire.
— fibreux.
— endurci.
Chlorite baldogée.
— schistoïde.
Amphibole hornblende.
Pyroxène Lherzolite.
Feldspath.

2e Ordre. Roches adélogènes.

I. *Roches combustibles.*

Houille schistoïde.
— compacte.
Anthracite schistoïde.
— compacte.
— piciforme.
Lignite.

II. *Roches terreuses tendres.*

Kaolin.
Argile cimolithe.
— plastique.
— smectique.
— schisteuse.
Marne calcaire.
— argileuse.
— sableuse.
Ocre rouge.
— jaune.
— brune.

II. *Roches terreuses tendres.*

Schiste luisant.
— ardoise.
— coticule.
— argileux.
— bitumineux.
— marneux.
Ampélite alumineuse.
— graphique.
Vake.
Aphanite commun.
— lydien.
Argilolite.

III. *Roches terreuses dures.*

Trapp.
Basalte.
Phtanite.
Pétrosilex agatoïde.
— jaspoïde.
— fissile.
Rétinite.
Ponce.
Thermantide.
Tripoli.

2e Classe. — ROCHES HÉTÉROGÈNES.

1er Ordre. Roches de cristallisation.

I. *Feldspathiques*........ 1. Granite.
2. Protogyne.
3. Syénite.
4. Pegmatite.
5. Leptinite.
6. Eurite.

II. *Diallagiques*......... 7. Euphotide.
8. Eclogite.

III. *Amphiboliques*....... 9. Amphibolite.
10. Hémithrène.
11. Diorite.

IV. *Quartzeuses*......... 12. Pyroméride.
13. Sidérocriste.
14. Hyalomicte.

V. *Micaciques*...........	15. Micaschiste.
	16. Gneiss.
VI. *Schisteuses*..........	17. Phyllade.
	18. Calschiste.
VII. *Talqueuses*.........	19. Stéaschiste.
	20. Ophiolite.
VIII. *Calcaïres*..........	21. Ophicalce.
	22. Cipolin.
	23. Calciphyre.
IX. *Aphanitiques*........	24. Spilite.
	25. Vakite.
X. *Pyroxéniques*.........	26. Dolérite.
	27. Basanite.
XI. *Feldspatho-pyroxéniques?* ou *amphiboliques*.	28. Trappite.
	29. Mélaphyre.
	30. Porphyre.
	31. Ophite.
	32. Variolite.
XII. *Argilolitiques*.......	33. Argilophyre.
	34. Domite.
	35. Trachyte.
XIII. *Vitrolitiques*.......	36. Pumite.
	37. Téphrine.
	38. Leucostine.
	39. Stigmite.

2e Ordre. ROCHES D'AGRÉGATION.

XIV. *Les Grès*...........	40. Mimophyre.
	41. Arkose.
	42. Psammite.
	43. Macigno.
	44. Glauconie.
XV. *Les Conglomérats*....	45. Pépérine.
	46. Pséphite.
	47. Anagénite.
	48. Poudingue.
	49. Gompholite.
	50. Brèche.
	51. Brecciole.

—

TABLEAU

DES ROCHES CONSIDÉRÉES MINÉRALOGIQUEMENT,

PAR M. J.-J. D'OMALIUS D'HALLOY.

1re Classe. — ROCHES PIERREUSES.

1er Ordre. Roches silicées.

Genre unique. *Roches quartzeuses.*

1re espèce.................... Quartz.
2e — .... Quartzite.
3e — .... Grès.
4e — .... Sable.
5e — .... Silex.
6e — .... Jaspe.
7e — .... Tripoli.
8e — .... Poudingue.
9e — .... Psammite.
10e — .... Macigno.
11e — .... Gompholite.
12e — .... Arkose.

2e Ordre. Roches silicatées.

1er Genre. *Roches schisteuses.*

1re espèce.................... Schiste.
1re sous-espèce.............. Schiste proprement dit.
2e sous-espèce.............. Ardoise.
3e sous-espèce.............. Coticule.
4e sous-espèce.............. Schiste happant.
2e espèce .... Ampélite.
1re sous-espèce.............. Ampélite alunifère.
2e sous-espèce.............. Ampélite graphique.
3e espèce.................... Porcellanite.
4e espèce.................... Pséphite.
5e espèce.................... Calschiste.

2e Genre. *Roches argileuses.*

1re espèce.................... Kaolin.
2e — .... Smectite.

3e espèce.................... Argile.
4e — .... Limon.
5e — .... Marne.
6e — .... Ocre.
7e — .... Sanguine.

3e Genre. *Roches feldspathiques.*

1re espèce.................... Feldspath.
2e — .... Pegmatite.
3e — .... Granite.
4e — .... Syénite.
5e — .... Protogyne.
6e — .... Leptinite.
7e — .... Eurite.
8e — .... Porphyre.
9e — .... Variolite.
10e — .... Pyroméride.
11e — .... Argilophyre.
12e — .... Argilolite.
13e — .... Perlite.
14e — .... Ponce.
15e — .... Trass.
16e — .... Domite.

4e Genre. *Roches albitiques.*

1re espèce.................... Trachyte.
2e — .... Phonolite.
3e — .... Obsidienne.
4e — .... Rétinite.

5e Genre. *Roches labradoriques.*

1re espèce.................... Labradorite.
2e — .... Saussurite.
3e — .... Euphotide.
4e — .... Granitone.
5e — .... Hypersténite.
6e — .... Téphrine.

6e Genre. *Roches amphigéniques.*

Espèce unique............... Leucitophyre.

7e Genre. *Roches grenatiques.*

1re espèce.................... Grenat.
2e — .... Eclogite.

8e Genre. *Roches micaciques.*

1re espèce.................... Micaschiste.
2e — .... Gneiss.

9e Genre. *Roches chloritiques.*

Espèce unique................ Chlorite.

10e Genre. *Roches talciques.*

1re espèce.................... Magnésite.
2e — .... Ophiolite.
3e — .... Stéaschiste.

11e Genre. *Roches amphiboliques.*

1re espèce.................... Hornblende.
2e — .... Hémithrène.
3e — .... Diorite.
4e — .... Aphanite.

12e Genre. *Roches pyroxéniques.*

1re espèce.................... Lherzolite.
2e — .... Dolérite.
3e — .... Mélaphyre.
4e — .... Trapp.
5e — .... Basalte.
6e — .... Vake.
7e — .... Pépérine.
8e — .... Spilite.

3e Ordre. ROCHES CARBONATÉES.

1er Genre. *Roches calcaires.*

1re espèce.................... Calcaire.
2e — .... Glauconie.
3e — .... Cipolin.
4e — .... Ophicalce.
5e — .... Dolomie.

2e Genre. *Roches giobertiques.*

Espèce unique................ Giobertite.

4e Ordre. Roches sulfatées.

1er Genre. *Roches gypseuses.*

1re espèce...................... Gypse
2e — .... Karsténite.

2e Genre. *Roches barytiniques.*

Espèce unique................ Barytine.

3e Genre. *Roches aluniques.*

Espèce unique................ Alunite.

5e Ordre. Roches chlorurées.

Genre unique. *Roches chlorurées sodiques.*

Espèce unique................ Sel marin.

6e Ordre. Roches fluorurées.

Espèce unique................ Fluorine.

2e Classe. — ROCHES MÉTALLIQUES.

1er Genre. *Roches ferrugineuses.*

1re espèce...................... Marcassite.
2e — .... Sperkise.
3e — .... Aimant.
4e — .... Oligiste.
1re sous-espèce................ Oligiste spéculaire.
2e sous-espèce................ — rouge.
5e espèce...................... Limonite.
6e — .... Sidérose.

2e Genre. *Roches manganiques.*

1re espèce...................... Pyrolusite.
2e — .... Acerdite.
3e — .... Rhodonite.

3e Genre. *Roches zinciques.*

Espèce unique................ Calamine.

4e Cenre. *Roches cuivreuses.*

Espèce unique............... Chalkopyrite.

3e Classe. — ROCHES COMBUSTIBLES.

Genre unique. *Roches charbonneuses.*

1re espèce..................... Anthracite.
2e — .... Houille.
3e — .... Lignite.
4e — .... Tourbe.
5e — .... Terreau.

TABLE DES MATIÈRES.

A

B

C

D

E

F

G

H

I

J

K

L

M

N

O

P

Q

R

S

T

U

V

W

Z

Besançon. — Imp. de Dodivers et Ce, Grande - Rue, 42.

www.ingramcontent.com/pod-product-compliance
Ingram Content Group UK Ltd.
Pitfield, Milton Keynes, MK11 3LW, UK
UKHW020257230726
13925UKWH00001B/99

9 782013 446013